精通
Python
自动化编程

黄永祥 编著

机械工业出版社
China Machine Press

图书在版编目（CIP）数据

精通Python自动化编程/黄永祥编著. –北京：机械工业出版社，2021.1

ISBN 978-7-111-67182-4

Ⅰ. ①精… Ⅱ. ①黄… Ⅲ. ①软件工具–程序设计 Ⅳ. ①TP311.561

中国版本图书馆CIP数据核字（2021）第000086号

本书由一线资深 Python 开发工程师精心编写，循序渐进地介绍 Python 自动化编程的相关知识。全书共 20 章，第 1～14 章讲解 Python 编程基础知识，第 15 章讲解数据库编程，第 16～20 章分别讲解使用 Selenium 实现网页自动化、使用 Requests 实现网页爬虫编程、办公自动化编程、使用 OpenCV 实现图像识别与定位、Web 系统的开发与部署。

本书理论与实践相结合，案例丰富，非常适合从零开始学习自动化编程的读者使用，也适合自动化测试、自动化运维、自动化系统开发的一线从业者参考。

精通 Python 自动化编程

出版发行：机械工业出版社（北京市西城区百万庄大街 22 号　邮政编码：100037）

责任编辑：迟振春		责任校对：王　叶	
印　　刷：北京捷迅佳彩印刷有限公司		版　　次：2021 年 2 月第 1 版第 1 次印刷	
开　　本：188mm×260mm　1/16		印　　张：32	
书　　号：ISBN 978-7-111-67182-4		定　　价：119.00 元	

客服电话：（010）88361066　88379833　68326294　　　　　投稿热线：（010）88379604

华章网站：www.hzbook.com　　　　　　　　　　　　　　　读者信箱：hzit@hzbook.com

前　言

编程逐渐成为一项常见的专业技能，企业中很多工作都能用程序完成，从而将员工从重复枯燥的工作中释放出来。现在，中小学也开始将编程纳入教学中。

面对人人学编程的热潮，Python 是众多编程语言的首选。它入门简单、使用广泛，不仅适用于人工智能、系统开发、网络爬虫领域，还广泛用在自动化测试、自动化运维和自动化办公开发中。本书主要针对 Python 初学者、测试工程师、运维工程师和办公自动化开发人员编写，讲述如何使用 Python 完成重复性的工作或任务，从而释放劳动力，提高工作效率。

本书是笔者使用 Python 编写自动化测试和自动化办公程序的经验总结，内容循序渐进，由浅入深，并结合了当前各种热门的新技术，希望对正在使用 Python 编写自动化程序的人员有所帮助。

本书结构

本书循序渐进地介绍 Python 自动化编程的相关知识，20 章内容划分如下：

第 1~14 章全面讲解 Python 编程基础知识，以非计算机专业的角度入门 Python 编程。

第 15 章讲解如何使用 Python 实现数据库操作。

第 16~20 章讲解自动化编程的相关技术，分别介绍了使用 Selenium 实现网页自动化、使用 Requests 实现网页爬虫编程、使用 PyAutoGUI 和 PyWinAuto 实现办公自动化编程、使用 OpenCV 实现图像识别与定位以及 Flask Web 框架在自动化系统开发中的运用。

本书特色

- 循序渐进，从零基础入手：本书从初学者必备的基础知识入手，循序渐进地介绍自动化程序开发和实现的各种知识。本书尤其适合没有接触过 Python 编程的读者使用。
- 实例丰富，由浅入深：本书每个知识点都配以实例进行讲解，力求让读者更容易地掌握知识要点。实例选择从易到难，包括网页自动化程序的编写、爬虫程序的编写、办公自动化编程、Web 自动化程序的开发等，并结合了笔者的实际开发经验，以解决实际开发中遇到的各种问题。

- 注重实践，满足多岗位工作需求：本书根据编者多年从业经验编写，其中涉及的技术可适应多种岗位，比如爬虫工程师、运维人员、自动化测试人员。有兴趣通过编写程序提高办公效率的办公人员以及办公自动化 Web 开发人员，也可以从本书中获益。

源代码下载

本书源代码可以登录机械工业出版社华章公司的网站（www.hzbook.com）下载，方法是搜索到本书，然后在页面上的"资源下载"模块下载即可。如果下载有问题，请发送电子邮件至booksaga@126.com。

读者对象

本书主要适合以下读者阅读：

- 从零开始学习自动化编程的初学者。
- 自动化测试工程师、运维工程师和网络爬虫工程师。
- 零基础的 Python 初学者以及自动化办公开发的从业人员。

笔者从事了多年的自动化编程工作，本书应该说是来自实践的经验总结，虽然力争完美，但限于水平，难免会存在错误，欢迎广大读者及业界专家不吝指正（读者可以加入 QQ 群 93314951 与笔者联系）。

黄永祥

2020 年 10 月 9 日

目　录

第1章

构建开发环境

本章首先阐述 Python 的发展历程、应用场景和学习路线，让读者对学习 Python 有一个明确的目标和方向；然后分别讲述如何在 Windows 和 Linux 系统下安装 Python 的开发环境，并使用 PyCharm 编写、运行、调试 Python 程序；最后使用 Python 的内置函数 print 和 input 实现简单的复读机功能。

1.1 Python 的发展历程

Python 是一种面向对象的解释型计算机程序设计语言，其源代码和解释器 CPython 遵循 GPL（General Public License）协议。Python 也被称为胶水语言，它能够把其他开发语言（尤其是 C/C++）制作的各种模块很轻松地连接在一起使用。

Python 为我们提供了网络、文件、GUI、数据库和文本等大量的标准功能模块，这些模块被形象地称作"内置电池"（Battery Included）。使用 Python 开发程序，许多功能不必从零编写，直接调用现成的即可。除了内置的模块外，Python 还有大量的第三方模块，这是别人开发的，可直接免费使用。我们开发的代码通过封装处理，也可以作为第三方模块供别人使用。

Python 的创始人为吉多·范罗苏姆（Guido van Rossum），人称龟叔。1989 年，他为了打发圣诞节假期，开始编写 Python 语言的编译器，并以 Python 这个名字命名，该名字来自龟叔所喜爱的电视剧 *Monty Python's Flying Circus*。他希望 Python 语言能符合他的畅想：创造一种 C 和 Shell 之间，功能全面、易学易用、可拓展的语言。

第一个 Python 编译器（同时也是解释器）在 1991 年诞生。它是用 C 语言实现的，并能够调用 C 库（.so 文件）。从一诞生，Python 已经具有类（Class）、函数（Function）、异常处理（Exception）、包括表（List）和词典（Dictionary）在内的核心数据类型以及以模块（Module）为基础的拓展系统。

最初的 Python 完全由龟叔开发，后来 Python 受到龟叔同事的欢迎，他们迅速反馈使用意见，并参与到 Python 的改进中。龟叔和一些同事构成了 Python 的核心团队，他们将自己大部分的业余时间用于 Python 的研发。Python 将许多机器层面的细节隐藏起来交给编译器处理，并突显了逻辑层面的编程思考。Python 程序员可以花更多的时间思考程序的逻辑，而不是具体的实现细节（龟叔有一件 T 恤,写着:人生苦短,我用 Python),这一特征吸引了广大程序员。近年来,随着在大数据、人工智能领域中的广泛应用,Python 变得十分流行。

当然,任何编程语言都有缺点,Python 也不例外。Python 的主要缺点是运行速度慢,与 C 程序相比会显得非常慢,因为 Python 是解释型语言,代码在执行时会一行一行地翻译成 CPU 能理解的机器码,这个翻译过程非常耗时,而 C 程序是运行前直接编译成 CPU 能执行的机器码。

但是,现在大量的应用程序不需要这么快的运行速度,因为用户根本感觉不出来。例如,对于一个下载 MP3 的网络应用程序,C 程序的运行时间是 0.001 秒,而 Python 程序的运行时间是 0.1 秒,虽然有 100 倍的差异,但由于网络数据传输更慢,需要等待 1 秒,因此用户根本感受不到程序运行的速度。

Python 是解释型语言,其代码是由 Python 解释器执行的。Python 语言从规范到解释器都是开源的,在理论上,只要水平够高,任何人都可以编写 Python 解释器来执行 Python 代码。目前,Python 主要的解释器如表 1-1 所示。

表1-1　Python主要的解释器

解释器	说　明
CPython	Python 官方使用的解释器,用 C 语言开发,也是目前使用广泛的 Python 解释器
IPython	基于 CPython 的一个交互式解释器,在交互方式上有所增强,但是执行代码的功能和 CPython 是完全一样的
PyPy	另一个 Python 解释器,它的目标是提高执行速度。PyPy 采用 JIT 技术对 Python 代码进行动态编译,因此提高了 Python 代码的执行速度
Jython	运行在 Java 平台上的 Python 解释器,可以直接把 Python 代码编译成 Java 字节码执行
IronPython	和 Jython 类似,只不过 IronPython 是运行在微软.Net 平台上的 Python 解释器,可以直接把 Python 代码编译成.Net 的字节码

1.2　Python 的应用场景

Python 能受到大众的欢迎和追捧,主要是因为其有着广泛的适用性,它在各个领域都能独占鳌头。其应用场景如下:

(1)Web 应用开发:这是 Python 受欢迎的应用场景之一,常用的 Web 框架有 Django、Flask 和 Tornado 等,应用范围非常广,开发速度非常快,学习门槛也很低,能够快速地搭建可用的 Web 服务应用。

(2)网络爬虫:这也是 Python 很受欢迎的应用场景之一。Python 对网络爬虫提供了丰富的第三方库和框架,从发送 HTTP 请求到数据入库处理都有着完善的第三方库和框架支持。

(3)数据分析与挖掘:主要由 Matplotlib、Numpy、Pandas、Scikit-Learn 和 Scipy 等模块实现数据分析与挖掘,从数据清洗到数据可视化皆有相应的模块支持,并且可以利用网络爬虫提供相应的数据支持。简单来说,网络爬虫和数据分析与挖掘是相辅相成的。

（4）人工智能：目前人工智能方面成熟的编程语言有 Python 和 C++，但两者对比而言，虽然 C++的运算速度快于 Python，但 C++的学习成本过高，导致人们纷纷选择 Python 用于人工智能。

（5）自动化运维：Python 在自动化运维方面已经深入人心，比如 Saltstack 和 Ansible 是构建自动化平台的底层功能模块，这也是运维工程师首选的编程语言。

（6）云计算开发：云计算框架 OpenStack 是用 Python 开发的，如果从事云计算开发，并且想要深入学习和二次开发 OpenStack，就必须具备 Python 的技能。

（7）自动化测试：测试人员一般无须具备开发能力，但高级测试人员必须具备开发能力，比如搭建自动化测试平台、编写自动化测试脚本等。其中，自动化测试框架 Robot Framework 是由 Python 开发的，因此 Python 也是自动化测试开发的首选编程语言。

（8）其他应用：桌面软件、游戏引擎、多媒体应用、图形处理和办公自动化等。

Python 的应用场景较为广泛，目前主流的是网络爬虫、Web 开发、自动化运维、数据分析和人工智能。其中，与自动化运维、数据分析和人工智能相比，网络爬虫和 Web 开发较为简单，自动化运维需要精通各种 Linux 操作，数据分析和人工智能不仅需要具备 Python 技能，还需要掌握各种数学计算公式，因此大部分的 Python 初学者选择学习网络爬虫和 Web 开发。

1.3　安装 Python

目前，Python 主要有两大版本：Python 2.X 和 Python 3.X。Python 核心团队已经在 2020 年停止对 Python 2.X 的更新和维护，现在很多第三方模块已不再支持 Python 2.X 的使用。因此，本节以新版本 Python 3.8 为例分别讲述如何在 Windows 和 CentOS 7 下安装 Python 3.8。

1.3.1　在 Windows 下安装 Python 3.8

在 Windows 下可以在官网下载 EXE 文件安装 Python。首先，打开 Python 的官方网站，鼠标指针指向网站的导航栏 Downloads，将会显示下拉列表，如图 1-1 所示。

图 1-1　下拉列表

单击图 1-1 中的 Windows 选项，浏览器将进入 Python 的下载页面，该页面提供了 Python 不同版本的下载链接，如图 1-2 所示。单击 Latest Python 3 Release - Python 3.8.0 链接，如图 1-2 所示。读者应以官方网页显示的链接为准。

图 1-2　Python 的下载页面

我们从链接 Latest Python 3 Release - Python 3.8.0 进入 Python 3.8 版本的下载页面，在网页的底部可以找到 Python 3.8 的下载链接。以 Windows 10 的 64 位操作系统为例，单击 Windows x86-64 executable installer 即可下载 EXE 文件，如图 1-3 所示。如果操作系统是 32 位的，那么应该下载 Windows x86 executable installer。

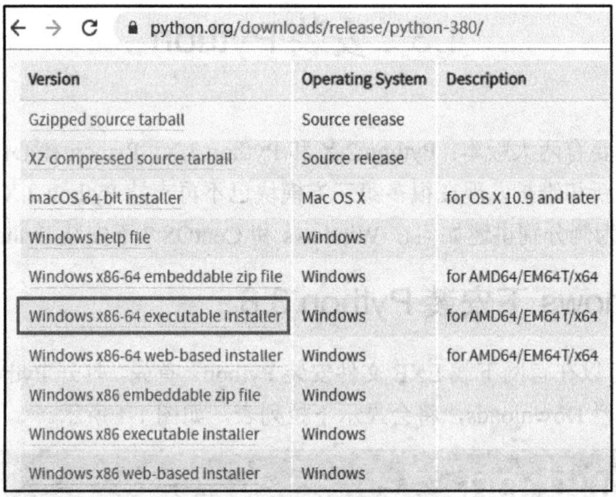

图 1-3　下载 Python 3.8

从图 1-3 看到，Windows 系统提供了多种下载方式：embeddable zip file、executable installer 和 web-based installer。各种下载方式的说明如下：

（1）embeddable zip file：下载压缩包，压缩文件包括 Python 的解释器、内置库以及工具包等文件。使用此方式安装 Python 需要自行配置 Python 的环境变量。

（2）executable installer：下载 EXE 文件，通过执行 EXE 文件即可安装 Python。根据安装提示操作即可，无须手动配置环境变量，适合初学者。

（3）web-based installer：下载在线安装器，通过安装器在线安装 Python，如果网络环境不稳定，很容易导致安装失败。

　　EXE 安装包下载完成后，打开并执行 EXE 安装包，然后勾选 Add Python 3.8 to PATH 复选框并单击 Customize installation 按钮，如图 1-4 所示，将会进入 Optional Features 界面，在该界面上勾选全部选项并单击 Next 按钮，如图 1-5 所示。

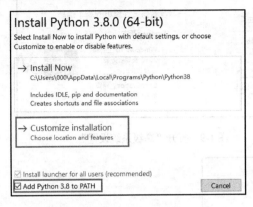 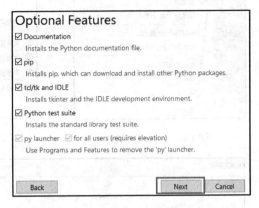

图 1-4　Python 安装界面　　　　　　　　　　图 1-5　Optional Features 界面

　　进入 Advanced Options 界面，在该界面上勾选全部选项并设置 Python 的安装路径，本书将 Python 安装在 D:\Python 下，如图 1-6 所示。

　　最后单击 Install 按钮，等待程序完成安装即可。安装时间由于各个计算机环境与配置的差异而不同，只需耐心等候即可。安装完成后，打开 Windows 的命令符窗口（CMD 窗口），输入"python"并按回车键即可进入 Python 的交互模式，如图 1-7 所示。

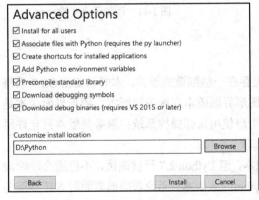 

图 1-6　Advanced Options 界面　　　　　　　　图 1-7　Python 的交互模式

　　如果在安装过程中没有勾选 Add Python 3.8 to PATH 复选框，当 Python 安装完成后，在 CMD 窗口就无法进入 Python 的交互模式，这是因为在安装过程中没有将 Python 添加到计算机的环境变量中，因此需要手动添加。

　　右击"此电脑"，选择并单击"属性"命令，如图 1-8 所示。然后在计算机属性界面单击"高级系统设置"，如图 1-9 所示。在环境变量界面的"系统变量"中对变量 Path 执行编辑操作，如图 1-10 所示。最后在"编辑环境变量"界面分别添加 Python 安装路径的目录信息即可，如图 1-11 所示。

图 1-8　打开"属性"　　　　　　　图 1-9　打开"高级系统设置"

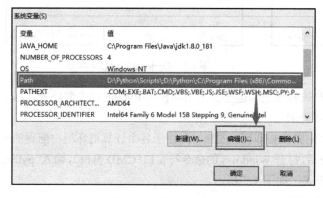

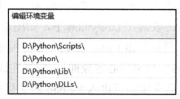

图 1-10　系统变量　　　　　　　　图 1-11　添加环境变量

1.3.2　在 Linux 下安装 Python 3.8

Linux 有众多的发行版本，不同的版本在使用上存在一些细微的差异，本书以 CentOS 7 系统为例讲述如何安装 Python 3.8。CentOS 7 系统分为图形界面版本和服务器版本。图形界面版本是在服务器版本的基础上增加了可视化界面，即允许用户使用鼠标操控系统；服务器版本只允许用户输入 Linux 指令执行系统操作。

由于 CentOS 7 系统中已默认安装 Python 2.7 版本，但 Python 2.7 已被淘汰，不再适合现阶段的开发需求，因此我们将在 CentOS 7 系统中安装 Python 3.8 版本。无论是图形界面版本还是服务器版本，在 CentOS 7 中安装 Python 都是通过 Linux 指令完成的。

在安装 Python 3.8 之前，分别需要安装 Linux 的 wget 工具、GCC 编译器环境以及 Python 3 使用的依赖组件，相关的安装指令如下：

```
# 安装 Linux 的 wget 工具，用于从网上下载文件
yum -y install wget
# GCC 编译器环境，安装 Python 3 时所需的编译环境
yum -y install gcc
# Python 3 使用的依赖组件
yum install openssl-devel bzip2-devel expat-develgdbm-devel
yum install readline-develsqlite*-develmysql-devellibffi-devel
```

完成依赖组件的安装后，使用 wget 指令在 Python 官网下载 Python 3.8 压缩包，即在 CentOS 7 系统的 home 文件路径下输入下载指令 wget "https://www.python.org/ftp/python/3.8.0/Python-3.8.0.tgz"。下载完成后，可以在当前路径查看下载的内容，如图 1-12 所示。

下一步对压缩包进行解压，在当前路径下输入解压指令"tar -zxvf Python-3.8.0.tgz"。当解压完成后，在当前路径下会出现 Python-3.8.0 文件夹，如图 1-13 所示。

```
[roo@localhost /]$ cd home/
[roo@localhost home] $ ls
Python-3.8.0.tgz  roo
[roo@localhost home] $ █
```

```
[roo@localhost home] $ ls
Python-3.8.0  Python-3.8.0.tgz  roo
[roo@localhost home] $ █
```

图 1-12　下载 Python 压缩包　　　　图 1-13　解压 Python 压缩包

Python-3.8.0 文件夹是 Python 3 的开发环境，里面包含 Python 3.8 版本所需的组件。最后将 Python-3.8.0 编译到 CentOS 7 系统，编译指令如下：

```
# 进入 Python-3.8.0 文件夹
cd Python-3.8.0
# 依次输入编译指令
sudo ./configure
sudo make
sudo make install
```

编译完成后，在 CentOS 7 系统中输入指令"python3"，即可进入 Python 交互模式，如图 1-14 所示。由于 CentOS 7 系统是内置 Python 2.7 版本的，如果输入指令 python，就会进入 Python 2.7 的交互模式，若要进入 Python 3.8 的交互模式，则必须输入指令"python3"。

```
roo@localhost Python-3.8.0] $ python3
Python 3.8.0 (default, Nov 19 2019, 18:48:57)
[GCC 4.8.5 20150623 (Red Hat 4.8.5-39)] on linux
Type "help", "copyright", "credits" or "license"
>>>
```

图 1-14　Python 的交互模式

1.4　PyCharm 的安装与使用

本节将讲述如何安装 PyCharm、如何使用 PyCharm 创建项目、在项目中如何编写 Python 代码、如何运行代码程序以及如何设置 PyCharm 开发环境，主要是为了让读者对 PyCharm 的使用有初步的了解。

1.4.1　安装 PyCharm

1.3 节讲述了如何在 Windows 和 Linux 下安装 Python 的开发环境，也就是说我们的计算机已经能执行 Python 编写的程序代码，但是还需要安装代码编写工具。举一个例子，以切菜工序为例，把 Python 比喻成某一食材，而把代码编写工具比喻成菜刀，只有食材而没有菜刀，试问如何完成切菜这一工序呢？

菜刀按照用途划分为多种类型，比如切片刀、斩切刀和砍骨刀等；而代码编写工具也分为多种，代码编写工具的术语为集成开发环境（Integrated Development Environment，IDE），对于 Python 来说，常用的 IDE 有 PyCharm、VSCode 和 Anaconda。

PyCharm 是一种 Python IDE，它带有一整套可以帮助用户在使用 Python 语言开发时提高效率的工具，比如调试、语法高亮、项目管理、代码跳转、智能提示、自动完成、单元测试、版本控制等。此外，该 IDE 提供了一些高级功能，例如支持 Django 框架下的专业 Web 开发。

PyCharm 分为专业版和社区版，专业版是需要收费的，功能齐全，而社区版是免费使用的，但功能十分有限，两者的功能使用权限如图 1-15 所示。

	PyCharm Professional Edition	PyCharm Community Edition
Intelligent Python editor	✓	✓
Graphical debugger and test runner	✓	✓
Navigation and Refactorings	✓	✓
Code inspections	✓	✓
VCS support	✓	✓
Scientific tools	✓	
Web development	✓	
Python web frameworks	✓	
Python Profiler	✓	
Remote development capabilities	✓	
Database & SQL support	✓	

图 1-15　专业版和社区版的功能使用权限

在浏览器中输入下载地址 http://www.jetbrains.com/pycharm/download，可以看到 PyCharm 分别支持 Windows、Linux 和 MacOS 三大系统的使用，版本分为专业版和社区版。本书以在 Windows 下安装 PyCharm 专业版为例进行介绍，在官网上下载 Windows 的 PyCharm 专业版安装包，双击打开安装包，并根据安装提示完成安装过程即可。

完成 PyCharm 的安装后，在桌面上双击 PyCharm 的图标，将其启动。初次运行 PyCharm 时，用户进行简单的设置后会进入软件激活界面，激活方式有 3 种，即 JetBrains 用户激活、激活码和许可服务器，如图 1-16 所示。

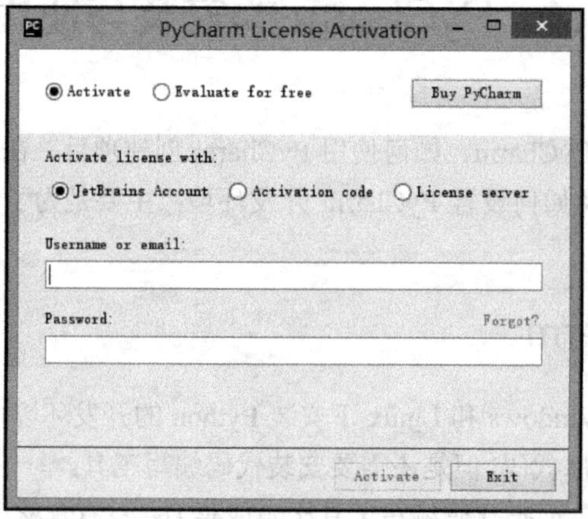

图 1-16　PyCharm 激活界面

1.4.2　运行 PyCharm

当我们激活专业版的 PyCharm 后，初次打开 PyCharm 会显示 Complete Installation 界面，如图 1-17 所示，利用该界面可以导入 PyCharm 的配置信息。如果计算机曾经安装过 PyCharm 并保留了之前的配置信息，那么可以通过该界面重新导入之前的配置信息。一般情况下，我们选择 Do not import settings 单选按钮并单击 OK 按钮。

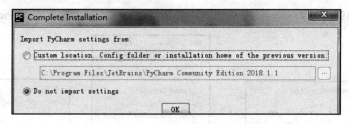

图 1-17　Complete Installation 界面

初次使用 PyCharm 时，会进入 Welcome to PyCharm 界面，如图 1-18 所示。该界面共有 5 个功能按键，每个功能按键的说明如下：

（1）Create New Project：创建新的项目。如果 PyChram 是专业版，那么支持 Django、Flask 等 Web 框架的项目创建。New Project 界面如图 1-19 所示。

（2）Open：打开已有的项目。在 Open File or Project 界面读取计算机的系统目录，从中打开某个项目的文件夹或文件，如图 1-20 所示。

（3）Check out from Version Control：从版本控制工具打开项目，目前支持 CVS、Git、Mercurial 和 Subversion 版本控制工具，如图 1-21 所示。

（4）Configure：打开 PyCharm 环境的配置选项，如图 1-22 所示。

（5）Get Help：获取 PyCharm 的帮助信息，比如注册信息、使用文档、视频教程等，如图 1-23 所示。

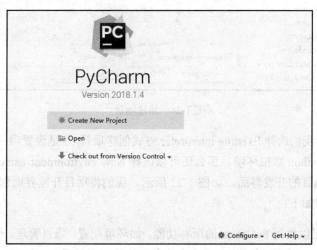

图 1-18　Welcome to PyCharm 界面

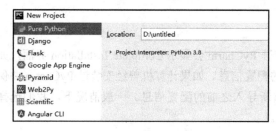

图 1-19 New Project 界面

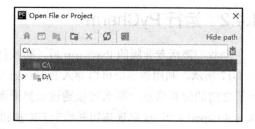

图 1-20 Open File or Project 界面

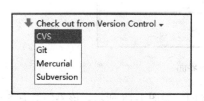

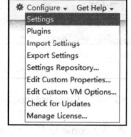

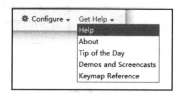

图 1-21 Check out from Version Control 界面　　图 1-22 Configure 界面　　图 1-23 Get Help 界面

1.4.3　创建项目

在 Welcome to PyCharm 界面单击 Create New Project 按钮，进入 New Project 界面，选择 Pure Python 选项，然后设置项目路径以及项目名，最后设置 Python 解释器所在的路径，如图 1-24 所示。

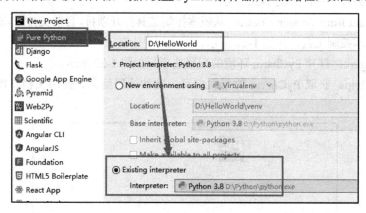

图 1-24　新建项目

从图 1-24 看到，我们选择 Existing interpreter 方式创建项目，这是设置项目的 Python 解释器。如果计算机安装了 Python 虚拟环境，那么还可以选择 New environment using。项目创建成功后，PyCharm 将会进入项目的开发界面，如图 1-25 所示。我们将项目开发界面划分为 6 个功能区域，每个区域的功能说明如下：

（1）工具栏：可以找到 PyCharm 的所有功能，如环境配置、项目管理、代码运行与调试等。

（2）代码调试：运行和调试某个项目或某个文件的程序代码。

（3）项目目录管理：展示当前项目所在的文件目录信息。其中，External Libraries 是当前项目使用的 Python 解释器的目录信息；Scratches and Consoles 是控制台信息，默认含有数据库扩展工具。

（4）代码编写区：用于打开某个 Python 文件，并在该文件中编写 Python 代码，可以对 Python 的关键字或语法代码进行高亮处理、语法补全提示等。

（5）数据查看器：用于打开某些数据文件查看数据信息，如打开数据库的数据文件。

（6）控制台：输出并查看程序代码的运行信息。其中，Terminal 可以打开计算机终端，并将终端的路径切换成项目的目录路径。

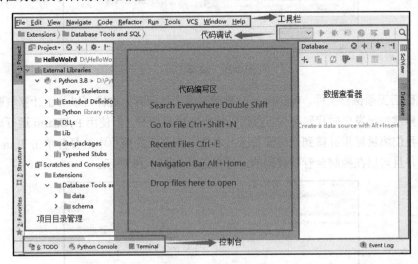

图 1-25　开发界面

下一步在 HelloWorld 项目里创建 Python 文件，单击工具栏的 File，选择并单击 New 选项，PyCharm 生成文件创建界面，然后单击 Python File 创建 Python 文件，如图 1-26 所示。单击 Python File 之后，PyCharm 将打开 New Python file 界面，输入文件名即可完成 Python 文件的创建，如图 1-27 所示。

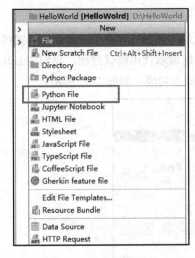

图 1-26　文件创建界面

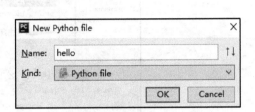

图 1-27　New Python file 界面

1.4.4 编写并运行 HelloWorld 项目

当 Python 文件创建成功后，在 PyCharm 的开发界面可以看到 HelloWorld 项目里生成了 hello.py 文件，双击 hello.py 文件即可在代码编写区打开该文件，然后在文件中写入 Python 代码 "print('hello world')"，如图 1-28 所示。

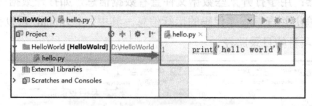

图 1-28　编写代码

编写代码后无须保存文件，PyCharm 会自动完成文件保存，这样可以防止计算机断电或系统突然崩溃等异常情况发生时代码丢失。当代码编写完成后，下一步使用 PyCharm 运行或调试代码是否正确。我们将鼠标指针移到代码编写区并右击，在弹出的菜单中选择并单击 Run 'hello'即可运行代码，并且可以在控制台看到代码的运行信息，如图 1-29 所示。

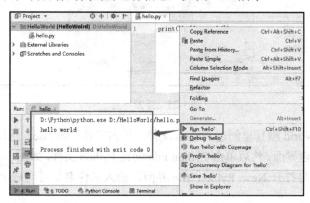

图 1-29　运行代码

图 1-29 所示是直接运行代码，代码在运行期间是无法中断的，如果想一步一步调试代码，那么可以在图 1-29 中选择并单击 Debug 'hello'。为了更好地演示代码调试过程，我们在 hello.py 文件中添加多行代码，并在某一行代码的前面灰白处设置断点功能，如图 1-30 所示。

图 1-30　调试代码

当我们选择并单击图 1-29 中的 Debug 'hello'时，PyCharm 将对代码进行调试，当程序执行到断点位置时将会暂停执行操作，并且可以在控制台看到当前程序的调试信息，如图 1-30 所示。在控制台的调试界面有多个操作按钮，常用的调试按钮的功能说明如表 1-2 所示。

表1-2　常用的调试按钮的功能说明

按 钮	说 明
Console →'	显示项目的运行信息
Debugger	显示程序的对象信息
↺	重新运行项目
▶	继续往下执行程序，直到下一个断点才暂停程序
⏸	暂停当前运行的程序
■	停止程序的运行
🔖	查看所有断点信息
🗑	清空 Console 的信息
⤓	执行断点位置下一行的代码
▶	显示当前断点的位置

单击 ▶ 按钮，PyCharm 就会自动往下执行程序，直到下一个断点才暂停程序；单击 ⤓ 按钮，PyCharm 只会执行当前暂停位置下一步的代码，这样可以清晰地看到每行代码的执行情况。这两个按钮是断点调试常用的，它们能让开发者清晰地了解代码的执行情况和运行逻辑。

如果程序在运行过程中出现异常或者代码中设有输出功能（如 print），就可以在 PyCharm 调试界面或运行界面的 Console 里查看这些信息，如图 1-31 所示。

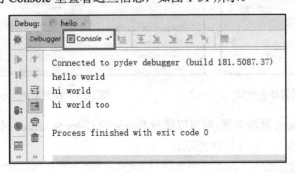

图 1-31　程序输出信息

1.4.5　设置 PyCharm 开发环境

现在我们已经初步掌握了如何使用 PyCharm 创建项目、编写代码并运行调试程序，本小节将会讲述如何设置 PyCharm 的开发环境。我们知道 PyCharm 的所有功能都能在工具栏中找到，常用的功能主要集中在工具栏的 File 选项中，单击工具栏的 File 选项，可以看到该选项下的功能配置，如图 1-32 所示。本小节只列举实际开发常用的功能配置，详细说明如下：

（1）New Project：创建新的项目，新建项目可以覆盖当前打开的项目，或者使用一个新的

PyCharm 窗口新建项目。

（2）New：在当前项目下创建新的指定文件，如 Python 文件、HTML 文件或 JS 文件等。

（3）New Scratch File：在当前项目下创建新的特殊文件，如数据库文件、CSS 文件或 XML 文件等。

（4）Open：读取当前计算机的系统目录，用于打开并读取已创建的项目信息。

（5）Settings 或 Default Settings：打开 PyCharm 的环境配置界面。

单击图 1-32 中的 Settings 或 Default Settings 选项，PyCharm 将会打开环境配置界面。若想要配置代码的字体大小，则可以在 Editor 选项卡里找到 Font 按钮，单击 Font 按钮打开相关配置界面，如图 1-33 所示。

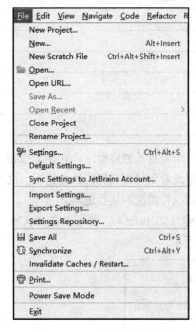

图 1-32　File 选项的功能配置

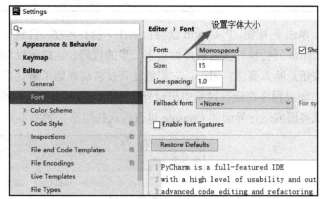

图 1-33　设置字体大小

若想要改变 PyCharm 界面主题，则可以通过 Editor 的 Color Scheme 按钮进入主题配置界面，选择相应的界面主题即可，如图 1-34 所示。

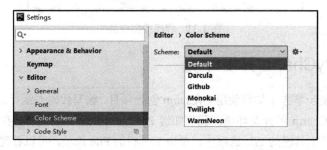

图 1-34　设置 PyCharm 界面主题

若想要重新设置项目的 Python 解释器，则可以在 Project:XXX 选项卡里找到 Project Interpreter，单击进入设置界面，选择或添加 Python 解释器即可，如图 1-35 所示。

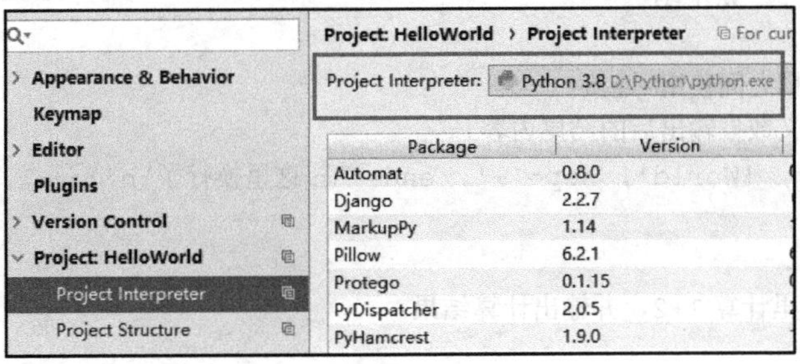

图 1-35 设置 Python 解释器

综上所述，我们主要讲述了如何设置 PyCharm 的代码字体大小、界面主题和 Python 解释器，PyCharm 的其他功能配置不再一一讲述，有兴趣的读者可以自行查阅相关资料。

值得注意的是，由于 PyCharm 的版本不断更新，其界面功能设置可能会出现细微的差异，但整体上不会有太大的变化，读者可根据实际情况灵活使用。

1.5　实战项目：复读机

通过本章的学习，我们了解了 Python 的发展历程和应用场景，并且学会了如何在不同的计算机系统中安装 Python 开发环境，掌握了编辑器 PyCharm 的使用。本节将在编辑器 PyCharm 里实现简单的复读功能。

在 1.4.4 节中，我们在 HelloWorld 项目的 hello.py 文件里编写了 Python 代码 "print('hello world')"，代码中的 print 是 Python 内置的函数，该函数用于输出并打印数据内容。该函数的语法如下：

```
# print 函数语法定义
print(values, sep=' ', end='\n', file=sys.stdout)
```

函数是所有编程语言里面常用的代码编写方式之一，它是将某些功能封装成一个函数，然后通过调用方式执行这个函数。而参数是给函数传入外部数据，让函数对这些外部数据进行处理。简单了解了函数的概念后，我们来看 print 函数，该函数的 4 个参数分别说明如下：

（1）values：表示输出的数据对象，如果需要输出多个数据对象，那么可以使用逗号分隔。

（2）sep：默认值为空格，如果输出多个数据对象，该参数就用来间隔多个数据对象。

（3）end：默认值是换行符（\n），用来设定以什么结尾，可以换成其他字符。

（4）file：默认值为 None，用于设置需要写入的文件对象。

了解了 print 函数的定义后，尝试在 PyCharm 里使用 print 函数输出各种数据信息，在 HelloWorld 项目的 hello.py 文件中编写以下代码：

```
# 输出单个数据
print('Hello World')
```

```
# 输出多个数据，Hello 和 World 是两个数据，两者之间使用逗号隔开
print('Hello', 'World')
# 输出多个数据
# 参数 sep 将数据之间使用–连接
# 参数 end 自定义数据输出后的结尾内容
print('Hello', 'World', sep='-', end='\n 这里换行了\n')
# 输出数字
print(123)
# 在 print 函数里计算 1+2，并输出计算结果
print(1 + 2)
```

在实际开发中，我们主要使用 print 函数输出代码中的某些数据对象，常用于判断代码的业务逻辑是否符合开发需求。在 PyCharm 中运行上述代码，运行结果如图 1-36 所示。从图 1-36 看到，Python 3.8 版本可以在 print 函数里直接执行 1+2 的运算，并且能够输出计算结果。Python 3.8 之前的版本不支持这种代码编写方式。

```
D:\Python\python.exe D:/HelloWorld/hello.py
Hello World
Hello World
Hello-World
这里换行了
123
3
```

图 1-36 运行结果

print 函数是一个输出函数，有输出函数肯定就会有输入函数，Python 的输入函数为 input，input 函数会将我们输入的数据代入代码程序中。input 函数的使用相对简单，在 HelloWorld 项目的 hello.py 文件中编写以下代码：

```
s = input('你想说的话：')
# 输出刚刚输入的数据
print(s)
```

由于 input 函数会将我们输入的数据代入代码程序中，因此需要将输入的数据以变量 s 表示，变量代表编程语言中的某个数据对象，然后使用 print 函数对输入的数据进行输出处理。只要灵活运用输入函数 input 和输出函数 print 就能实现复读机功能，上述代码还可以合并成一行代码，如下所示：

```
# 将 input 函数作为 print 函数的输出数据对象
print('你刚刚是不是说了：', input('你想说的话：'))
```

运行上述代码，程序控制台首先执行 input 函数，并暂停运行程序，在控制台输入数据后并按回车键即可继续执行程序，然后程序执行 print 函数，对我们输入的数据进行输出操作，如图 1-37 所示。

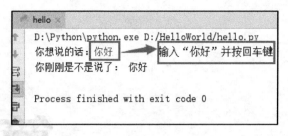

图 1-37 运行结果

1.6 本章小结

Python 是一种面向对象的解释型计算机程序设计语言，由荷兰人 Guido van Rossum 于 1989 年发明，第一个公开发行版诞生于 1991 年。Python 的源代码和解释器 CPython 遵循 GPL 协议，它也被称为胶水语言，能够把其他开发语言（尤其是 C/C++）制作的各种模块很轻松地连接在一起使用。

Python 为我们提供了网络、文件、GUI、数据库和文本等大量的标准功能模块，这些模块被形象地称作"内置电池"。使用 Python 开发程序，许多功能不必从零编写，直接调用现成的即可。除了内置的模块外，Python 还有大量的第三方模块，可直接免费使用。我们开发的代码通过封装处理，也可以作为第三方模块供别人使用。

Python 能受到大众的欢迎和追捧，主要是因为其有着广泛的适用性，它在各个领域都能独占鳌头，比如 Web 应用开发、网络爬虫、数据分析与挖掘、人工智能、自动化运维、云计算开发、自动化测试以及桌面软件、游戏引擎、多媒体应用、图形处理和办公自动化等。

PyCharm 是一种 Python IDE，它带有一整套可以帮助用户在使用 Python 语言开发时提高效率的工具，比如调试、语法高亮、项目管理、代码跳转、智能提示、自动完成、单元测试、版本控制等。此外，该 IDE 提供了一些高级功能，例如支持 Django 框架下的专业 Web 开发。

函数是所有编程语言里面常用的代码编写方式之一，它是将某些功能封装成一个函数，然后通过调用方式执行这个函数。而参数是给函数传入外部数据，让函数对这些外部数据进行处理。

print 函数定义了 4 个参数：values、sep、end、file。

由于 input 函数会将我们输入的数据代入代码程序中，因此需要将输入的数据以变量表示，变量代表编程语言中的某个数据对象，然后使用 print 函数对输入的数据进行输出处理。只要灵活运用输入函数 input 和输出函数 print 就能实现复读机功能。

第 2 章

基础语法

本章主要阐述 Python 的关键字与标识符、变量的定义与使用、运算符的类型与使用、代码注释、模块与包、编码缩进等，让读者对 Python 的基础语法有一个全面的了解。

2.1　关键字与标识符

每一种编程语言都有特定的关键字（也称保留字），这些关键字在编程语言里是赋予特定意义的单词。标识符就是一个名字，就好比我们每个人都有属于自己的名字，它的作用是作为变量、函数、类、模块以及其他对象的名称。

2.1.1　关键字

开发者在编写程序时，不能使用关键字作为标识符。Python 设置了 35 个关键字，我们可以从 CMD 窗口或者 PyCharm 控制台的 Terminal 窗口进入 Python 交互模式，在 Python 交互模式下查看关键字。以 PyCharm 控制台的 Terminal 窗口为例，首先输入"python"并按回车键，在 Python 交互模式下导入 keyword 模块，然后调用 keyword 模块的 kwlist 即可看到关键字，如图 2-1 所示。

```
D:\>python
Python 3.8.0 (tags/v3.8.0:fa919fd, Oct 14 2019, 19:37:50) [MSC v.1916 64 bit (AMD64)] on win32
Type "help", "copyright", "credits" or "license" for more information.
>>> import keyword
>>> keyword.kwlist
['False', 'None', 'True', 'and', 'as', 'assert', 'async', 'await', 'break', 'class', 'continue', '
def', 'del', 'elif', 'else', 'except', 'finally', 'for', 'from', 'global', 'if', 'import', 'in', '
is', 'lambda', 'nonlocal', 'not', 'or', 'pass', 'raise', 'return', 'try', 'while', 'with', 'yield'
```

图 2-1　关键字

图 2-1 中的关键字如表 2-1 所示。

表2-1　Python关键字

False	True	None	class	type	and
def	del	if	elif	else	as
break	continue	for	from	import	in
pass	not	is	or	return	try
except	while	assert	finally	nonlocal	lambda
raise	with	yield	async	await	

Python 是严格区分字母大小写的，关键字也不例外，也就是说 if 是关键字，但 IF 不是关键字。举一个例子，我们使用 if 和 IF 作为变量名，然后分别输出变量 if 和 IF 的数据信息，如图 2-2 所示。

```
>>> print(IF:=2)
2
>>> print(if:=2)
  File "<stdin>", line 1
    print(if:=2)
          ^
SyntaxError: invalid syntax
```

图 2-2　变量 if 和 IF 的数据信息

从图 2-2 看到，在 print 函数里分别定义了变量 IF 和 if，但只有变量 IF 能正确输出变量的数据信息，而变量 if 与关键字 if 冲突，因此提示 invalid syntax（无效语法）异常信息。

2.1.2　标　识　符

在图 2-2 的例子中提及了变量这一名词，变量名称是编程语言常用的标识符之一。标识符是用来标识某个实体的符号，在不同的应用环境下有不同的含义。在计算机编程语言中，标识符是用户编程时使用的名字，用于给变量、常量、函数、语句块等命名。简而言之，标识符就是一个名字，就好比我们每个人都有属于自己的名字，它的主要作用是作为变量、函数、类、模块以及其他对象的名称。每种编程语言对标识符都有其命名规则，Python 对标识符的命名规则如下：

（1）标识符是由字符（A~Z 和 a~z）、下画线和数字组成的，但第一个字符不能是数字。

（2）标识符不能和 Python 的关键字相同。

（3）标识符中不能包含空格、@、%以及$等特殊字符。

根据上述命名规则，我们尝试列举合法与不合法的标识符，如下所示：

```
# 合法的标识符
UserName
age
room1
```

```
last_name
# 不合法的标识符
# 第一个字符不能是数字
11room
# if 关键字不能作为标识符
if
# @是特殊字符
@name
```

我们知道，Python 是严格区分字母大小写的，也就是说两个同样的单词，如果字母的大小写不一样，就代表这是两个不同的标识符，两者是完全独立、毫无关系的个体，如下所示：

```
UserName
userName
username
```

虽然标识符可以使用下画线命名，但在 Python 语言中，某些情况下使用下画线的标识符具有特殊意义，比如在定义类属性或类方法的时候，说明如下：

（1）类属性以单下画线开头的标识符（如 _width），表示类以外的对象不能直接访问的类属性。

（2）类属性以双下画线开头的标识符（如__add），表示类的私有属性。

（3）类方法以双下画线作为开头和结尾的标识符（如 __init__），代表该类专用的标识符。

由于以下画线开头的标识符在特定场景下具有特殊含义，为了提高代码的可读性，一般情况下不建议使用以下画线开头的标识符，防止与特殊的标识符混淆。在编写程序的时候，业界对标识符设有一套命名标准，说明如下：

（1）Python 可以命名长度不受限制的标识符，但 PEP-8 标准不建议超过 79 个字符。

（2）命名标识符时尽量做到看一眼就知道什么意思（提高代码的可读性），比如名字定义为 name，年龄定义为 age，等等。

（3）如果无法使用一个单词命名标识符，那么可以使用驼峰命名法。小驼峰式命名法（Lower Camel Case）：第一个单词以小写字母开始，第二个单词的首字母大写，例如 myName、aDog。大驼峰式命名法（Upper Camel Case）：每一个单词的首字母都采用大写字母，例如 FirstName、LastName。还有一种较为流行的命名方法，即使用下画线"_"来连接所有的单词，比如 last_name。

尽管我们已经了解了标识符的命名规则和标准，但在实际开发中难以保证完全符合标识符命名规则，因此 Python 为我们提供了标识符命名规则检测功能，用于判断标识符是否符合命名规则。在 Python 交互模式下，将标识符以字符串表示，并调用 isidentifier()检测标识符是否合法，如图 2-3 所示。

```
>>> "aa".isidentifier()
True
>>> "1aa".isidentifier()
False
>>> "__aa__".isidentifier()
True
```

图 2-3　检测标识符

从图 2-3 看到：当检测结果为 True 的时候，说明当前标识符符合命名规则；若检测结果为 False，则说明当前标识符不符合命名规则。虽然 isidentifier()方法能检测标识符的命名规则，但无法判断标识符是否符合命名标准，因此对标识符__aa__的判断也会返回 True。

2.2　变　量

变量来源于数学，是计算机语言中能存储计算结果或表示值的抽象概念。变量是由标识符进行命名设定的，在大多数情况下，变量是可变的。Python 的变量无须定义变量类型，直接对变量赋值即可，Python 会根据变量值来自动识别变量类型。

2.2.1　变量的定义与使用

在计算机编程中，变量是非常有用的，它对每一段数据都赋予一个简短、易于记忆的名字，这个数据可以是用户输入的数据、特定运算的结果以及程序输出数据等。简而言之，变量是用于跟踪所有数据的简单工具。

Python 的变量与其他编程语言有所区别，如 Java 和 C#需要定义变量类型才能对变量进行使用，而 Python 的变量无须定义变量类型，直接对变量赋值即可，Python 会根据变量值来自动识别变量类型。

变量类型包含数据类型（数据类型会在第 3 章详细介绍），常用的数据类型有整型、字符串、浮点型、布尔型、字典和元组列表等。简而言之，变量可以比作一个人，而人又分为男人和女人，这里的男人和女人就相当于变量的数据类型，人是根据性别的不同进行分类的，而变量的数据类型则是根据变量值的不同进行分类的。

了解了变量和变量的数据类型之后，接下来学习 Python 的变量如何定义及使用。在 PyCharm 下输入以下代码：

```python
iVariable = 10
sVariable = 'Hello World'
bVariable = True
fVariable = 1.12

print('整型为：', iVariable)
print('字符串为：', sVariable)
```

```
print('布尔型为: ', bVariable)
print('浮点型为: ', fVariable)
```

在 PyCharm 中运行上述代码，查看代码输出结果，如图 2-4 所示。

```
D:\Python\python.exe D:/HelloWorld/hello.py
整型为: 10
字符串为: Hello World
布尔型为: True
浮点型为: 1.12

Process finished with exit code 0
```

图 2-4　输出结果

在上述代码中，我们将 4 个变量的值依次输出，这个输出过程就是变量的使用。每个变量在使用前都必须赋值，只有赋值后才会创建变量。如果直接执行"print('变量为: ', variable)"这行代码，程序执行时就会提示错误信息 NameError: name 'variable' is not defined，这是由于变量 variable 没有赋值，程序执行过程中并没有创建变量 variable，因此提示 variable 没有被定义的错误信息。

Python 还支持多个变量同时赋值。多变量赋值主要有两种方式：第一种赋值方式是首先创建一个整型对象，其值为 1，然后对变量 a、b、c 进行赋值；第二种赋值方式是分别创建 3 个不同类型的数据，然后分别赋值给变量 d、e、f。代码如下：

```
# 方式一
a = b = c = 1
print('a is', a)
print('b is', b)
print('c is', c)
# 方式二
d, e, f = 10, 'hello', True
print('d is', d)
print('e is', e)
print('f is', f)
```

从 Python 3.8 版本开始，Python 新增了变量赋值方式，允许开发人员在函数里实现变量赋值操作，进一步简化了代码。如果在函数里执行变量赋值操作，就必须使用":="（海象运算符）进行赋值，否则 Python 无法识别。实现方式如下：

```
print('a is', a:=1)
print('b is', b:=1)
print('c is', c:=1)
print('d is', d:=10)
print('e is', e:='hello')
print('f is', f:=True)
```

运行上述两段代码，两者的输出结果是一致的，如图 2-5 所示。

```
D:\Python\python. exe D:/HelloWorld/hello.py
a is 1
b is 1
c is 1
d is 10
e is hello
f is True
```

图 2-5 输出结果

如果 PyCharm 版本过低，当使用新变量赋值的时候，PyCharm 会在代码下方添加红线，提示当前代码存在错误，这是 PyCharm 语法提示功能的版本过低而导致的，如图 2-6 所示。

```
oWorld  hello.py
roject    ⊗  ÷  ✱  ▶     hello.py ×
HelloWorld [HelloWolrd]     1    print('a is', a:=1)
hello.py                    2    print('b is', b:=1)
External Libraries          3    print('c is', c:=1)
Scratches and Consoles      4    print('d is', d:=10)
                            5    print('e is', e:='hello')
                            6    print('f is', f:=True)
```

图 2-6 PyCharm 版本问题

2.2.2 变量的深拷贝和浅拷贝

变量的拷贝发生在对变量进行数据处理的时候，目的是保留数据处理前的变量而重新定义新的变量，简单来说，就是将一个变量的数据复制到另一个变量里。

在日常开发中，我们可能经常使用赋值方式实现变量的数据复制功能，代码如下：

```
a = {1: [1, 2, 3]}
b = a
print(b)
# 程序输出{1: [1,2,3]}
```

变量 a 通过 b=a 的赋值方式将字典"{1: [1,2,3]}"赋值给变量 b，变量 a 和变量 b 不仅数据相同，而且两者的数值指向同一个对象（字典"{1: [1,2,3]}"），如图 2-7 所示。简单地类比，一个人可以有多个不同的称呼，如真实姓名、乳名、曾用名等，这些称呼都代表同一个人。因此，当其中一个变量的数据发生变化的时候，另一个变量的数据也会随之变化。

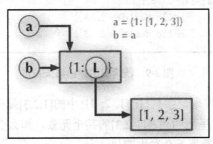

图 2-7 直接赋值原理图

除了直接赋值之外，变量的数据复制还可以分为浅拷贝和深拷贝。在 2.2.1 节中，我们提到数据类型主要有整型、字符串、浮点型、布尔型、字典和元组列表等。本小节以字典为例进行介绍，字典可以理解为学校中某个班级的学生信息，一个班级代表一个字典，班级里有多名学生，每个学生都有唯一的学号和真实姓名，并且学号和姓名是一一对应的。

使用浅拷贝实现变量的数据赋值需要调用 Python 内置模块 copy，实现过程如下：

```python
# import 是 Python 里面的导入功能模块
import copy
a = {1: [1, 2, 3]}
print('a', a)
# copy.copy 是函数，该函数来自 import copy 的导入
b = copy.copy(a)
# 修改变量 b 某个元素的值
b[1] = 'Hello World'
# 分别输出 a 和 b，观察变化
print('a', a)
print('b', b)
```

上述代码分别涉及字典的使用、功能模块的导入和函数的调用，这些都是 Python 的基础语法，具体的用法会在后续的章节中详细讲述。这里主要讲述变量 b 通过浅拷贝获取变量 a 的数据，然后修改变量 b 的某个元素时，观察变量 a 的数据变化情况，变化结果如图 2-8 所示。

```
D:\Python\python.exe D:/HelloWorld/hello.py
a {1: [1, 2, 3]}
a {1: [1, 2, 3]}
b {1: 'Hello World'}
```

图 2-8　浅拷贝的输出结果

从图 2-8 看到，当变量 b 从变量 a 获取数据并进行数据修改的时候，变量 b 的自身变化不会影响变量 a 的数据内容，两者之间是相互独立的。

虽然变量 a 和变量 b 是两个独立的对象，但它们都是引用同一个对象（它们都指向{1: [1, 2, 3]}的内存地址）。如果将上述代码中的 b[1] = 'Hello World'改为 b[1][0] = 'Hello World'，那么上述代码的运行结果如图 2-9 所示。

```
D:\Python\python.exe D:/HelloWorld/hello.py
a {1: [1, 2, 3]}
a {1: ['Hello World', 2, 3]}
b {1: ['Hello World', 2, 3]}
```

图 2-9　浅拷贝的输出结果

通过对比图 2-8 和图 2-9 发现，字典{1: [1, 2, 3]}中的[1,2,3]是列表格式，这是在字典中嵌套了一个列表，如果修改变量 b 里面的列表[1,2,3]的某个元素，那么变量 a 也会随之变化，但是对整个列表进行修改，变量 a 的数据不会发生变化。

总的来说，浅拷贝只能将最外层的数据格式（列表、集合或字典）单独复制成新的对象，但

嵌套在里面的列表、集合或字典依然依赖源数据，因此修改内层的列表、集合或字典也会改变另一个变量的数据结构，其原理如图 2-10 所示。

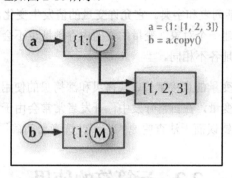

图 2-10 浅拷贝原理图

若想将一个变量的所有数据结构独立复制到另一个变量，无论变量的数据结构怎样修改都不会影响另一个变量，可以使用深拷贝方式实现，只需调用 copy 模块的 deepcopy 方法即可，代码如下：

```
# import 是 Python 里面的导入功能模块
import copy
a = {1: [1, 2, 3]}
print('a', a)
# copy.deepcopy 是函数，该函数来自 import copy 的导入
b = copy.deepcopy(a)
# 修改变量 b 某个元素的值
b[1][0] = 'Hello World'
# 分别输出 a 和 b，观察变化
print('a', a)
print('b', b)
```

运行上述代码，输出结果如图 2-11 所示。查看变量 a 和变量 b 的变化情况，从输出结果可以看到，当修改变量 b 某个元素的列表元素时，变量 a 不会发生任何变化，深拷贝的原理如图 2-12 所示。

```
D:\Python\python.exe D:/HelloWorld/hello.py
a {1: [1, 2, 3]}
a {1: [1, 2, 3]}
b {1: ['Hello World', 2, 3]}
```

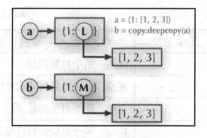

图 2-11 深拷贝的输出结果   图 2-12 深拷贝原理图

变量的深拷贝和浅拷贝的依据是 Python 的不可变数据类型和可变数据类型，两种数据类型的说明如下：

（1）不可变数据类型包括整型、浮点型、字符串类型和元组。它不允许变量的值发生变化，

如果改变了变量的值，相当于新建了一个对象；如果多个变量的值相同，该值在计算机内存中也只有一个内存地址。

（2）可变数据类型包括列表和字典。它允许变量的值发生变化，如果对变量进行操作并改变了变量的值，程序不会新建一个对象，变量的值的内存地址也不会变化；如果多个变量的值相同，每个变量的值的内存地址各不相同。

综上所述，本节讲述了变量的直接赋值、浅拷贝和深拷贝的使用。浅拷贝和深拷贝常用于变量值为列表、集合或字典的变量，在日常开发中，开发者常常会由于一时大意而忽略深拷贝和浅拷贝的区别，导致程序出现错误而无法查明原因，因此读者要明确区分深拷贝和浅拷贝的差异。

2.3 运算符的使用

编程中的运算符就好比数学中的加减乘除等运算法则，每一种编程语言的运算符都是大同小异的。Python 支持以下类型的运算符：

- 算术运算符：计算两个变量的加减乘除等。
- 比较（关系）运算符：比较两个变量的大小情况。
- 赋值运算符：先计算后赋值到新的变量。
- 逻辑运算符：与或非的逻辑判断。
- 位运算符：把数值看成二进制来进行计算。
- 成员运算符：判断字符串、元组、列表或字典中是否含有成员。
- 身份运算符：用于比较两个对象的存储单位，比如判断变量 a 和 b 在计算机中的内存地址是否一致。

2.3.1 算术运算符

算术运算符就是我们常说的加减乘除法则，主要在程序里实现简单的数学计算。Python 的算术运算符如表 2-2 所示。

表2-2 Python的算术运算符

运 算 符	描 述	实 例
+	加法，两个对象相加	x = 2 + 3，x 的值为 5
−	减法，两个对象相减或者用于负数的表示	x = 2−3，x 的值为−1
*	乘法，两个对象的数值相乘	x = 2 * 3，x 的值为 6
/	除法，两个对象的数值相除	x = 9 / 2，x 的值为 4.5
%	取模，获取除法中的余数	x = 9 % 2，x 的值为 1
**	幂，求几个相同因数的积	x = 2 ** 3，x 的值为 8
//	取整，获取除法中的整数	x = 9 // 2，x 的值为 4

下面通过实例演示 Python 算术运算符的用法，代码如下：

```
x = 8
y = 5
print('加法运算符：', x+y)
print('减法运算符：', x-y)
print('乘法运算符：', x*y)
print('除法运算符：', x/y)
print('取模运算符：', x%y)
print('幂运算符：', x**y)
print('取整运算符：', x//y)
```

在 PyCharm 中运行上述代码，结果如图 2-13 所示。

```
加法运算符： 13
减法运算符： 3
乘法运算符： 40
除法运算符： 1.6
取模运算符： 3
幂运算符： 32768
取整运算符： 1
```

图 2-13　算术运算符的运算结果

2.3.2　比较运算符

比较（关系）运算符是比较两个变量之间的大小关系，而且两个变量的数据类型必须相同，比较结果以 True 或者 False 返回。Python 的比较（关系）运算符如表 2-3 所示。

表2-3　Python的比较（关系）运算符

运 算 符	描 述	实 例
==	等于，判断比较运算符前面的对象是否等于后面的对象	2 == 3，比较结果为 False
!=	不等于，判断比较运算符前面的对象是否不等于后面的对象	2 != 3，比较结果为 True
>	大于，判断比较运算符前面的对象是否大于后面的对象	2 > 3，比较结果为 False
<	小于，判断比较运算符前面的对象是否小于后面的对象	2 < 3，比较结果为 True
>=	大于等于，判断比较运算符前面的对象是否大于或等于后面的对象	2 >= 3，比较结果为 False
<=	小于等于，判断比较运算符前面的对象是否小于或等于后面的对象	2 <= 3，比较结果为 True

下面通过实例演示比较（关系）运算符的用法，代码如下：

```
x = 2
y = 3
print('等于运算符：', x==y)
print('不等于运算符：', x!=y)
print('大于运算符：', x>y)
print('小于运算符：', x<y)
print('大于等于运算符：', x>=y)
print('小于等于运算符：', x<=y)
```

上述代码设置变量 x 和 y，然后通过比较（关系）运算符对比两个变量并输出对比结果。在 PyCharm 中运行代码，运行结果如图 2-14 所示。

```
等于运算符：False
不等于运算符：True
大于运算符：False
小于运算符：True
大于等于运算符：False
小于等于运算符：True
```

图 2-14　比较运算符的运算结果

2.3.3　赋值运算符

赋值运算符是算术运算符的一个特殊使用，其实质是两个变量进行算术运算并将运算结果重新赋值到其中一个变量里。Python 的赋值运算符如表 2-4 所示。

表2-4　Python的赋值运算符

运　算　符	描　　　述	实　　　例
=	简单的赋值运算符	c＝a＋b 将 a＋b 的运算结果赋值给 c
+=	加法赋值运算符	c＋=a 等效于 c＝c＋a
-=	减法赋值运算符	c－=a 等效于 c＝c－a
*=	乘法赋值运算符	c*=a 等效于 c＝c*a
/=	除法赋值运算符	c/=a 等效于 c＝c/a
%=	取模赋值运算符	c%=a 等效于 c＝c%a
**=	幂赋值运算符	c**=a 等效于 c＝c**a
//=	取整赋值运算符	c//=a 等效于 c＝c//a

下面通过实例演示赋值运算符的用法。由于每次赋值运行后，变量 x 的数值会发生变化，因此执行下次赋值运算时必须重设变量 x 的数值。具体代码如下：

```
x = 5
y = 2
print('简单的赋值运算符：', x+y)
x += y
print('加法赋值运算符：', x)
```

```
x = 5
x -= y
print('减法赋值运算符：', x)
x = 5
x *= y
print('乘法赋值运算符：', x)
x = 5
x /= y
print('除法赋值运算符：', x)
x = 5
x %= y
print('取模赋值运算符：', x)
x = 5
x **= y
print('幂赋值运算符：', x)
x = 5
x //= y
print('取整赋值运算符：', x)
```

```
简单的赋值运算符： 7
加法赋值运算符： 7
减法赋值运算符： 3
乘法赋值运算符： 10
除法赋值运算符： 2.5
取模赋值运算符： 1
幂赋值运算符： 25
取整赋值运算符： 2
```

每次执行赋值运算的时候，变量 x 和 y 的值都分别是 5 和 2，5 和 2 进行计算并赋值给变量 x。在 PyCharm 中运行上述代码，运行结果如图 2-15 所示。

图 2-15　赋值运算符的运算结果

2.3.4　逻辑运算符

逻辑运算符是将多个条件进行与、或、非的逻辑判断，这种类型的运算符常用于 Python 的条件判断。条件判断会在后续章节详细讲述，现在首先了解与、或、非的逻辑判断，具体说明如表 2-5 所示。

表2-5　Python的逻辑运算符

运 算 符	描　述	实　例
and（与）	对于 x and y：若 x 或 y 为 False，则返回 False	False and 10，返回 False
	若 x 和 y 皆为 True，则返回 True	True and True，返回 True
	若 x 和 y 皆为数字，则返回较大的数值	10 and 20，返回 20
or（或）	对于 x or y：若 x 或 y 为 True，则返回 True	False or 10，返回 10
	若 x 和 y 皆为 False，则返回 False	False or True，返回 True
	若 x 和 y 皆为数字，则返回较小的数值	10 or 20，返回 10
not（非）	对于 not x：若 x 为 True，则返回 False	not False，返回 True
	若 x 为 False，则返回 True	not True，返回 False

逻辑运算符的与、或、非需要两个对象进行逻辑判断，这两个对象可以是任意的数据类型。读者有兴趣的话，可以自行研究多种数据类型组合的逻辑判断结果。下面通过实例简单演示逻辑运算符的用法，代码如下：

```
x = False
y = 'a'
print('与运算符: ', x and y)
print('或运算符: ', x or y)
print('非运算符: ', not x)
```

变量 x 和 y 的数据类型分别为布尔型和字符串，逻辑运算符会首先判断对象的真假性，如变量 y，如果是空的字符串，就返回 False，如果是非空的字符串，就返回 True。同理，元组、列表和字典与字符串的判断逻辑是相同的。最后根据两个对象的真假执行与、或、非的逻辑判断。在 PyCharm 中运行上述代码，运行结果如图 2-16 所示。

```
与运算符: False
或运算符: a
非运算符: True
```

图 2-16　逻辑运算符的运算结果

2.3.5　位运算符

位运算符是将数值转换为二进制进行计算。我们无须手动将数值转换为二进制，只需对数值使用位运算符，Python 会自动将数值转换为二进制进行计算并将计算结果转换为十进制。位运算符如表 2-6 所示。

表2-6　Python的位运算符

运 算 符	描 述	实 例
&	按位与运算符。参与运算的两个值，如果两个相应位都为 1，那么该位的结果为 1，否则为 0	60 & 13 输出结果为 12，二进制为 0000 1100
|	按位或运算符。只要对应的两个二进制位有一个为 1，结果就为 1	60|13 输出结果为 61，二进制为 0011 1101
^	按位异或运算符。当两个对应的二进制位相异时，结果为 1	60 ^13 输出结果为 49，二进制为 0011 0001
~	按位取反运算符。对数据的每个二进制位取反，即把 1 变为 0，把 0 变为 1	~60 输出结果为-61，二进制为 1100 0011
<<	左移动运算符。将二进制位全部左移若干位，由 "<<" 右边的数指定移动的位数，高位丢弃，低位补 0	60 << 2 输出结果为 240，二进制为 1111 0000
>>	右移动运算符。将二进制位全部右移若干位，由 ">>" 右边的数指定移动的位数，移动过程中，正数最高位补 0，负数最高位补 1，无符号数最高位补 0	60 >> 2 输出结果为 15，二进制为 0000 1111

下面通过实例演示位运算符的具体使用方式，代码如下：

```
x = 60
y = 13
print('&运算符: ', x & y)
```

```
print('|运算符: ', x | y)
print('^运算符: ', x ^ y)
print('~运算符: ', ~x)
print('<<运算符: ', x << 2)
print('>>运算符: ', x >> 2 )
```

```
&运算符:  12
|运算符:  61
^运算符:  49
~运算符:  -61
<<运算符:  240
>>运算符:  15
```

图 2-17　位运算符的运算结果

二进制数据是用 0 和 1 来表示数值的。它的基数为 2，进位规则是逢二进一，借位规则是借一当二。由于 Python 是解释性编程语言，因此位运算符在实际开发中使用频率相对较低，读者了解即可。在 PyCharm 中运行上述代码，运行结果如图 2-17 所示。

2.3.6　成员运算符

成员运算符主要用于判断字符串、元组、列表或字典里是否包含某个成员，返回结果以 True 或 False 表示。Python 的成员运算符如表 2-7 所示。

表2-7　成员运算符

运 算 符	描 述	实 例
in	如果在指定的序列（元组或列表）中找到值，就返回 True，否则返回 False	若 x 在 y 序列（元组或列表）中，则返回 True，否则返回 False
not in	如果在指定的序列（元组或列表）中没有找到值，就返回 True，否则返回 False	若 x 在 y 序列（元组或列表）中，则返回 False，否则返回 True

下面以字符串和列表来演示成员运算符的操作，具体代码如下：

```
x = 'hello world'
y = [1, 2, 3, 4]
print('in 运算符: ', 'hello' in x)
print('not in 运算符: ', 2 not in y)
```

在 PyCharm 中运行上述代码，运行结果如图 2-18 所示。

```
in运算符: True
not in运算符: False
```

图 2-18　成员运算符的运算结果

2.3.7　身份运算符

身份运算符是比较两个对象的存储单位是否一致，两个对象可以为任意的数据类型、函数和类等。Python 的身份运算符如表 2-8 所示。

表2-8　Python的身份运算符

运　算　符	描　　述	实　　例
is	判断两个变量是否引用自同一个对象	若引用的是同一个对象,则返回 True,否则返回 False
is not	判断两个变量是否引用自不同对象	若引用的不是同一个对象，则返回 True，否则返回 False

如果两个变量的值是完全相同的，就说明这两个变量来自同一个对象，否则来自不同对象。下面通过实例来加以说明，代码如下：

```
x = 10
y = 10
print('is 运算符: ', x is y)
y = 20
print('is not 运算符: ', x is not y)
```

若变量 x 和 y 的值相同，则两者引用自同一个对象，使用 is 运算符输出的结果为 True；若改变变量 y 的值，则两个变量引用自不同的对象，使用 is not 运算符输出的结果为 True。运行结果如图 2-19 所示。

```
is运算符: True
is not运算符: True
```

图 2-19　身份运算符的运算结果

2.3.8　运算符的优先级

运算符的优先级是指在一个 Python 语句里，若包含两种或两种以上的运算符，则会根据其高低依次执行运算。表 2-9 从高到低列出了所有运算符的优先级。

表2-9　运算符的优先级

运　算　符	描　　述
**	幂运算符（算术运算符）
~、+、-	按位取反运算符（位运算符）、加法运算符（代表正数）、减法运算符（代表负数）
*、/、%、//	算术运算符
>>、<<、&、^、|	位运算符
<=、<、>、>=、<>、==、!=	比较运算符
=、%=、/=、//=、-=、+=、*=、**=	赋值运算符
is、is not	身份运算符
in、not in	成员运算符
not、or、and	逻辑运算符

2.4 编码规范

PEP（Python Enhancement Proposal，Python 增强提案）是为 Python 社区提供发展方向的技术文档，其中第 8 号增强提案（PEP 8）是针对 Python 语言编写的代码风格指南。尽管我们可以在保证语法没有问题的前提下随意书写 Python 代码，但是在实际开发中，采用一致的代码编写风格是每个专业的程序员都应该做到的事情，也是每个公司的编程规范中会提出的要求，这在多人协作开发一个项目（团队开发）的时候显得尤为重要。

2.4.1 代码注释

注释是对代码的解释和说明，其目的是让人们能够更加轻松地了解代码。注释是编写程序时，写程序的人对语句、程序段、函数等的解释或提示，能够提高程序代码的可读性。

在 Python 中，通常包括 3 种类型的注释，分别是单行注释、多行注释和中文编码声明注释。

单行注释使用 "#" 作为符号。从符号 "#" 开始直到换行为止，"#" 后面所有的内容都作为注释的内容，并被 Python 编译器忽略，具体示例如下：

```
# 这是单行注释
# 输出'Hello World'
print('Hello World')
```

单行注释一般写在被注释代码的上一行，人们通常先看注释说明再看代码的实现过程，这样便于理解程序的业务逻辑。下面列举一些业界中不太友好的代码注释。

```
print('Hello World')
# 输出'Hello World'（注释在代码的下一行）

print('Hello World') # 输出'Hello World'（注释和代码在同一行）
```

多行注释没有特定的注释符号，它通过使用一对三引号实现注释功能（'''……'''或"""……"""）。如果注释内容较多，注释内容无法在一行显示，就应优先使用多行注释。虽然使用多个单行注释也能实现多行注释功能，但重复使用 "#" 会影响代码的简洁和美观。多行注释也是建议写在代码的上一行，如下所示：

```
"""
这是一个多行注释
在多行注释之间可以写很多内容
"""
print("hello python")
```

中文编码声明注释是为了解决 Python 2 中不支持直接写中文的问题，这是一种特殊的编码声明注释。由于 Python 3 已解决了编码格式问题，因此在编写程序的时候无须添加中文编码声明注释。我们在一些 Python 脚本中经常看到以下代码：

```
#!/usr/bin/env python
#! -*- coding:utf-8 -*-
```

```
#coding=utf-8
```

因为 Python 2 默认使用的是 ASCII 编码（不支持中文），所以为了使 Python 2 支持中文，会在程序的开头加入#coding=utf-8，而 Python 3 已支持 UTF-8 编码（支持中文），所以 Python 3 不需要在程序的开头加入#coding=utf-8。

注　意

常见的写法有#coding=utf-8 和#! -*- coding:utf-8 -*-，两种写法都是合法有效的，但是 coding 和等号"="之间或者 coding 和冒号":"之间不能有空格。

2.4.2　模块与包

在 Python 中，我们经常会接触模块与包，但许多开发者经常混淆这两个概念。模块是指一个单独的 Python 文件（后缀名为.py），两个 Python 文件就代表两个模块。包代表多个模块所在的文件夹，比如将多个 Python 文件放在文件夹 A，文件夹 A 就可以称为包。

每一个包目录下面都会有一个__init__.py 文件，这个文件是必须存在的，否则 Python 会把这个目录当成普通目录（文件夹），而不是一个包。__init__.py 可以是空文件，也可以编写 Python 代码，因为__init__.py 本身就是一个模块，而它的模块名就是对应包的名字。简单来说，Python 通过判断__init__.py 文件识别该文件夹是否为一个包。

在日常开发中，开发者经常导入模块与包的函数实现程序编写。模块与包的导入是通过关键字 import 完成的，比如导入 Python 内置模块 os，其导入方式如下：

```
# 导入 os 模块
import os
# 导入 os 模块的 name 方法
print(os.name)
```

当在某一个 Python 文件中重复导入同一个模块时，只有第一次导入的时候才会加载模块内的代码，因为第一次导入的时候，Python 会将模块内的代码加载到计算机内存，以后的重复导入都会自动指向该模块所在的计算机内存地址。此外，还可以使用关键字 as 为导入的模块进行命名，如下所示：

```
# 导入 os 模块并命名为 myos
import os as myos
# 导入 os 模块的 name 方法
print(myos.name)
```

使用关键字 as 对模块进行命名后，在使用该模块的函数时，必须以已命名的名字进行导入。比如上述代码中导入 os 模块的 name 方法，由于我们已将 os 模块命名为 myos，因此在导入函数的时候必须使用 myos 进行导入。

如果在某个模块中定义了多个函数，或者某个包中有多个模块，但我们只需使用某个模块的某个函数，则直接使用 import 导入整个模块或包，会对计算机内存造成一定的浪费。为了能够精准到某个模块的某个方法，我们可以使用关键字 from 实现模块与包的导入。以模块 os 的方法 name 为例，如下所示：

```
# 从模块 os 导入 name 方法
from os import name
# 直接导入 name 方法
print(name)
```

包的导入与模块的导入原理是相同的,以 urllib 包为例,读者可以在 Python 安装目录下查看该包的目录信息,如图 2-20 所示。

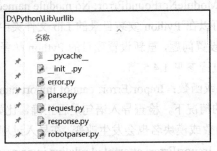

图 2-20　urllib 包的目录信息

分别导入图 2-20 的 parse.py 模块和 parse.py 模块的 urlparse 方法,其导入方式如下:

```
# 导入 urllib 包的 parse.py 模块
from urllib import parse
# 导入 parse.py 模块的 urlparse 方法
print(parse.urlparse('https://www.baidu.com/'))
```

```
# 导入 urllib 包的 parse.py 模块的 urlparse 方法
# from 也支持使用关键字 as 进行命名
from urllib.parse import urlparse as ups
print(ups('https://www.baidu.com/'))
```

如果一个包(HelloWorld)里面嵌套了一个包(world),其目录结构如图 2-21 所示,那么可以通过 "." 找到底层的包(world),当使用关键字 from 查找和定位某个包的时候,符号 "." 代表最外层的包的目录路径。

```
# 导入包 world 的模块 w
from HelloWorld.world import w
# 在 HelloWorld 包的模块 h 中导入嵌套包 world 的模块 w
from world import w
```

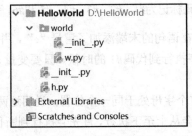

图 2-21　包的目录信息

我们在某些模块里面经常看到 if __name__ == '__main__':语句，导入模块的时候无法导入该语句的代码内容，只有执行该模块的时候才会执行语句 if __name__ == '__main__':的代码，这样能够确保模块在单独运行和导入时互不干扰。

对于初学者来说，由于不太熟悉 Python 的模块与包的导入，在导入过程中经常出现异常提示。下面列举一些常见的异常以及解决方案。

（1）模块或包不存在：ModuleNotFoundError: No module named 'XXXX'。解决方案：检测是否已安装导入的模块或包，可以在 Python 安装目录的 Lib 文件夹中查找。如果已安装模块或包，那么可能是 PyCharm 的环境设置问题，重新设置项目的 Python 解释器，在 Project Interpreter 中可以查看包的安装信息，设置过程参见 1.4.5 节。

（2）导入不存在的模块或函数：ImportError: cannot import name 'XXX' from 'XXX'。解决方案：在确保模块或包已安装的情况下，检查导入语句是否正确，比如模块名或包名是否正确。有些模块或包的版本不同，其函数或模块名也会发生改变，在导入过程中应以官方文档或源码为准。

（3）包的路径导入错误：ImportError: attempted relative import with no known parent package。解决方案：主要是符号"."使用不当，应区分程序文件与模块（包）的位置关系。

（4）文件名与模块名重复：AttributeError: partially initialized module 'XXX' has no attribute 'XXX'。解决方案：重新修改程序文件的文件名。

2.4.3 编码缩进

任何一门编程语言都有自身的代码编写规范，比如 Java 和 C 采用大括号"{}"分隔不同的代码块，提高代码的可读性。Python 采用代码缩进和冒号"："来区分代码块之间的层次，代码缩进可以使用空格或者 Tab 键实现。无论是手动输入空格，还是使用 Tab 键，通常都是采用 4 个空格作为一个缩进。

在 Python 中，定义类、函数、流程控制语句（判断语句或循环语句等）、异常处理语句时，需要在这些语句的末端添加冒号"："，并且对下一行的代码进行缩进处理，如下所示：

```
if a == b:   #1
    print('Hello')   #2
if c == d:   #3
    if e == f:   #4
        print('Python')   #5
    print('Hi')   #6
```

上述代码中，分别将每行代码标记为#1、#2、#3、#4、#5 和#6，每行代码之间的关系说明如下：

（1）代码#1 为判断语句，在语句的末端添加了冒号"："，并对代码#2 进行缩进处理，这说明代码#2 归属于代码#1，当程序执行到代码#1 的时候，只要变量 a 等于变量 b，那么程序将会执行代码#2。

（2）代码#1 和#3 语句的首个字母处于同一个位置，说明这两行代码不存在缩进关系，两者是同级关系并且互不相关，程序会从上至下执行，首先会执行判断代码#1，然后执行判断代码#3。

（3）代码#4、#5 和#6 均隶属于代码#3，其中代码#5 又隶属于代码#4，由代码#4 和#5 组成代码块并嵌套在代码#3 中，这种代码嵌套模式在开发中经常使用。

综上所述，Python 通过代码缩进和冒号 ":" 来划分代码的等级和归属，从代码缩进可以轻易看到代码隶属于哪个代码块，具有一定的可读性和规范性。

由于 Python 严格规定代码缩进和冒号 ":" 的使用，如果开发者不熟悉使用规则，在编写代码的过程中就经常会出现异常提示。下面列举一些常见的异常。

（1）无效缩进：IndentationError: unexpected indent。缩进的代码块没有归属到上一级代码，如图 2-22 所示。

```
1    for i in range(5):
2            print(i)
3    print('hello')
4
```

图 2-22　无效缩进

（2）没有缩进代码：IndentationError: expected an indented block。在定义类、函数、流程控制语句（判断语句或循环语句等）、异常处理语句的时候，没有为这些语句的代码进行缩进处理，如图 2-23 所示。

```
1    for i in range(5):
2    print(i)
3    print('hello')
4
```

图 2-23　没有缩进代码

（3）缺失冒号 ":"：SyntaxError: invalid syntax。在定义类、函数、流程控制语句（判断语句或循环语句等）、异常处理语句的时候，没有在语句的末端添加冒号 ":"，如图 2-24 所示。

```
1    for i in range(5)
2            print(i)
3    print('hello')
4
```

图 2-24　缺失冒号

2.5　实战项目：猜数字游戏

用 Python 实现猜数字游戏可由 if 语句和循环语句实现。游戏的大致规则如下：

（1）程序随机生成一个数值，随机生成的数值必须在限定的数值区间内，比如 0～100、20～80 等。

（2）用户输入一个数值，程序将（1）生成的数值与用户输入的数值进行比较，根据比较结果输出相应的提示。

（3）如果输入的数值比生成的数值大，程序就输出提示"大了"，并提示用户重新输入数值。

（4）如果输入的数值比生成的数值小，程序就输出提示"小了"，并提示用户重新输入数值。

（5）如果输入的数值等于生成的数值，程序就输出提示"猜对了"，并终止程序。

根据游戏规则落实游戏实现过程，具体的实现过程大致如下：

（1）首先在一个可控范围内生成一个随机数值，并将数值赋予变量 number。

（2）程序需要给用户提供输入口，接收用户输入的数值，并赋值给变量 getNum，用于与变量 number 进行比较。

（3）对变量 getNum 和 number 的大小进行比较，比较方式有大于、小于和等于，不同的比较结果执行不同的处理。

（4）根据比较结果，如果两个变量相等，就终止整个程序，否则重复执行步骤（2）～（4）。

从上述实现过程可以发现，程序的实现涉及随机数的生成、用户输入提示、循环和 if 语句。随机数的生成可以使用 Python 标准库 random 实现，用户输入提示由 Python 的内置函数 input 实现，循环语句使用 while 实现。具体的代码如下：

```python
# 导入标准库 random，实现随机数的生成
import random
number = random.randint(0, 20)
while 1:
    # 内置 input 函数用于给用户提供数值的输入
    # 由于 input 函数是生成字符串，所以需要将字符串转换成数字
    getNum = int(input('请输入你的数字：'))
    # 判断输入值和随机数的大小
    if getNum == number:
        # 判断成功就终止整个 while 循环
        print('恭喜你，你猜对了')
        break
    elif getNum > number:
        print('你的数字比结果大了')
    else:
        print('你的数字比结果小了')
```

运行上述代码，程序首先会自动生成一个随机数，然后提示用户输入数据。用户输入数据后会比较数据与随机数，无论两个数值是大于还是小于关系，程序都会提示相应的结果并提示用户再次输入数值，只有两个数值相等的时候，程序才会终止 while 循环。运行结果如图 2-25 所示。

```
请输入你的数字：10
你的数字比结果小了
请输入你的数字：9
你的数字比结果小了
请输入你的数字：12
你的数字比结果小了
请输入你的数字：14
恭喜你，你猜对了
```

图 2-25　猜数字游戏结果

在猜数字游戏的开发过程中，我们分别使用了 Python 的变量、比较运算符、模块导入和调用、代码注释、判断语句和循环语句，其中判断语句和循环语句将会在后续章节深入讲述。

2.6　本章小结

每一种编程语言都有特定的关键字（也称保留字），这些关键字在编程语言里是赋予特定意义的单词。标识符就是一个名字，就好比我们每个人都有属于自己的名字，它的作用是作为变量、函数、类、模块以及其他对象的名称。

Python 设置了 35 个关键字，我们可以从 CMD 窗口或者 PyCharm 控制台的 Terminal 窗口进入 Python 交互模式，在 Python 交互模式下查看关键字。

变量是计算机语言中能存储计算结果或表示值的抽象概念。变量是由标识符进行命名的，在大多数情况下，变量是可变的。在计算机编程中，变量是非常有用的，它对数据赋予一个简短、易于记忆的名字，这个数据可以是用户输入的数据、特定运算的结果以及程序输出数据等。简而言之，变量是用于跟踪所有数据的简单工具。

编程中的运算符就好比数学中的加减乘除等运算法则，每一种编程语言的运算符都是大同小异的。Python 支持的运算符包括：算术运算符、比较（关系）运算符、赋值运算符、逻辑运算符、位运算符、成员运算符和身份运算符。

注释是对代码的解释和说明，其目的是让人们能够更加轻松地了解代码。注释是编写程序时，写程序的人对语句、程序段、函数等的解释或提示，能够提高程序代码的可读性。在 Python 中，有 3 种类型的注释，分别是单行注释、多行注释和中文编码声明注释。

模块是指一个单独的 Python 文件（后缀名为.py），两个 Python 文件就代表两个模块。包代表多个模块所在的文件夹，比如将多个 Python 文件放在文件夹 A，文件夹 A 就可以称为包。

Python 采用代码缩进和冒号 ":" 来区分代码块之间的层次，代码缩进可以使用空格或者 Tab 键实现。无论是手动输入空格，还是使用 Tab 键，通常都是采用 4 个空格作为一个缩进。

第 3 章

数据类型

本章主要讲述 Python 的数据类型，包括数字类型和字符串类型。

3.1　数字类型

数字类型主要以阿拉伯数字的形式表示，它可以细分为整型、浮点型、布尔型和复数，具体说明如下：

（1）整型是没有小数点的数值。

（2）浮点型是带有小数点的数值。

（3）布尔型以 True 和 False 表示，实质分别为 1 和 0，是为了与整型的 1 和 0 进行区分，而改为 True 和 False 的。

（4）复数是由一个实数和一个虚数组合而成的，可以用 x+yj 或者 complex(x, y)表示。

3.1.1　整型数据的进制与转换

整型数据也被称为整数，以 int 表示，它可以代表正、负整数，并且不能带小数点，其表现方式如下：

```
# 表示正数
a = 123
# 表示负数
b = -123
```

正负数之间是可以通过运算符实现转换的，Python 提供了内置方法 abs()实现，正负数的转换方法如下：

```
a = 123
```

```
b = -123
print('正数转负数：', 0-a)
print('负数转正数：', abs(b))
```

在 Python 3 中，整型没有长度限制，可以设置非常大的数值，但实际上由于计算机内存有限，我们使用的整数是不可能无限大的。

根据不同的进制，整型也有不同的表现形式，具体说明如下：

```
# 二进制的整型，逢二进一
a = 0b11011
print('二进制表示:', a)

# 八进制的整型，逢八进一
b = 0o33
print('八进制表示:', b)

# 十进制的整型，逢十进一
c = 27
print('十进制表示:', c)

# 十六进制的整型，逢十六进一
d = 0x1b
print('十六进制表示:', d)
```

在 PyCharm 中运行上述代码，运行结果如图 3-1 所示。

```
E:\Python\python.exe D:/HelloWorld/w.py
二进制表示: 27
八进制表示: 27
十进制表示: 27
十六进制表示: 27

Process finished with exit code 0
```

图 3-1　运行结果

从图 3-1 看到，整型对不同的进制有不同的表示方式，详细说明如下：

（1）二进制：以'0b'开头。例如，'0b11011'表示 10 进制的 27。

（2）八进制：以'0o'开头。例如，'0o33'表示 10 进制的 27。

（3）十进制：正常的数值表示。

（4）十六进制：以'0x'开头。例如，'0x1b'表示 10 进制的 27。

进制也就是进位计数制，是人为定义的带进位的计数方法。比如一分钟六十秒，逢六十进一，就是六十进制；一天二十四小时，逢二十四进一，就是二十四进制等。进制就是逢几进一，X 进制就是逢 X 进一，计算机只能识别二进制。人类最早习惯使用的是十进制，为了实际需要，人们又建立了八进制和十六进制。八进制就是逢八进一，十六进制就是逢十六进一。

在实际开发中，开发者会常常接触不同进制的数据，比如嵌入式系统经常使用二进制数据，

Web 系统则使用十进制表示数据。Python 对不同进制的数据转换提供了内置函数，如下所示：

```
# 十进制转换成二进制，使用 bin() 函数实现
num = 8
v = bin(num)
print(v)

# 十进制转换成八进制，使用 oct() 函数实现
v = oct(num)
print(v)

# 十进制转换成十六进制，使用 hex() 函数实现
v = hex(num)
print(v)

# 二进制转换成十进制
v1 = '0b1111'
result = int(v1, base=2)
print(result)

# 八进制转换成十进制
v1 = '0o1111'
result = int(v1, base=8)
print(result)

# 十六进制转换成十进制
v1 = '0x1111'
result = int(v1, base=16)
print(result)
```

在 PyCharm 中运行上述代码，运行结果如图 3-2 所示。

```
E:\Python\python.exe D:/HelloWorld/w.py
0b1000
0o10
0x8
15
585
4369
```

图 3-2 运行结果

各个进制之间的转换都必须以十进制为主，比如将二进制转换成八进制，需要将二进制的数据转换成十进制，再由十进制转换成八进制。此外，不同进制的数据可以直接使用运算符，如下所示：

```
# 二进制数据
a = 0b11011
```

```
# 八进制数据
b = 0o33
# 比较运算符
print(a==b)
# 算术运算符
print(a+b)
```

3.1.2　浮点数的精度处理

浮点数是带有小数部分的数据，在定义浮点数的时候，只需在整型末端添加小数部分即可，也可以使用内置函数 float()将整型转换成浮点型，如下所示：

```
# 定义浮点数
a = 121.121
# 使用 float()转换浮点数
b = 121
c = float(b)
print(c)
```

浮点数可以参加算术运算，但在执行算术运算的过程中，计算得出的数据与实际数据会存在差异，计算得出的数据明显存在精度缺失问题，如下所示：

```
# 计算 10.2+0.1，得出 10.299999999999999
print(10.2+0.1)

# 计算 12.2/122，得出 0.09999999999999999
print(12.2/122)

# 计算 0.1*0.2，得出 0.020000000000000004
print(0.1*0.2)
```

造成浮点数的精度缺失是因为计算机无法识别十进制数据，它只认识二进制数据，也就是说，当我们以十进制数据进行运算的时候，计算机需要将各个十进制数据转换成二进制数据，再进行二进制的计算。在浮点数转换二进制的时候，难以精确到十进制的小数点数据，这个问题不仅在Python 中存在，在所有支持浮点数运算的编程语言中都会遇到。

为了解决这个问题，可以使用内置函数 round 或内置模块 decimal 实现。一般情况下，使用内置函数 round 可以实现简单的计算，而内置函数 round 是对浮点数进行近似取值，但对一些特殊数据会存在细微的误差，如下所示：

```
# 保留 2 位小数，输出 0.14
print(round(0.135, 2))
# 保留 2 位小数，输出 0.23
print(round(0.235, 2))
```

从上述代码可以看出，当浮点数为 0.235 的时候，若使用内置函数 round 则输出 0.23，输出结果与实际数据存在一定的误差。对于金融行业来说，这点误差足以致命，因此我们需要借助内置模块 decimal 实现精准计算，如下所示：

```
from decimal import Decimal
from decimal import getcontext
# 设置小数点保留的位数
d_context = getcontext()
d_context.prec = 2
# 使用 Decimal 传入的数据必须以字符串表示
a = Decimal('0.235') / Decimal('1')
# 输出 0.24
print(a)
```

3.1.3 布尔型数据的逻辑运算

布尔型数据只有两个值：False 和 True。False 表示假，True 表示真。一般情况下，我们使用 False 和 True 作为布尔型的值，但实际数值 0 和 1 也可以作为布尔型的值，如下所示：

```
print(0 == False)
print(1 == True)
print(2 == False)
print(2 == True)
```

在上述代码中，我们分别对数值 0、1、2 和关键字 True、False 进行比较运算，从运行结果来看（见图 3-3），数值 0、1 分别与关键字 True、False 一一对应，也就是说，除了使用关键字 True、False 判断真假之外，还可以使用数值 0、1 判断真假。

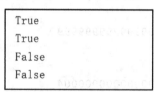

```
True
True
False
False
```

图 3-3　运行结果

布尔型可以通过逻辑运算符来控制 if 语句和循环语句的执行过程，各个逻辑运算符的运算结果如下所示：

```
# and 运算
# (输出) True
print(True and True)
# (输出) False
print(True and False)
# (输出) False
print(False and False)

# or 运算
# (输出) True
print(True or True)
# (输出) True
print(True or False)
```

```
# (输出)False
print(False or False)

# not 运算
# (输出)False
print(not True)
# (输出)True
print(not False)
```

3.1.4　复数的使用与运算

复数是由一个实数和一个虚数组合而成的，它表示为 x+yj，也可以用使用 complex(x, y) 函数表示，两种表示方式如下所示：

```
a = complex(2, 4)
b = 3 - 5j
# 输出(2+4j)
print(a)
# 输出(3-5j)
print(b)
```

在一个复数里，我们可以使用 real 和 imag 方法获取该复数的实数和虚数，如下所示：

```
a = complex(2, 4)
# 输出 2.0
print(a.real)
# 输出 4.0
print(a.imag)
```

多个复数之间也可以使用算术运算符实现简单的计算，如下所示：

```
a = complex(2, 4)
b = 3 - 5j
# 输出(5-1j)
print(a + b)
# 输出(-1+9j)
print(a - b)
# 输出(26+2j)
print(a * b)
# 输出(-0.4117647058823529+0.6470588235294118j)
print(a / b)
```

3.2　字符串类型

字符串是编程语言中常用的数据类型之一，本节将深入讲述字符串的定义与使用、字符串的格式化、运算符以及常用的内置方法。

3.2.1 定义与使用

字符串是由数字、字母、下画线组成的一串字符，多个字符可以组成一个字符串，它是编程语言中表示文本的数据类型，主要用于编程、概念说明和函数解释等。字符串在存储上类似于字符数组，所以每一位的单个元素都可以提取。

Python 的字符串可以用单引号、双引号或三引号来表示。如果字符串中含有单引号，就可以使用双引号或三引号来表示字符串；如果字符串中含有双引号，就可以使用单引号或三引号表示字符串；如果字符串中含有单引号和双引号，就可以使用转义字符或三引号表示字符串。下面通过代码的形式加以说明，代码如下：

```
# 单引号、双引号和三引号的表示方式
a = "Hello Python"
b = 'Hello Python'
c = """Hello Python"""
# 字符串含义双引号的表示方式
d = 'Hello "Python"'
e = """hello "I" love Python"""
# 字符串含义单引号的表示方式
f = "Hello 'I' love Python"
g = """Hello 'I love' Python"""
# 字符串含义单引号和双引号的表示方式
h = """Hello "I" 'love' Python"""
i = 'Hello "I" \'love\' Python'
j = "Hello \"I\" \'love\' Python"
```

转义字符是一种特殊的字符常量，它是以反斜线"\"开头的，后面跟一个或几个字符。转义字符具有特定的含义，用于区别字符原有的意义，故称转义字符。Python 常用的转义字符如表 3-1 所示。

表3-1 Python转义字符

转义字符	意　义
\a	响铃（BEL）
\b	退格（BS），将当前位置移到前一列
\f	换页（FF），将当前位置移到下一页开头
\n	换行（LF），将当前位置移到下一行开头
\r	回车（CR），将当前位置移到本行开头
\t	水平制表（HT）（跳到下一个 Tab 位置）
\v	垂直制表（VT）
\\	代表一个反斜线字符"\"
\'	代表一个单引号字符
\"	代表一个双引号字符
\?	代表一个问号

转义字符	意　　义
\000	空字符（NULL）
\...	1 到 3 位八进制数所代表的任意字符
\x..	1 到 2 位十六进制所代表的任意字符
\other	其他的字符以普通格式输出

在一些特殊的字符串中可能含有 Python 转义符，但在程序运行过程中不需要对转义符进行转义操作，而是希望转义符能作为普通字符串输出，那么可以在字符串的最前方加上 r 前缀，使转义符不执行转义操作，如下所示：

```
# 将转义符\t 作为普通字符\t 输出
a = r'\t'
print(a)
```

现在，我们对字符串的定义已经有了一定的了解，接下来学习字符串的简单操作。字符串的每个字符都能单独截取出来，只需在字符串的末端设置索引值即可截取相应的字符，截取方法如下：

```
# start 是开始位置
# end 是结束位置
# step 是步长，即间隔位置
str[start: end: step]
```

start 可以从 0 开始，代表从左边位置开始，如果是负数，就代表从右边位置开始，默认代表从 0 开始。end 是被截取的字符串位置，空值默认取到字符串尾部。间隔位置默认为 1，截取的内容不进行处理；如果设置为 2，就将截取的内容再隔一取一数。

字符串的索引值从最左边的字符开始计算，起始值从 0 开始。以"我爱大蟒蛇"为例，该字符串的每个字符的索引值如图 3-4 所示。

索引值	0	1	2	3	4
字符串	我	爱	大	蟒	蛇

图 3-4　字符串的索引值计算

根据字符串的索引值计算，我们可以从字符串中截取所需的子字符串，示例如下：

```
# 字符串截取
str = 'ABCDEFG'
# 截取第一位到第三位的字符
print('截取第一位到第三位的字符: ' + str[0:3:])
# 截取字符串的全部字符
print('截取字符串的全部字符: ' + str[::])
# 截取第七个字符到结尾
print('截取第七个字符到结尾: ' + str[6::])
# 截取从头开始到倒数第三个字符
print('截取从头开始到倒数第三个字符: ' + str[:-3:])
```

```
# 截取第三个字符
print('截取第三个字符：' + str[2])
# 截取倒数第一个字符
print('截取倒数第一个字符：' + str[-1])
# 与原字符串顺序相反的字符串
print('与原字符串顺序相反的字符串：' + str[::-1])
# 截取倒数第三位与倒数第一位的字符
print('截取倒数第三位与倒数第一位的字符：' + str[-3:-1:])
# 截取倒数第三位到结尾
print('截取倒数第三位到结尾：' + str[-3::])
# 逆序截取
print('逆序截取：' + str[-5:-3])
```

字符串的索引值计算和字符串截取操作皆属于序列操作，有关序列的索引和截取操作将会在 4.1.1 节和 4.1.2 节详细讲述。

3.2.2 格式化操作

字符串格式化是在字符串里面引入变量，通过改变变量的数据从而生成不同的字符串。字符串格式化可以使用格式化符号"%"、内置函数 format 和 f-string 实现。

格式化符号"%"与算术运算符"%"是同一个符号，但在字符串中，符号"%"代表字符串格式化，读者应注意符号"%"的使用场景，从而区分符号"%"的作用与效果。格式化符号"%"需要结合数据类型才能实现格式化操作，各个格式化符号的说明如表 3-2 所示。

表3-2 字符串格式化符号

格式化符号	意　义
%%	百分号标记，输出一个"%"
%c	格式化字符及其 ASCII 码
%s	格式化字符串
%d	格式化整型数据
%u	格式化无符号十进制整型数据
%o	格式化无符号八进制整型数据
%x	格式化无符号十六进制整型数据
%X	格式化无符号十六进制整型数据（字母以大写表示）
%e	以科学计数法格式化浮点数
%E	以科学计数法格式化浮点数，科学计数法的 e 变为大写 E
%f	以小数点形式格式化浮点数
%g	根据值的大小自动采用%e 或%f 方式格式化
%G	根据值的大小自动采用%E 或%f 方式格式化
%p	用十六进制获取数据的内存地址

从表 3-2 看到，字符串格式化可以根据变量的数据类型选择相应的格式化符号，一般情况下，

格式化符号%s、%f和%d在开发中经常使用。下面分别列举%s、%f和%d的使用方法。

```python
# %s 可以格式化任何数据, 所有数据类型均转化为字符串类型
a = 'Hi, %s' % ('Python')
print(a)


# %d 只能格式化数字类型的变量
b = 'Hi, %d' % (10)
# 可以格式化浮点数, 但会去掉小数部分
# b = 'Hi, %d' % (10.9)
# 输出 10
print(b)


# 默认保留 6 位小数
c = 'Hi, %f' % (10.1)
print(c)


# 在 % 与 f 之间加入 ".x" 可以设置小数点保留的位数
# ".x" 的 x 代表小数点保留的位数
d = 'Hi, %.2f' % (10.1)
print(d)
```

在 PyCharm 中运行上述代码, 运行结果如图 3-5 所示。

```
E:\Python\python.exe D:/HelloWorld/w.py
Hi, Python
Hi, 10
Hi, 10.100000
Hi, 10.10
```

图 3-5 运行结果

除了使用格式化符号 "%" 之外, 还可以使用内置函数 format 实现, 它比格式化符号 "%" 更灵活, 无须理会变量的数据类型, 详细的使用说明如下:

```python
# 在字符串的末端使用 ".format()"
# 每个{}代表一个变量的占位符, format 根据占位符{}的数量进行数据填充
a = '{} {}'.format('hello', 'world')
# 输出 hello world
print(a)


# 为每个{}设置序号, 序号必须从 0 开始
# 同一个变量可以重复使用多次
b = '{0} {1} {0}'.format('Python', 'is')
# 输出 Python is Python
print(b)


# 列表(元组)数据格式化
```

```python
myList = ['Hi', 'Python']
# {0[0]}最外层的 0 代表列表 myList，[0]代表列表里面第一个元素
c = '{0[0]} {0[1]}'.format(myList)
print(c)


# 字典数据格式化
myDict = {'name': 'Python', 'age': 30}
# {name}的 name 代表字典 myDict 的 name 的值
# 在 format 中传入字典必须在字典前面加上**
d = '{name} is {age}'.format(**myDict)
print(d)


# 在{}里加入 ".2f" 可以保留浮点数的小数位数
# 输出 3.14
print('{:.2f}'.format(3.1415926))


# ".0f" 是四舍五入去掉小数部分，保留整数
# 输出 4
print('{:.0f}'.format(3.9))


# ":0>2d" 是在整数的左边填充 1 个 0
# ":0>2d" 的 0 是填充的内容，2 是填充的数量，即填充 2-1 个 0
# 传入 format 的数据必须为整型
# 输出 03
print('{:0>2d}'.format(3))
# 输出 X3
print('{:X>2d}'.format(3))


# ":0<4d" 是在整数的右边填充 3 个 0
# ":0<4d" 的 0 是填充的内容，4 是填充的数量，即填充 4-1 个 0
# 输出 3000
print('{:0<4d}'.format(3))


# ".2%" 将数字类型的数据以百分比格式表示
# 输出 31.20%
print('{:.2%}'.format(0.312))


# 十进制转换为二进制
# 输出 0b1011
print('{:#b}'.format(11))


# 十进制转换为八进制
# 输出 0o13
print('{:#o}'.format(11))


# 十进制转换为十六进制
```

```
# 输出 0xb
print('{:#x}'.format(11))
```

从 Python 3.6 版本开始，Python 新增了字符串格式化方法 f-string，它只需在字符串的前面加上 f 前缀即可实现字符串格式化，并且这个方法在性能上比格式化符号 "%" 和内置函数 format 更有优势，详细的使用说明如下：

```
# 在{}里填写变量
h = 'hello'
w = 'world'
a = f'{h} {w}'
# 输出 hello world
print(a)


# 列表（元组）数据格式化
myList = ['Hi', 'Python']
# {myList[0]}的 myList 代表列表 myList，[0]代表列表里面第一个元素
c = f'{myList[0]} {myList[1]}'
print(c)


# 字典数据格式化
myDict = {'name': 'Python', 'age': 30}
# {myDict["name"]}的 myDict 代表字典 myDict，name 代表字典 myDict 的 name 的值
d = f'{myDict["name"]} is {myDict["age"]}'
print(d)


# 在{}里加入 ".2f" 可以保留浮点数的小数位数
# 输出 3.14
v = 3.1415926
print(f'{v:.2f}')


# ":.0f" 是四舍五入去掉小数部分，保留整数
# 输出 4
v = 3.9
print(f'{v:.0f}')


# ":0>2d" 是在整数的左边填充 1 个 0
# ":0>2d" 的 0 是填充的内容，2 是填充的数量，即填充 2-1 个 0
# 传入 format 的数据必须为整型
v = 3
# 输出 03
print(f'{v:0>2d}')
# 输出 X3
print(f'{v:X>2d}')


# ":0<4d" 是在整数的右边填充 3 个 0
# ":0<4d" 的 0 是填充的内容，4 是填充的数量，即填充 4-1 个 0
```

```
# 输出 3000
v = 3
print(f'{v:0<4d}')
```

```
# ":.2%" 将数字类型的数据以百分比格式表示
# 输出 31.20%
v = 0.312
print(f'{v:.2%}')
```

```
# 十进制转换为二进制
# 输出 0b1011
v = 11
print(f'{v:#b}')
```

```
# 十进制转换为八进制
# 输出 0o13
print(f'{v:#o}')
```

```
# 十进制转换为十六进制
# 输出 0xb
print(f'{v:#x}')
```

3.2.3 使用运算符

字符串支持运算符的使用，不同的运算符可以对字符串实现不同的操作，比如算术运算符实现字符串的拼接，比较运算符比较两个字符串的大小，成员运算符判断两个字符串是否存在包含关系。各个运算符的详细使用说明如下：

```
a = 'Hello'
b = 'World'
```

```
# 算术运算符
# "+" 将变量 a 和 b 连接成新的字符串
# 输出 HelloWorld
print(a + b)
# "*" 将变量 a 叠加
# 输出 HelloHello
print(a * 2)
```

```
# 比较运算符
# 判断变量 a 和 b 是否相等
# 输出 False
print(a == b)
# 判断变量 a 是否大于变量 b
# 输出 False
print(a > b)
```

```
# 成员运算符
# 判断变量 a 是否含有字符 "H"
# 输出 True
print('H' in a)
# 判断变量 a 是否不含字符 "H"
# 输出 False
print('H' not in a)
```

从上述代码可以看到，字符串只支持算术运算符的"+"和"*"操作，如果使用其他算术运算符，就会提示数据类型错误（TypeError: unsupported operand type(s) for -: 'str' and 'str'）。

字符串的比较运算符是通过字符串的 ASCII 码进行对比的，首先比较两个字符串第一个字符的 ASCII 码大小，谁的 ASCII 码大，就说明该字符串更大，如果第一个字符相同，就接着判断第二个字符的 ASCII 码的大小，直至得出比较结果。

字符串的成员运算符用于判断某个字符（字符串）是否在字符串里，比如字符串"Hello"，它包含字符"H""e""l"和"o"，我们可以判断字符"H"是否在字符串"Hello"里面，或者判断字符串"He" 是否在字符串"Hello"里面，无论是字符"H"还是字符串"He"，它们都是字符串"Hello"的部分内容。而字符串"ol"虽然含有字符串"Hello"的字符"l"和"o"，但字符串"ol"的字符顺序与字符串"Hello"的字符顺序不同，因此字符串"Hello"不含字符串"ol"。

3.2.4　大小写转换：capitalize()

capitalize()方法是将字符串第一个字符转化成大写字母，其他字符全部转化成小写字母。其语法定义如下：

```
# str 代表字符串
# 在字符串末端使用实心点 "." 调用 capitalize()方法
str.capitalize()
```

根据 capitalize()的语法定义，具体使用方法如下：

```
a = 'i Love Python'
# 在字符串末端使用实心点 "." 调用 capitalize()方法
# capitalize()方法无须传递参数，参数即小括号里面的数据
b = a.capitalize()
# 输出 "I love python"
print(b)
```

从上述代码看到，变量 a 的"Love"和"Python"的第一个字符是以大写形式表示的，当变量 a 调用 capitalize()方法的时候，变量 a 的"i"变为大写字母"I"，而"Love"和"Python"的第一个字符变为小写字母"l"和"p"。

如果字符串的第一个字符不是英文字母，那么第一个字符的表现形式保持不变，其他英文字母的字符转化成小写字母，如下所示：

```
a = '我 Love Python'
b = a.capitalize()
```

```
# 输出 "我 love python"
print(b)


c = '我爱 Python'
d = c.capitalize()
# 输出 "我爱 python"
print(d)

e = '666, i 爱 Pythons ABC1'
f = e.capitalize()
# 输出 "666, i 爱 pythons abc1"
print(f)
```

从上述例子看出，只要字符串中含有英文字母，capitalize()方法就会对这些英文字母进行转换，转换规则如下：

（1）如果字符串的第一个字符是英文字母，就会将第一个字符转换成大写字母。

（2）如果多个英文字母之间是连续拼接的，就认为这些字母代表一个单词，比如"666, i 爱 Pythons ABC1"的"Pythons"。

（3）如果多个英文字母之间出现间断，比如"666, i 爱 Pythons ABC1"的"Pythons"和"ABC1"之间使用空格隔开，"i"和"Pythons"之间由"爱"隔开，那么"i""Pythons"和"ABC1"代表3个不同的单词，capitalize()会将这3个单词的第一个字母转化成小写形式（因为这3个单词都不是字符串的第一个字符，所以转化成小写形式）。

3.2.5　大写转小写：lower()

lower()方法是将字符串中所有英文字母的大写形式转换成小写形式。其语法定义如下：

```
# str 代表字符串
# 在字符串末端使用实心点 "." 调用 lower() 方法
str.lower()
```

根据 lower()的语法定义，具体使用方法如下：

```
a = 'I LOVE PYTHON'
# 在字符串末端使用实心点 "." 调用 lower() 方法
# lower() 方法无须传递参数，参数即小括号里面的数据
b = a.lower()
# 输出 "i love python"
print(b)
```

只要字符串中含有英文字母，并且英文字母为大写字母，lower()方法就会将大写字母转化成小写字母，如果字符串含有数字、小写字母或其他文字，那么 lower()方法对这些内容不进行修改，如下所示：

```
a = '我 Love Python'
b = a.lower()
# 将字符 "L" 和 "P" 转化为小写
```

```
# 输出 "我 love python"
print(b)


c = '我爱 python'
d = c.lower()
# 若字符串没有大写字母，则不进行任何修改
# 输出 "我爱 python"
print(d)


e = '666, i 爱 Pythons, ABC1'
f = e.lower()
# 将字符 "P" 和 "ABC" 转化为小写
# 输出 "666, i 爱 pythons, abc1"
print(f)
```

在实际开发中，lower()方法可以实现不区分大小写功能，比如常见的用户登录，允许用户使用大写的用户名进行登录操作等。

3.2.6 小写转大写：upper()

upper()方法是将字符串中所有英文字母的大写形式转换成小写形式。其语法定义如下：

```
# str 代表字符串
# 在字符串末端使用实心点 "." 调用 upper()方法
str.upper()
```

根据 upper()的语法定义，具体使用方法如下：

```
a = 'I LOVE PYTHON'
# 在字符串末端使用实心点 "." 调用 upper()方法
# upper()方法无须传递参数，参数即小括号里面的数据
b = a.upper()
# 输出 "I LOVE PYTHON"
print(b)
```

只要字符串中含有英文字母，并且英文字母为小写字母，upper()方法就会将小写字母转化成大写字母，如果字符串含有数字、大写字母或其他文字，那么 upper()方法对这些内容不进行修改，如下所示：

```
a = '我 Love Python'
b = a.upper()
# 将字符串的小写字母转化为大写字母
# 输出 "我 LOVE PYTHON"
print(b)


c = '我爱 PYTHON'
d = c.upper()
# 若字符串没有小写字母，则不进行任何修改
```

```
# 输出"我爱 PYTHON"
print(d)

e = '666, i 爱 Pythons, ABC1'
f = e.upper()
# 输出"666, I 爱 PYTHONS, ABC1"
print(f)
```

对比 upper()和 lower()方法发现，两者的实现逻辑是十分相似的，只是英文字母的大小写转化各不相同，也可以使用 upper()方法实现不区分大小写功能。

3.2.7 大小写切换：swapcase()

swapcase()方法是对字符串的英文字母进行大小写切换，将小写字母转换成大写字母，大写字母转换成小写字母。其语法定义如下：

```
# str 代表字符串
# 在字符串末端使用实心点"."调用 swapcase()方法
str.swapcase()
```

根据 swapcase()的语法定义，具体使用方法如下：

```
a = 'I love Python'
# 在字符串末端使用实心点"."调用 swapcase()方法
# swapcase()方法无须传递参数，参数即小括号里面的数据
b = a.swapcase()
# 输出"i LOVE pYTHON"
print(b)
```

只要字符串中含有英文字母，swapcase()就会根据英文字母现在的大小写状态进行切换，而字符串中的数字或其他文字则不进行任何处理，如下所示：

```
a = '我 Love Python'
b = a.swapcase()
# 输出"我 lOVE pYTHON"
print(b)

c = '我爱 python'
d = c.swapcase()
# 输出"我爱 PYTHON"
print(d)

e = '666, i 爱 Pythons, ABC1'
f = e.swapcase()
# 输出"666, I 爱 pYTHONS, abc1"
print(f)
```

3.2.8　查找索引：find()

find()方法用于检测字符串中是否含有某个字符或部分字符串（子字符串），如果含有某个字符或部分字符串（子字符串），就返回该字符或子字符串的首个字符的索引值，否则返回-1。其语法定义如下：

```
# str 代表字符串
# 参数 sub 代表需要查找的字符或字符串
# 参数 start 代表从字符串 str 哪个索引开始查找，默认值为 0，代表从字符串第一个字符开始查找
# 参数 end 代表从字符串 str 哪个索引结束查找，默认值为字符串的总长度
str.find(sub, start=0, end=len(str))
```

根据 find()的语法定义，详细的使用方法如下：

```
a = '我爱大蟒蛇'
b = '大'
c = '蛇'
# 从"我爱大蟒蛇"中查找"大"所在位置
print('从"我爱大蟒蛇"中查找"大"所在位置:', a.find(b))
# 参数 start 等于 1，从字符串的"爱"开始查找
# 参数 end 等于 3，从字符串的"蟒"结束查找
# a.find(c, 1, 3)是从"爱大蟒"中查找"蛇"的位置
print('从"爱大蟒"中查找"蛇"的位置:', a.find(c, 1, 3))
# a.find(b, 1, 3)是从"爱大蟒"中查找"大"的位置
print('从"爱大蟒"中查找"大"的位置:', a.find(b, 1, 3))
```

在 PyCharm 中运行上述代码，运行结果如图 3-6 所示。从运行结果看到，find()方法的参数 start 和 end 用于限定字符串的查找范围，如果查找的字符或字符串在限定范围之外，find()就会返回-1，说明无法查找该字符或字符串的索引。

```
E:\Python\python.exe D:/HelloWorld/w.py
从"我爱大蟒蛇"中查找"大"所在位置: 2
从"爱大蟒"中查找"蛇"的位置: -1
从"爱大蟒"中查找"大"的位置: 2
```

图 3-6　运行结果

3.2.9　查找索引：index()

index()方法与 find()方法实现的功能相似，也是检测字符串中是否包含某个字符或部分字符串（子字符串），如果包含某个字符或部分字符串（子字符串），就返回该字符或子字符串的首个字符的索引值，否则提示 ValueError 异常。其语法定义如下：

```
# str 代表字符串
# 参数 sub 代表需要查找的字符或字符串
# 参数 start 代表从字符串 str 哪个索引开始查找，默认值为 0，代表从字符串第一个字符开始查找
# 参数 end 代表从字符串 str 哪个索引结束查找，默认值为字符串的总长度
```

```
str.index(sub, start=0, end=len(str))
```

根据 index()的语法定义，详细的使用方法如下：

```
a = '我爱大蟒蛇'
b = '大'
c = '你'
# 从"我爱大蟒蛇"中查找"大"所在位置
print('从"我爱大蟒蛇"中查找"大"所在位置:', a.index(b))
# 参数 start 等于 1，从字符串的"爱"开始查找
# 参数 end 等于 3，从字符串的"蟒"结束查找
# a.index(b, 1, 3)是从"爱大蟒"中查找"大"的位置
print('从"爱大蟒"中查找"大"的索引:', a.index(b, 1, 3))
# a.index(c, 1, 3)是从"爱大蟒"中查找"你"的位置
print('从"爱大蟒"中查找"你"的位置:', a.index(c, 1, 3))
```

在 PyCharm 中运行上述代码，运行结果如图 3-7 所示。从运行结果看到，index()和 find()方法在功能和使用上十分相似，当字符串中不存在某个字符或子字符串的时候，index()会抛出 ValueError 异常信息，而 find()方法则返回-1。

```
E:\Python\python.exe D:/HelloWorld/w.py
Traceback (most recent call last):
从"我爱大蟒蛇"中查找"大"所在位置: 2
从"爱大蟒"中查找"大"的位置: 2
  File "D:/HelloWorld/w.py", line 11, in <module>
    print('从"爱大蟒"中查找"你"的位置:', a.index(c, 1, 3))
ValueError: substring not found
```

图 3-7 运行结果

3.2.10 序列拼接字符串：join()

join()方法是将一个序列的元素以指定的字符或字符串拼接成新的字符串。序列是元组和列表的统称，它将所有的元素按一定的顺序排列。join()方法的语法格式如下：

```
# str 是指定的字符或字符串，将序列元素拼接成新的字符串
# 参数 sequence 是元组或列表
str.join(sequence)
```

根据 join()的语法定义，详细的使用方法如下：

```
# 变量 a 是单个字符"#"
a = '#'
# 变量 b 是字符串"-!"
b = '-!'
# 定义元组 myTuple
myTuple = ('我', '爱', '大', '蟒', '蛇')
# 定义列表 myList
myList = ['我', '爱', '大', '蟒', '蛇']
# 使用 join()将序列拼接成字符串
```

```
print('元组拼接字符串: ', a.join(myTuple))
print('列表拼接字符串: ', b.join(myList))
```

在 PyCharm 中运行上述代码,运行结果如图 3-8 所示。

```
E:\Python\python.exe D:/HelloWorld/w.py
元组拼接字符串:  我#爱#大#蟒#蛇
列表拼接字符串:  我-!爱-!大-!蟒-!蛇

Process finished with exit code 0
```

图 3-8 运行结果

如果序列的元素不是字符串格式,那么在使用 join()方法的时候程序会提示异常信息。比如将元组 myTuple 的某个元素改为整型,并使用 join()方法拼接新的字符串,如下所示:

```
# 变量 b 是字符串 "-!"
b = '-!'
# 定义元组 myTuple
myTuple = ('我', '爱', 66, '蟒', '蛇')
# 使用 join()将序列拼接成字符串
print('元组拼接字符串: ', b.join(myTuple))
```

在 PyCharm 中运行上述代码,运行结果如图 3-9 所示。从运行结果看到,只要序列中有一个元素不是字符串格式,那么使用 join()方法拼接新的字符串的时候,程序都会提示 TypeError 异常信息。

```
E:\Python\python.exe D:/HelloWorld/w.py
Traceback (most recent call last):
  File "D:/HelloWorld/w.py", line 6, in <module>
    print('元组拼接字符串: ', b.join(myTuple))
TypeError: sequence item 2: expected str instance, int found

Process finished with exit code 1
```

图 3-9 TypeError 异常

3.2.11 分隔字符串:split()

split()方法是以指定的字符或字符串对字符串进行分隔处理,如果参数 num 设置分隔次数,分隔后的数据就以列表形式表示。具体的语法如下:

```
# str 是需要分隔的字符串
# 参数 sub 是分隔符,默认值为空格
# 参数 num 是分隔次数,默认值为 string.count(sub)
# string.count(sub)是内置函数 count(),计算某个字符在字符串中出现的次数
str.split(sub, num=string.count(sub))
```

根据 split()的语法定义,详细的使用方法如下:

```
a = 'Hello World Python'
```

```
print('使用默认分隔符：', a.split())
print('使用"o"作为分隔符：', a.split('o'))
print('使用默认分隔符并只分隔一次：', a.split(' ', 1))
```

在 PyCharm 中运行上述代码，运行结果如图 3-10 所示。从运行结果看到，如果 split()方法不传入任何参数，程序就以空格为分隔符，对字符串中有空格的字符进行分隔；如果设置了分隔次数，就从字符串的左边开始，按照分隔次数对字符串进行分隔处理。

```
E:\Python\python.exe D:/HelloWorld/w.py
使用默认分隔符：['Hello', 'World', 'Python']
使用"o"作为分隔符：['Hell', ' W', 'rld Pyth', 'n']
使用默认分割符并只分隔一次：['Hello', 'World Python']
```

图 3-10　运行结果

分隔次数必须大于或等于 0，如果分隔次数等于 0，就不对字符串进行分隔处理，直接将字符串作为列表的一个元素；如果分隔次数小于 0，就对字符串中所有存在的分隔符执行分隔处理，如下所示：

```
a = 'Hello World Python'
print('使用默认分隔符,分隔次数为0：', a.split(' ', 0))
print('使用默认分隔符,分隔次数为-1：', a.split(' ', -1))
```

在 PyCharm 中运行上述代码，运行结果如图 3-11 所示。

```
E:\Python\python.exe D:/HelloWorld/w.py
使用默认分隔符,分隔次数为0：['Hello World Python']
使用默认分隔符,分隔次数为-1：['Hello', 'World', 'Python']
```

图 3-11　运行结果

3.2.12　单个替换：replace()

replace()方法用于将字符串中已存在的字符或子字符串替换成新的字符或子字符串。详细的语法如下：

```
# str 是需要执行替换的字符串
# 参数 old 是字符串已存在的字符或子字符串
# 参数 new 是新的字符或子字符串
# 参数 count 是参数 old 的替换次数
str.replace(old, new, count=string.count(old))
```

从 replace()的语法定义得知，参数 old 和 new 是必选参数，换句话说，使用 replace()方法必须设置参数 old 和 new；而参数 count 是默认参数，默认值是参数 old 在字符串 str 中出现的次数，比如字符串"hello"，字符"l"在字符串中出现两次，若只想替换最左边的字符"l"，则可以设置参数 count 等于 1。有关 replace()的使用说明如下：

```
a = 'Hello,World,Python'
```

```
print('将字符串的","替换"#"：', a.replace(',', '#'))
print('只替换最左边的","：', a.replace(',', '#', 1))
```

在 PyCharm 中运行上述代码，运行结果如图 3-12 所示。

```
E:\Python\python.exe D:/HelloWorld/w.py
将字符串的","替换"#"： Hello#World#Python
只替换最左边的","： Hello#World,Python

Process finished with exit code 0
```

图 3-12　运行结果

替换次数 count 必须大于或等于 0，如果替换次数等于 0，就不对字符串进行替换处理；如果替换次数小于 0，就对字符串中所有已存在的字符或子字符串执行替换处理，如下所示：

```
a = 'Hello,World,Python'
print('参数 count 等于 0：', a.replace(',', '#', 0))
print('参数 count 小于 0：', a.replace(',', '#', -1))
```

在 PyCharm 中运行上述代码，运行结果如图 3-13 所示。

```
E:\Python\python.exe D:/HelloWorld/w.py
参数count等于0： Hello,World,Python
参数count小于0： Hello#World#Python

Process finished with exit code 0
```

图 3-13　运行结果

3.2.13　类型检测：isalnum()、isalpha()和 isdigit()

我们知道字符串是由数字、字母、下画线组成的一串字符，在日常开发中，经常需要区分字符串的组成类型，根据字符串的组成类型执行相应的操作。比如字符串皆由数字组成，那么可以将字符串转换成数字类型。

Python 提供 3 种方法检测字符串类型，分别是 isalnum()、isalpha()和 isdigit()，每种方法实现的功能说明如下：

（1）isalnum()检测字符串是否由字母和数字共同组成。

（2）isalpha()检测字符串是否只由字母组成。

（3）isdigit()检测字符串是否只由数字组成。

isalnum()、isalpha()和 isdigit()的语法定义如下：

```
str.isalnum()
str.isalpha()
str.isdigit()
```

从 isalnum()、isalpha()和 isdigit()的语法定义看到，它们不需要传入参数，如果符合检测条件，就返回 True，否则返回 False。详细的使用方法如下：

```python
a = '123ABC'
print('只有数字和字母：', a.isalnum())
b = '123-ABC'
print('只有数字和字母：', b.isalnum())


c = 'AbCd'
print('只有字母：', c.isalpha())
d = 'AbCd+Fg'
print('只有字母：', d.isalpha())


e = '123456'
print('只有数字：', e.isdigit())
f = '123456!'
print('只有数字：', f.isdigit())
```

在 PyCharm 中运行上述代码，运行结果如图 3-14 所示。

```
只有数字和字母： True
只有数字和字母： False
只有字母： True
只有字母： False
只有数字： True
只有数字： False
```

图 3-14　运行结果

除了使用 isalnum()、isalpha() 和 isdigit() 检测字符串之外，Python 还提供了 isdecimal、islower()、isspace() 和 istitle() 等检测方法，有需要的读者可以自行搜索相关资料。

3.3　实战项目：客服热线

我们使用手机拨打客服电话的时候，都会听到客服的语音提示，以 10086 服务热线为例，当电话接通后就会听到："欢迎致电中国移动 10086 客服服务热线，业务查询请按 1，手机充值请按 2，业务办理请按 3，语音导航请按 4，人工服务请按 0"。

根据语音提示并按相应的数字按键即可进入下一层的业务办理菜单，然后根据语音提示办理具体的业务。比如选择"业务查询请按 1"，当按数字 1 的按钮后，客服热线会提示"话费查询请按 1，套餐查询请按 2"。当再次选择"话费查询请按 1"并按数字 1 的按钮后，客服热线就会报读当前手机号码的话费余额信息，从而完成一次业务查询功能。

在 Python 中实现客服热线，整个功能的实现过程如下：

（1）使用输出函数 print() 输出客服服务热线的语音提示。

（2）使用输入函数 input() 获取用户输入的数字，然后使用 if 语句判断用户输入的数字，从而进入下一层的语音提示。

（3）如果下一层的语音提示还要选择功能业务，就重复步骤（1）和（2），否则输出功能业务的相关信息。

我们将功能的实现过程转化为代码形式表现，如下所示：

```
begin = """
欢迎致电中国移动 10086 客服服务热线，业务查询请按 1，手机充值请按 2，
业务办理请按 3，语音导航请按 4，人工服务请按 0"""
print(begin)
selectValue = input('请选择您的服务内容：')
if int(selectValue) == 1:
    businessText = '话费查询请按 1，流量查询请按 2，套餐业务查询请按 3'
    print(businessText)
    selectBusiness = input('请选择您要办理的业务：')
    if int(selectBusiness) == 1:
        print('您的话费余额为 100 元。')
    elif int(selectBusiness) == 2:
        print('您的流量剩余 100MB。')
    elif int(selectBusiness) == 3:
        print('您的当前套餐为 XXX。')
elif int(selectValue) == 2:
    rechargeNumber = '123abc'
    selectRecharge = input('请输入充值卡的密码并按#键结束：')
    if selectRecharge == rechargeNumber:
        print('充值成功，您的余额为 120 元')
    else:
        print('充值失败，请输入正确的充值密码。')
elif int(selectValue) == 3:
    pass
elif int(selectValue) == 4:
    pass
elif int(selectValue) == 0:
    pass
```

上述代码分别使用了输出函数 print()、输入函数 input()、if 语句、int()函数等基础知识，整个功能由 if 语句搭建，详细说明如下：

（1）代码中最外层的 if 语句用于判断变量 selectValue 的值，变量 selectValue 是我们拨打 10086 之后首次听到的客服语音提示。

（2）程序使用输入函数 input()提示并获取我们输入的数字内容，但数字内容是以字符串格式表示的，因此需要使用 int()函数将字符串转换成整型，再由 if 语句判断我们输入的数字内容，从而执行相应的处理。

（3）如果我们输入的数字内容为 1，程序将获取字符串为"1"的数据，从而执行 if int(selectValue) == 1 的代码块，从该代码块看到，变量 businessText 用于业务查询的客服语音提示，整个代码块重复执行步骤（1）和（2），详细过程不再重复讲述。

（4）如果我们输入的数字内容为 2，程序将会执行 elif int(selectValue) == 2 的代码块，代码块中的变量 rechargeNumber 为充值卡密码，变量 selectRecharge 是我们输入的充值卡密码，然后检验两个变量是否相等，如果相等就提示充值成功，否则提示充值失败。

（5）代码中的 pass 是一个空语句，这是为了保持程序结构的完整性，它不会做任何事情，只用于占位。

如果我们分别输入数字 3、4 和 0，程序将会依次执行业务办理、语音导航和人工服务，但程序中没有编写相应的功能代码，这部分功能留给读者自行完成。

3.4 本章小结

数字类型主要以阿拉伯数字的形式表示，它可以细分为整型、浮点型、布尔型和复数，具体说明如下：

（1）整型是没有小数点的数值。

（2）浮点型是带有小数点的数值。

（3）布尔型以 True 和 False 表示，实质分别为 1 和 0，是为了与整型的 1 和 0 进行区分而改为 True 和 False 的。

（4）复数是由一个实数和一个虚数组合而成的，可以用 x+yj 或者 complex(x, y) 表示。

字符串是由数字、字母、下画线组成的一串字符，多个字符可以组成一个字符串，它是编程语言中表示文本的数据类型，主要用于编程、概念说明和函数解释等。字符串在存储上类似于字符数组，所以每一位的单个元素都可以提取。

Python 的字符串可以用单引号、双引号或三引号来表示。如果字符串中含有单引号，就可以使用双引号或三引号来表示字符串；如果字符串中含有双引号，就可以使用单引号或三引号表示字符串；如果字符串中含有单引号和双引号，就可以使用转义字符或三引号表示字符串。

字符串格式化是在字符串里面引入变量，通过改变变量的数据从而生成不同的字符串。字符串格式化可以使用格式化符号"%"、内置函数 format 和 f-string 实现。

字符串只支持算术运算符的"+"和"*"操作，如果使用其他算术运算符，就会提示数据类型错误（TypeError: unsupported operand type(s) for -: 'str' and 'str'）。

capitalize() 方法是将字符串第一个字符转化成大写字母，其他字符全部转化成小写字母。其语法定义如下：

```
# str 代表字符串
# 在字符串末端使用实心点"."调用 capitalize() 方法
str.capitalize()
```

lower() 方法是将字符串中所有英文字母的大写形式转换成小写形式。其语法定义如下：

```
# str 代表字符串
# 在字符串末端使用实心点"."调用 lower() 方法
str.lower()
```

upper()方法是将字符串中所有英文字母的大写形式转换成小写形式。其语法定义如下：

```
# str 代表字符串
# 在字符串末端使用实心点 "." 调用 upper() 方法
str.upper()
```

swapcase()方法是对字符串的英文字母进行大小写切换，将小写字母转换成大写字母，大写字母转换成小写字母。其语法定义如下：

```
# str 代表字符串
# 在字符串末端使用实心点 "." 调用 swapcase() 方法
str.swapcase()
```

find()方法用于检测字符串中是否含有某个字符或部分字符串（子字符串），如果含有某个字符或部分字符串（子字符串），就返回该字符或子字符串的首个字符的索引值，否则返回-1。其语法定义如下：

```
# str 代表字符串
# 参数 sub 代表需要查找的字符或字符串
# 参数 start 代表从字符串 str 哪个索引开始查找，默认值为 0，代表从字符串第一个字符开始查找
# 参数 end 代表从字符串 str 哪个索引结束查找，默认值为字符串的总长度
str.find(sub, start=0, end=len(str))
```

index()方法与 find()方法实现的功能相似，也是检测字符串中是否包含某个字符或部分字符串（子字符串），如果包含某个字符或部分字符串（子字符串），就返回该字符或子字符串的首个字符的索引值，否则提示 ValueError 异常。其语法定义如下：

```
# str 代表字符串
# 参数 sub 代表需要查找的字符或字符串
# 参数 start 代表从字符串 str 哪个索引开始查找，默认值为 0，代表从字符串第一个字符开始查找
# 参数 end 代表从字符串 str 哪个索引结束查找，默认值为字符串的总长度
str.index(sub, start=0, end=len(str))
```

join()方法是将一个序列的元素以指定的字符或字符串拼接成新的字符串。序列是元组和列表的统称，它将所有的元素按一定的顺序排列。join()方法的语法格式如下：

```
# str 是指定的字符或字符串，将序列元素拼接成新的字符串
# 参数 sequence 是元组或列表
str.join(sequence)
```

split()方法是以指定的字符或字符串对字符串进行分隔处理，如果参数 num 设置分隔次数，分隔后的数据就以列表形式表示。具体的语法如下：

```
# str 是需要分隔的字符串
# 参数 sub 是分隔符，默认值为空格
# 参数 num 是分隔次数，默认值为 string.count(sub)
str.split(sub, num=string.count(sub))
```

replace()方法用于将字符串中已存在的字符或子字符串替换成新的字符或子字符串。详细的语法如下：

```
# str 是需要执行替换的字符串
# 参数 old 是字符串已存在的字符或子字符串
# 参数 new 是新的字符或子字符串
# 参数 count 是参数 old 的替换次数
str.replace(old, new, count=string.count(old))
```

Python 提供 3 种方法检测字符串类型，分别是 isalnum()、isalpha()和 isdigit()，每种方法实现的功能说明如下：

（1）isalnum()检测字符串是否由字母和数字共同组成。

（2）isalpha()检测字符串是否只由字母组成。

（3）isdigit()检测字符串是否只由数字组成。

isalnum()、isalpha()和 isdigit()的语法定义如下：

```
str.isalnum()
str.isalpha()
str.isdigit()
```

本章只是讲述了开发中常用的字符串操作方法，此外，Python 还提供了许多字符串的操作方法实现字符串的各种操作，有需要的读者可以自行搜索相关资料。

第4章

元组和列表

Python 提供了序列操作，所谓序列，指的是一块存放多个值的连续内存空间，这些值按一定顺序排列，通过每个值所在位置的编号（称为索引）访问它们。

Python 的序列包括字符串、元组、列表、集合和字典，而序列的操作包括索引、截取、相加、相乘和检测序列的元素。本章主要讲解 Python 序列中的元组和列表及其操作。

4.1　序列的操作

在 3.2.1 节已讲述了字符串的基本操作——字符串的索引值和截取方法。这两种操作方式也是序列的基本操作，同样适合元组和列表，但不适合集合和字典。总的来说，序列的操作包括索引、截取、相加、相乘和检测序列的元素。

4.1.1　索引的正负值

在 3.2.1 节中，我们讲述了字符串的索引值，它是从最左边的字符开始计算，起始值从 0 开始。以"我爱大蟒蛇"为例，该字符串的每个字符的索引值如图 4-1 所示。

索引值	0	1	2	3	4
字符串	我	爱	大	蟒	蛇

图 4-1　字符串的索引值计算

字符串的索引值计算同样适合元组和列表。首先我们了解一下元组和列表的定义方式：元组是以小括号"()"表示的，小括号"()"里面可以设置任意元素，每个元素可以是 Python 任意的数据类型，并且每个元素之间使用英文逗号隔开；列表是以中括号"[]"表示的，元素的表示方式与元组相同。两者的定义方式如下：

```python
# 元组的定义方式
tuple1 = (1, '这是字符串', ['这是列表'], ('这是元组'))
# 列表的定义方式
list1 = [1, '这是字符串', ['这是列表'], ('这是元组')]
```

从上述代码看到，元组 tuple1 和列表 list1 的每个元素的数据类型各不相同，但元素数量相同，元素的索引值从左开始计算，从左向右依次递增，因此每个元素对应的索引值如图 4-2 所示。

元组tuple1			
索引值	0	1	2	3
元素值	1	这是字符串	这是列表	这是元组

元组list1			
索引值	0	1	2	3
元素值	1	这是字符串	这是列表	这是元组

图 4-2　元组和列表的正数索引值计算

从图 4-2 看到，元组和列表的索引值计算与字符串的索引值计算是一样的，每个索引值代表元组或列表的一个元素，因此可以使用索引值来定位获取元组或列表中的某个元素。

如果元组或列表的元素过多（或者字符串的内容较长），并且获取的元素在元组或列表的最右边，就可以将索引值设为负数。当索引值为负数的时候，代表从右开始计算，从右向左依次递减，其计算方式如图 4-3 所示。

元组tuple1			
索引值	-4	-3	-2	-1
元素值	1	这是字符串	这是列表	这是元组

元组list1			
索引值	-4	-3	-2	-1
元素值	1	这是字符串	这是列表	这是元组

图 4-3　元组和列表的负数索引值计算

值得注意的是，如果索引值从右开始，起始值就必须从-1 开始计算，因为-0 和 0 在数学中都是代表 0，因此-0 和 0 都是代表最左边的第一个元素。

总的来说，无论是字符串、元组或列表，它们都可以通过索引值来提取某个元素，并且索引值皆可以用正数或负数表示。详细代码如下：

```python
str1 = 'ABCD'
print('使用正数索引获取第二个元素：', str1[1])
print('使用负数索引获取倒数第三个元素：', str1[-3])

tuple1 = (1, '这是字符串', ['这是列表'], ('这是元组'))
print('使用正数索引获取第二个元素：', tuple1[1])
print('使用负数索引获取倒数第三个元素：', tuple1[-3])

list1 = [1, '这是字符串', ['这是列表'], ('这是元组')]
print('使用正数索引获取第二个元素：', list1[1])
print('使用负数索引获取倒数第三个元素：', list1[-3])
```

在 PyCharm 中运行上述代码，运行结果如图 4-4 所示。从运行结果看到，同一个字符串、元组或列表中，同一个元素可以分别使用正负索引值获取。

```
使用正数索引获取第二个元素：B
使用负数索引获取倒数第三个元素： B
使用正数索引获取第二个元素： 这是字符串
使用负数索引获取倒数第三个元素： 这是字符串
使用正数索引获取第二个元素： 这是字符串
使用负数索引获取倒数第三个元素： 这是字符串
```

图 4-4 运行结果

如果索引值超出字符串、元组或列表的元素总数，程序在运行过程中就会提示 "index out of range" 异常信息，如下所示：

```
# 字符串只有 4 个字符，字符串长度为 4
# 如果索引值为 5，即超过字符串长度
# 程序提示 "IndexError: string index out of range"
print('ABCD'[5])
# 元组只有 4 个元素，元组长度为 4
# 如果索引值为 5，即超过元组长度
# 程序提示 "IndexError: tuple index out of range"
print((1, 2, 3, 4)[5])
# 列表只有 4 个元素，列表长度为 4
# 如果索引值为 5，即超过列表长度
# 程序提示 "IndexError: list index out of range"
print([1, 2, 3, 4][5])
```

4.1.2　元素截取操作

在 3.2.1 节中，我们已经演示了如何使用索引值截取字符串中的子字符串。截取方法如下：

```
# start 是开始索引
# end 是结束索引
# step 是步长，即间隔索引
str[start: end: step]
list[start: end: step]
tuple[start: end: step]
```

start 可以从 0 开始，代表从左边的索引开始，如果是负数，就代表从右边的索引开始，默认代表从 0 开始。end 是被截取的字符串索引，空值默认取到字符串尾部。间隔索引默认为 1，截取的内容不进行处理；如果设置为 2，就将截取的内容再隔一取数。

由于索引值可以使用正负数表示，因此对于同一种截取方法可以使用不同方式表示，如下所示：

```
str1 = 'ABCD'
print('截取字符串 BCD：', str1[1::])
print('截取字符串 BCD：', str1[-3::])
```

```python
tuple1 = (1, '这是字符串', ['这是列表'], ('这是元组'))
print('截取第二到第四个元素：', tuple1[1::])
print('截取第二到第四个元素：', tuple1[-3::])

list1 = [1, '这是字符串', ['这是列表'], ('这是元组')]
print('截取第二到第四个元素：', list1[1::])
print('截取第二到第四个元素：', list1[-3::])
```

在字符串、元组或列表中，提取某个元素和截取部分元素都是通过中括号"[]"实现的。其中，提取某个元素只需在中括号"[]"里填写索引值即可，而截取部分元素需要由索引值和英文冒号共同完成截取功能，读者在使用时需要区分两者的差异。

我们知道截取方法带有 3 个参数 start、end 和 step，参数之间不同的组合可以实现不同的截取方式。下面以列表为例列举实际开发中一些常用的截取操作。

```python
number = [1, 2, 3, 4, 5, 6, 7, 8, 9, 10]
print('获取整个列表', number[::])
print('从左边第二个元素开始截取：', number[1::])
print('从左边第二个截取到第八个元素：', number[1:7:])
print('从倒数第三个元素截取到最后一个元素：', number[-3: -1:])
print('从左边第一个元素开始，隔一个元素截取：', number[::2])
print('从左边第二个元素到第八个元素，隔一个元素截取：', number[1:7:2])
print('将列表的元素倒序截取：', number[::-1])
print('逆序截取：', number[:-5: -1])
```

在 PyCharm 中运行上述代码，运行结果如图 4-5 所示。

```
获取整个列表 [1, 2, 3, 4, 5, 6, 7, 8, 9, 10]
从左边第二个元素开始截取：  [2, 3, 4, 5, 6, 7, 8, 9, 10]
从左边第二个截取到第八个元素：  [2, 3, 4, 5, 6, 7]
从倒数第三个元素截取到最后一个元素：  [8, 9, 10]
从左边第一个元素开始，隔一个元素截取：  [1, 3, 5, 7, 9]
从左边第二个元素到第八个元素，隔一个元素截取：  [2, 4, 6]
将列表的元素倒序截取：  [10, 9, 8, 7, 6, 5, 4, 3, 2, 1]
逆序截取：  [10, 9, 8, 7]
```

图 4-5　运行结果

从图 4-5 看到，参数 start 的索引值必须在参数 end 的左边。以 number[1:7:] 和 number[-3: -1:] 为例，两者的参数 start 和 end 所对应的索引值如图 4-6 所示，如果将参数 start 和 end 的位置取反，那么将会返回一个空的字符串、元组或列表。

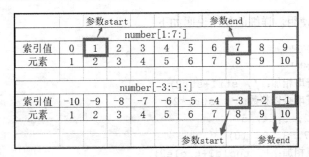

图 4-6 参数 start 和 end 的设置

当我们在参数 start 和 end 中选择设置其中一个参数，并且没有设置参数 step 的时候，可以省略参数 step 前面的英文冒号。对列表 number 的截取操作进行简化处理，代码如下：

```
number = [1, 2, 3, 4, 5, 6, 7, 8, 9, 10]
print('获取整个列表', number[:])
print('从左边第二个元素开始截取: ', number[1:])
print('从左边第二个截取到第八个元素: ', number[1:7])
print('从倒数第三个元素截取到最后一个元素: ', number[-3:-1])
print('从左边第一个元素开始，隔一个元素截取: ', number[::2])
print('从左边第二个元素到第八个元素，隔一个元素截取: ', number[1:7:2])
print('将列表的元素倒序截取: ', number[::-1])
print('逆序截取: ', number[:-5: -1])
```

参数 start 和 end 用于设置截取区间，而参数 step 用于设置截取方向和间隔，当参数 step 为正数和负数的时候，分别代表不同的截取方式，详细说明如下：

（1）参数 step 的默认值为 1，代表从字符串、元组或列表最左边的元素开始截取每个元素。

（2）如果将参数 step 设为 2，就从最左边的元素开始，并且隔一个元素截取，例如 number[::2]。

（3）如果将参数 step 设为 -1，就代表从字符串、元组或列表最右边的元素开始截取每个元素，这样能将字符串、元组或列表原有的元素倒序排列。

（4）如果将参数 step 设为 -2，就从最右边的元素开始，并且隔一个元素截取，例如 number[::-2]。

如果参数 start 设为 0，程序在运行中就会提示 "slice step cannot be zero" 异常信息，如图 4-7 所示。

```
Traceback (most recent call last):
  File "D:/HelloWorld/w.py", line 2, in <module>
    print(number[::0])
ValueError: slice step cannot be zero
```

图 4-7 异常信息

4.1.3 相加与相乘

序列的相加与相乘是通过算术运算符 "+" 和 "*" 实现同一数据类型的运算，并且仅支持字符串、元组和列表的使用。详细的使用说明如下：

```
str1 = 'ABCDEFG'
str2 = 'HIJKLMN'
print('两个字符串相加：', str1+str2)
print('单个字符串乘以整数：', str1*2)
tuple1 = (1, 2, 3, 4, 5)
tuple2 = (6, 7, 8, 9, 10)
print('两个元组相加：', tuple1+tuple2)
print('单个元组乘以整数：', tuple1*2)
list1 = [1, 2, 3, 4, 5]
list2 = [6, 7, 8, 9, 10]
print('两个列表相加：', list1+list2)
print('单个列表乘以整数：', list1*2)
```

在 PyCharm 中运行上述代码，运行结果如图 4-8 所示。

```
两个字符串相加： ABCDEFGHIJKLMN
单个字符串乘以整数： ABCDEFGABCDEFG
两个元组相加： (1, 2, 3, 4, 5, 6, 7, 8, 9, 10)
单个元组乘以整数： (1, 2, 3, 4, 5, 1, 2, 3, 4, 5)
两个列表相加： [1, 2, 3, 4, 5, 6, 7, 8, 9, 10]
单个列表乘以整数： [1, 2, 3, 4, 5, 1, 2, 3, 4, 5]
```

图 4-8　运行结果

序列的相加是将两个同类型序列的元素拼接组合成新的序列，执行相加操作的前提条件是两个序列的数据类型必须相同，比如字符串只能与字符串相加，元组只能与元组相加，列表只能与列表相加。如果不同类型的序列相加，程序就会提示 "can only concatenate str (not "list") to str" 异常信息，比如将字符串 str1 与列表 list1 相加，异常信息如图 4-9 所示。

```
Traceback (most recent call last):
  File "D:/HelloWorld/w.py", line 3, in <module>
    str1+list1
TypeError: can only concatenate str (not "list") to str
```

图 4-9　异常信息

序列的相乘是将字符串、元组或列表的元素以倍数方式重复出现在一个新的序列中，它只允许乘以一个整数，如果两个序列相乘，程序就会提示 "can't multiply sequence by non-int of type" 异常信息，比如将字符串 str1 与列表 list1 相乘，异常信息如图 4-10 所示。

```
Traceback (most recent call last):
  File "D:/HelloWorld/w.py", line 3, in <module>
    print(str1*list1)
TypeError: can't multiply sequence by non-int of type 'list'
```

图 4-10　异常信息

如果序列乘以 0 或乘以负数，那么程序将会返回一个空字符串、空元组或空列表，如下所示：

```
str1 = 'ABCDEFG'
print('字符串乘以 0：', str1*0)
print('字符串乘以负数：', str1*(-2))
tuple1 = (1, 2, 3, 4, 5)
print('元组乘以 0：', tuple1*0)
print('元组乘以负数：', tuple1*(-2))
list1 = [1, 2, 3, 4, 5]
print('列表乘以 0：', list1*0)
print('列表乘以负数：', list1*(-2))
```

在 PyCharm 中运行上述代码，运行结果如图 4-11 所示。

```
字符串乘以0：
字符串乘以负数：
元组乘以0： ()
元组乘以负数： ()
列表乘以0： []
列表乘以负数： []
```

图 4-11 运行结果

4.1.4 检测元素是否存在

检测某个元素是否在序列中，可以使用成员运算符 in 或 not in 实现，这种方式不仅适用于字符串、元组和列表，还适用于集合和字典。

集合和字典是以大括号 "{}" 表示的，集合的元素与元组列表的元素表示方式相同；字典的元素是以键值对（key:value）表示的，比如{'a': 1}，字符串 a 是字典的键，数字 1 是字典的值，两者共同组成字典的一个元素。

了解了集合和字典的基础概念后，下面分别列举字符串、元组、列表、集合和字典的元素检测方法。详细代码如下：

```
str1 = '12ABCD'
print('判断字符 A 是否在字符串中：', 'A' in str1)
print('判断字符 B 是否在字符串中：', 'B' in str1)
tuple1 = (1, 2, 'A', (1, 2))
print('判断元素 A 是否在元组中：', 'A' in tuple1)
print('判断子元组(1,2)是否在元组中：', (1, 2) in tuple1)
list1 = [1, 2, 'A', [1, 2]]
print('判断元素 A 是否在列表中：', 'A' in list1)
print('判断子列表[1,2]是否在列表中：', [1, 2] in list1)
set1 = {1, 2, 'A', (1, 2)}
print('判断元素 A 是否在集合中：', 'A' in set1)
print('判断子元组(1,2)是否在集合中：', (1, 2) in set1)
dict1 = {'A': 'a', 'B': 'b'}
print('判断元素(A:a)的键是否在集合中：', 'A' in dict1)
print('判断元素(A:a)的值是否在集合中：', 'a' in dict1)
```

在 PyCharm 中运行上述代码，运行结果如图 4-12 所示。

```
判断字符A是否在字符串中：True
判断字符B是否在字符串中：True
判断元素A是否在元组中：True
判断子元组(1,2)是否在元组中：True
判断元素A是否在列表中：True
判断子列表[1,2]是否在列表中：True
判断元素A是否在集合中：True
判断子元组(1,2)是否在集合中：True
判断元素(A:a)的键是否在集合中：True
判断元素(A:a)的值是否在集合中：False
```

图 4-12　运行结果

从图 4-12 的运行结果看到，在字符串中，判断子字符是否存在于字符串中，可以使用成员运算符 in 或 not in 实现，而且子字符必须以字符串格式表示，若将子字符改为其他数据类型，则程序将会提示 'in <string>' requires string as left operand, not int 异常，比如判断字符 1 是否在字符串 str1（1 in str1）中，程序运行结果如图 4-13 所示。

```
Traceback (most recent call last):
  File "D:/HelloWorld/w.py", line 2, in <module>
    1 in str1
TypeError: 'in <string>' requires string as left operand, not int
```

图 4-13　异常信息

对于元组和列表来说，它们的元素没有固定的数据类型，只要是 Python 的数据类型都能作为元组和列表的元素，因此检测元组或列表元素的限制条件相比字符串、集合和字典较为宽松。

集合的元素只能设为数字类型、字符串和元组，这是 Python 对集合的语法定义，如果集合的元素设为列表、集合或字典，程序就会提示 TypeError: unhashable type: 'XXX'，比如将{1, 2}添加到集合 set1，程序提示的异常信息如图 4-14 所示。换句话说，检测集合的元素是否存在只能检测数字类型、字符串和元组的数据类型。

```
Traceback (most recent call last):
  File "D:/HelloWorld/w.py", line 2, in <module>
    set1 = {1, 2, 'A', {1, 2}}
TypeError: unhashable type: 'set'
```

图 4-14　异常信息

字典的元素是以键值对表示的，元素的键只能以数字类型或字符串表示，元素的值不限制数据类型，这是 Python 对字典的语法定义。比如将字典设为 dic1 = {[1, 2]:'a'}，程序在运行过程中提示 unhashable type: 'list'异常信息，如图 4-15 所示。但检测字典的元素是否存在只能检测元素的键，不能检测字典的值，也就是说，检测字典的元素是否存在只能检测数字类型和字符串的数据类型。

```
Traceback (most recent call last):
  File "D:/HelloWorld/w.py", line 1, in <module>
    dic1 = {[1, 2]:'a'}
TypeError: unhashable type: 'list'
```

图 4-15　异常信息

综上所述，字符串、元组、列表、集合和字典的元素检测说明如下：

（1）字符串的子字符必须以字符串格式表示，否则程序将会提示'in <string>' requires string as left operand 异常。

（2）元组和列表的元素没有固定的数据类型，只要是 Python 的数据类型都能作为元组和列表的元素。

（3）集合的元素只能设为数字类型、字符串和元组，因此检测集合的元素是否存在只能检测数字类型、字符串和元组的数据类型。

（4）字典的元素是以键值对表示的，元素的键只能以数字类型或字符串表示，元素的值不限制数据类型，因此检测字典的元素是否存在只能检测数字类型和字符串的数据类型。

4.2　元组的操作

元组是以小括号表示的，并且元素允许设为任意的数据类型，每个元素之间使用英文逗号隔开。当元组定义后，我们便无法对元组的元素进行增加、修改和删除操作，只允许读取元组的元素。例如定义如下元组：

```
# 将每个元素使用逗号隔开
tuple1 = 1, 2, 'a', 'b'
print('没有使用小括号定义：', tuple1)
# 每个元素使用逗号隔开，并将元素放在小括号里面
tuple2 = (1, 2, 'a', 'b')
print('使用小括号定义：', tuple2)
# 创建空元组
tuple3 = ()
print('空元组为：', tuple3)
```

如果元组中只有一个元素，就必须在元素后面加上英文逗号，否则 Python 会认为小括号是运算法则的小括号，而非定义元组的小括号。具体说明如下：

```
# 若单个元素没有添加逗号，则视为字符串 a
tuple1 = ('a')
print('单个元素没有添加逗号的数据类型：', type(tuple1))
# 若单个元素添加逗号，则视为元组
tuple2 = ('a',)
print('单个元素添加逗号的数据类型：', type(tuple2))
```

在 PyCharm 中运行上述代码，运行结果如图 4-16 所示。

```
单个元素没有添加逗号的数据类型：<class 'str'>
单个元素添加逗号的数据类型：<class 'tuple'>
```

图 4-16　运行结果

注　意

函数 type 是 Python 内置函数，它能检测程序中某个对象的数据类型。

4.2.1　基本操作

尽管元组的元素只能访问，不能执行增加、修改和删除操作，但可以对元组执行元素访问与截取、元组拼接和元组删除操作。

1. 元素访问与截取

元组是序列的数据类型之一，因此元组的元素可以通过索引访问和截取，如下所示：

```python
tuple1 = (1, 2, 3, 4, 5, 6, 7)
# 访问第二个元素
print('访问第二个元素：', tuple1[1])
# 访问倒数第二个元素
print('访问倒数第二个元素：', tuple1[-2])
# 截取第二个到第五个元素
print('截取第二个到第五个元素：', tuple1[1:4])
# 截取第二个到第五个元素，并将截取结果倒序
# 倒序是从右边开始计算的，因此索引值需要使用负数表示，否则返回空元组
print('截取第二个到第五个元素，并将截取结果倒序：', tuple1[-4:-7:-1])
```

在 PyCharm 中运行上述代码，运行结果如图 4-17 所示。

```
访问第二个元素： 2
访问倒数第二个元素： 6
截取第二个到第五个元素： (2, 3, 4)
截取第二个到第五个元素，并将截取结果倒序： (4, 3, 2)
```

图 4-17 运行结果

2. 元组拼接

元组拼接是使用算术运算符"+"和"*"实现的，拼接得出的元组是一个新的数据对象，它与原来的元组是两个互不相关的对象。拼接方法如下：

```python
tuple1 = (1, 2, 3)
tuple2 = (4, 5, 6, 7)
# 使用运算符"+"拼接
tuple3 = tuple1 + tuple2
```

```
print('使用运算符"+"拼接,拼接后的tuple1: ', tuple1)
print('使用运算符"+"拼接,拼接后的tuple2: ', tuple2)
print('使用运算符"+"拼接,拼接后的tuple3: ', tuple3)
# 使用运算符"*"拼接
tuple4 = tuple1 * 2
print('使用运算符"*"拼接,拼接后的tuple1: ', tuple1)
print('使用运算符"*"拼接,拼接后的tuple4: ', tuple4)
```

在 PyCharm 中运行上述代码,运行结果如图 4-18 所示。

```
使用运算符"+"拼接,拼接后的tuple1: (1, 2, 3)
使用运算符"+"拼接,拼接后的tuple2: (4, 5, 6, 7)
使用运算符"+"拼接,拼接后的tuple3: (1, 2, 3, 4, 5, 6, 7)
使用运算符"*"拼接,拼接后的tuple1: (1, 2, 3)
使用运算符"*"拼接,拼接后的tuple4: (1, 2, 3, 1, 2, 3)
```

图 4-18 运行结果

3. 元组删除

元组删除是使用关键字 del 实现整个元组的删除操作。删除方法如下:

```
tuple1 = (1, 2, 3)
del tuple1
print('删除后的元组: ', tuple1)
```

在 PyCharm 中运行上述代码,运行结果如图 4-19 所示。

```
Traceback (most recent call last):
  File "D:/HelloWorld/w.py", line 3, in <module>
    print('删除后的元组: ', tuple1)
NameError: name 'tuple1' is not defined
```

图 4-19 运行结果

由于关键字 del 已删除元组 tuple1,因此在输出函数 print 输出元组 tuple1 时将会提示 tuple1 尚未定义,即元组 tuple1 已不存在了。

4.2.2 计算长度:len()

len()函数用于获取字符串、元组、列表、集合或字典的长度,即字符串、元组、列表、集合或字典中所有元素的总数量,例如:

```
tuple1 = (1, 2, 3, (4, 5), 6)
print('元组 tuple1 的长度为: ', len(tuple1))
```

上述代码的运行结果如图 4-20 所示。

```
E:\Python\python.exe D:/HelloWorld/w.py
元组tuple1的长度为： 5

Process finished with exit code 0
```

图 4-20　运行结果

图 4-20 所示的元组 tuple1 长度为 5，代表它里面含有 5 个元素，其中元素(4, 5)是元组 tuple1 的子元组，无论子元组含有多少个元素，对于元组 tuple1 来说，子元组(4, 5)仅是元组 tuple1 的一个元素。

4.2.3　最大值和最小值：max()和 min()

max()函数用于从字符串、元组或列表中获取最大值的元素，例如：

```
tuple1 = (1, 2, 3, 4, 5, 6)
print('元组 tuple1 的最大值为：', max(tuple1))
tuple2 = ('a', 'b', 'c', 'd')
print('元组 tuple2 的最大值为：', max(tuple2))
```

上述代码的运行结果如图 4-21 所示。

```
E:\Python\python.exe D:/HelloWorld/w.py
元组tuple1的最大值为： 6
元组tuple2的最大值为： d

Process finished with exit code 0
```

图 4-21　运行结果

如果字符串、元组或列表的元素是字符串格式的，那么根据字符串对应的 ASCII 码进行数值对比，取出最大值的 ASCII 码，从而得出对应的字符串。

max()函数有一定的条件限制，如果字符串、元组或列表中含有子元组、子列表等其他数据类型，或者每个元素的数据类型各不相同，max 函数都无法进行大小对比，并且提示'>' not supported between instances of 'XXX' and 'XXX'异常信息，如下所示：

```
# 字符串和数字混合的元组
# 提示异常：'>' not supported between instances of 'str' and 'int'
tuple1 = (1, 2, 'a', 'b', 'c', 'd')
print('元组 tuple1 的最大值为：', max(tuple1))

# 元组含有子元组、子列表等
# 提示异常：'>' not supported between instances of 'tuple' and 'str'
tuple2 = ('a', 'b', ('c', 'd'))
print('元组 tuple2 的最大值为：', max(tuple2))
```

min()函数用于从字符串、元组或列表中获取最小值的元素，它的使用方法和条件限制与 max 函数相同，便不再重复讲述了。

4.2.4 累加求和：sum()

sum 函数用于对元组或列表中所有元素进行累加求和，并且元组或列表的元素只能以数字类型表示，例如：

```
tuple1 = (1, 2, 3, 4, 5)
print('元组 tuple1 的元素总和为：', sum(tuple1))
```

上述代码的运行结果如图 4-22 所示。

```
E:\Python\python.exe D:/HelloWorld/w.py
元组tuple1的元素总和为： 15

Process finished with exit code 0
```

图 4-22 运行结果

如果元组中的元素为字符串、元组或列表等其他数据类型，执行 sum 函数就会提示 unsupported operand type(s) for +: 'XXX' and 'XXX'异常信息，如下所示：

```
# 元组含有子元组、子列表等
# 提示异常：unsupported operand type(s) for +: 'int' and 'tuple'
tuple1 = (1, 2, 3, (4, 5))
print('元组 tuple1 的元素总和为：', sum(tuple1))

# 元组的元素为字符串
# 提示异常：unsupported operand type(s) for +: 'int' and 'str'
tuple2 = ('a', 'b', 'c', 'd')
print('元组 tuple2 的最大值为：', sum(tuple2))
```

4.2.5 格式转换：tuple()

tuple()函数用于将字符串、列表、集合和字典转化为元组格式，例如：

```
str1 = 'abcdefg'
tuple1 = tuple(str1)
print('字符串转元组：', tuple1)

list1 = [1, 2, 3, (4, 5)]
tuple2 = tuple(list1)
print('列表转元组：', tuple2)

set1 = {6, 7, 8, 9, 0, (4, 5)}
tuple3 = tuple(set1)
print('集合转元组：', tuple3)

dic1 = {'A': 'a', 'B': 'b'}
tuple4 = tuple(dic1)
```

```
print('字典转元组: ', tuple4)
```

上述代码的运行结果如图 4-23 所示。

```
字符串转元组:  ('a', 'b', 'c', 'd', 'e', 'f', 'g')
列表转元组:  (1, 2, 3, (4, 5))
集合转元组:  (0, 6, 7, 8, 9, (4, 5))
字典转元组:  ('A', 'B')
```

图 4-23   运行结果

从图 4-23 看到，字符串、列表、集合和字典转化为元组的转化过程说明如下：

（1）当字符串转化为元组的时候，字符串的每个字符将作为元组的一个元素。

（2）当列表和集合转化为元组的时候，列表和集合的元素作为元组的元素，元素本身的数据类型保持不变。

（3）当字典转化为元组的时候，tuple 函数只将字典的键转为元组的元素，而字典的值将会省略。

4.2.6　查找索引：index()

在 3.2.9 节已经讲述过 index()函数能够查找字符串的某个字符所对应的索引值，它同样适用于元组和列表。其使用方法如下：

```
tuple1 = (1, 2, 3, 'hello', 'Python', 2)
print('元素 hello 的索引值: ', tuple1.index('hello'))
print('左边第二个元素 2 的索引值: ', tuple1.index(2))
print('末端元素 2 的索引值: ', tuple1.index(2, 2, 6))
print('元素 world 的索引值: ', tuple1.index('world'))
```

上述代码的运行结果如图 4-24 所示。

```
元素hello的索引值:  3
左边第二个元素2的索引值:  1
末端元素2的索引值:  5
Traceback (most recent call last):
  File "D:/HelloWorld/w.py", line 5, in <module>
    print('元素world的索引值: ', tuple1.index('world'))
ValueError: tuple.index(x): x not in tuple
```

图 4-24   运行结果

index()函数设有参数 sub、start 和 end，每个参数的说明如下：

（1）参数 sub 代表需要查找的元素。

（2）参数 start 代表从元组的某个元素的索引开始查找，默认值为 0，代表从元组的第一个元素开始查找。

（3）参数 end 代表从元组的某个元素的索引结束查找，默认值为元组的总长度。

如果查找的元素不在元组或列表中，程序就会提示 XXX.index(x): x not in XXX 异常信息。由于元组和列表不支持使用 find()函数，因此我们在查找元组和列表的元素索引值时，当遇到元素不存在的时候需要做好异常处理。

4.2.7　计算出现次数：count()

count()函数用于计算某个元素在字符串、元组或列表中出现的次数。其语法定义如下：

```
# ojb 代表字符串、元组或列表
# 参数 sub 代表需要计算出现次数的元素
ojb.count(sub)
```

根据 count()的语法定义，下面分别列出字符串和元组的使用方法。

```
str1 = 'ABCDBBA'
print('字符 A 出现的次数：', str1.count('A'))
print('字符 B 出现的次数：', str1.count('B'))
print('字符 G 出现的次数：', str1.count('G'))

tuple1 = (1, 2, 3, 'hello', 'Python', 2)
print('元素 hello 出现的次数：', tuple1.count('hello'))
print('元素 2 出现的次数：', tuple1.count(2))
print('元素 world 出现的次数：', tuple1.count('world'))
```

上述代码的运行结果如图 4-25 所示。

```
字符A出现的次数：    2
字符B出现的次数：    3
字符G出现的次数：    0
元素hello出现的次数：  1
元素2出现的次数：    2
元素world出现的次数：  0
```

图 4-25　运行结果

从运行结果看出，如果计算出现的元素不在字符串、元组或列表中，count()函数就会返回 0，表示当前元素不存在。

4.3　列表的操作

列表是以中括号表示的，并且元素允许设为任意的数据类型，每个元素之间使用英文逗号隔开。例如定义如下列表：

```
# 每个元素使用逗号隔开，并将元素放在中括号里面
list1 = [1, 2, 'a', 'b']
print('使用中括号定义：', list1)
# 创建空列表
```

```
list2 = []
print('空列表为：', list2)
```

如果列表中只有一个元素，元素的后面可以根据个人喜好选择是否添加英文逗号，因为在 Python 中，运算符不包含中括号，所以中括号仅是列表的定义方式。

4.3.1　基本操作

当列表定义后，我们可以对列表的元素进行访问与截取、增加、修改和删除操作等，并且能够对整个列表进行操作。

1. 元素访问与截取

列表是序列的数据类型之一，因此列表的元素可以通过索引访问和截取，如下所示。

```
list1 = [1, 2, 3, 4, 5, 6, 7]
# 访问第二个元素
print('访问第二个元素：', list1[1])
# 访问倒数第二个元素
print('访问倒数第二个元素：', list1[-2])
# 截取第二个到第五个元素
print('截取第二个到第五个元素：', list1[1:4])
# 截取第二个到第五个元素，并将截取结果倒序
# 倒序是从右边开始计算的，因此索引值需要使用负数表示，否则返回空元组
print('截取第二个到第五个元素，并将截取结果倒序：', list1[-4:-7:-1])
```

在 PyCharm 中运行上述代码，运行结果如图 4-26 所示。

```
访问第二个元素： 2
访问倒数第二个元素： 6
截取第二个到第五个元素： [2, 3, 4]
截取第二个到第五个元素，并将截取结果倒序： [4, 3, 2]
```

图 4-26　运行结果

2. 元素修改

我们通过列表的索引值访问列表中的某个元素，如果要改变某个元素的值，可以直接对元素进行赋值处理，如下所示：

```
list1 = [1, 2, 3, 4, 5, 6, 7]
# 访问第二个元素并重新赋值
list1[1] = 'AA'
print('修改第二个元素并查看列表：', list1)
# 截取第二个到第五个元素并重新赋值
list1[1:4] = 'CCC'
print('修改第二个到第五个元素并查看列表：', list1)
# 截取第二个到第五个元素，并将截取结果倒序并重新赋值
# 倒序是从右边开始计算的，因此索引值需要使用负数表示，否则返回空元组
```

```
list1[-4:-7:-1] = ['A', 'B', 'C']
print('截取第二个到第五个元素，并将截取结果倒序：', list1)
```

在 PyCharm 中运行上述代码，运行结果如图 4-27 所示。

```
修改第二个元素并查看列表：[1, 'AA', 3, 4, 5, 6, 7]
修改第二个到第五个元素并查看列表：[1, 'C', 'C', 'C', 5, 6, 7]
截取第二个到第五个元素，并将截取结果倒序：[1, 'C', 'B', 'A', 5, 6, 7]
```

图 4-27 运行结果

从运行结果看到，如果我们获取列表中的某个元素并重新赋值，只会修改当前元素的值，如果是截取多个元素并赋值，那么将会对这部分元素重新赋值，从而实现多个元素的批量修改。

3. 列表拼接

列表拼接是使用算术运算符"+"和"*"实现的，拼接得出的列表是一个新的数据对象，它与原来的列表是两个互不相关的对象。拼接方法如下：

```
list1 = [1, 2, 3]
list2 = [4, 5, 6, 7]
# 使用运算符"+"拼接
list3 = list1 + list2
print('使用运算符"+"拼接，拼接后的list1：', list1)
print('使用运算符"+"拼接，拼接后的list2：', list2)
print('使用运算符"+"拼接，拼接后的list3：', list3)
# 使用运算符"*"拼接
list4 = list1 * 2
print('使用运算符"*"拼接，拼接后的list1：', list1)
print('使用运算符"*"拼接，拼接后的list4：', list4)
```

在 PyCharm 中运行上述代码，运行结果如图 4-28 所示。

```
使用运算符"+"拼接，拼接后的list1：[1, 2, 3]
使用运算符"+"拼接，拼接后的list2：[4, 5, 6, 7]
使用运算符"+"拼接，拼接后的list3：[1, 2, 3, 4, 5, 6, 7]
使用运算符"*"拼接，拼接后的list1：[1, 2, 3]
使用运算符"*"拼接，拼接后的list4：[1, 2, 3, 1, 2, 3]
```

图 4-28 运行结果

4. 删除列表元素或列表

删除列表元素或列表是使用关键字 del 实现操作的。删除方法如下：

```
list1 = [1, 2, 3]
del list1[1]
print('删除某个列表元素：', list1)
del list1
print('删除整个列表：', list1)
```

在 PyCharm 中运行上述代码，运行结果如图 4-29 所示。

```
删除某个列表元素： [1, 3]
Traceback (most recent call last):
  File "D:/HelloWorld/w.py", line 5, in <module>
    print('删除整个列表：', list1)
NameError: name 'list1' is not defined
```

图 4-29　运行结果

关键字 del 首先删除列表中的第二个元素，元素删除后的列表为[1, 3]，然后删除整个列表 list1，因此在输出函数 print 输出列表 list1 时将会提示 list1 尚未定义，即列表 list1 已经不存在了。

4.3.2　新增元素：append()

append()函数是列表特有的函数之一，只适用于列表对象，它是在列表的末端添加一个新的元素。其语法定义如下：

```
# list 代表列表对象
# obj 代表添加到列表的元素
list.append(obj)
```

根据 append()函数的定义演示如何在列表中添加元素，如下所示：

```
list1 = [1, 2, 3, 4, 5, 6, 7]
list1.append(8)
print('新增数字 8 后的列表：', list1)
list1.append(['A'])
print("新增列表['A']后的列表：", list1)
```

上述代码的运行结果如图 4-30 所示。

```
新增数字8后的列表： [1, 2, 3, 4, 5, 6, 7, 8]
新增列表['A']后的列表： [1, 2, 3, 4, 5, 6, 7, 8, ['A']]
```

图 4-30　运行结果

append()函数每次只能为列表添加一个元素，并且元素可以是 Python 任意的数据类型，如果想添加多个元素，就只能多次执行 append()函数。

4.3.3　插入元素：insert()

insert()函数是列表特有的函数方法，只适用于列表对象，它是在列表中的某个位置插入一条新的数据。其语法定义如下：

```
# list 代表列表
# 参数 index 代表列表中某个元素的索引值
# 参数 object 代表需要插入的元素
list.insert(index, object)
```

根据 insert()的语法定义在列表 list1 中插入新的元素，代码如下：

```
list1 = [1, 2, 3, 4]
list1.insert(2, '666')
print('插入字符串 666 的列表: ', list1)
list1.insert(4, ['Python'])
print("插入['Python']的列表: ", list1)
list1.insert(-1, ['Hi'])
print("插入['Hi']的列表: ", list1)
list1.insert(999, ['GO'])
print("插入['GO']的列表: ", list1)
```

上述代码的运行结果如图 4-31 所示。

```
E:\Python\python.exe D:/HelloWorld/w.py
插入字符串666的列表:  [1, 2, '666', 3, 4]
插入['Python']的列表:  [1, 2, '666', 3, ['Python'], 4]
插入['Hi']的列表:  [1, 2, '666', 3, ['Python'], ['Hi'], 4]
插入['GO']的列表:  [1, 2, '666', 3, ['Python'], ['Hi'], 4, ['GO']]
```

图 4-31　运行结果

从运行结果看到，insert()函数的元素插入规则如下：

（1）元素插入的位置在参数 index（列表中的某个元素的索引值）的前面，比如 list1.insert(2, '666')，参数 index 等于 2，即代表列表 list1 的数字 3，那么字符串 666 插入在数字 3 前面。

（2）如果参数 index 为负数，就代表索引值从右边的元素开始计算，比如 list1.insert(-1, ['Hi'])，参数 index 等于-1，即代表列表数字 4，那么['Hi']插入数字 4 前面。

（3）如果参数 index 超出列表的总长度，就默认在列表的最末端插入新元素，比如 list1.insert(999, ['GO'])。

4.3.4　新增多个元素：extend()

如果使用 append()或 insert()函数对同一个列表添加多个新元素，程序中就需要多次执行 append()或 insert()函数，这种实现方式消耗较多的计算机资源，而且需要编写较多的代码才能实现。因此，Python 提供了 extend()函数，其语法定义如下：

```
# list 代表列表
# 参数 seq 代表需要新增的元素，但以序列的形式表示
list.extend(seq)
```

从 extend()函数的定义看到，它是在列表末尾一次性追加另一个序列中的多个元素，例子如下：

```
list1 = [1]
list1.extend('BC')
print('元组添加到列表 list1: ', list1)
list1.extend((3, 4))
print('元组添加到列表 list1: ', list1)
list1.extend([5, 6])
```

```
print('列表添加到列表 list1: ', list1)
list1.extend({7, 8})
print('集合添加到列表 list1: ', list1)
list1.extend({"A": "a"})
print('字典添加到列表 list1: ', list1)
```

上述代码的运行结果如图 4-32 所示。

```
元组添加到列表list1:  [1, 'B', 'C']
元组添加到列表list1:  [1, 'B', 'C', 3, 4]
列表添加到列表list1:  [1, 'B', 'C', 3, 4, 5, 6]
集合添加到列表list1:  [1, 'B', 'C', 3, 4, 5, 6, 8, 7]
字典添加到列表list1:  [1, 'B', 'C', 3, 4, 5, 6, 8, 7, 'A']
```

图 4-32　运行结果

从运行结果看到，extend()函数能将字符串、元组、列表和集合的每一个元素添加到列表中，对于字典来说，字典的键（key）添加到列表，而字典的值（value）将会忽略去掉。

> **注　意**
>
> 集合的元素没有固定的排列顺序，将集合的元素添加到列表中可能无法确定列表新增元素的排序方式和某个元素的索引值。

4.3.5　移除元素：pop()

pop()函数用于移除列表中的某个元素，并且返回已移除元素的值，函数默认移除最后一个元素。其语法定义如下：

```
# list 代表列表
# 参数 obj 代表需要移除元素的索引值，默认值为-1，即列表的最后一个元素
list.pop(obj=-1)
```

根据 pop()函数的语法定义，函数的使用说明如下：

```
list1 = ['things', 'come', 'to', 'those', 'who', 'wait.']
print('删除倒数第二个元素: ', list1.pop(-2))
print('删除最后一个元素: ', list1.pop())
print('删除第一个元素: ', list1.pop(0))
print('删除第三个元素: ', list1.pop(2))
print('输出剩余元素: ', list1)
```

上述代码的运行结果如图 4-33 所示。

```
删除倒数第二个元素:  who
删除最后一个元素:   wait.
删除第一个元素:  things
删除第三个元素:  those
输出剩余元素:  ['come', 'to']
```

图 4-33　运行结果

pop()函数除了用于列表之外，还能用于集合和字典，使用规则如下：

（1）如果是集合使用 pop()函数，就不需要设置参数，每次执行 pop()函数时随机移除集合中的某个元素。

（2）如果是字典使用 pop()函数，就必须设置参数 k，参数 k 是字典里某个 key（键）。

4.3.6　移除元素：remove()

remove()函数用于移除列表中某个匹配的元素，如果列表中有多个相同的元素，那么函数只会移除索引值最小的元素。其语法定义如下：

```
# list 代表列表
# 参数 obj 代表需要移除的元素
list.remove(obj)
```

根据 remove()函数的语法定义列举该函数的使用方法，如下所示：

```
list1 = ['things', 'come', 'to', 'those', 'things']
print('删除 things 元素：', list1.remove('things'))
print('输出剩余元素：', list1)
print('删除 things 元素：', list1.remove('things'))
print('输出剩余元素：', list1)
```

上述代码的运行结果如图 4-34 所示。

```
删除things元素：  None
输出剩余元素：  ['come', 'to', 'those', 'things']
删除things元素：  None
输出剩余元素：  ['come', 'to', 'those']
```

图 4-34　运行结果

从运行结果看到，remove()函数的使用说明如下：

（1）remove()函数不会返回已删除的元素，当元素删除成功后，返回值以 None 表示，即函数没有返回任何数据。

（2）如果列表中有多个重复的数据，remove()函数只会删除最左边的元素。比如列表 list1 的元素 things，它的索引值分别为 0 和 4，因此 remove()函数第一次先删除索引值为 0 的元素 things。

如果在列表中删除不存在的元素，程序就会提示 list.remove(x): x not in list 异常信息，比如在列表 list1 中删除元素 python，异常信息如图 4-35 所示。

```
Traceback (most recent call last):
  File "D:/HelloWorld/w.py", line 2, in <module>
    print('删除python元素：', list1.remove('python'))
ValueError: list.remove(x): x not in list
```

图 4-35　异常信息

4.3.7 列表反转：reverse()

reverse()函数是列表特有的函数之一，它是将列表的元素进行倒序排列。其语法定义如下：

```
# list 代表列表
list.reverse()
```

根据 reverse()函数的语法定义展示 reverse()函数的使用方法。

```
list1 = [1, 2, 3, 4, 5, 6, 7]
# 列表反转
list1.reverse()
print('列表反转后的元素排序：', list1)
```

上述代码的运行结果如图 4-36 所示。

```
E:\Python\python.exe D:/HelloWorld/w.py
列表反转后的元素排序： [7, 6, 5, 4, 3, 2, 1]

Process finished with exit code 0
```

图 4-36　运行结果

从运行结果看到，列表 list1 使用 reverse()函数之后，列表 list1 的元素排序发生改变。如果不想改变原列表的元素排序方式，并且能够实现元素反转，可以通过索引值的访问方式反转列表元素，如 list1[::-1]。

4.3.8 列表排序：sort()与 sorted()

1. sort()函数

sort()函数是列表特有的函数之一，它用于将列表的元素按照一定的规则进行排序，并且改变列表原有的元素排序方式。其语法定义如下：

```
# list 代表列表
# 参数 key 是用来进行比较的元素
# 参数 reverse 是排序规则，reverse=True 为降序，reverse=False 为升序（默认）
list.sort(key=None, reverse=False)
```

根据 sort()函数的语法定义展示 sort()函数的使用方法。

```
list1 = ['banana', 'apple', 'orange', 'pear']
# 列表 list1 以字母 a-z 方式排列
list1.sort()
print('排序后的列表 list1 为：', list1)

list2 = ['banana', 'apple', 'orange', 'pear']
# reverse=True 是倒序排列
# 列表 list2 以字母 z-a 方式排列
list2.sort(reverse=True)
```

```
print('排序后的列表list2为：', list2)

list3 = [['tom', 13], ['lucy', 15], ['lily', 10]]
# 参数 key 使用拉姆达表达式表示
# 以列表的第二个元素进行排序
# 即以列表 list3 的['tom', 13]的 13 进行排序
list3.sort(key=lambda age: age[1])
print('排序后的列表list3为：', list3)
```

运行上述代码，运行结果如图 4-37 所示。

```
排序后的列表list1为：  ['apple', 'banana', 'orange', 'pear']
排序后的列表list2为：  ['pear', 'orange', 'banana', 'apple']
排序后的列表list3为：  [['lily', 10], ['tom', 13], ['lucy', 15]]
```

图 4-37　运行结果

从运行结果看到，sort()函数的使用规则说明如下：

（1）如果 sort()函数不设置任何参数，列表就以每个元素的 ASCII 码大小进行升序排列，比如元素 apple 和 banana，apple 的首个字符 a 的 ASCII 码为 97，banana 的首个字符 b 的 ASCII 码为 98，若以升序方式排列，则 apple 排在 banana 前面。如果两个元素的首个字符相同，就对比元素的下一个字符，以此类推，直至得到两个元素的排序方式。

（2）如果 sort()函数设置参数 reverse 等于 True，元素就以降序方式排序，排序规则与（1）相同。

（3）如果 sort()函数设置了参数 key，就以参数 key 的方式进行排序，参数 key 通常以拉姆达表达式表示，常用于多层嵌套的列表。比如列表 list3 的每个元素是以列表（简称子列表）表示的，若以子列表的第二个元素进行排序，则参数 key=lambda age: age[1]，列表 list3 的元素是以 10、13、15 的方式排序的。

2. sorted()函数

如果要对字符串、元组、集合和字典这类数据进行排序，Python 提供了 sorted()函数，它的使用方法与 sort()函数相似，设有参数 key 和 reverse，它不会改变原数据的排序方式，并且支持字符串、元组、列表、集合和字典的使用，排序结果以列表格式表示。使用方式如下：

```
str1 = 'ABCDEFG'
print('排序前的字符串 str1 为：', str1)
print('排序后的字符串 str1 为：', sorted(str1, reverse=True))

tuple1 = (['tom', 13], ['lucy', 15], ['lily', 10])
print('排序前的元组 tuple1 为：', tuple1)
print('排序后的元组 tuple1 为：', sorted(tuple1, key=lambda age: age[1]))

list1 = ['banana', 'apple', 'orange', 'pear']
print('排序前的列表 list1 为：', list1)
```

```
print('排序后的列表 list1 为: ', sorted(list1))

set1 = {'a', 'b', 'c', 'd'}
print('排序前的集合 set1 为: ', set1)
print('排序后的集合 set1 为: ', sorted(set1, reverse=True))

dict1 = {'a': 12, 'b': 10, 'c': 15}
print('排序前的字典 dict1 为: ', dict1)
# 根据字典的值（value）大小，对字典的键（key）进行排序
print('排序后的字典 dict1 为: ', sorted(dict1, key=lambda v: dict1[v]))
```

运行上述代码，运行结果如图 4-38 所示。

```
排序前的字符串str1为:   ABCDEFG
排序后的字符串str1为:  ['G', 'F', 'E', 'D', 'C', 'B', 'A']
排序前的元组tuple1为:  (['tom', 13], ['lucy', 15], ['lily', 10])
排序后的元组tuple1为:  [['lily', 10], ['tom', 13], ['lucy', 15]]
排序前的列表list1为:  ['banana', 'apple', 'orange', 'pear']
排序后的列表list1为:  ['apple', 'banana', 'orange', 'pear']
排序前的集合set1为:  {'b', 'c', 'd', 'a'}
排序后的集合set1为:  ['d', 'c', 'b', 'a']
排序前的字典dict1为:  {'a': 12, 'b': 10, 'c': 15}
排序后的字典dict1为:  ['b', 'a', 'c']
```

图 4-38　运行结果

从运行结果看到，sorted()函数的排序规则如下：

（1）sorted()函数将排序后的结果以列表表示，并且不会改变原数据的数据结构。

（2）sorted()函数设有参数 key 和 reverse，参数的设置方式与 sort()函数相同。

（3）如果排序的数据是字典类型，由于字典是无序的数据，sorted()函数只会对字典的键（key）进行排序，而字典的值（value）将会被忽略。

4.3.9　清空列表：clear()

clear()函数用于清空列表、集合和字典的所有元素，分别返回空列表、空集合和空字典。其语法定义如下：

```
# list 代表列表
list.clear()
# set 代表集合
set.clear()
# dict 代表字典
dict.clear()
```

根据 clear()函数的语法定义，分别演示列表、集合和字典的使用方式。

```
list1 = [1, 3, 4, 5]
list1.clear()
```

```
print('清空列表: ', list1)

set1 = {1, 2, 3}
set1.clear()
print('清空集合: ', set1)

dict1 = {'a': 1}
dict1.clear()
print('清空字典: ', dict1)
```

在 PyCharm 中运行上述代码，运行结果如图 4-39 所示。

```
E:\Python\python.exe D:/HelloWorld/w.py
清空列表: []
清空集合: set()
清空字典: {}

Process finished with exit code 0
```

图 4-39 运行结果

4.3.10 复制列表：copy()

copy()函数只能复制列表、集合和字典的数据类型，用于实现浅拷贝功能。其语法定义如下：

```
# list 代表列表
list.copy()
# set 代表集合
set.copy()
# dict 代表字典
dict.copy()
```

根据 copy()函数的语法定义，分别演示列表、集合和字典的使用方式。

```
list1 = [1, 3, 4, ['a', 'b']]
list2 = list1.copy()
print('复制列表: ', list2)

set1 = {1, 2, 3}
set2 = set1.copy()
print('复制集合: ', set2)

dict1 = {'a': 1, 'b': [1, 2]}
dict2 = dict1.copy()
# 验证浅拷贝功能
dict1['b'][0] = 666
print('复制字典: ', dict2)
```

在 PyCharm 中运行上述代码，运行结果如图 4-40 所示。

```
E:\Python\python.exe D:/HelloWorld/w.py
复制列表：[1, 3, 4, ['a', 'b']]
复制集合：{1, 2, 3}
复制字典：{'a': 1, 'b': [666, 2]}

Process finished with exit code 0
```

图 4-40　运行结果

从运行结果看到，当复制的数据为字典类型，并且对字典里面嵌套的元组、列表、集合或字典进行修改时，修改的内容将会影响复制前后的两个字典。有关浅拷贝的详细说明可以回顾 2.2.2 节。

4.3.11　格式转换：list()

list()函数用于将字符串、元组、集合和字典转化为列表格式，例如：

```python
str1 = 'abcdefg'
list1 = list(str1)
print('字符串转列表：', list1)

tuple1 = (1, 2, 3, (4, 5))
list2 = list(tuple1)
print('元组转列表：', list2)

set1 = {6, 7, 8, 9, 0, (4, 5)}
list3 = list(set1)
print('集合转列表：', list3)

dic1 = {'A': 'a', 'B': 'b'}
list4 = list(dic1)
print('字典转列表：', list4)
```

上述代码的运行结果如图 4-41 所示。

```
字符串转列表：['a', 'b', 'c', 'd', 'e', 'f', 'g']
元组转列表：[1, 2, 3, (4, 5)]
集合转列表：[0, 6, 7, 8, 9, (4, 5)]
字典转列表：['A', 'B']
```

图 4-41　运行结果

字符串、元组、集合和字典转化为列表的转化过程说明如下：

（1）当字符串转化为列表的时候，字符串的每个字符将作为列表的一个元素。

（2）当元组和集合转化为列表的时候，元组和集合的元素作为列表的元素，元素本身的数据类型保存不变。

（3）当字典转化为列表的时候，list 函数只将字典的键转为列表的元素，而字典的值将会被省略。

4.4　实战项目："营救村民"游戏

我们已经掌握了元组和列表的使用方法，本节将以游戏开发的形式讲述如何在日常开发中使用元组和列表。游戏背景是森林里出现大批山贼并捉走了上山采药的村民，玩家需要从村民中获取任务信息、技能和装备，然后上山击败山贼并营救村民。游戏功能开发需要实现人物角色创建、接受任务和购置装备，具体说明如下：

（1）人物角色创建：玩家需要输入游戏人物的名称，选择角色的职业，不同的职业有不同的技能，职业分为剑士、法师和弓箭手。

（2）接受任务：玩家需要与游戏的 NPC（西西村村长和药铺老板）进行对话，开启游戏的主线任务，然后从西西村村长处学习基础技能，药铺老板为玩家提供药物和金钱。

（3）购置装备：用从药铺老板处得到的金钱到兵器铺购置装备，提升玩家的攻击力。

根据游戏功能的划分，首先实现人物角色创建。当玩家首次进入游戏的时候，游戏系统需要为玩家创建新的游戏角色，并且为游戏角色创建相关数据，比如人物名称、金钱、初始攻击力、职业信息等相关属性。因此，在创建游戏角色的时候，我们为游戏角色分别定义了名称、职业、攻击力、技能列表、金钱、物品和装备，并且为玩家设置了人物名称和职业选择，具体的代码如下：

```python
# 初始化人物角色，生成人物信息列表
info = ['大蟒蛇', '平民', 10, ['普通攻击'], 0, [], []]
# 设置人物名称并写入人物信息列表
name = input('欢迎来到西西村！请输入并创建你的名字：')
info[0] = name
# 设置职业选择
while 1:
    occupation = input('请选择你的职业：1-剑士，2-法师，3-弓箭手')
    if occupation == '1':
        # 将职业信息写入人物信息列表
        info[1] = '剑士'
        # 根据职业限定人物技能
        skill = '基础剑术'
        # 中断循环
        break
    elif occupation == '2':
        # 将职业信息写入人物信息列表
        info[1] = '法师'
        # 根据职业限定人物技能
        skill = '基础法术'
        # 中断循环
        break
```

```
elif occupation == '3':
    # 将职业信息写入人物信息列表
    info[1] = '弓箭手'
    # 根据职业限定人物技能
    skill = '基础箭法'
    # 中断循环
    break
```

实现人物角色创建需要使用 Python 的输入函数 input()、输出函数 print()、列表、if 条件控制语句和 while 循环语句，实现过程说明如下：

（1）定义列表 info，列表长度为 7，用于初始化人物角色的属性值，列表的第 1 个元素到第 7 个元素分别代表人物名称、职业信息、攻击力、技能列表、金钱、物品和装备。

（2）使用输入函数 input() 获取玩家输入的角色名字，并且覆盖赋值给列表 info 的第 1 个元素。

（3）职业选择使用 if 条件控制语句和 while 循环语句实现，提示玩家选择职业：输入数字 1 代表设置剑士职业，输入数字 2 代表设置法师职业，输入数字 3 代表设置弓箭手职业。

（4）根据玩家输入的内容进行判断，如果输入的内容是数字 1、2 或 3，那么程序将依次设置相应的执行信息，并根据职业设置相应的基础技能，最后使用关键字 break 中断 while 循环语句；如果玩家输入其他内容，那么程序将重复提示"请选择你的职业：1-剑士，2-法师，3-弓箭手"，这代表玩家没有按照游戏规定输入正确的内容。

人物创建成功后，下一步是开始游戏之旅。我们实现接受任务和购置装备功能，这两个功能是分别与不同的 NPC（西西村村长、药铺老板和兵器铺老板）进行对话，通过对话提升游戏人物的金钱、攻击力和技能，具体的实现代码如下：

```
# 与西西村村长进行对话，学习技能
print(f'你好，{name}，我是西西村村长，最近野兽森林里出现了山贼，'
      f'捉走了采药的村民。这里有一本{skill}，希望你能营救村民。')
print(f'系统提示：习得{skill}')
info[3].append(skill)
# 与药铺老板进行对话，获得金钱和物品
print(f'你好，{name}，我是药铺老板，我的员工在采药时被山贼捉去'
      f'这里有 10 瓶金疮药和 100 两银子，希望你能解救我的员工。')
info[4] += 100
info[5].append(('金疮药', 10))
print('系统提示：获得 10 瓶金疮药和 100 两银子')
# 让玩家选择路线，用于推进游戏剧情发展
while 1:
    ways = input('选择你的路线：1-兵器铺，2-野兽森林')
    # 与兵器铺老板进行对话，购买装备
    if ways == '1':
        while 1:
            print('你好，客官，本店出售各类兵器，总有一款适合你。')
            equip = input('木杖-60 两 +18 攻击：选择 1\n'
                          '木剑-60 两 +18 攻击：选择 2\n'
                          '木弓-60 两 +18 攻击：选择 3\n'
```

```
                              '布衣-30 两 +10 防御：选择 4\n'
                              '退出：选择 5\n')
           # 如果职业是法师就购买木杖
           if equip == '1' and info[1] == '法师':
               # 提升攻击力
               info[2] += 18
               # 减去费用
               info[4] -= 60
               # 人物装备添加兵器信息
               info[6].append(('兵器', '木杖'))
           # 如果职业是剑士就购买木剑
           elif equip == '2' and info[1] == '剑士':
               # 提升攻击力
               info[2] += 18
               # 减去费用
               info[4] -= 60
               # 人物装备添加兵器信息
               info[6].append(('兵器', '木剑'))
           # 如果职业是弓箭手就购买木弓
           elif equip == '3' and info[1] == '弓箭手':
               # 提升攻击力
               info[2] += 18
               # 减去费用
               info[4] -= 60
               # 人物装备添加兵器信息
               info[6].append(('兵器', '木弓'))
           # 布衣适合任何职业
           elif equip == '4':
               # 将衣服的防御力乘以 0.2 转化为攻击力
               info[2] += 10 * 0.2
               # 减去费用
               info[4] -= 30
               # 人物装备添加衣服信息
               info[6].append(('衣服', '布衣'))
           # 退出与兵器铺老板的对话
           elif equip == '5':
               break
           print('当前攻击力：', info[2])
           print('当前装备：', info[6])
           print('剩余金钱：', info[4])
    # 进入野兽森林，开启营救村民剧情
    elif ways == '2':
        break
```

从上述代码看出，玩家必须与西西村村长和药铺老板进行对话，通过对话来开启主线任务，而与兵器铺老板的对话是玩家自行选择的，详细说明如下：

（1）玩家与西西村村长进行对话，从村长处学习基础技能，并讲述了主线任务的起因。由于不同职业有不同的技能，因此在与村长的对话中，使用变量 skill 让人物角色学习相应的职业技能，并将技能写入列表 info 的第 3 个元素，第 3 个元素也是列表格式的，技能的写入方式应为 info[3].append(skill)。

（2）玩家与药铺老板进行对话，从对话中获取 10 瓶金疮药和 100 两银子，金疮药以元组格式（('金疮药', 10)）写入列表 info 的第 6 个元素，由于列表 info 的第 6 个元素是列表格式的，因此物品的写入方式为 info[5].append(('金疮药', 10))。

（3）玩家要进行路线选择：输入数字 1 代表与兵器铺老板进行对话，输入数字 2 代表进入野兽森林，开始营救村民，整个路线选择功能是使用 if 条件控制语句和 while 循环语句实现的。

（4）如果玩家输入数字 1，就与兵器铺老板进行对话，对话内容是使用 if 条件控制语句和 while 循环语句实现的，实现逻辑与职业选择的功能相似。当玩家输入数字 1 的时候，代表购买木杖兵器，程序会判断人物的职业信息是否为法师，只有法师职业才能使用木杖，如果是法师职业就购买木杖，程序首先修改列表 info 的第 3 个元素，提升角色的攻击力，然后修改列表 info 的第 5 个元素，根据费用减少角色现有的金钱，最后修改列表 info 的第 7 个元素，添加装备信息，装备信息以元组（('兵器', '木杖')）格式表示，第 7 个元素以列表表示，因此装备添加方式为 info[6].append(('兵器', '木杖'))。以此类推，当玩家输入数字 2、3、4 的时候，程序的处理方式与上述方式相同，只有输入数字 5 的时候，玩家才会结束与兵器铺老板的对话，从而回到路线选择功能。

（5）在路线选择中，如果玩家输入数字 2，就进入野兽森林，开始与山贼的战斗场景，营救村民。本章尚未实现这部分功能，有兴趣的读者可自行尝试实现。

在 PyCharm 中运行上述代码，程序将会提示玩家输入角色名字、选择职业、选择路线和购买装备，我们将角色名字设为 Python、职位为剑士，路线选择输入数字 1（与兵器铺老板对话），分别购买木剑和布衣，运行结果如图 4-42 所示。

```
欢迎来到西西村！请输入并创建你的名字：Python
请选择你的职业：1-剑士，2-法师，3-弓箭手1
你好，Python，我是西西村村长，最近野兽森林里出现了山贼，捉走了采药的村民。这里有一本基础剑术，希望你能营救村民。
系统提示：习得基础剑术
你好，Python，我是药铺老板，我的员工在采药时被山贼捉去这里有10瓶金疮药和100两银子，希望你能解救我的员工。
系统提示：获得10瓶金疮药和100两银子
选择你的路线：1-兵器铺，2-野兽森林1
你好，客官，本店出售各类兵器，总有一款适合你。
木杖—60两 +18攻击：选择1
木剑—60两 +18攻击：选择2
木弓—60两 +18攻击：选择3
布衣—30两 +10防御：选择4
退出，选择5
2
当前攻击力： 28
当前装备： [('兵器', '木剑')]
剩余金钱： 40
```

图 4-42 运行结果

4.5 本章小结

元素的索引值从左开始计算，从左向右依次递增，因此每个元素对应的索引值如图 4-43 所示。

元组tuple1			
索引值	0	1	2	3
元素值	1	这是字符串	这是列表	这是元组
元组list1			
索引值	0	1	2	3
元素值	1	这是字符串	这是列表	这是元组

图 4-43　元组和列表的正数索引值计算

从图 4-43 看到，元组和列表的索引值计算与字符串的索引值计算是一样的，每个索引值代表元组或列表的一个元素，因此可以使用索引值来定位获取元组或列表中的某个元素。

如果元组或列表的元素过多（或者字符串的内容较长），并且获取的元素在元组或列表的最右边，就可以将索引值设为负数。当索引值为负数的时候，它代表从右开始计算，从右向左依次递减，其计算方式如图 4-44 所示。

元组tuple1			
索引值	-4	-3	-2	-1
元素值	1	这是字符串	这是列表	这是元组
元组list1			
索引值	-4	-3	-2	-1
元素值	1	这是字符串	这是列表	这是元组

图 4-44　元组和列表的负数索引值计算

值得注意的是，如果索引值从右开始，起始值就必须从-1 开始计算，因为-0 和 0 在数学中都是代表 0，因此-0 和 0 都是代表最左边的第一个元素。

序列的截取方法如下：

```
# start 是开始索引
# end 是结束索引
# step 是步长，即间隔索引
str[start: end: step]
list[start: end: step]
tuple[start: end: step]
```

start 可以从 0 开始，代表从左边的索引开始，如果是负数，就代表从右边的索引开始，默认代表从 0 开始。end 是被截取的字符串索引，空值默认取到字符串尾部。间隔索引默认为 1，截取的内容不进行处理；如果设置为 2，就将截取的内容再隔一取数。

序列的相加与相乘是通过算术运算符 "+" 和 "*" 实现同一数据类型的运算，并且仅支持字符串、元组和列表的使用。详细的使用说明如下：

```
str1 = 'ABCDEFG'
str2 = 'HIJKLMN'
```

```python
print('两个字符串相加：', str1+str2)
print('单个字符串乘以整数：', str1*2)
tuple1 = (1, 2, 3, 4, 5)
tuple2 = (6, 7, 8, 9, 10)
print('两个元组相加：', tuple1+tuple2)
print('单个元组乘以整数：', tuple1*2)
list1 = [1, 2, 3, 4, 5]
list2 = [6, 7, 8, 9, 10]
print('两个列表相加：', list1+list2)
print('单个列表乘以整数：', list1*2)
```

检测某个元素是否在序列中，可以使用成员运算符 in 或 not in 实现，这种方式不仅适用于字符串、元组和列表，还适用于集合和字典。详细代码如下：

```python
str1 = '12ABCD'
print('判断字符 A 是否在字符串中：', 'A' in str1)
print('判断字符 B 是否在字符串中：', 'B' in str1)
tuple1 = (1, 2, 'A', (1, 2))
print('判断元素 A 是否在元组中：', 'A' in tuple1)
print('判断子元组(1,2)是否在元组中：', (1, 2) in tuple1)
list1 = [1, 2, 'A', [1, 2]]
print('判断元素 A 是否在列表中：', 'A' in list1)
print('判断子列表[1,2]是否在列表中：', [1, 2] in list1)
set1 = {1, 2, 'A', (1, 2)}
print('判断元素 A 是否在集合中：', 'A' in set1)
print('判断子元组(1,2)是否在集合中：', (1, 2) in set1)
dict1 = {'A': 'a', 'B': 'b'}
print('判断元素(A:a)的键是否在集合中：', 'A' in dict1)
print('判断元素(A:a)的值是否在集合中：', 'a' in dict1)
```

元组是以小括号表示的，并且元素允许设为任意的数据类型，每个元素之间使用英文逗号隔开。当元组定义后，我们便无法对元组的元素进行增加、修改和删除操作，只允许读取元组的元素。元组的常用函数有 len()、max()、min()、sum()、tuple()、index()和 count()。

列表是以中括号表示的，并且元素允许设为任意的数据类型，每个元素之间使用英文逗号隔开。当列表定义后，我们可以对列表的元素进行访问与截取、增加、修改和删除操作等，并且能够对整个列表进行操作。列表的常用函数有 len()、max()、min()、sum()、tuple()、index()、count()、append()、insert()、extend()、pop()、remove()、reverse()、sort()、sorted()、clear()、copy()和 list()。

第5章

集合和字典

集合和字典在某种程度上是非常相似的，两者都是以大括号"{}"来进行定义的，并且元素是无序排列的。唯一的区别在于元素格式和数据类型有所不同。

集合的元素只支持数字、字符串和元组，这些都是 Python 不可变数据类型。字典的 key 必须为不可变数据类型，如字符串、数字或元组；value 可以是任意的数据类型。

5.1 集合的创建与操作

集合是一个无序的不重复元素序列，可以使用大括号"{}"或者 set()函数创建集合，但是创建一个空集合必须使用 set()函数，不能使用大括号"{}"，因为大括号"{}"用来创建一个空字典。集合的创建语法如下：

```
# 创建集合
set1 = {1, 'py', (1,2)}
print(set1)
# 使用 set()函数创建集合
set2 = set('python')
# 输出{'o', 'h', 'n', 'p', 'y', 't'}
print(set2)
# 创建空集合
set3 = set()
```

使用 set()函数创建非空集合，它是对字符串的每个元素进行拆分并转化为集合元素。由于集合是一个无序的不重复元素序列，同一个字符串多次使用 set()函数创建多个集合，每个集合元素出现的次序各不相同。

5.1.1 添加元素：add()和 update()

add()函数可以在已有的集合中添加新的元素，它是集合特有的函数方法，只适用于集合对象。其语法定义如下：

```
# set 代表集合对象
# obj 代表添加到集合的元素
set.add(obj)
```

根据 add()函数的定义，下面演示如何在集合中添加元素。

```
set1 = {1, (1, 2), 'py'}
set1.add('Django')
print('新增元素 Django：', set1)
set1.add(3)
print('新增元素 3：', set1)
set1.add((5, 6))
print('新增元素(5,6)：', set1)
```

上述代码的运行结果如图 5-1 所示。

```
E:\Python\python.exe D:/HelloWorld/w.py
新增元素Django: {'py', 1, (1, 2), 'Django'}
新增元素3: {1, (1, 2), 3, 'Django', 'py'}
新增元素(5,6): {1, (1, 2), 3, 'Django', 'py', (5, 6)}
```

图 5-1　运行结果

add()函数每次只能为列表添加一个元素，并且元素的数据类型只能为数字、字符串或元组。如果想添加多个元素，就只能多次执行 add()函数；如果添加的元素为列表、集合或字典，Python 就会提示 TypeError 异常信息，比如添加集合{1,2}，其异常信息如图 5-2 所示。

```
E:\Python\python.exe D:/HelloWorld/w.py
Traceback (most recent call last):
  File "D:/HelloWorld/w.py", line 2, in <module>
    set1.add({1,2})
TypeError: unhashable type: 'set'
```

图 5-2　TypeError 异常信息

集合除了使用 add()函数添加元素之外，还可以使用 update()函数实现。update()函数适用于集合和字典，其语法定义如下所示：

```
# obj 代表集合或字典对象
# value 代表添加的元素
obj.update(value)
```

使用 update()函数添加元素，元素的数据格式可支持 Python 所有的数据类型。由于集合的元素只支持数字、字符串或元组，如果 update()函数添加的元素为列表、集合或字典，在添加过程中，Python 会自动将其转化为数字、字符串或元组，如下所示：

```
set1 = {(1, 2), 'py'}
set1.update([3, 4])
print('新增元素[3,4]: ', set1)
set1.update({5, 6})
print('新增元素{5,6}: ', set1)
set1.update([(7, 8), 9])
print('新增元素[(7, 8), 9]: ', set1)
set1.update({"a": "b"})
print('新增元素{"a": "b"}: ', set1)
```

上述代码的运行结果如图 5-3 所示。

```
E:\Python\python.exe D:/HelloWorld/w.py
新增元素[3,4]: {3, 'py', (1, 2), 4}
新增元素{5,6}: {3, (1, 2), 4, 5, 6, 'py'}
新增元素[(7, 8), 9]: {3, (1, 2), 4, 5, 6, 9, 'py', (7, 8)}
新增元素{"a": "b"}: {3, (1, 2), 4, 5, 6, 9, 'a', 'py', (7, 8)}
```

图 5-3　运行结果

从运行结果看到，如果集合添加的元素分别为列表、集合或字典，Python 就会将列表或集合的每个元素转化为集合 set1 的元素，字典的键转化为集合 set1 的元素，而且列表或集合的元素只能为数字、字符串或元组。比如将列表[(7, 8), 9]改为[[7, 8], 9]，列表第一个元素为[7, 8]，那么在添加过程中，Python 将提示 TypeError 异常信息，如图 5-4 所示。

```
E:\Python\python.exe D:/HelloWorld/w.py
Traceback (most recent call last):
  File "D:/HelloWorld/w.py", line 2, in <module>
    set1.update([[7, 8], 9])
TypeError: unhashable type: 'list'
```

图 5-4　TypeError 异常信息

5.1.2　删除元素：pop()、remove()和 discard()

从 4.3.9 节得知，clear()函数可以清空集合所有元素，但在日常开发中，我们可能只需删除集合中的某个元素。删除集合元素可以使用 pop()、remove()和 discard()函数，不同的函数有不同的删除方式。下面在集合 set1 中分别使用 pop()、remove()和 discard()函数删除元素，分析归纳元素的删除规则。

```
# 使用pop()删除元素
set1 = {(1, 2), 'py', 'Django'}
set1.pop()
print('使用pop()删除元素: ', set1)
# 使用remove()删除元素
set1 = {(1, 2), 'py', 'Django'}
```

```
set1.remove('py')
print('使用 remove()删除元素: ', set1)
# 使用 discard()删除元素
set1 = {(1, 2), 'py', 'Django'}
set1.discard('py')
print('使用 discard()删除元素: ', set1)
```

上述代码的运行结果如图 5-5 所示。从运行结果看到，pop()、remove()和 discard()函数删除元素的规则如下：

（1）pop()函数随机删除集合的某个元素。

（2）remove()和 discard()函数通过传入参数来删除集合中的指定元素。

（3）函数每次执行只能删除一个元素，如果要删除多个元素，那么可以重复执行。

```
E:\Python\python.exe D:/HelloWorld/w.py
使用pop()删除元素: {'py', 'Django'}
使用remove()删除元素: {(1, 2), 'Django'}
使用discard()删除元素: {(1, 2), 'Django'}
```

图 5-5 运行结果

remove()和 discard()函数可以删除集合中的指定元素，如果删除的元素不在集合中，remove()函数就会提示 KeyError 异常，而 discard()不会提示任何信息，比如在集合 set1 中删除元素 python，示例代码如下，其运行结果如图 5-6 所示。

```
# 使用 discard()删除不存在的元素
set1 = {(1, 2), 'py', 'Django'}
set1.discard('python')
print('使用 discard()删除不存在的元素: ', set1)
# 使用 remove()删除不存在的元素
set1 = {(1, 2), 'py', 'Django'}
set1.remove('python')
print('使用 remove()删除不存在的元素: ', set1)
```

```
Traceback (most recent call last):
  File "E:/my/aa.py", line 7, in <module>
    set1.remove('python')
KeyError: 'python'
使用discard()删除不存在的元素: {(1, 2), 'py', 'Django'}

Process finished with exit code 1
```

图 5-6 运行结果

5.1.3 获取两个集合的交集：intersection()

intersection()函数是对两个或两个以上的集合进行交集计算，计算结果以新的集合表示，它是集合特有的函数方法，只适用于集合对象。其语法定义如下：

```
# set1 代表新的集合对象
# s1, s2, s3 代表两个或两个以上的集合
set1.intersection(s1, s2, s3…)
```

从 intersection() 的语法定义看到，set1 为集合对象，由它调用 intersection() 函数执行交集计算，如果没有传入参数，计算结果就为 set1；如果传入一个或一个以上的集合，就执行交集计算。详细使用方法如下：

```
set1 = {1, 2, 3, 4, 5}
set2 = {1, 2, 'Python', (3, 4)}
set3 = set1.intersection(set2)
print('计算 set1 和 set2 的交集：', set3)
set4 = {1, 'Django', (3, 4)}
set5 = set1.intersection(set2, set4)
print('计算 set1、set2 和 set4 的交集：', set5)
```

在 PyCharm 中运行上述代码，运行结果如图 5-7 所示。从运行结果看到，计算多个集合的交集是从每个集合中提取相同的元素，并把这些元素放在一个新的集合中。

```
E:\Python\python.exe D:/HelloWorld/w.py
计算set1和set2的交集：  {1, 2}
计算set1、set2和set4的交集：  {1}

Process finished with exit code 0
```

图 5-7　运行结果

除了 intersection() 函数之外，Python 还定义了 intersection_update() 函数，该函数也是计算多个集合的交集，但计算结果会覆盖原来的集合。在不改变图 5-7 运行结果的前提下，将上述示例代码改为使用 intersection_update() 函数实现，详细使用方法如下：

```
set1 = {1, 2, 3, 4, 5}
set2 = {1, 2, 'Python', (3, 4)}
set1.intersection_update(set2)
print('计算 set1 和 set2 的交集：', set1)
set4 = {1, 'Django', (3, 4)}
set1.intersection_update(set2, set4)
print('计算 set1、set2 和 set4 的交集：', set1)
```

5.1.4　获取两个集合的并集：union()

union() 函数是对两个或两个以上的集合进行合并处理，即所有集合的元素放在一个新的集合中；如果集合之间存在重复的元素，在合并处理的过程中，程序只执行去重处理，保证计算结果不会出现相同的元素。其语法定义如下：

```
# set1 代表新的集合对象
# s1, s2, s3 代表两个或两个以上的集合
set1.union(s1, s2, s3…)
```

从 union()的语法定义看到，set1 为集合对象，由它调用 union()函数执行并集计算，如果没有传入参数，计算结果就为 set1；如果传入一个或一个以上的集合，就执行并集计算。详细使用方法如下：

```
set1 = {1, 2, 3, 4, 5}
set2 = {1, 2, 'Python', (3, 4)}
set3 = set1.union(set2)
print('计算 set1 和 set2 的并集：', set3)
set4 = {1, 'Django', (3, 4)}
set5 = set1.union(set2, set4)
print('计算 set1、set2 和 set4 的并集：', set5)
```

在 PyCharm 中运行上述代码，运行结果如图 5-8 所示。

```
E:\Python\python.exe D:/HelloWorld/w.py
计算set1和set2的并集： {1, 2, 3, 4, 5, (3, 4), 'Python'}
计算set1、set2和set4的并集： {1, 2, 3, 4, 5, (3, 4), 'Python', 'Django'}
```

图 5-8　运行结果

5.1.5　获取两个集合的差集：difference()

difference()是对两个或两个以上的集合进行差集计算，即把两个或两个以上集合相同的元素去掉，仅保留某一个集合剩下的元素，并将保留的元素放在新的集合中。其语法定义如下：

```
# set1 代表新的集合对象
# s1, s2, s3 代表两个或两个以上的集合
set1.difference(s1, s2, s3…)
```

从 difference()的语法定义看到，set1 为集合对象，由它调用 difference()函数执行差集计算，如果没有传入参数，计算结果就为 set1；如果传入一个或一个以上的集合，就执行差集计算。详细使用方法如下：

```
set1 = {1, 2, 3, 4, 5}
set2 = {1, 2, 'Python', (3, 4)}
set3 = set1.difference(set2)
print('计算 set1 和 set2 的差集：', set3)
set4 = {4, 'Django', (3, 4)}
set5 = set1.difference(set2, set4)
print('计算 set1、set2 和 set4 的差集：', set5)
```

在 PyCharm 中运行上述代码，运行结果如图 5-9 所示。

```
E:\Python\python.exe D:/HelloWorld/w.py
计算set1和set2的差集： {3, 4, 5}
计算set1、set2和set4的差集： {3, 5}
```

图 5-9　运行结果

除了 difference()函数之外，Python 还定义了 difference_update()、symmetric_difference()和 symmetric_difference_update()函数，函数说明如下：

- difference_update()函数是把两个或两个以上集合相同的元素去掉，仅保留某一个集合剩下的元素，剩下的元素会覆盖在原有的集合中。
- symmetric_difference()函数是把两个或两个以上集合相同的元素去掉，保留所有集合剩下的元素，并将保留的元素放在新的集合中。
- symmetric_difference_update()函数是把两个或两个以上集合相同的元素去掉，保留所有集合剩下的元素，并将剩下的元素覆盖到某一个集合中。

通过代码演示分别讲述三者之间的差异（difference_update()、symmetric_difference()和 symmetric_difference_update()），示例代码如下：

```
set1 = {1, 2, 3, 4, 5}
set2 = {1, 2, 'Python', (3, 4)}
set1.difference_update(set2)
print('difference_update()函数：', set1)

set1 = {1, 2, 3, 4, 5}
set2 = {1, 2, 'Python', (3, 4)}
set3 = set1.symmetric_difference(set2)
print('symmetric_difference()函数：', set3)

set1 = {1, 2, 3, 4, 5}
set2 = {1, 2, 'Python', (3, 4)}
set1.symmetric_difference_update(set2)
print('symmetric_difference_update()函数：', set1)
```

在 PyCharm 中运行上述代码，运行结果如图 5-10 所示。

```
E:\Python\python.exe D:/HelloWorld/w.py
difference_update()函数： {3, 4, 5}
symmetric_difference()函数： {3, 4, (3, 4), 'Python', 5}
symmetric_difference_update()函数： {3, 4, 5, (3, 4), 'Python'}
```

图 5-10　运行结果

5.1.6　判断子集：issubset()和 issuperset()

issubset()函数用于判断某个集合的所有元素是否都包含在另一个集合中，如果是就返回 True，否则返回 False。其语法定义如下：

```
# set1 代表某个集合的所有元素，即子集
# s1 代表另一个集合
set1.issubset(s1)
```

根据 issubset()函数的定义，下面演示如何判断某个集合是否为另一个集合的子集。

```
set1 = {1, 2, 3, 4, 5}
set2 = {1, 2}
set3 = {(1, 2)}
result = set2.issubset(set1)
print('set2 是否为 set1 的子集: ', result)
result = set3.issubset(set1)
print('set3 是否为 set1 的子集: ', result)
```

在 PyCharm 中运行上述代码，运行结果如图 5-11 所示。

```
E:\Python\python.exe D:/HelloWorld/w.py
set2是否为set1的子集:  True
set3是否为set1的子集:  False
```

图 5-11　运行结果

除了 issubset() 函数之外，Python 还定义了 issuperset() 函数，它的作用与 issubset() 函数完全相同，只是调用方式有所不同。在不改变图 5-11 运行结果的前提下，将示例代码改为使用 issuperset() 函数实现，详细使用方法如下：

```
set1 = {1, 2, 3, 4, 5}
set2 = {1, 2}
set3 = {(1, 2)}
result = set1.issuperset(set2)
print('set2 是否为 set1 的子集: ', result)
result = set1.issuperset(set3)
print('set3 是否为 set1 的子集: ', result)
```

对比 issubset() 和 issuperset() 发现，函数调用对象从 set2 变为 set1，参数从 set1 变为 set2。总的来说，在判断某个集合的所有元素是否都包含在另一个集合的时候，需要梳理区分以下要素：

（1）根据功能需求区分两个集合之间的包含关系，假如判断集合 B 是否为集合 A 的子集，则集合 B 是集合 A 的子集，集合 A 是集合 B 的父集。

（2）如果由集合 B（子集）作为函数调用对象，就使用 issubset() 函数判断。

（3）如果由集合 A（父集）作为函数调用对象，就使用 issuperset() 函数判断。

5.1.7　格式转换：set()

我们知道使用 set() 函数可以创建集合，set() 函数不仅能够创建集合，还能够将字符串、元组、列表和字典转化为集合，转化过程如下：

```
str1 = 'Django'
print('字符串转换集合: ', set(str1))
tuple1 = (1, 2, 3)
print('元组转换集合: ', set(tuple1))
list1 = [1, 2, 3]
print('列表转换集合: ', set(list1))
dict1 = {"a": 1, "b": 2}
print('字典转换集合: ', set(dict1))
```

在 PyCharm 中运行上述代码，运行结果如图 5-12 所示。

```
E:\Python\python.exe D:/HelloWorld/w.py
字符串转换集合：{'g', 'a', 'o', 'n', 'D', 'j'}
元组转换集合：{1, 2, 3}
列表转换集合：{1, 2, 3}
字典转换集合：{'a', 'b'}
```

图 5-12　运行结果

由于元组和列表的元素可以为数字、字符串、元组、列表和字典格式，但是集合的元素类型只能为数字、字符串或元组，当元组和列表的元素是列表和字典格式时，set()函数在转化过程中会出现 TypeError 异常。比如将元组(1, 2, [3, 4])转化为集合，元组第 3 个元素为列表[3, 4]，程序将提示 TypeError 异常，如图 5-13 所示。

```
E:\Python\python.exe D:/HelloWorld/w.py
Traceback (most recent call last):
  File "D:/HelloWorld/w.py", line 2, in <module>
    print('元组转换集合：', set((1, 2, [3, 4])))
TypeError: unhashable type: 'list'
```

图 5-13　TypeError 异常

5.2 字典的创建与操作

字典是 Python 常用的数据格式，它是用大括号"{ }"表示的，每个元素以键值对（key:value）表示，键值对之间使用冒号分隔，每个键值对使用逗号隔开。其创建格式如下：

```
# 创建字典
d = {key1: value1, key2: value2}
# 创建空字典
d = {}
# 使用 dict()函数创建字典
d = dict(a=1, b=2)
```

字典的 key 必须为不可变数据类型，如字符串、数字或元组；value 可以是任意的数据类型。在一个字典里，每个 key 都是唯一的，不能重复，而 value 没有限制。

5.2.1 基本操作

当字典创建后，我们可以对字典的键值对执行简单操作，如读取某个 key 的 value、修改或新增键值对、删除或清空键值对。

1. 读取某个 key 的 value

读取字典某个 key 的 value 可以在字典后面加上中括号"[]"，在中括号里面填写字典的某个

key。例如读取字典 d 的 key=name 的值，读取方法如下：

```
d = {'name': 'Tom', 'age': 10}
# 读取 key=name 的 value
print('读取 key=name 的 value：', d['name'])
```

如果 key 不在字典里面，那么读取该 key 的时候，程序将会提示 KeyError 异常，如读取字典 d 的 key=school 的 value，异常信息如图 5-14 所示。

```
E:\Python\python.exe D:/HelloWorld/w.py
Traceback (most recent call last):
  File "D:/HelloWorld/w.py", line 3, in <module>
    print('读取key=school的value：', d['school'])
KeyError: 'school'
```

图 5-14   KeyError 异常

2. 修改或新增键值对

除了读取某个 key 的 value 之外，还可以对某个 key 的 value 重新赋值，如果中括号里面的 key 不在字典里面，那么这个赋值过程可视为新建键值对。比如为字典 d 的 key=name 重新赋值为 Lilei，并新增键值对（address:guangdong），代码如下：

```
d = {'name': 'Tom', 'age': 10}
# key=name 重新赋值为 Lilei
d['name'] = 'Lilei'
# 新增键值对（address:guangdong）
d['address'] = 'guangdong'
```

3. 删除或清空键值对

如果要删除字典的某个键值对或者删除整个字典，那么可以使用 Python 的 del 语法完成，删除方法如下：

```
d = {'name': 'Tom', 'age': 10, 'address': 'guangdong'}
# 删除 key=address
del d['address']
# 删除整个字典
del d
```

如果删除的键值对不在字典中，程序就会提示 KeyError 异常，如删除字典 d 的 key=school，异常信息如图 5-15 所示。

```
E:\Python\python.exe D:/HelloWorld/w.py
Traceback (most recent call last):
  File "D:/HelloWorld/w.py", line 3, in <module>
    del d['school']
KeyError: 'school'
```

图 5-15   KeyError 异常

del 语法删除了整个字典，程序中不再保留该字典的内存空间，如果在后续开发中需要再次使用字典，只能重新创建。若既要保留字典对象又要清空字典的键值对，则可以使用 clear()函数实现，如下所示：

```
d = {'name': 'Tom', 'age': 10, 'address': 'guangdong'}
# 清空字典
d.clear()
print('字典清空后: ', d)
```

5.2.2　获取键值：get()和 setdefault()

字典可以通过中括号"[]"方式读取某个键值对，当键值对不在字典中时，这种方式将会提示 KeyError 异常。在开发过程中很难保证每个键值对必然在字典中，为了解决这种情况，可以使用 get()函数读取字典的键值对。其语法定义如下：

```
# dict 代表某个字典对象
# key 代表字典的 key
# default 默认值为 None，如果 key 不存在，就取 default
dict.get(key, default=None)
```

get()函数设置了参数 key 和 default，参数 key 代表需要读取字典的 key，如果 key 不在字典中，那么函数将参数 default 作为取值结果，不再提示 KeyError 异常。详细使用方法如下：

```
d = {'name': 'Tom', 'age': 10}
# 读取 key=name 的 value
print('读取 key=name 的 value: ', d.get('name'))
# 读取 key=school 的 value
print('读取 key=school 的 value: ', d.get('school'))
# 读取 key=address 的 value
print('读取 key=address 的 value: ', d.get('address', 'beijing'))
```

在 PyCharm 中运行上述代码，运行结果如图 5-16 所示。

```
E:\Python\python.exe D:/HelloWorld/w.py
读取key=name的value:  Tom
读取key=school的value:  None
读取key=address的value:  beijing
```

图 5-16　运行结果

除了 get()函数之外，Python 还定义了 setdefault()函数，它与 get()函数相似，两者的区别在于，如果 key 不在字典中，那么 setdefault()函数将参数 key 和 default（default 默认值为 None）作为新的键值对插入字典中，详细使用如下：

```
d = {'name': 'Tom', 'age': 10}
# 读取 key=name 的 value
value = d.setdefault('name')
print('读取 key=name 的 value: ', value)
# 读取 key=school 的 value
```

```
value = d.setdefault('school')
print('读取 key=school 的 value: ', value)
print('读取后的字典: ', d)
```

在 PyCharm 中运行上述代码，运行结果如图 5-17 所示。

```
E:\Python\python.exe D:/HelloWorld/w.py
读取key=name的value:  Tom
读取key=school的value:  None
读取后的字典：{'name': 'Tom', 'age': 10, 'school': None}
```

图 5-17　运行结果

5.2.3　删除键值对：pop()和 popitem()

使用 del 语法删除字典某个键值对的时候，如果 key 不在字典中，程序就会提示 KeyError 异常。使用 pop()函数不仅能删除某个键值对，还能解决 KeyError 异常。其语法定义如下：

```
# dict 代表某个字典对象
# key 代表字典的 key
dict.pop(key [,default])
```

pop()函数设置了参数 key 和 default，参数 key 代表需要删除字典的 key，如果 key 不在字典中，函数就必须设置参数 default，否则也会提示 KeyError 异常。详细使用方法如下：

```
d = {'name': 'Tom', 'age': 10}
# 删除 key=name 的 value
value = d.pop('name', None)
print('删除 key=name 的 value: ', value)
# 删除 key=school 的 value
value = d.pop('shcool', None)
print('删除 key=school 的 value: ', value)
```

在 PyCharm 中运行上述代码，运行结果如图 5-18 所示。

```
E:\Python\python.exe D:/HelloWorld/w.py
删除key=name的value:  Tom
删除key=school的value:  None
```

图 5-18　运行结果

从图 5-18 看到，如果删除的键值对在字典中，pop()函数就会将键值对的 value 作为返回值，如 value = d.pop('name', None)，value 的值为 Tom。

如果删除的键值对不在字典中，pop()函数就会将参数 default 作为删除结果，由于参数 default 没有默认值，在删除过程中必须设置参数 default，否则也会提示 KeyError 异常，如图 5-19 所示。

```
E:\Python\python.exe D:/HelloWorld/w.py
Traceback (most recent call last):
  File "D:/HelloWorld/w.py", line 3, in <module>
    value = d.pop('shcool')
KeyError: 'shcool'
```

图 5-19　KeyError 异常

除了 pop() 函数之外，Python 还定义了 popitem() 函数，它在字典中删除最后一个键值对，如果字典为空字典，那么 popitem() 函数会提示 KeyError 异常。详细使用说明如下：

```
d = {'name': 'Tom', 'age': 10, 'school': 'guangdong'}
# 删除最后一个键值对
value = d.popitem()
print('删除的键值对: ', value)
print('删除后的字典: ', d)
```

在 PyCharm 中运行上述代码，运行结果如图 5-20 所示。

```
E:\Python\python.exe D:/HelloWorld/w.py
删除的键值对：  ('school', 'guangdong')
删除后的字典：  {'name': 'Tom', 'age': 10}
```

图 5-20　运行结果

从图 5-20 看到，每个键值对在定义的时候已明确了先后顺序，比如 key=name 在 key=age 前面，key=age 在 key=school 前面，所以 popitem() 函数会删除 key=school。字典是无序的序列是指字典不能使用索引值读取某个键值对，它与键值对的先后顺序无关。

5.2.4　获取所有键：keys()

keys() 函数可以获取字典中所有键值对的 key，它是字典特有的函数方法，只适用于字典对象。其语法定义如下：

```
# dict 代表字典对象
dict.keys()
```

keys() 函数获取字典所有的 key 之后以迭代对象表示，迭代对象能直接在 for 循环语句中遍历输出，我们也可以使用 list() 函数将迭代对象转化为列表表示。详细使用说明如下：

```
d = {'name': 'Tom', 'age': 10}
# 获取所有键
keys = d.keys()
print('获取所有键: ', keys)
# 转为列表表示
print('获取所有键并以列表表示: ', list(keys))
```

在 PyCharm 中运行上述代码，运行结果如图 5-21 所示。

```
E:\Python\python.exe D:/HelloWorld/w.py
获取所有键： dict_keys(['name', 'age'])
获取所有键并以列表表示： ['name', 'age']
```

图 5-21 运行结果

5.2.5 获取所有值：values()

values()函数可以获取字典中所有键值对的 value，它与 keys()函数十分相似。其语法定义如下：

```
# dict 代表字典对象
dict.values()
```

values()函数获取字典所有的 values 之后也是以迭代对象表示的，同样，我们使用 list()函数将迭代对象转化为列表表示，详细使用说明如下：

```
d = {'name': 'Tom', 'age': 10}
# 获取所有值
values = d.values()
print('获取所有值: ', values)
# 转为列表表示
print('获取所有值并以列表表示:', list(values))
```

5.2.6 获取所有键值：items()

items()函数是获取字典所有键值对的 key 和 value，它与 keys()和 values()函数十分相似。其语法定义如下：

```
# dict 代表字典对象
dict.items()
```

items()函数将字典的 key 和 value 以迭代对象表示，我们也能使用 list()函数将迭代对象转化为列表表示，详细使用说明如下：

```
d = {'name': 'Tom', 'age': 10}
# 获取所有键值
items = d.items()
print('获取所有值: ', items)
# 转为列表表示
print('获取所有值并以列表表示:', list(items))
```

在 items()函数的返回结果中，迭代对象的每个元素以元组格式表示，每个元组的第一个元素为字典的 key，第二个元素为字典的 value。在 PyCharm 中运行上述代码，运行结果如图 5-22 所示。

```
E:\Python\python.exe D:/HelloWorld/w.py
获取所有键值： dict_items([('name', 'Tom'), ('age', 10)])
获取所有键值并以列表表示： [('name', 'Tom'), ('age', 10)]
```

图 5-22 运行结果

5.2.7　更新字典：update()

若想将两个字典合并在某个字典里，只能使用 update()函数实现，两个字典不能使用算术运算符 "+" 拼接，否则程序会提示 TypeError 异常，如图 5-23 所示。

```
E:\Python\python.exe D:/HelloWorld/w.py
Traceback (most recent call last):
  File "D:/HelloWorld/w.py", line 1, in <module>
    {'name': 'Tom', 'age': 10} + {'address': 'guangdong'}
TypeError: unsupported operand type(s) for +: 'dict' and 'dict'
```

图 5-23　TypeError 异常

update()函数的语法在 5.1.1 节已详细讲述过了，本节将演示如何在字典中使用 update()函数实现字典的合并功能，详细代码如下：

```
d = {'name': 'Tom'}
b = {'age': 10}
d.update(b)
print('字典 b 拼接到字典 d：', d)

L = [['home', 'GZ']]
d.update(L)
print('列表 L 拼接到字典 d：', d)

t = (('school', 'GD'),)
d.update(t)
print('元组 t 拼接到字典 d：', d)
```

上述代码的运行结果如图 5-24 所示。我们将字典 b、列表 L 和元组 t 依次合并到字典 d 里面，说明 update()函数不仅能实现两个字典的合并，还能将元组列表合并到字典里。

如果将元组列表合并到某个字典里，元组或列表就必须是二维元组或二维列表，并且每个元素的长度为 2，例如列表 L=[['home', 'GZ']]，列表第一个元素为['home', 'GZ']，其中 home 作为字典的 key，GZ 作为字典的 value。

```
E:\Python\python.exe D:/HelloWorld/w.py
字典b拼接到字典d:  {'name': 'Tom', 'age': 10}
列表L拼接到字典d:  {'name': 'Tom', 'age': 10, 'home': 'GZ'}
元组t拼接到字典d:  {'name': 'Tom', 'age': 10, 'home': 'GZ', 'school': 'GD'}
```

图 5-24　运行结果

5.2.8　格式转换：dict()

dict()函数可以创建字典之外，还能将特定格式的元组或列表转化为字典格式，元组或列表必须是二维元组或二维列表，并且每个元素的长度为 2，示例如下：

```
# 创建字典
```

```
d = dict(a=1, b=2)
print('字典 d 为：', d)
# 创建空字典
d = dict()
print('空字典为：', d)
# 列表转化字典
L = [['home', 'GZ']]
d = dict(L)
print('列表 L 转化为字典 d：', d)
# 元组转化字典
t = (('school', 'GD'),)
d = dict(t)
print('元组 t 转化为字典 d：', d)
```

在 PyCharm 中运行上述代码，运行结果如图 5-25 所示。

```
E:\Python\python.exe D:/HelloWorld/w.py
字典 d 为：   {'a': 1, 'b': 2}
空字典为：   {}
列表 L 转化为字典 d：   {'home': 'GZ'}
元组 t 转化为字典 d：   {'school': 'GD'}
```

图 5-25　运行结果

5.3　实战项目：社交功能"好友推荐"

现在的社交软件都有好友推荐功能，比如 QQ 添加好友界面的好友推荐功能，如图 5-26 所示。好友推荐是根据当前账号的好友信息及其关联账号进行演算实现的，简单的算法是对多个关联账号的好友信息进行交集、并集和差集处理。

图 5-26　QQ 添加好友界面

以 Tom 的账号为例，除了列出 Tom 的好友信息之外，还要在 Tom 的账号中找到几位好友账号的好友信息，然后将这些好友信息以集合的形式表示：

```
# Tom 的好友信息
Tom = {'Anne', 'Anthony', 'Ruby', 'Lucy', 'Lily', 'Lillian'}
# Lily、Anthony 和 Lillian 的好友信息
Lily = {'Tom', 'Tim', 'Lucy', 'Mary', 'Betty', 'Ethan'}
Anthony = {'Anne', 'Ethan', 'Lillian', 'Tom', 'Tim'}
```

```
Lillian = {'Ethan', 'Anthony', 'Anne', 'Lucy', 'Betty', 'Tom'}
```

从代码中看到，Lily 和 Anthony 的共同好友是 Tom、Ethan 和 Tim，但在 Tom 的好友信息中并没有好友 Ethan 和 Tim，因此 Tom 账号的好友推荐功能应该推荐 Ethan 和 Tim。我们可以利用两个集合的交集来获取好友之间的共同好友，实现过程如下：

```
# Anthony 和 Lillian 的共同好友
recommend3 = Anthony.intersection(Lillian)
# Anthony 和 Lily 的共同好友
recommend2 = Lily.intersection(Anthony)
# Lily 和 Lillian 的共同好友
recommend1 = Lily.intersection(Lillian)
print('Anthony 和 Lillian 的共同好友：', recommend3)
print('Anthony 和 Lily 的共同好友：', recommend2)
print('Lily 和 Lillian 的共同好友：', recommend1)
```

在 PyCharm 中运行上述代码，运行结果如图 5-27 所示。

```
E:\Python\python.exe D:/HelloWorld/w.py
Anthony和Lillian的共同好友： {'Ethan', 'Tom', 'Anne'}
Anthony和Lily的共同好友： {'Ethan', 'Tom', 'Tim'}
Lily和Lillian的共同好友： {'Lucy', 'Betty', 'Tom', 'Ethan'}
```

图 5-27 运行结果

获取好友的共同好友最好是计算两个好友账号的交集，如果计算 3 个或 3 个以上的好友账号的交集，这样会丢失一部分的共同好友，比如同时计算 Lily、Anthony 和 Lillian，他们的共同好友只有 Ethan，每次计算的好友账号越多，共同好友就会越少。

下一步是将 Anthony 和 Lillian、Anthony 和 Lily、Lily 和 Lillian 的共同好友进行并集处理，所有结果合并到一个新的集合 merge 中；然后由集合 merge 调用 difference()函数，计算集合 merge 与 Tom 的好友信息的差集，这是为了防止重复推荐 Tom 已有的好友信息。示例代码如下：

```
# 合并所有共同好友
merge = recommend3.union(recommend2, recommend1)
print('合并所有共同好友：', merge)
# 计算集合 merge 与 Tom 的好友信息的差集
result = merge.difference(Tom)
# 去掉 Tom
result.discard('Tom')
print('推荐给 Tom 的好友为：', result)
```

在 PyCharm 中运行上述代码，运行结果如图 5-28 所示。集合 merge 共有 7 名好友信息，但是 Tom 的好友信息已有 Anne 和 Lucy，因此无须再重复推荐 Anne 和 Lucy。此外，集合 merge 还要去除 Tom，因为我们是向 Tom 推荐好友。

```
E:\Python\python.exe D:/HelloWorld/w.py
合并所有共同好友：{'Tom', 'Ethan', 'Tim', 'Anne', 'Betty', 'Lucy'}
推荐给Tom的好友为：{'Betty', 'Ethan', 'Tim'}
```

图 5-28　运行结果

集合的交集、并集和差集不仅能实现社交软件的好友推荐，还能实现购物商城的商品推荐，其原理是获取当前商品已被购买的多个用户浏览记录，然后分别对多个用户的浏览记录进行交集、并集和差集处理，从而计算得出相关商品信息。

5.4　本章小结

集合和字典在某种程度上是非常相似的，两者都是以大括号来进行定义的，并且元素是无序排列的。唯一的区别在于元素格式和数据类型有所不同。

集合的元素只支持数字、字符串和元组，这些都是 Python 不可变数据类型，而字典的 key 必须为不可变数据类型，如字符串、数字或元组；value 可以是任意的数据类型。

集合是一个无序的不重复元素序列，可以使用大括号"{ }"或者 set()函数创建集合，但是创建一个空集合必须使用 set()函数，不能使用大括号"{ }"，因为大括号"{ }"用来创建一个空字典。

我们可以对集合进行诸如添加元素、删除元素的操作，也可以求两个集合的交集、并集、差集，还可以判断集合的子集，进行格式转换等操作。

字典是 Python 常用的数据格式，它是用大括号"{ }"表示的，每个元素以键值对表示，键值对之间使用冒号分隔，每个键值对使用逗号隔开。

我们可以对字典进行诸如键值对获取和删除、字典更新、格式转换等操作。

第6章

流程控制语句

Python 的流程控制语句包括条件判断、循环遍历、三目运算符和推导式。条件判断和循环遍历是基本的流程控制语句，三目运算符和推导式是在条件判断和循环遍历的基础上扩展而成的，牢固掌握这些基础编程语法可以编写出更具灵活性的应用程序。

6.1 条件判断

人们常说人生就是一个不断做选择题的过程：有的人没得选，只有一条路能走；有的人好一点，可以二选一；有些能力好或者家境好的人，可以有更多的选择；还有一些人在人生的迷茫期不停地在原地打转，找不到方向。程序好比人生，而我们可以对程序进行控制，让它根据条件的不同而选择不同的执行过程。

6.1.1 if 语句

Python 的条件判断由 if 语句执行，根据执行结果的 True 或 False 来执行相应的代码块。图 6-1 所示是 if 语句的执行过程。

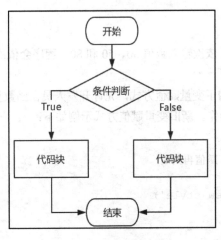

图 6-1　if语句流程图

从图 6-1 中可以大致了解 if 语句具体的执行过程，简单来说，if 语句是判断某个变量或对象是否符合条件，如果符合就执行相应的代码块，如果不符合就执行另一个代码块。if 语句的语法格式如下：

```
if 判断条件 1：
    执行语句 1
elif 判断条件 2：
    执行语句 2
...
else：
    执行语句 N
```

if 语句的语法格式说明如下：

（1）每个条件判断后面必须加上冒号"："。

（2）每个条件所执行的代码块必须往后缩进，缩进位置相同的执行语句组成一个代码块。

（3）在 if 语句中，只有一个 if 和 else 关键字，但允许有多个 elif 关键字，语句出现的顺序必须为 if→elif→else。

（4）一个简单的 if 语句可以只有一个 if 关键字，elif 和 else 关键字可以省略。

程序在执行的时候，首先分析"判断条件 1"是否为 True，若为 True，则执行"执行语句 1"的代码块，否则往下执行，程序继续分析"判断条件 2"是否为 True，若为 True，则执行"执行语句 2"的代码块，否则继续往下执行，以此类推。如果所有条件判断不成立，程序最后就会执行 else 语句的"执行语句 N"的代码块。

比如使用 if 语句实现简单的体重评测，代码如下：

```
weight = int(input('输入你的体重（kg）: '))
if weight < 40:
    print('体重偏轻')
elif 40 <= weight <= 70:
    print('体重正常')
else:
    print('体重偏高')
```

上述代码分别运行 3 次，依次输入数值 30、50 和 80，程序会依次输出体重偏轻、体重正常和体重偏高。

由于 Python 3.8 版本新增了变量赋值方式，允许开发人员在函数里实现变量赋值操作，我们可以在 if 语句中执行变量赋值操作。新旧变量赋值方式示例如下：

```
# 新的变量赋值方式
# 在 if 语句中先对变量 a 赋值再判断
if a:=10==10:
    print('This is new style')

# 旧的变量赋值方式
# 先对变量 b 赋值，再使用 if 语句判断
```

```
b = 11
if b>10:
    print('This is old style')
```

6.1.2　if 嵌套

在 if 语句中，某个条件的代码块可以嵌套一个或多个 if 语句，从而实现复杂的逻辑判断。if 嵌套是把 if...elif...else 语句放在另一个 if...elif...else 语句的代码块里面，语法格式如下：

```
if 判断条件 1:
    if 判断条件 3:
        执行语句 3
    elif 判断条件 4:
        执行语句 4
    else:
        执行语句 NS
elif 判断条件 2:
    执行语句 2
else:
    执行语句 N
```

我们将体重评测加入年龄限制，在评测体重之前应先判断年龄大小，使体重评测更加准确，实现代码如下：

```
weight = int(input('输入你的体重（kg）: '))
age = int(input('输入你的年龄: '))
if 0 < age < 5:
    if weight < 10:
        print('体重偏轻，年龄范围在 0-5 岁')
    elif 10 <= weight <= 15:
        print('体重正常，年龄范围在 0-5 岁')
    else:
        print('体重偏高，年龄范围在 0-5 岁')
elif 5 <= age <= 15:
    if weight < 20:
        print('体重偏轻，年龄范围在 5-15 岁')
    elif 20 <= weight <= 40:
        print('体重正常，年龄范围在 5-15 岁')
    else:
        print('体重偏高，年龄范围在 5-15 岁')
else:
    if weight < 40:
        print('体重偏轻，年龄范围大于 15 岁')
    elif 40 <= weight <= 70:
        print('体重正常，年龄范围大于 15 岁')
    else:
        print('体重偏高，年龄范围大于 15 岁')
```

从上述代码看到，最外层的 if 语句设置了 3 个条件判断，每个条件判断的代码块再设置了 3 个条件判断，因此程序的路径数量为 3×3=9，也就说在程序中输入体重和年龄后，程序根据数值大小会出现 9 种不同的输出结果。

注　意
在一个程序中，if 语句嵌套得越多，程序的路径数量就越多，不仅会使代码冗余，而且业务逻辑更加臃肿复杂，对测试人员和功能的维护存在一定难度。

6.2　循环遍历

循环是指程序中需要重复执行的代码，Python 的循环结构有 for 循环和 while 循环。

6.2.1　for 循环

for 循环是一种迭代循环机制，迭代即重复相同的逻辑操作，每次操作都是基于上一次的结果而进行的。Python 的 for 循环可以遍历任何序列的对象，如字符串、元组列表和字典等。其语法如下：

```
for iterating in sequence:
    print(iterating)
```

根据 for 循环的语法，我们使用流程图进一步了解 for 循环的执行过程，如图 6-2 所示。

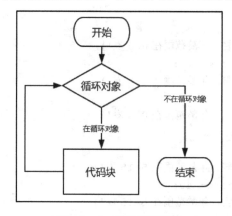

图 6-2　for 循环的流程图

从图 6-2 中可以知道，循环体是一个可迭代的对象，常用的迭代对象有字符串、列表、字典和 range 对象。下面通过代码对这些迭代对象实现 for 循环遍历，具体代码如下：

```
# 循环字符串
str_1 = '我正在学 Python'
result = []
for i in str_1:
    result.append(i)
```

```
print(result)

# 循环列表
list_1 = ['我', '正', '在', '学', 'Python']
result = []
for i in list_1:
    result.append(i)
print(result)

# 循环字典
dict_1 = {'key1': '我', 'key2': '在', 'key3': '学', 'key4': 'Python'}
result = []
for i in dict_1:
    result.append(i)
print(result)

# 循环 rang 对象，range(10)会生成 0~9 的范围值
range_1 = range(10)
result = []
for i in range_1:
    result.append(i)
print(result)
```

在上述 4 个例子中，对于字符串、列表和字典的遍历循环是相对容易理解的，range 对象是 for 循环中经常使用的循环对象，同时也说明 for 循环支持对象的遍历，对象是由类实例化生成的，有关类的知识会在第 8 章讲述。代码运行结果如图 6-3 所示。

```
['我', '正', '在', '学', 'P', 'y', 't', 'h', 'o', 'n']
['我', '正', '在', '学', 'Python']
['key1', 'key2', 'key3', 'key4']
[0, 1, 2, 3, 4, 5, 6, 7, 8, 9]
```

图 6-3 for 循环的运行结果

在 for 循环中，我们还可以嵌套流程控制语句，比如嵌套 if 语句和 for 循环，具体的代码示例如下：

```
# if 语句嵌套
result_1 = []
result_2 = []
for i in range(10):
    if i % 2 == 0:
        result_1.append(i)
    else:
        result_2.append(i)
print('能被 2 整除的数有：', result_1)
print('不能被 2 整除的数有：', result_2)
```

```
# 循环嵌套
for i in range(5):
    str_1 = ''
    for j in range(3):
        str_1 += str(i) + ', '
    print('第', i+1, '行的数据是', str_1)
```

在 for 循环中嵌套 if 语句通常是对循环体进行一个判断筛选，根据当前循环值的不同而执行不同的处理，如上述例子中，嵌套 if 语句是对 0~9 的范围值进行分类筛选。如果 for 循环是嵌套 for 循环，可以理解为一张二维表格，最外层的循环就如表格的行数，嵌套里面的循环是表格的列数。上述代码的运行结果如图 6-4 所示。

```
能被2整除的数有: [0, 2, 4, 6, 8]
不能被2整除的数有: [1, 3, 5, 7, 9]
第 1 行的数据是 0, 0, 0,
第 2 行的数据是 1, 1, 1,
第 3 行的数据是 2, 2, 2,
第 4 行的数据是 3, 3, 3,
第 5 行的数据是 4, 4, 4,
```

图 6-4　带嵌套的 for 循环的运行结果

6.2.2　while 循环

while 循环是根据条件判断结果而决定是否执行循环。只要条件判断结果为 True，程序就会执行循环，直至条件判断结果为 False，具体语法如下：

```
while condition:
    print(iterating)
```

根据 while 循环的语法，我们使用流程图进一步了解 while 循环的执行过程，如图 6-5 所示。

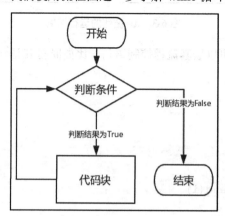

图 6-5　while 循环的流程图

从图 6-5 发现，while 循环和 for 循环的执行过程是大致相同的，只不过两者的循环条件判断方式有所不同。在一些特定的情况下，不同的循环方式决定了代码质量的高低。通过以下例子来讲述如何使用 while 循环，代码如下：

```
bools = True
while bools == True:
    print('Hello Python')
    bools = False
```

　　上述代码只执行一次循环，因为在循环里设置了变量 bools 的值为 False，在第二次循环开始之前，由于条件判断结果为 False，使得第二次循环被终止，从而终止了整个 while 循环。除此之外，while 循环也能嵌套流程控制语句，具体的实现方式与 for 循环是相同的，此处不再详细讲述。

　　如果在程序中没有设置变量 bools=False，那么 while 循环就会进入无限循环状态，while 语句的代码块会不断地重复执行。无限循环在开发中用途广泛，比如监听功能、服务器开发等。

6.2.3　终止循环：break

　　在循环过程中，如果想终止整个循环可以使用 break 语句实现，这个语句只能在循环里面使用，如果在循环外使用，程序就会提示错误信息。以下面的例子来讲述如何在 for 循环和 while 循环中使用 break 语句，代码如下：

```
# for 循环的 break
# 当 i=5 的时候，终止整个 for 循环
result = []
for i in range(10):
    if i == 5:
        break
    else:
        result.append(i)
print('for 循环的 break: ', result)

# while 循环的 break
result = []
i = 0
while i < 10:
    if i == 5:
        break
    result.append(i)
    i += 1
print('while 循环的 break: ', result)
```

　　如果在循环中嵌套了其他循环，就需要分析 break 语句属于哪个循环的代码块，它只对隶属于自己的循环执行终止操作。以不改变上述代码的运行结果为前提，将 for 循环和 while 循环加入循环嵌套，并分别设置 break 语句，示例如下：

```
# for 循环的 break
# 当 i=5 的时候，终止整个 for 循环
result = []
```

```
for i in range(5):
    for j in range(10):
        if j == 5:
            # 隶属于 for j in range(10)
            # 只能终止 for j in range(10)循环
            break
        else:
            result.append(j)
    if result:
        # 隶属于 for i in range(5)
        # 只能终止 for i in range(5)循环
        break
print('for 循环的 break: ', result)


# while 循环的 break
result = []
j = 0
while 1:
    while j < 10:
        if j == 5:
            # 隶属于 while j < 10
            # 只能终止 while j < 10 循环
            break
        result.append(j)
        j += 1
    if result:
        # 隶属于 while 1
        # 只能终止 while 1 循环
        break
print('while 循环的 break: ', result)
```

上述代码的运行结果如图 6-6 所示。

```
E:\Python\python.exe D:/HelloWorld/w.py
for循环的break: [0, 1, 2, 3, 4]
while循环的break: [0, 1, 2, 3, 4]
```

图 6-6 运行结果

6.2.4 跳过本次循环：continue

break 语句可以终止整个循环，而 continue 语句能终止当前循环，继续执行下一轮循环，两者都是控制循环的运行方式，在使用方式上十分相似，但本质上有明显的区别。下面在 for 循环和 while 循环中使用 continue 语句，代码如下：

```
# for 循环的 continue
# 当 i=5 的时候，终止当前循环
```

```
result = []
for i in range(10):
    if i == 5:
        continue
    else:
        result.append(i)
print('for 循环的 continue: ', result)


# while 循环的 continue
result = []
i = 0
while i < 10:
    if i == 5:
        i += 1
        continue
    result.append(i)
    i += 1
print('while 循环的 continue: ', result)
```

上述代码是在 6.2.3 节代码的基础上进行修改，只将 break 语句改为 continue 语句，代码结构和整体逻辑没有改变，但运行结果却截然不同，如图 6-7 所示。

```
E:\Python\python.exe D:/HelloWorld/w.py
for循环的continue:  [0, 1, 2, 3, 4, 6, 7, 8, 9]
while循环的continue:  [0, 1, 2, 3, 4, 6, 7, 8, 9]
```

图 6-7　运行结果

如果在循环中嵌套了其他循环，就需要分析 continue 语句属于哪个循环的代码块，它也是只对隶属于自己的循环执行当前的终止操作。

6.2.5　空语句：pass

关键字 pass 用于表示空语句，这是为了保证程序结构的完整性，它在代码中没有任何实际性的操作。我们在开发过程中可能会拟定程序功能的整体结构，比如整个功能可能出现 3 种不同的情况，使用 if…elif…else 进行 3 种情况的判断和执行。

当完成第 1 种情况的业务逻辑处理后，即在 if 语句里编写相应的代码块后，如果想要运行和调试程序，elif 和 else 语句的代码块就不能为空，但这部分的业务逻辑尚未实现，此时可以使用 pass 语句代替，如下所示：

```
a = 1
if a == 1:
    print('第一种情况！')
elif a == 2:
    pass
else:
    pass
```

6.3　三目运算符

Python 的三元表达式也可以称为三目运算符，在语法上，它与其他编程语言的三目运算符有所不同。简单地理解，Python 的三目运算符是 if 语句的简化使用，其语法如下：

```
# result 代表三目运算符的运行结果
# 语句 1 是判断条件等于 True 的结果
# 语句 2 是判断条件等于 False 的结果
result = 执行语句 1 if 判断条件 else 执行语句 2
```

通过以下示例理解 Python 的三目运算符：

```
number = 10
result = 'Hello Python' if number >= 10 else 'Hello World'
print(result)

# 上述代码等价于
number = 10
if number >= 10:
    result = 'Hello Python'
else:
    result = 'Hello World'
print(result)
```

从上述例子可以看到，三目运算符是将一个简单的 if 语句用一行代码表示，这样可以精简代码量，提高代码质量。如果涉及 if 嵌套，三目运算符也同样适用，具体的实现方式如下：

```
# 三目运算符的 if 语句嵌套
number = 10
result = 'Python' if number<5 else ('World' if number==5 else 'China')
print(result)

# 上述代码等价于
number = 10
if number<5:
    result = 'Python'
else:
    if number == 5:
        result = 'World'
    else:
        result = 'China'
```

三目运算符虽然简化了 if 语句的代码和格式，但使用上有一定的限制条件，具体说明如下：

（1）三目运算符必须遵循…if…else…语句格式，但可以在此基础上嵌套一个或多个三目运算符。

（2）三目运算符的执行语句只能是一行代码，如果要执行多行代码，就只能使用 if 语句实现。

6.4　推 导 式

推导式又称解析式，这是 Python 独有的一种特性。推导式是可以从一个数据序列构建另一个新的数据序列的结构体，数据序列是我们常说的可循环对象，如字符串、列表、字典和 range 对象等。

推导式主要有列表推导式、集合推导式和字典推导式，无论哪种类型的推导式，其使用方法都是相似的。下面以代码的形式加以说明。

```
# 列表推导式
result = [x for x in range(5)]
print(result)
# 输出：[0, 1, 2, 3, 4]

# 上述代码等价于
result = []
for x in range(5):
    result.append(x)
print(result)

# 集合推导式
result = {x for x in range(5)}
print(result)
# 输出：{0, 1, 2, 3, 4}

# 上述代码等价于
result = set()
for x in range(5):
    result.add(x)
print(result)

# 字典推导式
result = {x: x for x in range(5)}
print(result)
# 输出：{0: 0, 1: 1, 2: 2, 3: 3, 4: 4}

# 上述代码等价于
result = {}
for x in range(5):
    result.update({x: x})
print(result)
```

代码中分别列举了列表推导式、集合推导式和字典推导式，发现推导式的语法是相对固定的。推导式是通过循环数据序列的每个元素，将每个元素组合成新的数据序列。如果想对当前元素进行一个简单的判断，可以在循环后面添加 if 判断，具体实现方式如下：

```python
# 列表推导式
result = [x for x in range(10) if x > 5]
print(result)
# 输出: [6, 7, 8, 9]

# 上述代码等价于
result = []
for x in range(10):
    if x > 5:
        result.append(x)
print(result)

# 集合推导式
result = {x for x in range(10) if x > 5}
print(result)
# 输出: {8, 9, 6, 7}

# 上述代码等价于
result = set()
for x in range(10):
    if x > 5:
        result.add(x)
print(result)

# 字典推导式
result = {x: x for x in range(10) if x > 5}
print(result)
# 输出: {6: 6, 7: 7, 8: 8, 9: 9}

# 上述代码等价于
result = {}
for x in range(10):
    if x > 5:
        result.update({x: x})
print(result)
```

在推导式中只能添加 if 判断，并且不允许设置多个条件判断，比如在推导式设置 elif 和 else 等分支判断都是不允许的。此外，推导式还能嵌套 for 循环，具体实现方式如下：

```python
# 列表推导式
result = [(j, x) for j in range(2) for x in range(3)]
print(result)
# 输出: [(0, 0), (0, 1), (0, 2), (1, 0), (1, 1), (1, 2)]

# 上述代码等价于
result = []
for j in range(2):
```

```
        for x in range(3):
            result.append((j, x))
print(result)

# 集合推导式
result = {(x, j) for j in range(2) for x in range(3)}
print(result)
# 输出: {(0, 1), (2, 1), (0, 0), (1, 1), (2, 0), (1, 0)}

# 上述代码等价于
result = set()
for j in range(2):
    for x in range(3):
        result.add((x, j))
print(result)

# 字典推导式
result = {x: j for j in range(2) for x in range(3)}
print(result)
# 输出: {0: 1, 1: 1, 2: 1}

# 上述代码等价于
result = {}
for j in range(2):
    for x in range(3):
        result.update({x: j})
print(result)
```

如果开发中需要使用推导式实现复杂的业务逻辑，我们不妨尝试将三目运算符和推导式结合使用，由三目运算符实现条件判断，推导式作为条件判断的执行代码，如下所示：

```
# 列表推导式
number = 10
result = [x for x in range(3)] if number>10 else [x for x in range(5)]
print(result)
# 输出: [0, 1, 2, 3, 4]

# 上述代码等价于
result = []
number = 10
if number>10:
    for x in range(3):
        result.append(x)
else:
    for x in range(5):
        result.append(x)
print(result)
```

```
# 集合推导式
result = {x for x in range(3)} if number>10 else {x for x in range(5)}
print(result)
# 输出：{0, 1, 2, 3, 4}

# 上述代码等价于
result = set()
number = 10
if number>10:
    for x in range(3):
        result.add(x)
else:
    for x in range(5):
        result.add(x)
print(result)

# 字典推导式
result={x:x for x in range(3)} if number>10 else {x:x for x in range(5)}
print(result)
# 输出：{0: 0, 1: 1, 2: 2, 3: 3, 4: 4}

# 上述代码等价于
result = {}
number = 10
if number>10:
    for x in range(3):
        result.update({x: x})
else:
    for x in range(5):
        result.update({x: x})
print(result)
```

6.5　实战项目：个人健康评测

标准体重是反映和衡量一个人健康状况的重要标志之一，过胖和过瘦都不利于健康。身体质量指数是 BMI 指数（简称体质指数），是用体重千克数除以身高米数的平方得出的数字，是国际上常用的衡量人体胖瘦程度以及是否健康的一个标准。当我们需要比较及分析一个人的体重对于不同高度的人所带来的健康影响时，BMI 值是一个中立而可靠的指标，换句话说，BMI 值是一个衡量人体胖瘦程度的重要指标，同时也是观测一个人是否健康的一个标准。

BMI 值是通过个人的体重和身高计算所得的，其计算公式如下：

$$BMI = 体重（KG）÷身高^2（M）$$

　　根据 BMI 范围对照表找出计算所得的 BMI 值所在的范围区域，从而得出自己的健康情况。
BMI 范围对照表如表 6-1 所示。

表6-1　BMI范围对照表

身体状态	BMI 范围
过轻	＜18.4
正常	18.5≤BMI＜24
过重	24≤BMI＜27
轻度肥胖	27≤BMI＜30
中度肥胖	30≤BMI＜35
重度肥胖	BMI≥35

　　我们将 BMI 的计算公式和范围对照表以程序形式实现，评测人员只需输入正确的体重和身
高即可得到 BMI 评测结果，实现代码如下：

```
weight = float(input('输入你的体重（kg）:'))
height = float(input('输入你的身高（cm）:'))
# 根据体重和身高计算 BMI 值
height = height / 100
BMI = round(weight / (height * height), 2)
print(f'您的 BMI 指数为：{BMI}')
# 判断 BMI 值所在的范围
if BMI < 18.5:
    print('您的体重属于过轻！')
elif 18.5 <= BMI < 24:
    print('您的体重属于正常！')
elif 24 <= BMI < 27:
    print('您的体重属于过重！')
elif 27 <= BMI < 30:
    print('您的体重属于轻度肥胖！')
elif 30 <= BMI < 35:
    print('您的体重属于中度肥胖！')
else:
    print('您的体重属于重度肥胖！')
```

　　上述代码只能执行一次 BMI 计算和评估，如果要对多个人员执行 BMI 计算和评估，程序就
需要多次重复运行，为了实现 BMI 批量计算和评估，我们可以在此基础上加入 while 循环，实现
代码如下：

```
while 1:
    weight = float(input('输入你的体重（kg）:'))
    height = float(input('输入你的身高（cm）:'))
    # 根据体重和身高计算 BMI 值
    height = height / 100
    BMI = round(weight / (height * height), 2)
```

```
print(f'您的 BMI 指数为：{BMI}')
# 判断 BMI 值所在的范围
if BMI < 18.5:
    print('您的体重属于过轻！')
elif 18.5 <= BMI < 24:
    print('您的体重属于正常！')
elif 24 <= BMI < 27:
    print('您的体重属于过重！')
elif 27 <= BMI < 30:
    print('您的体重属于轻度肥胖！')
elif 30 <= BMI < 35:
    print('您的体重属于中度肥胖！')
else:
    print('您的体重属于重度肥胖！')
goOn = input('是否继续 BMI 计算和评估，如需继续请按 y：')
if goOn not in ['y', 'Y']:
    break
```

我们将 BMI 计算和评估加入 while 循环中，每次完成 BMI 计算和评估之后，程序会提示是否继续执行下一次的 BMI 计算和评估。如果输入小写字母 y 或大写字母 Y，程序将会继续执行 while 循环，再次执行 BMI 计算和评估；如果输入其他内容，程序使用 break 语句终止 while 循环，运行结果如图 6-8 所示。

```
输入你的体重（kg）：45
输入你的身高（cm）：158.5
您的BMI指数为：17.91
您的体重属于过轻！
是否继续BMI计算和评估，如需继续请按y：y
输入你的体重（kg）：57.4
输入你的身高（cm）：170.3
您的BMI指数为：19.79
您的体重属于正常！
是否继续BMI计算和评估，如需继续请按y：n
```

图 6-8　运行结果

6.6　本章小结

Python 的流程控制语句包括条件判断、循环遍历、三目运算符和推导式。条件判断和循环遍历是基本的流程控制语句，三目运算符和推导式是在条件判断和循环遍历的基础上扩展而成的，牢固掌握这些基础编程语法可以编写出更具灵活性的应用程序。

if 语句是判断某个变量或对象是否符合条件，如果符合就执行相应的代码块，如果不符合就执行另一个代码块。if 语句的语法格式如下：

```
if 判断条件1:
```

```
    执行语句 1
elif 判断条件 2:
    执行语句 2
...
else:
    执行语句 N
```

if 语句的语法格式说明如下：

（1）每个条件判断后面必须加上冒号 ":"。

（2）每个条件所执行的代码块必须往后缩进，缩进位置相同的执行语句组成一个代码块。

（3）在 if 语句中，只有一个 if 和 else 关键字，但允许有多个 elif 关键字，语句出现的顺序必须为 if→elif→else。

（4）一个简单的 if 语句可以只有一个 if 关键字，elif 和 else 关键字可以省略。

for 循环是一种迭代循环机制，迭代即重复相同的逻辑操作，每次操作都是基于上一次的结果而进行的。Python 的 for 循环可以遍历任何序列的对象，如字符串、元组列表和字典等。其语法如下：

```
for iterating in sequence:
    print(iterating)
```

while 循环是根据条件判断结果而决定是否执行循环。只要条件判断结果为 True，程序就会执行循环，直至条件判断结果为 False，具体语法如下：

```
while condition:
    print(iterating)
```

break 语句可以终止整个循环，而 continue 语句能终止当前循环，继续执行下一轮循环，两者都是控制循环的运行方式，在使用方式上十分相似，但在本质上有明显的区别。

Python 的三元表达式也可以称为三目运算符，在语法上，它与其他编程语言的三目运算符有所不同。简单地理解，Python 的三目运算符是 if 语句的简化使用，其语法如下：

```
# result 代表三目运算符的运行结果
# 语句 1 是判断条件等于 True 的结果
# 语句 2 是判断条件等于 False 的结果
result = 执行语句 1 if 判断条件 else 执行语句 2
```

推导式又称解析式，这是 Python 独有的一种特性。推导式是可以从一个数据序列构建另一个新的数据序列的结构体，数据序列是我们常说的可循环对象，如字符串、列表、字典和 range 对象等。推导式主要有列表推导式、集合推导式和字典推导式，无论哪种类型的推导式，其使用方法都是相似的。

第7章

函 数

函数是 Python 实现功能的基本单位，每个程序功能可以由一个或多个函数实现，它对相关的代码块进行封装，可以重复使用，提高代码的重复利用率。在开发中，函数有利于开发者的调试、修改和阅读理解，函数之间可以相互调用，不仅可以提高灵活性，还能简化程序的代码量。

本章主要讲述 Python 的内置函数、自定义函数、函数参数、函数返回值、函数调用过程、变量的作用域、递归函数、匿名函数和偏函数。

7.1　内置函数

Python 定义了许多内置函数，比如常用的输出函数 print()、输入函数 input() 等，在编写代码的过程中，直接调用内置函数即可实现对应的功能。Python 的内置函数如表 7-1 所示。

表7-1　内置函数

内置函数	内置函数	内置函数	内置函数	内置函数
abs()	delattr()	hash()	memoryview()	set()
all()	dict()	help()	min()	setattr()
any()	dir()	hex()	next()	slice()
ascii()	divmod()	id()	object()	sorted()
bin()	enumerate()	input()	oct()	staticmethod()
bool()	eval()	int()	open()	str()
breakpoint()	exec()	isinstance()	ord()	sum()
bytearray()	filter()	issubclass()	pow()	super()
bytes()	float()	iter()	print()	tuple()

（续表）

内置函数	内置函数	内置函数	内置函数	内置函数
callable()	format()	len()	property()	type()
chr()	frozenset()	list()	range()	vars()
classmethod()	getattr()	locals()	repr()	zip()
compile()	globals()	map()	reversed()	__import__()
complex()	hasattr()	max()	round()	

下面讲述一些常用内置函数的使用方法。

（1）abs(x)：返回数值 x 的绝对值，如果 x 是复数，该函数就会将复数的实数和虚数分别执行平方再相加，然后开根号处理，使用示例如下：

```
print(abs(-3.14))
# 输出 3.14
print(abs(2+3j))
# 输出 3.605551275463989
```

运行结果如图 7-1 所示。

```
E:\Python\python.exe D:/HelloWorld/w.py
3.14
3.605551275463989
```

图 7-1　运行结果

（2）chr(x)：返回数值 x 对应的 ASCII 码，数值 x 的取值范围为 0~255，每个 ASCII 码对应单个字符的字符串。chr(x)函数与 ord(x)函数的作用相反，使用示例如下：

```
print(chr(90))
# 输出大写字母 Z
print(chr(99))
# 输出小写字母 c
print(ord('Z'))
# 输出数字 90
print(ord('@'))
# 输出数字 64
```

运行结果如图 7-2 所示。

```
E:\Python\python.exe D:/HelloWorld/w
Z
c
90
64
```

图 7-2　运行结果

（3）dir([object])：返回 object 对象的所有属性信息，如果没有设置参数 object，就返回当前环境的所有对象，使用示例如下：

```
list1 = ['a', 'b']
print(dir(list1))
print('…………分隔符…………')
print(dir())
```

运行结果如图 7-3 所示。

```
['__add__', '__class__', '__contains__', '__delattr__', '__delitem__', '__dir__', '__doc_
_', '__eq__', '__format__', '__ge__', '__getattribute__', '__getitem__', '__gt__', '__hash_
_', '__iadd__', '__imul__', '__init__', '__init_subclass__', '__iter__', '__le__', '__len_
_', '__lt__', '__mul__', '__ne__', '__new__', '__reduce__', '__reduce_ex__', '__repr__', '
__reversed__', '__rmul__', '__setattr__', '__setitem__', '__sizeof__', '__str__', '__subcl
asshook__', 'append', 'clear', 'copy', 'count', 'extend', 'index', 'insert', 'pop', 'remov
e', 'reverse', 'sort']
…………分隔符…………
['__annotations__', '__builtins__', '__cached__', '__doc__', '__file__', '__loader__', '__
name__', '__package__', '__spec__', 'list1']
```

图 7-3　运行结果

（4）divmod(a, b)：执行 a 除以 b，将计算得出的商和余数以元组格式返回。如果 a 和 b 都是整数，那么返回值为(a/b, a%b)；如果 a 或 b 是浮点数，那么返回值为(math.float(a/b), a%b)，使用示例如下：

```
print(divmod(9, 2))
# 输出(4, 1)
print(divmod(9.1, 2.1))
# 输出(4.0, 0.6999999999999993)
print(divmod(9, 2.2))
# 输出(4.0, 0.1999999999999993)
```

运行结果如图 7-4 所示。

```
E:\Python\python.exe D:/HelloWorld/w.py
(4, 1)
(4.0, 0.6999999999999993)
(4.0, 0.1999999999999993)
```

图 7-4　运行结果

（5）eval(expression[, globals[, locals]])：执行 expression 表达式，参数 globals 必须是一个字典，参数 locals 是任何映射对象。简单来说，eval()函数能根据字符串内容格式转化对应的 object 对象，使用示例如下：

```
# 转换为列表
list1 = '[1, 2, 3]'
print(eval(list1))
# 转换为字典
dict1 = "{'a': 1, 'b': 2}"
print(eval(dict1))
```

运行结果如图 7-5 所示。

```
E:\Python\python.exe D:/HelloWorld/w.py
[1, 2, 3]
{'a': 1, 'b': 2}
```

图 7-5　运行结果

（6）pow(x, y[, z])：如果没有设置参数 z，就计算 x 的 y 次方；如果设置了参数 z，就计算 x 的 y 次方再除以 z 得出余数，使用示例如下：

```
print('2 的 3 次方：', pow(2, 3))
# 输出 "2 的 3 次方：8"
print('2 的 3 次方除以 3 求余：', pow(2, 3, 3))
# 输出 "2 的 3 次方除以 3 求余：2"
```

运行结果如图 7-6 所示。

```
E:\Python\python.exe D:/HelloWorld/w.py
2的3次方：　8
2的3次方除以3求余：　2
```

图 7-6　运行结果

除了上述内置函数之外，还有 int()、float()、max()、min()、len()、tuple()、list()、set() 和 dict() 等内置函数，这些函数在第 3~5 章已详细讲述过了，有关更多内置函数的使用方法可以查看 Python 官方文档：https://docs.python.org/zh-cn/3.8/library/functions.html。

7.2　自定义函数

除了内置函数之外，我们还可以根据实际情况自定义函数，以便满足各种复杂的开发需求。Python 的函数定义方法是使用关键字 def，函数定义的语法格式如下：

```
def 函数名称(参数 1, 参数 2, …):
    代码块
```

函数定义的语法规则说明如下：

（1）函数必须使用关键字 def 定义，关键字 def 后面依次为函数名称、小括号 "()" 和冒号。

（2）函数名称必须以字母或下画线 "_" 开头，不能使用 Python 关键字作为函数名称。

（3）小括号里面可以定义函数参数，每个函数参数之间使用逗号隔开。

（4）函数的代码块必须在关键字 def 的位置上执行缩进处理，代表这部分代码块属于该函数。

（5）如果函数的代码块设有关键字 return，就说明函数有返回值；如果没有关键字 return，就代表函数返回 None。

　　综合分析函数定义的语法规则，总结得出函数定义的方式有：没有函数参数和返回值、有函数参数和没有返回值、没有函数参数和有返回值、有函数参数和有返回值，4 种函数定义方式的示例如下：

```python
# 没有函数参数和返回值
def a():
    print('没有函数参数和返回值')

# 有函数参数和没有返回值
def b(x, y):
    print('有函数参数和没有返回值')

# 没有函数参数和有返回值
def c():
    return '没有函数参数和有返回值'

# 有函数参数和有返回值
def d(x, y):
    return '函数参数和有返回值'
```

函数的调用与我们使用内置函数的方法一致，详细的调用过程如下：

```python
# 调用函数 a
a()
# 输出'没有函数参数和返回值'

# 调用函数 b()
# 函数有函数参数，调用时必须设置函数参数的值
b(1, 2)
# 输出'有函数参数和没有返回值'

# 调用函数 c()
# 函数有返回值，将返回值赋予变量 c
c = c()
print(c)
# 输出'没有函数参数和有返回值'

# 调用函数 d
# 函数有返回值，将返回值赋予变量 d
# 函数有函数参数，调用时必须设置函数参数的值
d = d(1, 2)
print(d)
# 输出'函数参数和有返回值'
```

运行结果如图 7-7 所示。

```
E:\Python\python.exe D:/HelloWorld/w.py
没有函数参数和返回值
有函数参数和没有返回值
没有函数参数和有返回值
函数参数和有返回值
```

图 7-7 运行结果

由于函数主要是实现某些功能，为了方便他人理解函数的实现逻辑，我们都会为函数添加功能说明。业界上标准的函数说明是在 def 关键字（函数定义）的下一行使用多冒号标记功能说明，函数的功能说明主要描述函数主要实现哪些功能、函数参数的数据结构和含义、函数返回值的数据结构等，详细示例如下：

```
def myDef(parameter):
    """
    这是函数的功能说明
    函数实现 xxx 功能
    参数 parameter 代表 xxx
    返回值为空字符串
    """
    return ''
```

7.3 函数参数

函数参数是将函数外部的数据传入函数内部进行处理，它在不同场景下有不同的状态，分为形参和实参，形参是参数在函数定义过程中的状态，实参是参数在函数调用过程中的状态。

在定义函数的时候，我们可以根据实际情况设置参数的类型和数量，参数类型有：

（1）必选参数

（2）默认参数

（3）关键字参数

（4）可变参数

从 Python 3.7 版本开始，Python 允许开发者定义函数参数的数据类型，限制参数的数据格式可以确保函数在执行过程中减少数据异常。

7.3.1 形参与实参

在了解参数类型之前，首先了解什么是形参和实参，两者的定义如下：

（1）形参是形式上的参数，可以理解为数学中的 X，没有实际的值，换句话说，在函数定义中设置的函数参数即为形参，因为参数只参与函数定义过程，这个过程中没有赋予实际的数值。

（2）实参是实际意义上的参数，它是一个实际存在的参数，换句话说，在函数调用过程中，我们需要对参数设置具体的数值，当参数被赋予实际的数值后，它会由形参转为实参。

总的来说，形参和实参可以理解为参数在不同场景下所呈现的状态。形参是参数在函数定义过程中的状态，实参是参数在函数调用过程中的状态。下面通过实际代码来演示形参和实参的区别。

```python
# 定义函数 baseInfo
# 参数 name 和 age 是形参，没有实际数值
def baseInfo(name, age):
    print(f'姓名为{name}，年龄为{age}')


if __name__=='__main__':
    # 调用函数 baseInfo
    # 参数 name=Tom、age=20 是实参，有实际数值
    baseInfo('Tom', 20)
```

运行结果如图 7-8 所示。

```
E:\Python\python.exe D:/HelloWorld/w.py
姓名为Tom，年龄为20

Process finished with exit code 0
```

图 7-8　运行结果

> **注　意**
>
> 代码 if __name__=='__main__'是当前.py 文件的程序入口，换句话说，当运行当前的.py 文件时，Python 会从 if __name__=='__main__'的代码开始执行程序。

7.3.2　必选参数

必选参数是在函数调用过程中必须设置的函数，并且参数的设置顺序不能改变。比如函数设置了参数 x 和 y，在调用过程中，参数值必须以 x、y 的顺序设置，代码如下：

```python
# 定义函数 compute
# 参数 x 和 y 是必选参数
def compute(x, y):
    result = x*2 + y*3
    print(f'计算结果为：{result}')


if __name__=='__main__':
    # 调用函数 compute
    # 设置参数 x=10、y=20
    compute(10, 20)
```

运行结果如图 7-9 所示。

```
E:\Python\python.exe D:/HelloWorld/w.py
计算结果为: 80

Process finished with exit code 0
```

图 7-9　运行结果

在函数定义过程中，我们设定了参数 x、y 的顺序，那么在函数调用过程中，如果规定 x=10 和 y=20，函数参数就必须以 10 和 20 的顺序传入；假如以 20 和 10 的顺序传入，那么 x 变为 20，y 变为 10，这样会导致计算结果与目标结果存在差异。

在函数调用过程中，如果参数为必选参数，并且实参和形参的数量不一致，Python 就会提示 TypeError 异常，比如调用函数 compute()，并只设置参数 x，代码如下：

```python
# 定义函数 compute
# 参数 x 和 y 是必选参数
def compute(x, y):
    result = x*2 + y*3
    print(f'计算结果为: {result}')


if __name__ =='__main__':
    # 调用函数 compute
    # 只设置参数 x=10
    compute(10)
```

运行上述代码，程序提示缺少必选参数 y，如图 7-10 所示。

```
Traceback (most recent call last):
  File "D:/HelloWorld/w.py", line 9, in <module>
    compute(10)
TypeError: compute() missing 1 required positional argument: 'y'
```

图 7-10　TypeError 异常

如果设置的参数过多，程序也会提示 TypeError 异常，比如调用 compute(x, y) 函数，但设置了参数 x、y 和 z，程序将提示参数过多，如图 7-11 所示。

```
Traceback (most recent call last):
  File "D:/HelloWorld/w.py", line 9, in <module>
    compute(10, 20 ,30)
TypeError: compute() takes 2 positional arguments but 3 were given
```

图 7-11　TypeError 异常

7.3.3　默认参数

如果每次调用函数都要对每个参数设置数值，那么将会是一件很枯燥的事情，特别是某些参数的数值变动较少的情况。在定义函数的时候，可以对变动较少的参数设置默认值，在函数调用过程中就无须设置已有默认值的参数，该参数会使用默认值参与函数执行过程。

下面重新定义函数 compute()，并为参数 y 设置默认值 20，函数定义过程如下：

```
# 定义函数 compute
# 参数 x 是必选参数，参数 y 是默认参数
def compute(x, y=20):
    result = x*2 + y*3
    print(f'计算结果为：{result}')


if __name__=='__main__':
    # 调用函数 compute
    # 只设置参数 x 的值，参数 y 使用默认值即可
    compute(10)
```

运行结果如图 7-12 所示。

```
E:\Python\python.exe D:/HelloWorld/w.py
计算结果为：80

Process finished with exit code 0
```

图 7-12　运行结果

由于函数 compute() 已对参数 y 设置了默认值，在调用函数 compute() 时无须再次设置参数 y，Python 默认将参数 y 等于 20 传入函数中。如果在函数调用过程中想把参数 y 的值改为 30，那么可以重新设置参数 y 的数值，代码如下：

```
if __name__=='__main__':
    # 调用函数 compute
    # 设置参数 x 和 y 的值，参数 y 不再使用默认值
    compute(10, 30)
```

如果一个函数设有必选参数和默认参数，那么默认参数必须排在必选参数的后面，否则函数无法完成定义过程，Python 会提示 SyntaxError 异常，比如将函数 compute(x, y=20) 改为 compute(y=20, x)，其异常信息如图 7-13 所示。

```
File "D:/HelloWorld/w.py", line 3
    def compute(y=20, x):
                       ^
SyntaxError: non-default argument follows default argument
```

图 7-13　SyntaxError 异常

综上所述，默认参数的使用规则如下：

（1）默认参数在函数定义过程中设置了具体的数值（默认值），它与必选参数的区别在于是否有具体的数值。

（2）默认参数必须在必选参数的后面，否则无法完成函数定义，Python 会提示 SyntaxError 异常。

（3）在函数调用过程中，默认参数可根据需要进行设置，如果没有设置数值，就以默认值传入函数；如果设置了数值，就以该数值传入函数。

（4）在函数调用过程中，无论是必选参数还是默认参数，都必须依照原有的参数排序方式进行设置。

7.3.4 关键字参数

我们知道函数参数必须依照原有的参数排序方式进行设置，如果不按照此方式执行，就可能导致计算结果与目标结果存在差异。如果一个函数设有多个参数，在调用函数的时候只设置部分参数，这样无法依照函数参数原有的排序方式进行设置。

为了提高参数设置的灵活性，我们在函数调用过程中可以明确设置参数名称并赋值，这一过程称为关键字参数。比如函数 compute() 设置必须参数 x、y 和默认参数 z，在函数调用过程中，可以无须遵从原有的参数排序方式进行设置，代码如下：

```
# 定义函数 compute
# 参数 x、y 是必选参数，参数 z 是默认参数
def compute(x, y, z=30):
    result = x*2 + y*3 + z*4
    print(f'计算结果为：{result}')


if __name__=='__main__':
    # 调用函数 compute
    # 参数 x、y、z 可无序设置，只要明确设置参数名称和赋值即可
    compute(z=40, y=30, x=20)
```

运行结果如图 7-14 所示。

```
E:\Python\python.exe D:/HelloWorld/w.py
计算结果为：290

Process finished with exit code 0
```

图 7-14 运行结果

Python 在执行函数的时候，会自动根据参数名称和参数值找到对应的参数并执行运算处理，所以函数调用过程中无须遵从参数的排序方式，这种方法大大提高了函数调用的灵活度。

简单来说，函数参数要么遵从原有的排序方式，要么设置参数名称并赋值，这两种参数设置方式也可以混合使用，但必须先按照原有的参数排序方式设置，再使用参数名称赋值设置，示例如下：

```
# 第一个参数为 x=20，先按原有的参数排序方式设置
# 第二个参数 z 和第三个参数 y 使用参数名称赋值设置
compute(20, z=40, y=30)
```

如果首先使用参数名称赋值设置，再使用原有的参数排序方式设置，Python 就会提示

SyntaxError 异常，比如 compute(z=40, y=30, 20)，从表面上分析，第三个参数应为参数 x，其值等于 20，但函数没有明确设置参数名称，因此在执行过程中提示异常信息，如图 7-15 所示。

```
File "D:/HelloWorld/w.py", line 7
    compute(z=40, y=30, 20)
                         ^
SyntaxError: positional argument follows keyword argument
```

图 7-15   SyntaxError 异常

综上所述，关键字参数的使用规则如下：

（1）关键字参数是在函数调用过程中设置参数名称和参数值，如果参数全部按照此方式设置，就无须遵从函数参数原有的排序方式。

（2）函数参数要么遵从原有的排序方式，要么设置参数名称并赋值，这两种参数设置方式也可以混合使用，但必须先按照原有的参数排序方式设置，再使用参数名称赋值设置。

7.3.5   可变参数

如果一个函数中设有多个参数，无论是在定义过程还是调用过程中，代码量都会大大增加，不利于后期的维护和阅读，因此 Python 引入了可变参数。可变参数在定义的时候无须明确设置参数名称，在调用过程中可根据实际需要进行设置，具有较大的灵活性。

可变参数分为两类：参数列表（元组）和参数字典。参数列表是把多个参数的参数值放在一个列表里，再将整个列表传入函数中，它在函数中的定义过程如下：

```python
# 定义函数 getPara
# 参数 args 是可变参数的参数列表
def getPara(*args):
    result = '-'.join(args)
    print(f'参数列表有：{result}')


if __name__=='__main__':
    # 调用函数 getPara
    # 将列表 args 传入函数
    # 程序输出 "参数列表有：python-love-django"
    args = ['python', 'love', 'django']
    getPara(*args)
```

运行结果如图 7-16 所示。

```
E:\Python\python.exe D:/HelloWorld/w.py
参数列表有：python-love-django

Process finished with exit code 0
```

图 7-16   运行结果

从上述代码看到，可变参数的参数列表的使用规则如下：

（1）可变参数的参数列表在定义或调用过程中都要添加星号"*"表示，否则 Python 会默认为必选参数。

（2）参数列表的每个元素都没有明确的参数名称，只有具体的参数值。

（3）在函数中使用参数列表无须添加星号"*"，可以通过列表索引值获取相应的参数值。

可变参数的参数字典是把每个参数以键值对的格式写入字典，每个键值对的键代表参数名称，每个键值对的值代表参数值，它在函数中的定义过程如下：

```
# 定义函数 getPara
# 参数 kwargs 是可变参数的参数字典
def getPara(**kwargs):
    keys = '-'.join(kwargs.keys())
    values = '-'.join(kwargs.values())
    print(f'参数字典的参数有：{keys}，对应参数值为：{values}')


if __name__=='__main__':
    # 调用函数 getPara
    # 将字典 kwargs 传入函数
    # 程序输出 "参数字典的参数有：name-age，对应参数值为：Python-20"
    kwargs = {'name': 'Python', 'age': '20'}
    getPara(**kwargs)
```

运行结果如图 7-17 所示。

```
E:\Python\python.exe D:/HelloWorld/w.py
参数字典的参数有：name-age，对应参数值为：Python-20

Process finished with exit code 0
```

图 7-17　运行结果

从上述代码看到，可变参数的参数字典的使用规则如下：

（1）可变参数的参数字典在定义或调用过程中都要添加双星号"**"表示，否则 Python 会默认为必选参数。

（2）参数字典的每个键值对代表一个参数，每个键值对的键代表参数名称，每个键值对的值代表参数值。

（3）在函数中使用参数字典无须添加双星号"**"，将参数字典当作字典使用即可。

在一个函数中，必选参数、默认参数、关键字参数和可变参数可以混合使用，但必须严格遵守参数排序要求：必选参数→默认参数→可变参数（参数列表）→可变参数（参数字典）。下面定义函数 getInfos()，并混合使用各种参数类型，代码如下：

```
# 定义函数 getInfos
# 参数 name 为必选参数
# 参数 age 为默认参数
```

```python
# 参数 args 为参数列表
# 参数 kwargs 为参数字典
def getInfos(name, age=10, *args, **kwargs):
    print(f'必选参数为：{name}')
    print(f'默认参数为：{age}')
    print(f'参数列表为：{args}')
    print(f'参数字典为：{kwargs}')


if __name__=='__main__':
    # 调用函数 getInfos
    # 将变量 name 作为必选参数传入函数
    # 将变量 age 作为默认参数传入函数
    # 将列表 args 作为参数列表传入函数
    # 将字典 kwargs 作为参数字典传入函数
    name = 'Tom'
    age = 22
    args = ['60kg', '170CM']
    kwargs = {'school': 'GZ'}
    # 使用关键字参数调用函数，不能使用可变参数
    getInfos(age=age, name=name)
    print('………………分隔线………………')
    # 使用可变参数调用函数，不能使用关键字参数
    getInfos(name, age, *args, **kwargs)
```

运行结果如图 7-18 所示。

```
必选参数为：Tom
默认参数为：22
参数列表为：()
参数字典为：{}
………………分割线………………
必选参数为：Tom
默认参数为：22
参数列表为：('60kg', '170CM')
参数字典为：{'school': 'GZ'}
```

图 7-18　运行结果

函数 getInfos()分别设置了必选参数 name、默认参数 age、参数列表 args 和参数字典 kwargs，并且严格遵守参数排序要求。在函数调用过程中，函数调用规则说明如下：

（1）如果使用关键字参数调用函数，就不能与可变参数混合使用，由于函数 getInfos()设置了参数字典 kwargs，因此 Python 会将关键字参数转化为参数字典 kwargs。

（2）如果使用可变参数调用函数，就不能与关键字参数混合使用，并且参数设置必须按照原有的排序方式进行。

（3）如果关键字参数和可变参数混合使用，Python 就会提示 TypeError 异常，如图 7-19 所示。

```
Traceback (most recent call last):
  File "D:/HelloWorld/w.py", line 26, in <module>
    getInfos(name=name, age=age, *args, **kwargs)
TypeError: getInfos() got multiple values for argument 'name'
```

图 7-19　TypeError 异常

7.3.6　设置数据类型

从 Python 3.7 版本开始，Python 允许开发者定义函数参数的数据类型，限制参数的数据格式可以确保函数在执行过程中减少数据异常。

设置参数类型适用于必选参数，因为默认参数已设置默认值，默认值的数据类型已规范参数的数据格式；可变参数的参数列表和参数字典已硬性规定为列表和字典格式。下面定义函数 getInfos()，为必选参数设置字符串格式，代码如下：

```python
# 定义函数 getInfos
# 参数 name 为必选参数
# 参数 age 为默认参数
# 参数 args 为参数列表
# 参数 kwargs 为参数字典
def getInfos(name:str, age=10, *args, **kwargs):
    print(f'必选参数为：{name}')
    print(f'默认参数为：{age}')
    print(f'参数列表为：{args}')
    print(f'参数字典为：{kwargs}')

if __name__=='__main__':
    # 调用函数 getInfos
    # 将变量 name 作为必选参数传入函数
    # 将变量 age 作为默认参数传入函数
    # 将列表 args 作为参数列表传入函数
    # 将字典 kwargs 作为参数字典传入函数
    name = 1
    age = 22
    args = ['60kg', '170CM']
    kwargs = {'school': 'GZ'}
    getInfos(name, age, *args, **kwargs)
```

设置参数的数据类型是在参数名称后面添加冒号 "：" 和数据类型，如 name:str，这是将参数 name 设为字符串格式。再调用函数 getInfos()，将变量 name 设为 1 并作为参数 name 的参数值，此时参数 name 的数据类型为整型，程序在运行过程中不会提示异常，运行结果如图 7-20 所示。

```
必选参数为：1
默认参数为：22
参数列表为：('60kg', '170CM')
参数字典为：{'school': 'GZ'}
```

图 7-20　运行结果

虽然参数 name 已限制数据格式，在调用过程中不会因为数据格式的问题而提示异常信息，但在编写代码的时候会将参数 name 标为黄色，并弹出提示信息，说明当前数据不符合参数的数据类型，如图 7-21 所示。

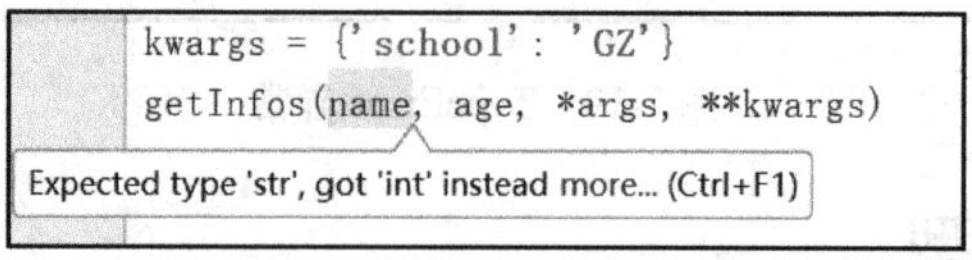

图 7-21　提示信息

总的来说，如果函数在定义的时候已经设置了参数的数据类型，当函数被调用的时候，参数值的数据类型与参数的数据类型不相符，程序还能往下执行，只会在编写代码的时候提示数据格式不相符。

7.4　函数返回值

我们知道函数与函数外的程序之间存在输入输出的关系，函数参数是将函数外部的数据传递到函数中使用，而函数返回值是将函数内部的数据传到函数外部，由函数外部的程序继续执行。函数返回值可以由关键字 return 和 yield 实现，这两个关键字之间存在明显的差异：return 是在返回结果的同时中断函数的执行，yield 则是返回结果并不中断函数的执行。

对于 return 的作用比较容易理解，而 yield 比较难以理解。yield 可以理解为"轮转容器"，好比现实中的实物——水车，首先 yield 可以装入数据，函数运行完毕后会生成一个迭代器并将迭代器返回程序中，迭代器是 Python 的特性之一。

在程序中，迭代器可以使用 next() 来读取里面的数据。在函数中使用 yield 好比水车转动后，在车轮上的水槽装入水，随着轮子转动，一个个水槽就会装入水；在程序中读取迭代器的数据好比一个个水槽的水送入水道中并流入田里。下面以代码的形式进一步讲述关键字 return 和 yield 的差异。

```python
# 定义函数
def myReturn():
    for i in range(5):
        return i
# 定义函数
def myYield():
    for i in range(5):
        yield i


if __name__=='__main__':
    # 调用函数 myReturn
    result1 = myReturn()
    print('return 数据类型是：', type(result1))
    # 调用函数 myYield
```

```
result2 = myYield()
print('yield 数据类型是: ', type(result2))
for i in result2:
    print('这是 yield 里面的数据: ', i)
```

根据函数 myReturn 和 myYield 分析,两者的代码是相似的,唯一的不同在于返回值分别使用 return 和 yield。函数的调用方式也相同,唯独调用后的结果是不同的。

从返回结果 result1 和 result2 来看,result1 是一个数字类型的数据,数值为 0,也就说函数 myReturn 在第一次循环的时候,关键字 return 将第一次循环的值返回到程序,而函数本身不再执行任何操作。result2 是一个 generator 对象,这代表一个迭代器,通过 for 循环将迭代器里面的数据输出,发现数值为 0~4,这些数值恰好是函数 myYield 每次循环的数值。运行结果如图 7-22 所示。

```
return 数据类型是: <class 'int'>
yield 数据类型是: <class 'generator'>
这是 yield 里面的数据: 0
这是 yield 里面的数据: 1
这是 yield 里面的数据: 2
这是 yield 里面的数据: 3
这是 yield 里面的数据: 4
```

图 7-22　运行结果

从 Python 3.7 版本开始,Python 允许开发者定义函数返回值的数据类型,限制函数返回值的数据格式可以确保程序在执行过程中减少数据异常。

下面分别定义函数 func() 和 func1(),代码如下:

```
def func()->str:
    return 'Python'


def func1()->list:
    return 'Django'


if __name__=='__main__':
    r1 = func()
    print('函数 func 返回值的数据格式为: ', type(r1))
    r2 = func1()
    print('函数 func 返回值的数据格式为: ', type(r2))
```

运行结果如图 7-23 所示。

```
E:\Python\python.exe D:/HelloWorld/w.py
函数 func 返回值的数据格式为: <class 'str'>
函数 func 返回值的数据格式为: <class 'str'>
```

图 7-23　运行结果

函数返回值的数据类型在函数命名过程中设置，如 func()->str:，这是将函数 func()的返回值设为字符串格式。

如果函数返回值设定的数据格式与实际返回值不相符，程序还能正常执行，但在编写代码的时候会将返回值标为黄色，并弹出提示信息，说明当前数据不符合返回值的数据类型，如图 7-24 所示。

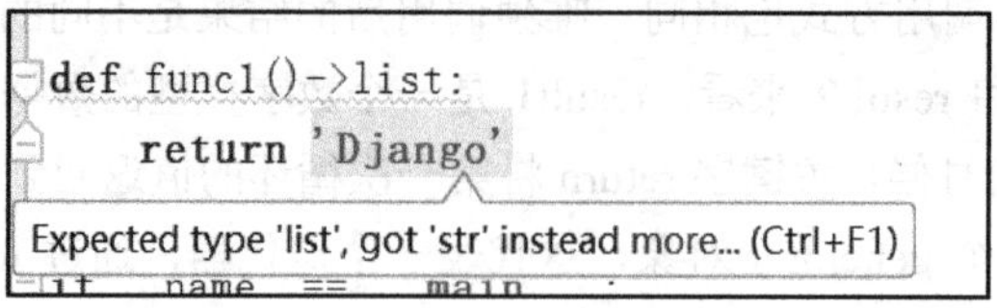

```
def func1()->list:
    return 'Django'
Expected type 'list', got 'str' instead more... (Ctrl+F1)
```

图 7-24　提示信息

7.5　函数调用过程

函数调用在前面的章节中已经有所接触，是指可以在函数里面调用其他函数，也可以在程序里面调用函数。函数的调用方式是使用"函数名+花括号"，程序首先找到花括号，认定当前语句代表函数调用，然后根据函数名查找相应的函数并执行。下面通过代码来演示函数调用函数和程序调用函数的例子。

```python
def fun1():
    print('嘿，我是函数 fun1')


def fun2(name):
    print('嘿，我是函数 fun2，我的名字叫：', name, '，现在我要呼喊 fun2')
    # 调用函数 fun1
    fun1()


def fun3(name):
    print('嘿，我是函数 fun3，我的名字叫：', name, '，现在我要呼喊 fun3')
    # 调用函数 fun2
    fun2('Lily')


# 主程序
if __name__ =='__main__':
    fun3('Lucy')
```

上述代码中分别定义了函数 fun1、fun2 和 fun3。if __name__=='__main__'下的代码是当前文件的主程序代码。当程序运行的时候，主程序首先调用并执行函数 fun3；在 fun3 里，它调用并执行函数 fun2；而 fun2 调用并执行函数 fun1，这样形成一个嵌套的函数调用。代码的运行结果如图 7-25 所示。

```
嘿，我是函数fun3，我的名字叫： Lucy ，现在我要呼喊fun3
嘿，我是函数fun2，我的名字叫： Lily ，现在我要呼喊fun2
嘿，我是函数fun1
```

图 7-25　函数调用

函数之间的调用很容易造成死循环，比如在函数 fun2 里调用函数 fun1，而函数 fun1 又调用函数 fun2，这样就形成了一个闭合的死循环，程序会不断地在这两个函数之间来回执行。

7.6　变量的作用域

函数外的程序与函数可以进行数据交互，正因如此，当函数外的程序将数据传入函数并进行处理时，传入的数据在函数处理前和处理后会发生变化。那么函数执行完成后，处理后的数据是否会替换函数外的程序数据呢？对于这一问题，下面通过代码来进行说明。

```python
def fun1():
    name = 'Lucy'
    print('嘿，我是函数 fun1，我的名字叫：', name)

if __name__=='__main__':
    name = 'Lily'
    fun1()
    print('嘿，我是主程序，我的名字叫：', name)
```

上述代码中，首先定义了变量 name 的值，然后变量传递给函数 fun1，函数 fun1 将参数 name 重新赋值并输出，函数执行完成后，程序再输出变量 name 的值。通过输出结果可以发现，程序的变量传入函数后，无论函数怎样处理，程序的变量值都不会发生任何变化，这就是变量的作用域。运行结果如图 7-26 所示。

```
嘿，我是函数fun1，我的名字叫： Lucy
嘿，我是主程序，我的名字叫： Lily
```

图 7-26　变量的作用域的运用

变量的作用域主要分为全局变量和局部变量，两者的说明如下：

（1）在程序里定义的变量称为全局变量，在函数内部定义的变量称为局部变量。

（2）全局变量在所有作用域都可读，局部变量只能在本函数里可读。

（3）函数在读取变量时，优先读取函数本身的局部变量，再去读取全局变量。

（4）在函数里可以对变量使用关键字 global，使变量定义成全局变量。

下面以代码形式说明全局变量和局部变量的区别。

```python
# 函数 fun1
def fun1():
```

```
    # 定义局部变量 name
    funName = 'Lucy'
    # 定义全局变量
    global newName
    newName = 'Mary'
    print('嘿，我是局部变量，我的名字叫：', funName)
    print('嘿，我是全局变量，我在 fun1 里面，我的名字叫：', name)
    print('嘿，我是全局变量，由 fun1 定义，在函数里使用，我的名字叫：',newName)

# 主程序
if __name__=='__main__':
    # 定义全局变量 name
    name = 'Lily'
    fun1()
    print('嘿，我是程序，我在程序里面，我的名字叫：', name)
    print('嘿，我是全局变量，由 fun1 定义，在程序里使用，我的名字叫：',newName)
```

上述代码中，函数 fun1 分别定义局部变量 funName 和全局变量 newName，程序定义了全局变量 name。从代码的输出结果可以看到，全局变量 name 和 newName 不限制使用范围，而局部变量 funName 只能在函数里使用。代码运行结果如图 7-27 所示。

```
嘿，我是局部变量，我的名字叫：Lucy
嘿，我是全局变量，我在fun1里面，我的名字叫：Lily
嘿，我是全局变量，由fun1定义，在函数里使用，我的名字叫：Mary
嘿，我是程序，我在程序里面，我的名字叫：Lily
嘿，我是全局变量，由fun1定义，在程序里使用，我的名字叫：Mary
```

图 7-27 局部变量和全局变量的使用

7.7 递归函数

函数之间通过调用可以相互使用，但会出现死循环调用的情况，这与 while 循环一致，但是凡事不是绝对的，有弊也会有利，只要逻辑设计合理，循环调用函数能为我们实现很多复杂的功能。我们把循环调用函数称为递归函数，大多数情况下，递归函数主要是调用自身函数，即一次又一次地重复执行同一个函数，其定义如下：

```
def fun(n):
    y = fun(n)
    return y
```

函数 fun()按照从上至下的顺序依次运行，当执行到关键字 return 的时候，return 将函数 fun 作为返回值，程序就会再次运行函数 fun()，从而完成函数递归过程。

递归函数能实现各种复杂的算法，比如斐波那契数列、归并排序、快速排序和背包问题动态规划等。若想实现这些算法，则必须掌握算法的实现思想，再以代码形式加以表述。在面试过程中，企业喜欢考核应聘人员数据排序算法。下面以快速排序为例讲述如何使用递归函数实现快速排序。

快速排序由 C. A. R. Hoare 在 1960 年提出，它的基本思想是：通过一次排序将要排序的数据分隔成独立的两部分，其中一部分的数据都比另一部分的数据要小，然后按此方法对这两部分数据分别进行快速排序，整个排序过程可以递归进行，以此达到整个数据变成有序序列。为了更好地理解快速排序的思想，我们以图表的形式表示，如图 7-28 所示。

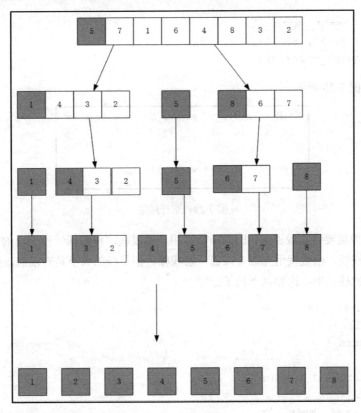

图 7-28　快速排序

如果使用 Python 递归函数实现快速排序算法，其实现代码如下：

```python
# 定义递归函数 quick_sort
def quick_sort(lst):
    # 判断列表 lst 的长度大于 2
    # 如果列表 lst 的长度小于 2，那么无须排序，只需返回排序结果
    if len(lst) < 2:
        return lst
    # 执行快速排序
    else:
        # 获取第一个列表元素
        pivot = lst[0]
        # 遍历列表 lst，将小于第一个列表元素的元素放在列表 small_lst 中
        small_lst = [I for I in lst[1:] if I < pivot]
```

```
    # 遍历列表 lst，将大于或等于第一个列表元素的元素放在列表 large_lst 中
    large_lst = [J for J in lst[1:] if J >= pivot]
    # 递归函数 quick_sort，传入列表 small_lst
    qs = quick_sort(small_lst)
    # 递归函数 quick_sort，传入列表 large_lst
    ql = quick_sort(large_lst)
    return qs + [pivot] + ql

if __name__ == '__main__':
    lst = [49, 38, 65, 88, 12, 75]
    print(quick_sort(lst))
```

运行结果如图 7-29 所示。

```
E:\Python\python.exe D:/HelloWorld/w.py
[12, 38, 49, 65, 75, 88]

Process finished with exit code 0
```

图 7-29　运行结果

使用递归函数需要防止栈溢出，因为函数调用是通过栈这种数据结构实现的，每次调用函数栈就会增加一层栈帧，函数调用完成会减去一层栈帧。但是栈的大小是有限的，所以函数递归的次数过多就会导致栈溢出，比如以下例子：

```
def func(n):
    if n<=1:
        return 1
    else:
        return n * func(n-1)

if __name__=='__main__':
    result = func(2000)
    print(f'递归结果：{result}')
```

在 PyCharm 中运行上述代码，运行结果如图 7-30 所示。

```
    return n * func(n-1)
  File "D:/HelloWorld/w.py", line 5, in func
    return n * func(n-1)
  File "D:/HelloWorld/w.py", line 5, in func
    return n * func(n-1)
  [Previous line repeated 995 more times]
  File "D:/HelloWorld/w.py", line 2, in func
    if n<=1:
RecursionError: maximum recursion depth exceeded in comparison
```

图 7-30　栈溢出

解决函数递归调用的栈溢出方法是通过尾递归优化。事实上，尾递归与循环的效果是一样的，所以把循环看成是一种特殊的尾递归函数也是可以的。

尾递归是指在函数返回时调用函数本身，并且 return 语句不能包含表达式。这样，编译器或解释器就可以对尾递归进行优化，使递归本身无论调用多少次都只占用一个栈帧，不会出现栈溢出的情况。

函数 func() 由于 return n * func(n-1) 引入了乘法表达式，不符合尾递归，要改成尾递归方式就需要添加一些代码，主要是把每一步的乘积传入递归函数中：

```python
def func(n, result):
    if n <= 1:
        return result
    else:
        return func(n - 1, result * n)


if __name__ == '__main__':
    result = func(3, 1)
    print(f'递归结果：{result}')
```

从上述代码看到，函数 func() 的 return func(n-1, result * n) 仅递归调用函数本身，参数 n 和 result 在函数调用之前已执行计算，所以无论调用多少次都不会出现栈溢出异常。

7.8 匿名函数

匿名函数（lambda 表达式）是不再使用 def 语句这样的标准形式定义一个函数，Python 将使用 lambda 语句创建一个匿名函数，比如将函数 func() 改为匿名函数 f() 表示：

```python
# 定义普通函数
def func(x, y):
    return x * 2 + y * 3


# 上述函数等价于
# 定义匿名函数
f = lambda x, y: x * 2 + y * 3


if __name__ == '__main__':
    # 调用函数 func()
    print('函数运行结果：', func(3,3))
    # 调用匿名函数 f()
    print('匿名函数运行结果：', f(3, 3))
```

运行结果如图 7-31 所示。

```
E:\Python\python.exe D:/HelloWorld/w.py
函数运行结果： 15
匿名函数运行结果： 15
```

图 7-31　运行结果

匿名函数在某些场景下十分有用，其优点如下：

（1）使用 lambda 可以省去定义函数的过程，让代码更加精简。

（2）对于重复使用较少的函数或者函数命名较难的情况，使用 lambda 比 def 函数更为方便。

（3）在某些时候，使用 lambda 会让代码更容易理解。

在某些情景下，虽然匿名函数比 def 函数更有优势，但必须遵守一定的使用规则：

（1）只能有一个表达式，而且必须设有返回值。

（2）可以没有参数，也可以有一个或多个参数，并且不限制参数类型。

（3）返回值不能使用关键字 return，匿名函数会自动将表达式的计算结果返回。

（4）lambda 语句后面设置参数名称，如果没有参数就无须填写，表达式在参数后面，并且使用冒号 ":" 将表达式和参数隔开。

根据匿名函数的使用规则，分别使用 lambda 语句创建有参数和无参数的匿名函数，代码如下：

```python
# 定义有参数的匿名函数
# 参数 x 为必选参数
# 参数 y 为默认参数
# 参数 z 为字典参数
f = lambda x, y=20, **kwargs: x * 2 + y * 3 + kwargs['z'] * 4
# 调用匿名函数
print('有参数的匿名函数：', f(10, z=30))

# 定义无参数的匿名函数
# 设置变量 x 和 y
x, y = 10, 20
f1 = lambda: x * 2 + y * 3
# 调用匿名函数
print('无参数的匿名函数：', f1())
```

运行结果如图 7-32 所示。

```
E:\Python\python.exe D:/HelloWorld/w.py
有参数的匿名函数： 200
无参数的匿名函数： 80
```

图 7-32　运行结果

7.9 偏 函 数

函数的默认参数是已设置了默认值，在函数调用过程中无须再次设置，但在某些情况下，如果函数在调用中需要多次设置默认参数，这样无疑会带来不必要的麻烦。

在 Python 的内置模块中，有一个名为 functools 的模块，它提供了很多有用的功能函数，其中一个就是偏函数（Partial Function）。偏函数可以在函数的基础上修改默认参数的默认值并生成新的函数对象，我们只需调用函数对象即可，这样无须多次设置默认参数。

以内置函数 int() 为例，一般情况下，函数 int() 可以将字符串转化为十进制的整数类型，但字符串的内容必须是十进制的数值，因为函数的默认参数 base 的默认值是 10。如果字符串的内容是其他进制的数值，那么可以设置默认参数 base 的值，代码如下：

```
value = '1011'
print('二进制字符串转化为十进制的数值: ', int(value, base=2))
print('八进制字符串转化为十进制的数值: ', int(value, base=8))
print('十六进制字符串转化为十进制的数值: ', int(value, base=16))
```

上述代码中，字符串 value 的数值是不变的，当设置函数 int() 的默认参数 base 的时候，字符串 value 的数值进制会随之变化，详细说明如下：

（1）当 base=2 的时候，字符串 value 的值代表二进制的数值，它对应十进制的整数为 11。

（2）当 base=8 的时候，字符串 value 的值代表八进制的数值，它对应十进制的整数为 521。

（3）当 base=16 的时候，字符串 value 的值代表十六进制的数值，它对应十进制的整数为 4113。

运行结果如图 7-33 所示。

```
二进制字符串转化为十进制的数值:  11
八进制字符串转化为十进制的数值:  521
十六进制字符串转化为十进制的数值:  4113
```

图 7-33　运行结果

假如现在有一组字符串格式的二进制数值需要转化为十进制数值，只要对待转化的数值使用 int() 函数，并且设置默认参数 base=2，即可转化为十进制的数值。

如果每次都要设置默认参数 base，那么在调用上就会存在诸多不便，为了减少默认参数 base 的设置，我们使用 functools 模块将函数 int() 定义为偏函数 int2()，使用示例如下：

```
from functools import partial
# 定义新的函数 int2()
# 将函数 int() 的默认参数 base 改为 2
int2 = partial(int, base=2)
valueList = ['101011', '111001', '1100', '010011']
for v in valueList:
    print('字符串格式的二进制数值转化为十进制数值: ', int2(v))
```

运行结果如图 7-34 所示。

```
字符串格式的二进制数值转化为十进制数值：    43
字符串格式的二进制数值转化为十进制数值：    57
字符串格式的二进制数值转化为十进制数值：    12
字符串格式的二进制数值转化为十进制数值：    19
```

图 7-34　运行结果

7.10　实战项目：排序算法

排序算法一直都是面试中常见的题目之一，不仅可以考验应聘者对算法的理解程度，还可以检验应聘者的逻辑思维和 Python 语法的掌握程度。在 7.7 节中已经讲述了快速排序的实现过程，本节将分别剖析冒泡排序、选择排序、插入排序、希尔排序和归并排序。

7.10.1　冒泡排序

冒泡排序（Bubble Sort）是一种计算机科学领域较为简单的排序算法。它重复地访问所有元素，依次比较两个相邻的元素，如果顺序（例如从大到小、首字母从 Z 到 A）错误就把它们交换过来。访问元素的工作重复地进行，直到没有相邻元素需要交换。

这个算法的名字由来是越小的元素经过交换慢慢“浮”到数列的顶端（升序或降序排列），就如同碳酸饮料中二氧化碳的气泡最终会上浮到顶端一样，故名“冒泡排序”。

从日常生活中可以找到冒泡排序的典型例子，比如幼儿园某个班级的小朋友按身高排列队伍，首先让所有小朋友集合并吩咐他们排成直线型队列，然后老师以队列某一端的第一位小朋友作为起点，比较第一位小朋友（称为小朋友 A）和他后面小朋友（称为小朋友 B）的身高，假设小朋友 A 比小朋友 B 高，小朋友 A 就和小朋友 B 交换位置，然后小朋友 A 再与小朋友 C 比较身高，如果小朋友 C 比小朋友 A 高，他们之间的位置保持不变，就完成排序过程；反之小朋友 C 和小朋友 A 交换位置，然后小朋友 B 与小朋友比较身高，以此类推。

简单来说，整个队列有多少位小朋友就需要循环多少次，并且每一个小朋友都要和其余的小朋友比较身高，遇到比当前小朋友高的小朋友，就要将当前小朋友替换成比他高的小朋友，继续比较身高。

了解冒泡排序的算法原理后，下面尝试使用 Python 实现冒泡排序。以列表 data 为例，列表 data 设有 4 个数值不同的元素，通过冒泡排序后，列表元素就能从小到大按序排列，实现代码如下：

```python
def sortData(data):
    # 数据长度作为循环次数
    for j in range(len(data) + 1):
        # 两两之间比较大小，挑选出最大数
        for i in range(len(data) - (j + 1)):
            if data[i] > data[i + 1]:
                # 定义一个变量来存储某个数据，然后两个元素进行位置替换
                tmp = data[i + 1]
                data[i + 1] = data[i]
```

```
        data[i] = tmp
    return data

if __name__ == '__main__':
    data = [21, 4, 33, 9]
    print('排序前的列表：', data)
    data = sortData(data)
    print('排序后的列表：', data)
```

在 PyCharm 中运行上述代码，运行结果如图 7-35 所示。

```
E:\Python\python.exe F:/aa.py
排序前的列表： [21, 4, 33, 9]
排序后的列表： [4, 9, 21, 33]

Process finished with exit code 0
```

图 7-35　运行结果

如果读者对冒泡排序仍有疑惑，不妨在 PyCharm 中对代码进行断点调试，仔细分析列表 data 的元素变化情况。

根据冒泡排序的算法原理可以计算出冒泡排序的时间复杂度和空间复杂度。时间复杂度是循环次数、条件判断和交换元素的时间开销，最优的情况是元素已经排序好，元素之间不用交换，时间花销为 $[n(n-1)]/2$，其时间复杂度为 $O(n^2)$，最差的情况是元素以逆序方式排序，每一次排序都要交换两个元素，时间花销为 $[3n(n-1)]/2$，所以最差的情况时间复杂度为 $O(n^2)$。

空间复杂度是交换元素的临时变量所占的内存空间，最优的空间复杂度就是开始时元素已经排序好，则空间复杂度为 0，最差的空间复杂度是元素以逆序方式排序，则空间复杂度为 $O(n)$，所以平均的空间复杂度为 $O(1)$。

7.10.2　选择排序

选择排序（Selection Sort）是一种简单直观的排序算法，它的工作原理是第一次从所有元素中选出一个最小（或最大）的元素，并将元素存放在新序列的起始位置，再从剩余的元素中寻找最小（或最大）的元素，把元素存放在新序列的第二个位置。以此类推，直到所有元素完成排序为止。

了解选择排序的算法原理后，下面尝试使用 Python 实现选择排序。以列表 data 为例，代码如下：

```
def sortData(data):
    # 数据长度作为循环次数
    for i in range(len(data) -1):
        index = i
        for j in range(i + 1, len(data)):
            if data[index] > data[j]:
                index = j
```

```
        data[i], data[index] = data[index], data[i]
    return data

if __name__ == '__main__':
    data = [21, 4, 33, 9]
    print('排序前的列表：', data)
    data = sortData(data)
    print('排序后的列表：', data)
```

在 PyCharm 中运行上述代码，运行结果如图 7-35 所示。从代码逻辑和结构分析可知，选择排序和冒泡排序在某些程度上有相似之处，两者的区别说明如下：

（1）冒泡排序：如果每次比较发现较小（大）的元素排在后面，当前元素就与较小（大）的元素交换，使较小（大）的元素排在前面，保证较大（小）的元素排在后面，内层的循环每完成一次就将这一次最大（小）的元素排在最后。

（2）选择排序：将第一个位置的元素标记为最小（大）的元素 A，然后与其余的元素进行对比，如果发现某个元素比元素 A 小（大），就把该元素替换到元素 A 的位置，保证每次循环能把最小（大）的元素排在前面。

（3）两者都在循环中嵌套了一层循环，在内层循环中，选择排序在每一次循环时只发生一次真正的交换，而冒泡排序可能发生多次交换，但两种算法比较的次数是一样的。

由于选择排序和冒泡排序在原理上有相似之处，因此选择排序的时间复杂度和空间复杂度与冒泡排序相同。

最优的情况是全部元素已经有序排列，则交换次数为 0，最差的情况是全部元素逆序，元素交换执行 n-1 次，所以最优的时间复杂度、最差的时间复杂度和平均时间复杂度都为 O(n^2)。

最优的情况是全部元素已经有序排列，空间复杂度为 O(0)，最差的情况是全部元素逆序，空间复杂度为 O(n)，平均空间复杂度为 O(1)。

7.10.3 插入排序

插入排序一般被称为直接插入排序，这是非稳定排序算法，它将一个元素作为一个有序的序列，然后从剩下的元素中依次取值和相邻的元素作比较，找到合适的位置并插入，直至所有待排序的元素成为有序序列。

插入排序的思想和我们打扑克牌的玩法相似，从牌堆里一张张摸起来的牌都是无序的，我们会把摸起来的牌插入左手中合适的位置，让手中的牌时刻保持一个有序的状态。如果不是从牌堆里摸牌，而是手中开始就有多张扑克牌，这也是一样的道理，我们会把牌往手的右边挪一挪，把手的左边空出一点位置来，然后在牌中抽一张出来，插入左边，以此类推，每次插入都插入左边合适的位置，时刻保持左边的牌是有序的，直到所有扑克牌有序为止。

了解插入排序的算法原理后，下面尝试使用 Python 实现插入排序。以列表 data 为例，代码如下：

```
def sortData(data):
    # 数据长度作为循环次数
```

```python
    for i in range(1, len(data)):
        # 获取每次遍历的插入值
        temp = data[i]
        # 记录插入位置，j+1 代表插入的位置
        j = i - 1
        while j >= 0:
            if data[j] > temp:
                data[j + 1] = data[j]
            else:
                break
            j -= 1
        data[j + 1] = temp
    return data


if __name__ == '__main__':
    data = [21, 4, 33, 9]
    print('排序前的列表: ', data)
    data = sortData(data)
    print('排序后的列表: ', data)
```

　　从代码中可以看出，如果当前元素找到了合适的位置，程序就不会再进行比较了，就好比从扑克牌堆里抽出的一张牌本身就比手中的牌都小，那么只需要直接放在最左边即可，不需要一个一个地移动元素位置。

　　插入排序的时间复杂度与序列的元素排序有关，无论是最优的情况还是最差的情况，其时间复杂度都为 O(n^2)。由于插入排序只使用了临时变量 temp 和遍历对象 i、j，因此其空间复杂度为 O(1)。

7.10.4　希尔排序

　　希尔排序（Shell's Sort）是插入排序的一种算法，它又称为"缩小增量排序"（Diminishing Increment Sort），这是直接插入排序算法的一种更高效的改进版本。它是非稳定排序算法，该算法因 D.L.Shell 于 1959 年提出而得名。

　　希尔排序实质上是一种分组插入方法，它的基本思想是：对于 n 个待排序的元素，取一个小于 n 的整数 m，将所有元素 n 整除整数 m，得出步长 gap 的值，其中整数 m 是所有元素 n 分组后的分组数，步长 gap 是每一组里面有多少个元素，对各组内的元素进行直接插入排序，完成一次排序之后，每一个分组的元素都是有序的；然后减小步长 gap 的值，并重复执行上述分组和排序。重复上述操作，当 gap=1 时，整个数列就是有序的。

　　了解希尔排序的算法原理后，下面尝试使用 Python 实现希尔排序。以列表 data 为例，代码如下：

```python
def sortData(data):
    # 设定步长
    gap = int(len(data) / 2)
    while gap > 0:
```

```
    for i in range(gap, len(data)):
        temp = data[i]
        j = i
        # 类似插入排序，当前值与指定步长之前的值比较，符合条件则交换位置
        while j >= gap and data[j - gap] > temp:
            data[j] = data[j - gap]
            j -= gap
        data[j] = temp
    gap = int(gap / 2)
    return data


if __name__ == '__main__':
    data = [21, 4, 33, 9]
    print('排序前的列表：', data)
    data = sortData(data)
    print('排序后的列表：', data)
```

希尔排序的时间复杂度与增量（步长 gap）的选取有关。例如，当增量为 1 时，希尔排序退化成了直接插入排序，此时的时间复杂度为 O(n^2)，如果是 Hibbard 增量的希尔排序（元素皆为奇数{1, 3, ..., 2^k-1}），其时间复杂度就为 O(n^3/2)。而希尔排序在排序过程中只使用了临时变量 temp 和遍历对象 i、j，因此其空间复杂度为 O(1)。

7.10.5 归并排序

归并排序（Merge-Sort）是建立在归并操作上的一种有效的排序算法，这是一种稳定的排序方法。该算法是分治法（Divide and Conquer）的一个非常典型的应用，它将已有序的子序列合并，得到完全有序的序列，即先使每个子序列有序排列，再对所有子序列进行排序。如果将两个有序序列合并成一个有序序列，就可以称为二路归并。

分治法（Divide and Conquer）从字面上理解是"分而治之"，就是把一个复杂的问题分成两个或多个相同或相似的子问题，再把子问题分成更小的子问题，直到最后子问题可以简单地直接求解，原问题的解就是所有子问题的解的合并，这个思想是很多高效算法的基础，例如排序算法（快速排序，归并排序）和傅里叶变换（快速傅里叶变换）等。

了解归并排序的算法原理后，下面尝试使用 Python 实现归并排序。以列表 data 为例，代码如下：

```
def mergesort(data):
    """归并排序"""
    if len(data) <= 1:
        return data
    # 将列表分成两个小列表
    mid = len(data) // 2
    # 对左右两个列表进行处理，分别返回两个排序好的列表
    # 递归函数，调用函数本身，将小的列表继续拆分
    left = mergesort(data[:mid])
    right = mergesort(data[mid:])
    # 对排序好的两个列表合并，产生一个新的排序好的列表
```

```
        return merge(left, right)

def merge(left, right):
    """合并两个已排序好的列表，产生一个新的已排序好的列表"""
    # 创建已排序好的列表
    result = []
    i = 0
    j = 0
    # 对两个列表中的元素两两对比
    # 将最小的元素放到 result 中，并对当前列表下标加 1
    while i < len(left) and j < len(right):
        if left[i] <= right[j]:
            result.append(left[i])
            i += 1
        else:
            result.append(right[j])
            j += 1
    result += left[i:]
    result += right[j:]
    return result

if __name__ == '__main__':
    data = [21, 4, 33, 9]
    print('排序前的列表：', data)
    data = mergesort(data)
    print('排序后的列表：', data)
```

归并排序的时间复杂度由序列分解时间、子序列的排序时间和子序列的合并时间组成，由于每个序列都是折中分解，所以分解时间是一个常数，可以忽略不计，因此归并排序的时间复杂度主要在于子序列的排序时间和子序列的合并时间。

假设归并排序所消耗的时间 T[n]，序列折中分解，拆分后每个小序列排序所花费的时间则为 T[n/2]，由于每次都是拆分两个小序列，因此花费时间为 2T[n/2]，最后把两部分有序的序列合并成一个有序的序列所花费的时间为 O(n)，整个归并排序的时间花费为 T[n]=2T[n/2] + O(n)，最终计算归并排序的时间复杂度为 O(nlogn)。

归并排序的空间复杂度主要使用了临时数组和函数递归占用的空间，即 n+logn，其空间复杂度为 O(n)。

7.11　本章小结

Python 的函数定义方法是使用关键字 def，函数定义的语法格式如下：

```
def 函数名称(参数 1，参数 2，…)：
    代码块
```

函数定义的语法规则说明如下：

（1）函数必须使用关键字 def 定义，关键字 def 后面依次为函数名称、小括号 "()" 和冒号。

（2）函数名称必须以字母或下画线 "_" 开头，不能使用 Python 关键字作为函数名称。

（3）小括号里面可以定义函数参数，每个函数参数之间使用逗号隔开。

（4）函数的代码块必须在关键字 def 的位置上执行缩进处理，代表这部分代码块属于该函数。

（5）如果函数的代码块设有关键字 return，就说明函数有返回值；如果没有关键字 return，就代表函数返回 None。

综合分析函数定义的语法规则，总结得出函数定义的方式有：没有函数参数和返回值、有函数参数和没有返回值、没有函数参数和有返回值、有函数参数和有返回值。

在定义函数的时候，我们可以根据实际情况设置参数的类型和数量，参数类型有：

（1）必选参数

（2）默认参数

（3）关键字参数

（4）可变参数

函数与函数外的程序之间存在输入输出的关系，函数参数是将函数外部的数据传递到函数中使用，而函数返回值是将函数内部的数据传到函数外部，由函数外部的程序继续执行。函数返回值可以由关键字 return 和 yield 实现，这两个关键字之间存在明显的差异：return 是在返回结果的同时中断函数的执行，yield 则是返回结果并不中断函数的执行。

变量的作用域主要分为全局变量和局部变量，两者的说明如下：

（1）在程序里定义的变量称为全局变量，在函数内部定义的变量称为局部变量。

（2）全局变量在所有作用域都可读，局部变量只能在本函数里可读。

（3）函数在读取变量时，优先读取函数本身的局部变量，再去读取全局变量。

（4）在函数里可以对变量使用关键字 global，使变量定义成全局变量。

匿名函数在某些场景下十分有用，其优点如下：

（1）使用 lambda 可以省去定义函数的过程，让代码更加精简。

（2）对于重复使用较少的函数或者函数命名较难的情况，使用 lambda 比 def 函数更为方便。

（3）在某些时候，使用 lambda 会让代码更容易理解。

在某些情景下，虽然匿名函数比 def 函数更有优势，但必须遵守一定的使用规则：

（1）只能有一个表达式，而且必须设有返回值。

（2）可以没有参数，也可以有一个或多个参数，并且不限制参数类型。

（3）返回值不能使用关键字 return，匿名函数会自动将表达式的计算结果返回。

（4）lambda 语句后面设置参数名称，如果没有参数就无须填写，表达式在参数后面，并且使用冒号 ":" 将表达式和参数隔开。

常见的排序算法如图 7-36 所示，学习排序算法必须掌握算法的实现原理和排序思想，单靠死记硬背算法代码并不能灵活地应用到实际工作和面试中。

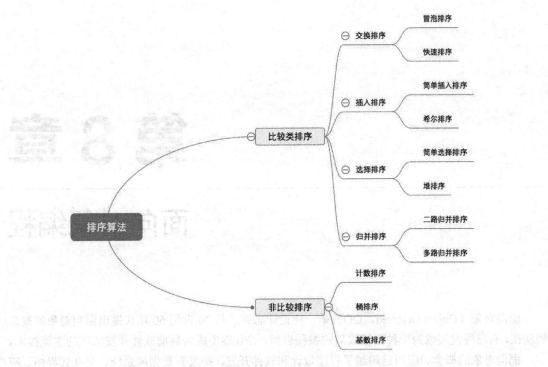

图 7-36 排序算法

第8章

面向对象编程

　　面向对象（Object Oriented，OO）是一种设计思想。从 20 世纪 60 年代提出面向对象的概念到现在，它已经发展成为一种比较成熟的编程思想，并且逐步成为目前软件开发领域的主流技术。

　　面向对象的概念和应用已超越了程序设计和软件开发，扩展到数据库系统、交互式界面、应用结构、应用平台、分布式系统、网络管理结构、CAD 技术、人工智能等领域。面向对象是一种对现实世界理解和抽象的方法，是计算机编程技术发展到一定阶段后的产物，相对于面向过程来讲，面向对象把相关的数据和方法组织为一个整体来看待，从更高的层次来进行系统建模，更贴近事物的自然运行模式。

　　本章讲述面向对象编程的对象与类、类的自定义与使用、类的封装、类的继承、内置函数 super()、类的多态、动态创建类和创建类的元类。

8.1　对象与类

　　Python 是面向对象的编程语言，对象不是我们常说的男女对象，而是一种抽象概念。编程是为了实现某些功能或解决某些问题，在实现的过程中，需要将实现过程具体化。好比现实中某些例子，例如在超市购物的时候，购买者挑选自己所需的物品并完成支付，这是一个完整的购物过程。在这个过程中，购买者需要使用自己的手和脚去完成一系列的动作，如挑选自己所需的物品，走到收银台完成支付。

　　如果使用编程语言解释这个购物过程，这个购物过程好比一个程序，购买者可被比喻成一个对象，购买者的手和脚就是对象的属性或方法。购买的过程由购买者的手和脚完成，相当于程序的代码是由对象的属性或方法来实现的。

　　在学习编程的时候，我们常常接触到对象和类，对象和类在本质上没有区别，两者代表同一个事物，只是在不同阶段而导致名字不同。举一个例子，假如我养了 3 只小狗，当我喊"狗狗过来"的时候，每只小狗都会随之而来，但为了区分每一只狗，我为它们分别取名为：小黑、小白和小黄，假设小狗们都知道自己的名字，当我再次喊"小黑过来"，只有名字为小黑的小狗走过来。在这个例子中，我们可以将狗看成一个类，但是狗这个称呼很笼统，可能代表一只狗或多只狗，也可能代表不同种类的狗，所以为了具体落实到某一只狗，我们为某只狗赋予名字，带名字的狗可以看成对象。

总的来说，类是一种事物的抽象化，并不是具体指某一事物，而是泛指某一类事物，比如狗、猫、人等；对象是对某一类事物的具体化，即对类进行具体化和实例化，比如名字为小黑的小狗。对象是从类实例化之后所产生的，但类与对象本质上代表同一个东西，只不过在实例化之前称为类，实例化之后称为对象。

8.2　类的自定义与使用

定义和使用类之前，我们需要了解一些面向对象的常用术语：

- 类：用来描述具有相同属性和方法的对象集合，类定义了属性和方法，对象是类的实例。
- 对象：这是类实例化之后的产物。对象包括类属性和方法。
- 实例化（Instance）：创建一个类的实例、类的具体对象，这是类实例化对象的过程。
- 类属性（类变量）：类属性是类中定义的变量。
- 类方法：类中定义的函数方法。
- 方法重写：如果从父类继承的方法不能满足子类的需求，就可以对其进行改写，这个过程称为方法的覆盖（Override），也称为重写方法。
- 多态（Polymorphism）：对不同类的对象使用同样的操作。
- 封装（Encapsulation）：将类（对象）内部的方法隐藏起来，并使外部程序无法访问。
- 继承（Inheritance）：即一个派生类（Derived Class）继承基类（Base Class）的属性和方法。

8.2.1　类的定义

类是允许开发者自定义的数据类型，与大多数计算机语言一样，Python 使用关键字 class 来定义类。其语法格式如下：

```
class Animals(object):
    """描述说明"""
    name = '小黑'

    def run(self):
        n = self.name
        print(f'{n} is running!')
```

上述代码中，我们定义了 Animals 类，整个定义过程说明如下：

（1）在关键字 class 后面定义类的名称，一般情况下，类名称首个字母建议大写。

（2）类名称的后面添加了小括号和 object，代表当前定义的类继承 object 类。从 Python 3

开始，所有定义的类都默认继承 object 类，因此无须在类名称的后面添加小括号和 object。

（3）在类名称的末端必须设置英文冒号，代表下面已缩进的代码属于类的代码块。

（4）类的第一行使用""" """描述说明类所实现的功能、类属性的含义和类的方法功能等。

（5）类属性的定义与变量的定义方式相同，在业界的规范下，类属性必须定义在类的方法前面。

（6）类的方法定义与函数定义相似，但类的方法分为静态方法、类方法和实例方法，不同的方法有不同的定义方式。

（7）在类的方法里面定义的变量如果没有添加 self，该变量的作用域仅在当前的函数方法里有效，如函数方法 run 的变量 n，只在函数方法里使用有效，如果在函数方法外使用就视为未定义变量。

8.2.2 类的内置属性和方法

在自定义类的时候，Python 已为类定义了一系列的属性和方法，我们称之为内置属性和内置方法。由于所有类都继承自 object 类，可以长按键盘上的 Ctrl 键，将鼠标指向 PyCharm 里的 object 类并单击，PyCharm 将会自行打开 object 类的源码，如图 8-1 所示。

```
builtins.py

class object:
    """
    The base class of the class hierarchy.

    When called, it accepts no arguments anc
    instance that has no instance attributes
    """
    def __delattr__(self, *args, **kwargs):
```

图 8-1 object 类的源码

从 object 类的源码看到，它定义了多个类属性和方法，当我们在自定义类的时候，这些属性和方法将作为类的内置属性和方法。以 Animals 类为例，在 Animals 类已定义的前提下，将 Animals 类实例化并调用内置方法__dir__()查看类的内置属性和方法，如图 8-2 所示。

```
['__module__', '__doc__', 'name', 'run', '__dict__', '__weakref__', '__repr__', '__hash__', '__str__', '__getattribute__', '__setattr__', '__delattr__', '__lt__', '__le__', '__eq__', '__ne__', '__gt__', '__ge__', '__init__', '__new__', '__reduce_ex__', '__reduce__', '__subclasshook__', '__init_subclass__', '__format__', '__sizeof__', '__dir__', '__class__']
```

图 8-2 类的内置属性和方法

在图 8-2 中只列出了类的部分类属性和方法，我们将图 8-2 与 object 类结合，列举说明类的每个属性和方法。

- __new__：真正的类构造方法，用于生成实例化对象，重写__new__可以控制对象的生成过程，它一般很少用于普通的业务场景，更多地用于元类之中，因为可以在底层处理对象的生成过程。

- __init__：初始化方法，负责对实例化对象进行属性值初始化，此方法必须返回 None，重写 __init__ 可以控制对象的初始化过程。
- __str__：为了显式地显示对象的一些必要信息，方便查看和调试，它默认被 print 调用，默认所有类继承 object 类，object 类的 __str__ 用于输出对象的来源以及对应的内存地址。
- __repr__：作用与 __str__ 相同，但它是被控制台输出时默认调用的。
- __call__：给对象提供被执行的能力，像函数一样，在本质上，函数也是对象，函数就是一个拥有 __call__ 方法的对象，简单来说，它是把实例对象作为函数调用。
- __del__：删除实例对象，用于当对象的引用计数为 0 时自动调用，它的应用场景分别为：（1）使用 del 减少对象引用计数至 0，被垃圾回收处理时调用；（2）程序结束时调用。
- __dict__：查看类所有的属性和方法，以字典格式表示，每个键值对的键代表类的属性或方法，每个键值对的值是属性值或方法的内存地址。
- __doc__：查看类的注释说明，即获取类里面使用""""""添加的功能描述内容。
- __module__：获取类所在的模块，如果类导入其他模块，如模块 A，那么 className.__module__ 等于 A。
- __slots__：控制类的内置属性，如果类中设置了 __slots__，类实例化之后只允许访问和设置 __slots__ 设置的属性，如果是 __slots__ 之外的属性，就会提示异常。
- __class__：获取对象所对应的类名。
- __dir__ 与 dir(对象名)等价，查看一个对象所有的属性和方法。
- __setitem__：如果在类中重新定义该方法，将类属性以字典格式进行数值设置，可以配合 __dict__ 一同使用，比如 a['name']= 'Tom'.
- __getitem__ 与 __setitem__ 相似，但它是将类属性以字典格式进行访问，比如 name=a['name'].
- __delitem__ 与 __setitem__ 相似，但它是以删除字典某个键值对的方式来删除某个类属性的，比如 del a['name']，使用关键字 del 删除某个类属性将会触发 __delitem__。
- __getattr__：获取某个属性的属性值的时候触发，如 age=a.age，但是访问不存在的属性会提示异常，如 a.city='shenzhen'，如果重新定义了 __getattr__，而没有任何代码（只有 pass），那么所有不存在的属性值都是 None 而不会报错。
- __setattr__：为某个属性设置属性值的时候触发，如设置 a.age=10 将会触发 __setattr__。
- __delattr__：删除某个属性的时候触发，如 del a.age 将会触发 __delattr__。
- __getattribute__：属性访问截断器，即访问属性时，这个方法会把访问行为截断，并优先执行此方法中的代码，此方法应该在属性查找顺序中优先级最高。
- __enter__ 和 __exit__ 可以让我们对一个对象使用 with 方法来处理工作前的准备，以及工作之后的清扫行为。

综上所述，我们只介绍了类里面常用的内置属性和方法，通过重写类的内置属性和方法，也可以定义不同功能的类。如果读者想进一步了解更多类的内置属性和方法，可以查阅相应的官方文档。

8.2.3 静态方法、类方法和实例方法

我们在类里面定义方法都是以函数方式进行定义的，但是类的方法划分为 3 种：静态方法
（staticmethod）、类方法（classmethod）和实例方法。下面以 Animals 类为例，分别定义不同的
方法：

```python
class Animals(object):
    """描述说明"""
    name = '小黑'

    @staticmethod
    def eat(name):
        """静态方法"""
        print(f'{name} is eating!')

    @classmethod
    def sleep(cls):
        """类方法"""
        n = cls.name
        print(f'{n} is sleeping!')

    def run(self):
        """实例方法"""
        n = self.name
        print(f'{n} is running!')
```

从上述代码看出，我们分别定义了静态方法 eat()、类方法 sleep()和实例方法 run()，每种方法
的说明如下：

（1）静态方法：在定义的时候，在方法名的上一行使用@staticmethod 装饰器标注该方法为
静态方法，它的第一个参数无须设置 self（self 代表自身对象，即类实例化所生成的对象）和 cls
（cls 代表自身类，即尚未实例化的类）。静态方法不需要类进行实例化就能直接使用，也可以在
类实例化之后使用。

（2）类方法：在定义的时候，在方法名的上一行使用@classmethod 装饰器标注该方法为类
方法，它的第一个参数无须设置 self（self 代表自身对象，即类实例化所生成的对象），但必须设
置 cls（cls 代表自身类，即尚未实例化的类）。类方法也是不需要类进行实例化就能直接使用，
也可以在类实例化之后使用。

（3）实例方法：在定义的时候，类方法的第一个参数必须设置 self（self 代表自身对象，即
类实例化所生成的对象）。实例方法必须在类实例化之后才能使用。

综上所述，由于静态方法、类方法和实例方法的定义方式不同，导致它们有不同的应用场景，
具体说明如下：

（1）静态方法无须设置 self 和 cls，从而不需要访问与类相关的属性或方法，我们一般把与
类无关或者与实例对象无关的方法定义为静态方法，可以用于类入口的检测功能，比如在类实例

化之前检测当前条件是否需要执行类实例化操作等。

（2）类方法在重新定义类的时候无须修改构造方法__init__()，将需要重构的代码以类方法的形式表示即可。

（3）实例方法是我们常用的方法，它为类提供了功能实现的载体，类的核心功能主要由实例方法实现。

部分读者可能难以理解类方法的应用场景，下面用一个简单的例子进行说明。

```python
class Dates(object):
    """获取日期格式"""
    def __init__(self, year, month, day):
        """重新定义初始化方法"""
        self.day = day
        self.month = month
        self.year = year


    def get_date(self):
        """定义实例方法"""
        date = f'{self.year}-{self.month}-{self.day}'
        print(date)


d = Dates('2020', '10', '01')
d.get_date()
```

上述代码中，我们重新定义了初始化方法__init__()，在类实例化的时候传入了实例化参数year、month 和 day，然后由实例方法 get_date()将参数以日期形式输出，代码的运行结果将会输出"2020-10-01"。

如果我们将实例化参数改为"YYYY:MM:DD"形式传入，就要将 Dates 类的初始化方法__init__()重新定义，有可能导致类的其他方法和属性发生变动或出现异常。为了保持代码的稳定性，我们可以在类里面定义类方法，从而满足新的功能需求，详细代码如下：

```python
class Dates(object):
    """获取日期格式"""
    def __init__(self, year, month, day):
        """重新定义初始化方法"""
        self.day = day
        self.month = month
        self.year = year


    def get_date(self):
        """定义实例方法"""
        date = f'{self.year}-{self.month}-{self.day}'
        print(date)


    @classmethod
    def new_date(cls, date_string):
```

```
"""定义类方法"""
    year, month, day = date_string.split(':')
    date = cls(year, month, day)
    return date

d = Dates.new_date('2020:10:01')
d.get_date()
```

从代码中看出，我们在不改动原有 Dates 类的基础上，新增了类方法 new_date()。类方法 new_date()设置参数 date_string，并对参数进行分隔处理，分别赋值给变量 year、month 和 day，然后把变量传入 cls（cls 代表自身类，即尚未实例化的类）进行实例化，并把实例化对象作为返回值。

代码中的"Dates.new_date('2020:10:01')"是调用类方法 new_date()，并把实例化对象（类方法 new_date()的返回值）赋予变量 d，然后由变量 d（实例化对象 d）调用实例方法 get_date()完成日期格式的输出。

上述例子中是通过定义类方法改变类原有函数方法的业务逻辑，由于类只有一个初始化方法 __init__()，如果要实现多种不同的初始化方式，只能在初始化方法__init__()里面编写一堆 if 语句判断执行。使用类方法可以在原有的初始化方法__init__()的基础上实现不同的初始化方式，这是类方法核心的应用场景之一。此外，类方法还可以通过额外的类引用在继承的时候提供多态特性，实现子类挂载等。

8.2.4 类的 property 属性

在 Python 中，我们为类的实例方法添加 property 属性，property 以装饰器的形式作用于实例方法，它能把类的实例方法以类属性的形式使用。以 Geometry 类为例，示例代码如下：

```
class Geometry:
    """计算周长"""
    @property
    def compute(self):
        perimeter = (self.width + self.length) * 2
        return f'周长为: {perimeter}'

    @compute.setter
    def set_length(self, length):
        self.length = length

    @compute.setter
    def set_width(self, width):
        self.width = width

    @compute.getter
    def compute_half(self):
        perimeter_half = self.width + self.length
        return f'周长的一半为: {perimeter_half}'
```

```
g = Geometry()
g.set_length = 4
g.set_width = 4
print(g.compute)
print(g.compute_half)
```

运行上述代码，程序首先输出"周长为：16"，然后输出"周长的一半为：8"。在 Geometry 类中，我们定义了 4 个实例方法：compute()、set_length()、set_width()和 compute_half()，它们都具有 property 属性并代表不同的功能，具体说明如下：

（1）实例方法 compute()使用装饰器@property 设置 property 的只读属性，并且该方法只能有一个参数 self（self 代表自身对象，即类实例化所生成的对象），只读属性是只允许该方法读取类属性并执行一系列的逻辑处理。

（2）实例方法 set_length()使用装饰器@compute.setter 设置 property 的赋值属性，它是在实例方法 compute()的基础上进行设置的，因为@compute.setter 的 compute 代表实例方法 compute()，该方法除了参数 self 之外，还能设置一个参数，该参数用于赋值传递。赋值属性是通过外部赋值的，将值赋予某一个类属性。

（3）实例方法 compute_half()使用装饰器@compute.getter 设置 property 的只读属性，它也是在实例方法 compute()的基础上进行设置的，改为装饰器@property 也能实现同样的效果。

（4）property 属性除了 setter 和 getter 之外，还有 deleter，这是 property 的删除属性，可用于删除某些类属性。

在调用 Geometry 类的过程中，类的实例方法使用方式与类属性的使用方式相同，无须在方法名后面添加小括号。property 属性可以将类内部的数据处理和业务逻辑进行封装，并且在类的调用方面也简化了使用过程。

8.2.5　类的实例化与使用

当类定义好之后，下一步是对类进行调用。在调用过程中，第一步是对类进行实例化，生成实例化对象。类的实例化过程与类的初始化方法__init__()相关，如果在类的定义过程中没有重新定义初始化方法__init__()，那么类的实例化只需在类名称后面添加小括号即可，示例代码如下：

```
class Animals:
    """描述说明"""
    pass

# Animals 类的实例化
a = Animals()
```

默认情况下，类的初始化方法__init__()只有参数 self（self 代表自身对象，即类实例化所生成的对象），所以在实例化的时候，无须设置任何参数值即可完成实例化过程。

如果在定义类的过程中，将类的初始化方法__init__()重新定义并设置相应参数，那么在实例化过程中要设置相应的参数值，代码如下：

```python
class Animals:
    """描述说明"""
    def __init__(self, name, age=10, *args, **kwargs):
        self.name = name
        self.age = age
        print(args)
        print(kwargs)


# Animals 类的实例化
a = Animals('小黑')
a1 = Animals('小黑', 10)
a2 = Animals('小黑', 10, 'GuangDong', **{'city': 'ShenZhen'})
```

在上述代码中，我们为初始化方法__init__()设置了 4 种不同类型的参数，在实例化过程中，可以根据实际需要设置相应的参数值，如果参数是必选参数，实例化的过程就必须设置参数，否则程序会提示 TypeError 异常信息。初始化方法__init__()的参数设置与函数参数的设置方式相同。

当类完成实例化之后，下一步是使用实例化对象调用类的方法和属性，从而完成一系列的业务逻辑。下面在 Animals 类中分别定义类属性、静态方法、类方法和实例方法，代码如下：

```python
class Animals:
    """描述说明"""
    name = '小黑'

    def __init__(self, name, *args, **kwargs):
        self.name = name

    @staticmethod
    def welcomes(name):
        print(f'welcome to you, my master, I am {name}')

    @classmethod
    def runs(cls):
        print(f'{cls.name} is Running')

    @property
    def eats(self):
        return f'{self.name} is eating {self.foods}'

    @eats.setter
    def set_eats(self, foods):
        self.foods = foods

    def sleeps(self):
        print(f'{self.name} is sleeping')


# Animals 类的实例化
```

```
a = Animals('小白')
# 调用类属性
print(a.name)
print(Animals.name)
# 调用静态方法，并设置参数值
Animals.welcomes('小黑')
a.welcomes('小黑')
# 调用类方法
Animals.runs()
a.runs()
# 调用实例方法
a.sleeps()
# 调用带 property 属性的方法
a.set_eats = 'Apples'
print(a.eats)
Animals.set_eats = 'Rice'
print(Animals.eats)
```

我们对已定义的 Animals 类进行实例化，生成实例化对象 a，然后由实例化对象 a 和未实例化的 Animals 类分别调用类属性、静态方法、类方法、实例方法和带 property 属性的方法，每种调用方式的说明如下：

（1）类属性支持实例化对象和未实例化的类进行调用，也就是说，无论类是否已进行实例化都可以调用类属性，但实例化之前（Animals 类）调用类属性，属性值以类定义的时候为准，如果实例化之后，并且对类属性已进行修改，就以修改后的数值为准。比如 Animals 类在实例化的时候，初始化方法 __init__() 已传入参数 name，它修改了类属性 name 的值，因此 a.name 的值为"小白"；而 Animals.name 是在 Animals 类未实例化之前调用的，因此它的值为"小黑"。

（2）静态方法支持实例化对象和未实例化的类进行调用，一般情况下都是使用未实例化的类进行调用。

（3）类方法支持实例化对象和未实例化的类进行调用，在某些应用场景下，类方法具有十分重要的作用，因此建议使用未实例化的类进行调用。

（4）实例方法只能由实例化对象调用，如果由未实例化的类进行调用，程序就会提示 TypeError 异常信息。

（5）带 property 属性的方法支持实例化对象和未实例化的类进行调用，但是未实例化的类在调用的时候可以对 property 属性的 setter 进行设置，但 property 属性的 getter 只能获取 property 对象的内存地址。只有当类实例化之后，并由实例化对象调用才能正常使用带 property 属性的方法。

在业界的开发规范中，类属性、静态方法、类方法、实例方法和带 property 属性的方法使用说明如下：

（1）静态方法和类方法应由未实例化的类调用。

（2）类属性、实例方法和带 property 属性的方法应由已实例化的对象调用。

8.2.6　动态添加类的属性和方法

在某些特殊情况下，类的属性和方法可能无法满足开发需求，或者类的属性和方法需要根据不同的场景变换不同的属性名称或方法名称，面对这样的情景，我们很难在类定义的过程中定义具体的属性和方法。为此，Python 允许在类中动态添加属性和方法，具体实现过程如下：

```python
def jump():
    print('This is jumping')

def doing(self):
    print('This is running')

@classmethod
def sleeping(cls):
    print('This is sleeping')

@staticmethod
def speaking():
    print('This is speaking')

class Animals:
    pass

if __name__ == '__main__':
    # 类实例化之前，动态添加属性和方法
    Animals.name = '小白'
    Animals.doing = doing
    Animals.sleeping = sleeping
    Animals.speaking = speaking
    # 实例化 Animals 类
    a = Animals()
    # 类实例化之后，动态添加属性和方法
    a.jump = jump
    # 调用属性和方法
    print(a.name)
    a.doing()
    a.sleeping()
    a.speaking()
    a.jump()
```

在上述代码中，我们为 Animals 动态添加了属性 name、实例方法 doing()、类方法 sleeping() 和静态方法 speaking()，详细说明如下：

（1）在 Animals 类之外定义了实例方法 doing()、类方法 sleeping() 和静态方法 speaking()，这些方法无论在类里或者类外，它们的定义方式是保持不变的。

（2）Animals 类没有定义属性和方法。

（3）类在实例化之前，在类名称后面使用实心点设置属性名称或方法名称，如 Animals.name = '小白'，这是为 Animals 类设置属性 name，其属性值为小白。

（4）动态添加方法只需设置方法名称即可，如 Animals.doing = doing，无须在方法名称后面添加小括号。

（5）如果在类实例化之后想要为实例化对象添加属性或方法，添加的方法以普通的函数方法表示即可，当添加成功后，它将作为类的实例方法，如 a.jump = jump。

除了在类名称后面使用实心点设置属性名称或方法名称之外，我们还可以使用内置函数 setattr() 实现，实现过程如下：

```python
def jump():
    print('This is jumping')


def doing(self):
    print('This is running')


@classmethod
def sleeping(cls):
    print('This is sleeping')


@staticmethod
def speaking():
    print('This is speaking')


class Animals:
    pass


if __name__ == '__main__':
    # 类实例化之前，动态添加属性和方法
    setattr(Animals, 'name', '小白')
    setattr(Animals, 'doing', doing)
    setattr(Animals, 'sleeping', sleeping)
    setattr(Animals, 'speaking', speaking)
    # 实例化 Animals 类
    a = Animals()
    # 类实例化之后，动态添加属性和方法
    setattr(a, 'jump', jump)
    # 调用属性和方法
    print(a.name)
    a.doing()
    a.sleeping()
    a.speaking()
    a.jump()
```

内置函数 setattr() 设有三个参数，第一个参数代表 Python 的任意对象；第二个参数代表对象的属性或方法名称；第三个参数代表属性值或方法的定义过程。内置函数 setattr() 是为对象设置属性或方法,而内置函数 getattr()则是获取对象某个属性的属性值,在面向对象编程中,内置函数 setattr()和 getattr()会被经常使用。

无论是使用实心点或者内置函数 setattr()动态添加属性或方法,它们都能在类的实例化前后添加属性或方法,详细说明如下:

(1)类方法和静态方法只能在类实例化之前添加到类里面。

(2)类属性和实例方法可以在类实例化前后添加,换句话说,无论类是否已执行实例化,类属性和实例方法都能添加到类(对象)里面。

8.2.7 内置属性:__slots__

大多数情况下,类的使用是以实例化对象为主的,如果毫无节制地在实例化对象中动态添加类属性和实例方法,这样会对程序造成很大影响。为了避免这种情况,Python 在类里面设置了内置属性__slots__,它以元组或列表格式表示,只有元组或列表里的元素才能作为动态添加的属性或方法的名称,例子如下:

```python
def jump():
    print('This is jumping')


def doing():
    print('This is running')


class Animals:
    __slots__ = ['name', 'doing']


if __name__ == '__main__':
    # 实例化 Animals 类
    a = Animals()
    # 添加属性 name
    setattr(a, 'name', '小黑')
    # 调用属性 name
    print(a.name)
    # 添加实例方法 doing
    setattr(a, 'doing', doing)
    # 调用实例方法 doing
    a.doing()
    # 添加实例方法 jump
    setattr(a, 'jump', jump)
    # 调用实例方法 jump
    a.jump()
```

运行上述代码,运行结果如图 8-3 所示。

```
小黑
This is running
Traceback (most recent call last):
  File "F:/py/hello.py", line 22, in <module>
    setattr(a, 'jump', jump)
AttributeError: 'Animals' object has no attribute 'jump'
```

图 8-3　运行结果

我们在类中设置了内置属性__slots__，当动态添加属性或方法的时候，属性名称或方法名称只能为 name 或 doing，如果属性名称或方法名称不是 name 或 doing，程序就会提示 AttributeError 异常信息。

内置属性__slots__只对当前的类起作用，它对派生类（子类）不起任何作用，比如现有 A 类和 B 类，A 类设置了内置属性__slots__，B 类继承 A 类，但是 A 类的内置属性__slots__不会影响 B 类。

8.3　类的封装

类的封装（Encapsulation）是指类的属性（变量）和方法封装在该类内，只有该类中的成员才可以使用和访问，在类的外部是无法使用和访问的。这种被封装的变量与方法称为该类的私有变量（Private Variable）与私有方法（Private Method）。

前面章节中介绍的类的属性、静态方法、类方法、实例方法和带 property 属性的方法都是公有属性和方法，它们都能在类的内部和外部使用。但对于带 property 属性的方法来说，它是将类的方法作为类属性的方式进行调用，在某程度上也属于类的封装，这是把方法的处理逻辑封装起来。

如果想把类中的某些属性和方法变为私有化，在定义属性和方法的时候将它们的名称前两位字符使用单下画线定义，那么该属性和方法可视为类的私有变量和方法，正常情况下外部程序是无法访问的，示例代码如下：

```
class Animals:
    """定义私有属性和私有方法"""
    __name = '小白'
    def __run(self):
        print('This is running')


a = Animals()
print(a.__name)
a.__run()
```

运行上述代码，运行结果如图 8-4 所示。

```
Traceback (most recent call last):
  File "F:/py/hello.py", line 8, in <module>
    print(a.__name)
AttributeError: 'Animals' object has no attribute '__name'
```

图 8-4　运行结果

虽然对类的属性和方法名称前两位字符使用单下画线定义可以视为私有变量与私有方法，正常的访问方式是无法访问的，但不代表这些属性和方法无法在类外部访问，我们可以通过特殊方法访问这些私有变量和私有方法。以上述的 Animals 类为例，代码如下：

```
class Animals:
    """定义私有属性和私有方法"""
    __name = '小白'
    def __run(self):
        print('This is running')


a = Animals()
print(a.__dir__())
print(a._Animals__name)
a._Animals__run()
```

运行上述代码，运行结果如图 8-5 所示。

```
['__module__', '__doc__', '_Animals__name', '_Animals__run'
小白
This is running
```

图 8-5　运行结果

我们将 Animals 类实例化生成对象 a，然后调用类的内置方法__dir__()查看当前对象的所有属性和方法。从图 8-5 中看出，对象 a 设有_Animals__name 和_Animals__run，它们分别对应私有变量__name 和私有方法__run；然后由对象 a 分别调用_Animals__name 和_Animals__run 即可调用私有变量和私有方法。

私有变量与私有方法除了名称前两位字符使用单下画线定义之外，还可以对名称前一位字符使用单下画线定义，比如在 Animals 类中定义属性_age=10，但这种方式（名称前一位字符使用单下画线定义）与公有属性或公有方法的调用过程相同，它主要给开发者标记当前属性或方法是私有属性或方法。

总的来说，定义类的私有变量和私有方法的方式如下：

（1）使用 property 属性装饰类的实例方法，使实例方法以类属性的方式访问和调用，在某些程度上实现封装功能。

（2）对类的属性和方法名称前两位字符使用单下画线定义，在调用过程中只能通过_class__xxx 方式访问（class 代表类名，xxx 代表属性或方法名称）。

（3）对类的属性和方法名称前一位字符使用单下画线定义，它与公有属性或公有方法的调用过程相同，主要给开发者标记当前属性或方法是私有属性或私有方法。

8.4　类的继承

类的继承（Inheritance）是新类继承旧类的属性与方法，这种行为称为派生子类（Subclass）。

继承的新类称为派生类（子类）（Derived Class），被继承的旧类则称为基类（父类）（Base Class）。当用户创建派生类后，就可以在派生类内新增或改写基类的任何方法了。

　　简单来说，基类是我们已经定义好的类，在已经定义好的类基础上重新定义一个新的类，新的类为派生类，它拥有基类的所有属性和方法，并且可以根据实际情况进行新的定义。这场景好比父亲和儿子，儿子继承父亲所有的特征，并且儿子某些特征是父亲不具备的。

　　类的继承是在类名称后面使用小括号，在小括号里面写入一个或多个基类的名称，如果要继承多个基类，每个基类之间就使用逗号隔开，语法如下：

```
class ClassName(Class1, Class2, …):
    """ClassName 为类名，即派生类的类名"""
    """Class1，Class2 是继承的基类"""
    pass
```

　　根据类的继承语法，继承分为单一继承和多重继承，单一继承是指一个类只继承某一个类，多重继承是指一个类继承两个或两个以上不同的类。我们分别定义 Animals 类、Dog 类、Cat 类和 Pets 类，详细的定义过程如下：

```
class Animals:
    colour = 'black'

    def run(self):
        return 'Running'

class Dog(Animals):
    """单一继承"""
    dogName = 'little black dog'

    def speak(self):
        return 'Speaking'

class Cat(Animals):
    """单一继承"""
    catName = 'little black cat'

    def sleep(self):
        return 'Sleeping'

class Pets(Dog, Cat):
    """多重继承"""
    def run(self):
        """重写基类的方法 run()"""
        return 'Running and Jumping'

    def myPets(self):
        print(f'I have tow pets, their colors is {self.colour}')
        print(f'I have a dog, its name is {self.dogName}')
```

```
            print(f'I have a cat, its name is {self.catName}')
            print(f'The dog can {self.speak()}')
            print(f'The cat can {self.sleep()}')
            print(f'They can {self.run()}')

if __name__ == '__main__':
    p = Pets()
    p.myPets()
```

运行上述代码，运行结果如图 8-6 所示。

```
I have tow pets, their colors is black
I have a dog, its name is little black dog
I have a cat, its name is little black cat
The dog can Speaking
The cat can Sleeping
They can Running and Jumping
```

图 8-6 运行结果

在上述代码中，Animals 类、Dog 类、Cat 类和 Pets 类的继承说明如下：

（1）Animals 类默认继承 object 类，object 类是 Python 里面最底层的基类。

（2）Dog 类和 Cat 类继承 Animals 类，它们都具有 Animals 类的 colour 属性和 run() 方法，并在此基础上定义了其他属性和方法，如 Dog 类的 dogName 属性和 speak() 方法。

（3）Pets 类继承 Dog 类和 Cat 类，由于 Dog 类和 Cat 类继承 Animals 类，因此 Pets 类也会继承 Animals 类的属性和方法。

根据 Animals 类、Dog 类、Cat 类和 Pets 类的继承过程，它们构成了钻石继承体系，这种继承体系很像竖立的菱形，也称作菱形继承，如图 8-7 所示。

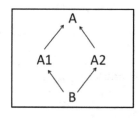

图 8-7 钻石继承

回到上述代码，首先将 Pets 类实例化生成对象 p，然后调用实例方法 myPets()，而实例方法 myPets() 分别调用属性 colour、dogName、catName 和方法 speak()、sleep()、run()，这些属性和方法分别从不同的基类中继承，详细说明如下：

（1）属性 colour 由 Animals 类定义，由于 Pets 类继承 Dog 类和 Cat 类，而 Dog 类和 Cat 类继承 Animals 类，通过间接继承使 Pets 类也具有 Animals 类的属性和方法。

（2）属性 dogName 由 Dog 类定义，属性 catName 由 Cat 类定义，方法 speak() 由 Dog 类定义；方法 sleep() 由 Cat 类定义。

（3）方法 run()是 Pets 类将 Animals 类的方法 run()重新定义，重写后的方法会覆盖基类原有的方法，因此在调用过程中，程序优先执行重写后的方法。

当派生类定义的方法名称与基类的方法名称相同时，程序则视为派生类重写基类的方法，方法在调用过程中不再调用基类的方法，而是执行派生类定义的方法。

从派生类与基类的关系得知，当基类的属性和方法不能满足开发需求的时候，我们可以在基类的基础上定义派生类，由派生类实现复杂多变的开发需求。也可以说，派生类是基类的扩展和延伸，使其具有灵活多变的特性。

8.5　内置函数：super()

如果派生类在重写方法的时候，只是在基类的基础上加入一些简单的判断和处理，并且方法的业务逻辑与基类大致相同，为了简化代码量，我们可以使用 Python 的内置函数 super()完成，使用方法如下：

```python
class Animals:
    def run(self):
        print('This is Animals run')
        return 'This is Animals running'

class Dogs(Animals):
    def run(self):
        result = super().run()
        print(result)
        return 'This is Dogs run'

d = Dogs()
print(d.run())
```

上述代码的 Dogs 类继承 Animals 类，这是类的单一继承，在内置函数 super()后面使用实心点连接基类的方法，比如 super().run()是调用基类的 run()方法，程序会执行基类的 print('This is Animals run')，由于基类的方法 run()设置返回值，因此派生类还能获取返回值，最终的运行结果如图 8-8 所示。

```
This is Animals run
This is Animals running
This is Dogs run
```

图 8-8　运行结果

内置函数 super()在类的单一继承中具有极大的灵活性，但遇到类的多重继承时，super()就会涉及查找顺序（MRO，MRO 是类的方法解析顺序，也就是继承父类的先后顺序）、重复调用等问题。以 Animals 类、Dog 类、Cat 类和 Pets 类为例，它们的定义过程如下：

```python
class Animals:
    def doing(self):
        return 'Running'

class Dog(Animals):
    """单一继承"""
    def doing(self):
        return 'Dog is Speaking'

class Cat(Animals):
    """单一继承"""
    def doing(self):
        return 'Cat is Sleeping'

class Pets(Cat, Dog):
    """多重继承"""
    def doing(self):
        result = super().doing()
        print(result)
        return 'Running and Jumping'

if __name__ == '__main__':
    p = Pets()
    print(p.doing())
```

运行上述代码，运行结果如图 8-9 所示。程序会输出"Cat is Sleeping"，由 Pets 类继承 Cat 类，再继承 Dog 类，当调用基类的方法 doing() 时，程序根据查找顺序（MRO）查找到 Cat 类的方法 doing()，如果将继承顺序改为 class Pets(Dog, Cat)，程序就会优先执行 Dog 类的方法 doing()。

```
E:\Python\python.exe F:/py/hello.py
Cat is Sleeping
Running and Jumping
```

图 8-9　运行结果

如果 Cat 类和 Dog 类在方法 doing() 中也调用基类 Animals 的方法 doing()，那么整个程序的执行结果将会完全颠覆，示例代码如下：

```python
class Animals:
    def doing(self):
        print('Animals')

class Cat(Animals):
    """单一继承"""
    def doing(self):
        print('Cat_one')
        super().doing()
        print('Cat_two')
```

```
class Dog(Animals):
    """单一继承"""
    def doing(self):
        print('Dog_one')
        super().doing()
        print('Dog_two')

class Pets(Cat, Dog):
    """多重继承"""
    def doing(self):
        super().doing()

if __name__ == '__main__':
    p = Pets()
    p.doing()
```

运行上述代码，运行结果如图 8-10 所示。

```
E:\Python\python.exe F:/py/hello.py
Cat_one
Dog_one
Animals
Dog_two
Cat_two
```

图 8-10　运行结果

从运行结果看到，程序的执行过程如下：

（1）程序首先执行 Cat 类的方法 doing()，由于 Cat 类的方法 doing()使用 super()调用 Animals 类的方法 doing()，因此程序会执行 Dog 类的方法 doing()。

（2）Dog 类的方法 doing()也使用 super()调用 Animals 类的方法 doing()，所以下一步执行 Animals 类的方法 doing()。

（3）Animals 类的方法 doing()执行完成后，程序就会依次回到 Dog 类和 Cat 类的方法 doing()，完成整个执行过程。

为什么多重继承会导致这种情况？解释这个问题之前，首先要明白在钻石继承中，基类被多次初始化是一个非常难缠的问题，不同的编程语言有不同的解决方案。

在 Python 中，内置函数 super()是为了解决多继承而存在的，理解 super()的原理之前，先要了解 MRO 规则，表示类继承体系中的成员解析顺序。

每个类都有一个 MRO 的类方法，下面来看一下钻石继承中，Pets 类的 MRO 是什么样子的。在程序中运行 print(Pets.mro())，运行结果如图 8-11 所示。

```
F:\py>python hello.py
[<class '__main__.Pets'>, <class '__main__.Cat'>, <class '__main__.Dog'>,
<class '__main__.Animals'>, <class 'object'>]
```

图 8-11　运行结果

从图 8-11 中可以看到 Pets.mro() 返回的是一个类的列表，类的继承顺序从左到右排列，这也是 super() 在基类中查找属性和方法的顺序。

通过 MRO 规则，Python 巧妙地将多继承的结构转变为列表结构，super() 在继承体系中从下往上的查找顺序变成了在 MRO 中从左向右的线性查找，并且任何类都只会被处理一次。通过这种方法，Python 解决了多继承中的难题：

（1）查找顺序问题。从 Pets 的 MRO 顺序可以看出，如果 Pets 类通过 super() 来访问基类的属性和方法，那么 Cat 类的属性和方法会在 Dog 类之前首先被访问到。如果 Cat 类和 Dog 类都没有找到，就会到 Animals 类中查找。

（2）钻石继承的多次访问问题。在 MRO 的查找顺序中，Animals 类只会出现一次，事实上任何类都只会在 MRO 的查找顺序中出现一次，这就确保了 super() 向上调用的过程中，任何基类的方法都只会被执行一次。

换句话说，从 print(Pets.mro()) 输出的结果看到，Cat 类在 Dog 类的左边，当 Pets 类执行方法 doing() 的时候，super() 找到 Cat 类的方法 doing()；而 Cat 类的方法 doing() 也使用 super()，MRO 规则就会找到在 Cat 类左边的类，即 Dog 类；而 Dog 类的方法 doing() 也使用 super()，MRO 规则就会找到在 Dog 类左边的类，即 Animals 类，整个查找过程以此类推。

8.6 类的多态

类的多态是指类可以有多个名称相同、参数类型不同的函数方法。Python 没有明显的多态特性，因为 Python 函数的参数不必声明数据类型。

但是 Python 利用动态数据类型（Dynamic Typing）仍然可以处理对象的多态。因为使用动态数据类型，所以 Python 必须等到运行该方法时才能知道该方法的类型，这种特性称为运行期绑定（Runtime Binding）。C++ 将多态称为方法重载（Method Overloading），允许类内有多个名称相同、参数类型不同的方法存在。但是 Python 不允许这样做，如果在 Python 的类内声明多个名称相同、参数类型不同的方法，Python 就会使用最后定义的方法。

在一个类里面，只要在函数方法里面使用可变参数和关键字参数即可实现类的多态，因为可变参数和关键字参数不会限制参数的数量和数据类型，从而使该方法具有多态特性，示例代码如下：

```python
class Animals:
    def doing(self, *args, **kwargs):
        action = '' if args and kwargs else 'running'
        if args:
            action = ' and '.join(list(args))
        if kwargs:
            for k, v in kwargs.items():
                action=action+str(v) if not action else action+' and '+str(v)
        print(f'Animals is {action}')
```

```
if __name__ == '__main__':
    a = Animals()
    a.doing('eatting', swim='swim')
    a.doing('eatting', 'jumping', sleep='sleep', swim='swim')
```

运行上述代码，运行结果如图 8-12 所示。

```
E:\Python\python.exe F:/py/hello.py
Animals is eatting and swim
Animals is eatting and jumping and sleep and swim
```

图 8-12　运行结果

类的实例方法 doing() 设置了可变参数和关键字参数，当 Animals 的实例化对象 a 调用 doing() 的时候，可以根据实际情况传入不同类型的参数，从而实现类的多态。

类的多态除了设置实例方法的可变参数和关键字参数之外，还可以在不同的类之间实现，比如派生类重写基类的某个方法或者两个不相关的类定义了相同的方法名，代码如下：

```
class Dog:
    def doing(self):
        print('This is dog')


class Cat:
    def doing(self):
        print('This is cat')


def get_run(obj):
    obj.doing()


if __name__ == '__main__':
    d = Dog()
    get_run(d)
    c = Cat()
    get_run(c)
```

运行上述代码，运行结果如图 8-13 所示。

```
E:\Python\python.exe F:/py/hello.py
This is dog
This is cat
```

图 8-13　运行结果

我们定义了两个互不相关的 Dog 类和 Cat 类，然后单独定义了函数方法 get_run(obj)，参数 obj 代表 Dog 类或者 Cat 类的实例化对象，再由参数 obj 调用实例方法 doing()。尽管两个类都定义了相同名称的实例方法，但通过传入不同的实例化对象即可调用对应的方法，这也是体现了类的多态。

8.7 动态创建类

在定义类的时候，我们通常使用关键字 class 进行定义，然后定义类的属性和方法，但在实际开发中，我们需要不同的场景定义不同的类，如果场景较多，就要定义多个类，这样就会造成代码的冗余。为此，我们根据不同场景定义相应的类，无须为每个场景定义相应的类。

我们知道 Python 的内置函数 type 可以查看数据类型，但它还有一个非常重要的作用——动态创建类，这样就无须提前定义相关的类，当执行到某个场景时，根据需求动态创建类对象即可，这种方式十分灵活，并且减少代码冗余。

内置函数 typc() 动态创建类的语法如下：

type(类名，基类（父类）（以元组格式表示），属性和方法（以字典格式表示））

下面以 Animals 类和 Cat 类为例，它们的定义如下：

```python
class Animals:
    colour = 'red'
    def doing(self):
        print('Animals')


class Cat(Animals):
    """单一继承"""
    def run(self, name):
        print(f'{name} is running')


if __name__ == '__main__':
    c = Cat()
    print(c.colour)
    c.doing()
    c.run('小白')
```

运行上述代码，运行结果如图 8-14 所示。

```
E:\Python\python.exe F:/py/hello.py
red
Animals
小白 is running
```

图 8-14 运行结果

假设在 Animals 已定义好的情况下，需要动态创建 Cat 类，它必须继承 Animals 类，并且拥有属性 colour、实例方法 doing() 和实例方法 run()，动态创建的过程如下：

```python
class Animals:
    colour = 'red'
    def doing(self):
        print('Animals')
```

```
if __name__ == '__main__':
    def run(self, name):
        """
        定义类的实例方法
        必须有关键字 self, 它与 Class 关键字定义的时候相同
        """
        print(f'{name} is running')
    def doing(self):
        """
        定义类的实例方法
        必须有关键字 self, 它与 Class 关键字定义的时候相同
        """
        print('Animals')
    # 动态创建 Cat 类
    cat = type('Cat',(Animals,), {'colour':'red','doing':doing,'run':run})
    # 实例化 Cat 类
    c = cat()
    print(c.colour)
    c.doing()
    c.run('小白')
```

上述代码使用内置函数 type()动态创建 Cat 类, 代码的运行结果与图 8-14 的输出结果一致。使用 type()动态创建类的时候, 设置类的方法说明如下:

（1）如果要为类设置函数方法, 就必须事先定义好相应的函数方法。

（2）如果是类方法、静态方法、实例方法或者带 property 属性的方法, 它们的定义方式与 Class 关键字定义的时候相同。

（3）定义好的方法以 key-value（字典格式）传入 type(), 字典的键值对只需传入方法名称即可, 无须添加小括号。

8.8　创建类的类: 元类

元类是创建类的类, Python 中一切皆为对象, 那么对象是由谁创建的, 怎样来的呢? 这都归功于元类。在实际开发中, 我们很少接触元类这一概念, 但不代表它没有用处, 恰恰相反, 它在高级编程中非常有用。

我们知道 type()可以动态创建类, 因为 Python 中的内置函数 type()是一个元类, 它用来创建所有类的元类。默认情况下, 当完成类的定义之后, 下一步是将类进行实例化并调用相关的属性和方法, 在实例化的过程中, Python 会使用 type()创建类的实例化对象。

Python 中所有的东西都是对象, 包括整数、字符串、函数以及类, 它们全部都是对象, 而且它们都是从一个元类创建而来的。在高级编程中, 当 Python 内置元类无法满足开发需求的时候, 我们可以自定义元类, 并将类指定到元类中创建, 具体例子如下:

```
class MyMetaClass(type):
    def speak(cls):
        """定义类的实例方法"""
        print('Speaking')

    def __new__(cls, name, bases, attrs):
        """
        cls：代表自身类，与类方法的 cls 相同
        name：代表类名
        bases：代表类继承的所有基类（父类），以元组格式表示
        attr：代表类的所有属性和方法，以字典格式表示
        """
        # 动态为该类添加一个属性 name
        attrs['name'] = 'This is MetaClass'
        # 动态为该类添加一个方法
        attrs['speak'] = cls.speak
        return super().__new__(cls, name, bases, attrs)

class Person(metaclass=MyMetaClass):
    """定义 Person 类，并由元类 MyMetaClass 创建"""
    pass

if __name__ == '__main__':
    p = Person()
    print(p.name)
    p.speak()
```

运行上述代码，运行结果如图 8-15 所示。

```
E:\Python\python.exe F:/py/hello.py
This is MetaClass
Speaking
```

图 8-15 运行结果

　　元类的定义与类的定义相似，只不过元类是继承 type 类，而不是继承 object 类。自定义元类 MyMetaClass 重写了 __new__()方法，该方法是实现类的实例化操作，当类实例化之后才会执行初始化方法 __init__()。

　　上述代码中，元类 MyMetaClass 的 __new__()方法在类的实例化过程中添加属性 name 和实例方法 speak()，所以在定义 Person 类的时候，即使我们没有定义属性和方法，Person 类在实例化的时候也会自动添加属性 name 和实例方法 speak()。

　　元类 MyMetaClass 还可以用函数方法的形式表示，如果以函数方法的形式表示，就必须设有 3 个参数：name、bases 和 attrs，具体的使用方法如下：

```
def speak(self):
    """
    定义类的实例方法
```

```
    必须有关键字 self，它与 Class 关键字定义的时候相同
    """
    print('Speaking')

def MyMetaClass(name, bases, attrs):
    """
    name：代表类名
    bases：代表类继承的所有基类（父类），以元组格式表示
    attr：代表类的所有属性和方法，以字典格式表示
    """
    # 动态为该类添加一个属性 name
    attrs['name'] = 'This is MetaClass'
    # 动态为该类添加一个方法
    attrs['speak'] = speak
    return type(name, bases, attrs)

class Person(metaclass=MyMetaClass):
    """定义 Person 类，并由元类 MyMetaClass 创建"""
    pass

if __name__ == '__main__':
    p = Person()
    print(p.name)
    p.speak()
```

自定义元类 MyMetaClass 能够以函数方法的形式表示，归功于内置函数 type()能够动态创建类，从函数 MyMetaClass()的返回值看到，它是调用内置函数 type()动态创建类的。无论自定义元类 MyMetaClass 是以类的形式还是以函数方法的形式表示，它都是在 type 类或内置方法 type()的基础上进行继承和扩展的，从而实现元类的自定义过程。

我们之前说过元类在高级编程中十分常见，比如编写 ORM 框架（Django 的 ORM 框架 SQLAlchemy）、单例模式等，有兴趣的读者可以查阅相关资料。

8.9　实战项目：家庭游戏

我们根据类的特性可以使用类来实现一些日常生活的场景。以某一个家庭的日常生活为例，这个家庭中有三个成员：父亲、母亲和儿子，三者组成一个家庭，每个人有自己的姓名、年龄及个人小秘密。

细心分析这个场景可以发现，一个家庭里有三个成员，每个成员有自己的一些特性，但又隶属于这个家庭。从编程的角度来看，家庭可以定义为一个父类，父类的属性是家庭每个成员共有的特性，而每个成员为一个子类，子类除了具有父类的属性之外，还有一些自己特有的属性。根据上述分析得到功能代码：

```
import random
```

```python
class Family():
    # 自定义初始化方法
    def __init__(self, surname, address, income):
        """ 设置家庭姓氏 """
        self.surname = surname
        self.address = address
        self.income = income


class Father(Family):
    def __init__(self, name, age):
        """ 继承父类的动态属性 """
        super(Family, self).__init__()
        # 定义动态属性
        self.name = name
        self.age = age
        self.__secret = '我生病了'
    def action(self):
        money = random.randint(100, 1000)
        return money


class Mother(Family):
    def __init__(self, name, age):
        """ 继承父类的动态属性 """
        super(Family, self).__init__()
        # 定义动态属性
        self.name = name
        self.age = age
        self.__secret = '我存有很多私房钱'
    def action(self):
        money = random.randint(100, 500)
        return -money


class Son(Family):
    def __init__(self, name, age):
        """ 继承父类的动态属性 """
        super(Family, self).__init__()
        # 定义动态属性
        self.name = name
        self.age = age
        self.__secret = '我喜欢隔壁的小花'
    def action(self):
        money = random.randint(0, 100)
        return -money


if __name__ == '__main__':
    # 将 4 个类实例化，生成对象
```

```
family = Family('李', '广州市', 1000)
father = Father('利海', 35)
mother = Mother('郝玫丽', 33)
son = Son('豪烨', 10)

# 家庭的自我介绍
print('这是一个姓'+family.surname+'的家庭，他们生活在'+family.address)
print('我是父亲-'+family.surname+father.name+'，今年'+str(father.age)+'岁。')

print('我是母亲-'+mother.name+'，今年'+str(mother.age)+'岁。')
print('我是儿子-'+family.surname+son.name+'，今年'+str(son.age)+'岁。')

# 家庭费用开支
father_money = father.action()
family.income += father_money
print('父亲今天赚了'+str(father_money)+'元，家庭资产剩余
'+str(family.income))
mother_money = mother.action()
family.income += mother_money
print('母亲今天花了'+str(-mother_money)+'元，家庭资产剩余
'+str(family.income))
son_money = son.action()
family.income += son_money
print('儿子今天花了'+str(-son_money)+'元，家庭资产剩余'+str(family.income))

# 家庭成员的小秘密
print('父亲告诉你一个小秘密：' + father._Father__secret)
print('母亲告诉你一个小秘密：' + mother._Mother__secret)
print('儿子告诉你一个小秘密：' + son._Son__secret)
```

上述代码定义了 4 个类，父类是 Family，子类分别是 Father、Mother 和 Son。代码中调用标准库 random，用于生成随机数字，作为家庭的日常收支情况。下面对代码进行分析说明。

- Family 类：用于描述家庭的基本情况，如这个家庭的姓氏、住址和资产。在初始化方法里分别设置动态属性 surname、address 以及 income，代表家庭的姓氏、住址和资产。
- Father、Mother 和 Son 类：用于描述各个家庭成员。在重写初始化方法的时候，使用 super(Family, self).__init__() 可以把父类的初始化方法所定义的动态属性 surname、address 以及 income 一并继承到子类的初始化方法。如果不使用 super 函数的话，子类重写初始化方法就会覆盖父类的初始化方法。若想子类也继承父类的属性，要么在子类重写初始化方法时重新定义父类的属性，要么使用 super 函数继承。

每个子类都定义了动态属性 name 和 age、私有属性 __secret 以及普通方法 action。在子类实例化的时候需要设置动态属性 name 和 age 的属性值；私有属性 __secret 是通过强制性方法调用属性值的；在调用普通方法 action 时会自动生成一个随机整数并将数值返回，这是用于家庭资产的计算。

在代码的主程序中，通过 print() 函数来实现家庭信息的输出，运行结果如图 8-16 所示。

```
这是一个姓李的家庭，他们生活在广州市
我是父亲—李利海，今年35岁。
我是母亲—郝玫丽，今年33岁。
我是儿子—李豪烨，今年10岁。
父亲今天赚了229元，家庭资产剩余1229
母亲今天花了314元，家庭资产剩余915
儿子今天花了75元，家庭资产剩余840
父亲告诉你一个小秘密：我生病了
母亲告诉你一个小秘密：我存有很多私房钱
儿子告诉你一个小秘密：我喜欢隔壁的小花
```

图 8-16　家庭信息

8.10　本章小结

面向对象是一种设计思想。从 20 世纪 60 年代提出面向对象的概念到现在，它已经发展成为一种比较成熟的编程思想，并且逐步成为目前软件开发领域的主流技术。

面向对象的概念和应用已超越了程序设计和软件开发，扩展到数据库系统、交互式界面、应用结构、应用平台、分布式系统、网络管理结构、CAD 技术、人工智能等领域。面向对象是一种对现实世界理解和抽象的方法，是计算机编程技术发展到一定阶段后的产物，相对于面向过程来讲，面向对象把相关的数据和方法组织为一个整体来看待，从更高的层次来进行系统建模，更贴近事物的自然运行模式。

面向对象的常用术语：

- 类：用来描述具有相同属性和方法的对象集合，类定义了属性和方法，对象是类的实例。
- 对象：这是类实例化之后的产物。对象包括类属性和方法。
- 实例化：创建一个类的实例、类的具体对象，这是类实例化对象的过程。
- 类属性（类变量）：类属性是类中定义的变量。
- 类方法：类中定义的函数方法。
- 方法重写：如果从父类继承的方法不能满足子类的需求，就可以对其进行改写，这个过程称为方法的覆盖，也称为重写方法。
- 多态：对不同类的对象使用同样的操作。
- 封装：将类（对象）内部的方法隐藏起来，并使外部程序无法访问。
- 继承：一个派生类继承基类的属性和方法。

类的封装是指类的属性（变量）和方法封装在该类内，只有该类中的成员才可以使用和访问，在类的外部是无法使用和访问的。这种被封装的变量与方法称为该类的私有变量（私有属性）与私有方法。

类的继承是新类继承旧类的属性与方法，这种行为称为派生子类。继承的新类称为派生类（子类），被继承的旧类则称为基类（父类）。当用户创建派生类后，就可以在派生类内新增或改写基类的任何方法。

类的多态是指类可以有多个名称相同、参数类型不同的函数方法。Python 没有明显的多态特性，因为 Python 函数的参数不必声明数据类型。但是 Python 利用动态数据类型仍然可以处理对象的多态。因为使用动态数据类型，所以 Python 必须等到运行该方法时才能知道该方法的类型，这种特性称为运行期绑定。

Python 的内置函数 type 可以查看数据类型，但它还有一个非常重要的作用——动态创建类，这样就无须提前定义相关的类，当执行到某个场景时，根据需求动态创建类对象即可，这种方式十分灵活，并且减少代码冗余。type()可以动态创建类，因为 Python 中的内置函数 type()是一个元类，它是用来创建所有类的元类。

第9章

高级特性

Python 的高级特性是 Python 的语法特色之一，它能使代码更加简洁，提高运行效率，在实际开发中有着广泛的应用。

本章主要讲述 Python 迭代器的定义与使用、生成器的定义与使用、装饰器的定义与应用以及工程模式的概念和应用。

9.1 迭 代 器

迭代器在 Python 语言中的应用较为广泛，迭代的意思类似于循环，每一次重复的过程被称为一次迭代的过程，而每一次迭代的结果会被用来作为下一次迭代的初始值。提供迭代方法的容器称为迭代器，当我们循环序列（如列表、元组、字符串、集合和字典）的时候，实际上是由迭代器完成的。

9.1.1 认识迭代器

假设现有列表[1,2,3,4]，若想把列表的每个元素依次输出，则可以使用for语句执行循环输出，示例代码如下：

```
list1 = [1, 2, 3, 4]
for i in list1:
    print(i)
```

在 Python 中，一切皆为对象，列表 list1 是一个对象，并且它能使用 for 语句循环输出每个元素，说明它是一个可迭代对象。可迭代对象并不是指某种具体的数据类型，可以理解为它是可以使用 for 循环输出的对象，比如列表 list 是可迭代对象，字典 dict 是可迭代对象，集合 set 也是可迭代对象，等等。

　　判断一个对象是否为可迭代对象，主要看该对象在定义过程中是否定义了方法__iter__()，如果该对象定义了方法__iter__()，它就是一个可迭代对象。可迭代对象需要使用迭代器输出每个元素，迭代器是一个可以记住遍历位置的对象，它从第一个元素开始访问，直到所有的元素被访问完结束。

　　迭代器有两个核心方法：iter()和 next()。其中，iter()方法用于创建迭代器对象；next()用于遍历对象的元素。在遍历字符串、列表或元组对象时经常会用到迭代器，例如：

```
list1 = [1, 2, 3, 4]
print('list1 的对象类型为：', type(list1))
l = iter(list1)
print('iter(list1)的对象类型为：', type(l))
print(next(l))
print(next(l))
print(next(l))
print(next(l))
```

运行上述代码，程序的运行结果如图 9-1 所示。

```
list1的对象类型为： <class 'list'>
iter(list1)的对象类型为： <class 'list_iterator'>
1
2
3
4
```

图 9-1　运行结果

　　由于 Python 的列表 list 定义了方法__iter__()，因此列表 list1 是一个可迭代对象，但实际上它是一个列表对象，所以我们要使用 iter()将列表转化为可迭代对象，最后由 next()输出每个元素。

　　列表 list1 设有 4 个元素，所以它能使用 4 次 next(l)输出所有元素，如果使用了 5 次 next(l)，程序就会引发 StopIteration 异常，因为列表 list1 的元素总数为 4，第 5 次的 next(l)已超出元素总数，所以程序会提示异常信息。

　　除了使用 next()输出元素之外，还可以使用 for 和 while 输出每个元素，示例代码如下：

```
list1 = [1, 2, 3, 4]
print('list1 的对象类型为：', type(list1))
l = iter(list1)
print('iter(list1)的对象类型为：', type(l))
# 使用 for 输出
for i in l:
    print(i)
# 使用 while 输出
while 1:
    try:
        print(next(l))
    except:
        break
```

9.1.2　自定义迭代器

从本质上分析，迭代器也是一个对象，而对象是由类实例化生成的，只要在类中定义__iter__()和__next__()，那么该类可以视为迭代器类。有了自定义的迭代器类，还要定义一个可迭代的类，在可迭代的类的__iter__()方法里面使用自定义的迭代器类实现迭代过程，详细代码如下：

```python
class MyListIterator:
    """定义迭代器类，它是 MyList 可迭代对象的迭代器类"""
    def __init__(self, data):
        self.data = data
        self.now = 0

    def __iter__(self):
        """返回该对象的迭代器类的实例；因为自己就是迭代器，所以返回 self"""
        return self

    def __next__(self):
        """迭代器类必须定义的方法"""
        while self.now < self.data:
            self.now += 1
            # 返回当前迭代值
            return self.now - 1
        # 超出上边界，抛出异常
        raise StopIteration

class MyList:
    def __init__(self, num):
        self.data = num

    def __iter__(self):
        """返回可迭代对象的迭代器类的实例"""
        return MyListIterator(self.data)


# 创建实例化对象
my_list = MyList(5)
# 返回该对象的类型
print(type(my_list))
# 转化为迭代器的实例化对象
my_list_iter = iter(my_list)
print(type(my_list_iter))
# 迭代输出每个元素
for i in my_list:
    print(i)
```

代码中的 **MyListIterator** 类是迭代器类，它与普通类并无差别，只不过它定义了__iter__()和__next__()；**MyList** 类也是我们平常定义的类，只不过它定义了方法__iter__()，并将返回值指向迭代器类 MyListIterator。在 PyCharm 中运行上述代码,运行结果如图 9-2 所示。

```
<class '__main__.MyList'>
<class '__main__.MyListIterator'>
0
1
2
3
4
```

图 9-2　运行结果

9.1.3　迭代器的作用与扩展

在实际应用中,序列(如列表、元组、字符串、集合和字典)可以使用 for 语句直接遍历输出每一个元素,例子如下:

```
list1 = [1, 2, 3, 4]
for l in list1:
    print(l)
```

上述例子就能输出列表的每个元素,那为什么还要使用迭代器呢?在某种情况下,直接循环输出对象的每个元素的确快捷方便,但在对象存储数据量过大的情况下,这种方式将会消耗大量的计算机内存,这时候迭代器就能发挥它的优势了。

迭代器每次迭代只会取出当前迭代的数据存储在内存进行读取,上一次迭代的数据会在内存中销毁,并且其他数据不会加载到内存中。当数据量太大的时候,这样就能节省内存的开销,提高程序的运行速度,它在大文件的读取、大数据处理和网站大量数据爬取的情况下具有明显的优势。我们可以通过下面的例子来加以说明。

```
# 没有使用迭代器
list1 = [1, 2, 3, 4]
for l in list1:
    print('没有使用迭代器: ', l)
for l in list1:
    print('没有使用迭代器: ', l)
# 使用迭代器
list1 = [1, 2, 3, 4]
iter1 = iter(list1)
for l in iter1:
    print('使用迭代器: ', l)
for l in iter1:
    print('使用迭代器: ', l)
```

在 PyCharm 中运行上述代码,运行结果如图 9-3 所示。

```
没有使用迭代器：  1
没有使用迭代器：  2
没有使用迭代器：  3
没有使用迭代器：  4
没有使用迭代器：  1
没有使用迭代器：  2
没有使用迭代器：  3
没有使用迭代器：  4
使用迭代器：   1
使用迭代器：   2
使用迭代器：   3
使用迭代器：   4
```

图 9-3　运行结果

从运行结果看到，没有使用迭代器可以多次循环遍历输出列表 list1 的元素，因为在循环的时候，程序已经将列表 list1 的数据全部加载到内存中，所以列表的元素能随时遍历输出。使用迭代器之后，迭代器对象 iter1 只能执行一次循环输出，当执行第二次循环输出的时候，迭代器对象 iter1 已没有数据加载在内存中，所以整个迭代器对象 iter1 的数据为空。

Python 不仅内置了迭代器功能，还提供了 itertools 模块，它提供了丰富的迭代器工具。itertools 模块包含创建有效迭代器的函数，可以用各种方式对数据进行循环操作，此模块中的所有函数返回的迭代器都可以与 for 循环语句及其他包含迭代器（如生成器和生成器表达式）的函数联合使用。

itertools 模块中提供了近 20 个迭代器工具函数，主要分为 3 类：

（1）无限迭代器：永无止境地输出迭代对象的每个元素，如果迭代对象的元素有限，就会重复输出。

（2）迭代短序列：根据设定的判断条件进行迭代对象的元素输出控制，即在迭代过程中控制是否输出当前元素。

（3）组合迭代序列：将多个迭代对象的元素按照一定规则进行合并或排列等操作，使多个迭代对象合并成一个迭代对象。

有关 itertools 模块的迭代器工具函数，本书就不再详细讲述了，有兴趣的读者可以查阅官方文档：https://docs.python.org/3/library/itertools.html。

9.2　生 成 器

我们知道，函数方法中可以使用关键字 return 作为函数的返回值，当函数方法执行到 return 的时候，程序就会自动跳出函数方法，不再往下执行函数方法，并且函数中所有的数据都会被清除。除了关键字 return 之外，还可以使用关键字 yield 作为函数返回值，虽然 yield 和 return 能作为函数返回值，但两者在概念和实质上有明显的差别。

在 Python 中，使用了关键字 yield 的函数被称为生成器。与普通函数不同的是，生成器将返回一个迭代器的函数，并且生成器只能用于迭代操作。由此可见，生成器是一种特殊的迭代器。

　　另一方面，生成器的存在使得 Python 的协同程序概念得以实现。所谓协同程序，就是可以运行的独立函数调用，函数可以暂停或者挂起，并在需要的时候从程序离开的地方继续或者重新开始。

　　在调用生成器运行的过程中，每次执行到关键字 yield 的时候，函数就会暂停运行，保存当前所有的数据信息，并将关键字 yield 后面设置的值作为返回值。当下一次执行 next() 方法的时候，程序会从当前位置继续运行。

　　我们在 PyCharm 中定义生成器 myGen()，然后使用 next() 方法执行生成器 myGen()，查看生成器 myGen() 的输出情况，代码如下：

```
def myGen():
    location = 1
    print('location is: ', location)
    yield location
    location += 1
    print('location is: ', location)
    yield location
    location += 1
    print('location is: ', location)
    yield location


if __name__ == '__main__':
    mg = myGen()
    print(next(mg))
    print(next(mg))
    print(next(mg))
```

运行上述代码，运行结果如图 9-4 所示。

```
E:\Python\python.exe F:/py/hello.py
location is:  1
1
location is:  2
2
location is:  3
3
```

图 9-4　运行结果

　　代码中一共执行了 3 次 next() 方法，依次对应生成器 myGen() 的 3 个关键字 yield，执行过程说明如下：

　　（1）第一次执行 next() 方法的时候，生成器 myGen() 执行第一个 yield，将 location = 1 的值返回，所以 print(next(mg)) 的输出值为 1。

　　（2）第二次执行 next() 方法的时候，生成器 myGen() 从第一个 yield 的位置往下执行，当执行到第二个 yield 时，将 location = 2 的值返回，所以 print(next(mg)) 的输出值为 2。

　　（3）第三次执行 next() 方法的时候，生成器 myGen() 从第二个 yield 的位置往下执行，当执行到第三个 yield 时，将 location = 3 的值返回，所以 print(next(mg)) 的输出值为 3。

由于生成器是一个特殊的迭代器，因此它具备迭代器的优势，不仅能减少内存开支，还能从上一次的执行位置继续往下执行。生成器还可以使用推导式生成，生成器推导式（也称生成器表达式）与列表推导式、集合推导式和字典推导式的使用相似，其语法如下（xxx 代表可循环对象，比如元组、列表、集合、字典、迭代对象等）：

```
(i for i in xxx if i)
```

生成器推导式是使用小括号表示的，小括号里面的代码与列表推导式的代码相同，以 for 循环为主，在每次循环中可以使用 if 语句进行判断，示例如下：

```
# 创建生成器 g
g = (i for i in range(10) if i % 2 == 0)
# 遍历输出生成器 g 的每个元素
for i in g:
    print(i)
```

运行上述代码，程序从数值 0~9 中找出能被 2 整除的数并依次输出，如图 9-5 所示。

```
E:\Python\python.exe F:/py/hello.py
0
2
4
6
8
```

图 9-5   运行结果

9.3   装 饰 器

当我们完成函数方法或类的功能定义后，如果发现还要添加额外的功能，在不重新定义的情况下，可以为函数方法或类添加装饰器。简单来说，装饰器是为已有的函数方法或类添加新的功能，无须重新定义。

装饰器的表示语法是在函数或类的前面添加 "@" 符号，例如：

```
@decorator
def myDef():
    pass
```

装饰器可以使用函数方法定义，称为函数装饰器；也可以使用类方式定义，称为类装饰器。装饰器可以根据需要设置参数，但是带参数的装饰器和无参数的装饰器在定义过程中存在明显的差异。

9.3.1   无参数的函数装饰器

装饰器是利用 Python 的闭包（Closure）原理实现的。在计算机科学中，闭包又称为词法闭包（Lexical Closure）或函数闭包（Function Closure），它是引用了自由变量的函数。这个被引用的自由变量将和这个函数一同存在，即使已经离开了创造它的环境也不例外。所以，有另一种说法认为闭包是由函数和与其相关的引用环境组合而成的实体。闭包在运行时可以有多个实例，不同的引用环境和相同的函数组合可以产生不同的实例。

通俗一点来说，如果在一个函数内部嵌套了另一个函数，并且这个内部函数对外部作用域（非全局作用域）的变量进行引用，那么这个内部函数称为闭包。根据理解，装饰器是一个函数，并且函数里面还定义了一个函数。如果函数类型不同，其对应的装饰器的定义过程也会有所不同，详细的说明如下：

如果函数 myDef()没有参数和返回值，那么装饰器的定义过程如下：

```python
def set_function(fun):
    def call_function():
        print('---这是闭包函数---')
        print(f'参数 fun 的值为：{fun}')
        fun()
    return call_function


@set_function
def myDef():
    print('---Running---')


if __name__ == '__main__':
    myDef()
```

运行上述代码，运行结果如图 9-6 所示。

```
E:\Python\python.exe F:/py/hello.py
---这是闭包函数---
参数fun的值为：<function myDef at 0x0000017CA209E0D0>
---Running---
```

图 9-6　运行结果

从上述例子总结得出，装饰器的定义过程说明如下：

（1）装饰器是以函数方式表示的，并且函数里面又定义了一个函数。

（2）最外层函数 set_function()设置了参数 fun，而内层函数 call_function()可以调用最外层的函数 set_function()的参数 fun。

（3）参数 fun 代表被装饰的函数名称（函数 myDef()的名称），所以在内层函数里可以调用被装饰的函数（fun()代表调用函数 myDef()）。

（4）最外层函数必须使用 return 设置返回值，返回值为内层函数的名称。

如果函数 myDef()有参数而没有返回值，那么装饰器的定义过程如下：

```python
def set_function(fun):
    def call_function(num, *args, **kwargs):
        print('---这是闭包函数---')
```

```
        print(f'参数 fun 的值为：{fun}')
        print(f'参数 num 的值为：{num}')
        fun(num, *args, **kwargs)
    return call_function


@set_function
def myDef(num, *args, **kwargs):
    print('---Running---')


if __name__ == '__main__':
    myDef(10)
```

运行上述代码，运行结果如图 9-7 所示。

```
E:\Python\python.exe F:/py/hello.py
---这是闭包函数---
参数fun的值为：<function myDef at 0x000001D39D13E0D0>
参数num的值为：10
---Running---
```

图 9-7　运行结果

　　装饰器的定义方式与函数没有参数和返回值的装饰器定义方式相似，只不过装饰器的内层函数 call_function()的参数必须与被装饰的函数 myDef()的参数一一对应。因为装饰器的最外层函数 set_function()的参数 fun 代表被装饰的函数 myDef()的名称，装饰器的内层函数 call_function()是调用被装饰的函数 myDef()，所以 call_function()的参数必须与被装饰的函数 myDef()的参数相互对应。

　　如果函数 myDef()有参数和返回值，那么装饰器的定义过程如下：

```
def set_function(fun):
    def call_function(num, *args, **kwargs):
        print('---这是闭包函数---')
        print(f'参数 fun 的值为：{fun}')
        print(f'参数 num 的值为：{num}')
        return fun(num, *args, **kwargs)
    return call_function


@set_function
def myDef(num, *args, **kwargs):
    print('---Running---')
    return num


if __name__ == '__main__':
    m = myDef(10)
    print('函数返回值为：', m)
```

运行上述代码，运行结果如图 9-8 所示。

```
E:\Python\python.exe F:/py/hello.py
---这是闭包函数---
参数fun的值为: <function myDef at 0x000001E3B442E0D0>
参数num的值为: 10
---Running---
函数返回值为: 10
```

图 9-8 运行结果

如果被装饰的函数设有返回值，那么装饰器的内层函数 call_function()也要设置相应的返回值，返回值必须为被装饰函数 fun()（myDef()）的调用过程。

假如一个函数连续使用两个或两个以上的装饰器，无论函数是否有返回值，装饰器的内层函数必须设置返回值，代码如下：

```python
def set_func(fun):
    def call_func(num, *args, **kwargs):
        print('---第一个装饰器---')
        print(f'参数 fun 的值为：{fun}')
        print(f'参数 num 的值为：{num}')
        return fun(num, *args, **kwargs)
    return call_func


def set_function(fun):
    def call_function(num, *args, **kwargs):
        print('---第二个装饰器---')
        print(f'参数 fun 的值为：{fun}')
        print(f'参数 num 的值为：{num}')
        return fun(num, *args, **kwargs)
    return call_function


@set_func
@set_function
def myDef(num, *args, **kwargs):
    print('---Running---')


if __name__ == '__main__':
    myDef(10)
```

运行上述代码，运行结果如图 9-9 所示。

```
---第一个装饰器---
参数fun的值为: <function set_function.<locals>.call_function at
参数num的值为: 10
---第二个装饰器---
参数fun的值为: <function myDef at 0x0000023FFEB4E1F0>
参数num的值为: 10
---Running---
```

图 9-9 运行结果

上述 4 个例子分别讲述了被装饰函数的类型不同，其对应的装饰器的定义过程也会随之不同。归纳总结可知：

（1）装饰器的外层函数的名称代表装饰器的名称，外层函数的参数 fun 代表被装饰函数的名称（函数 myDef()），并且外层函数必须使用 return 设置返回值，返回值为内层函数的名称。

（2）装饰器的内层函数主要调用被装饰函数，内层函数的参数等同于被装饰函数的参数。

（3）如果被装饰函数设有返回值，内层函数也要设置相应的返回值，返回值必须为被装饰函数 fun()（myDef()）的调用过程。

（4）多个装饰器装饰同一个函数，必须为装饰器的内层函数设置返回值；装饰器的执行顺序与被装饰函数的装饰器设置相关，从上往下执行，比如函数 myDef()设有装饰器 set_func 和 set_function，由于 set_func 在 set_function 上面，因此首先执行 set_func，然后执行 set_function。

9.3.2 带参数的函数装饰器

既然装饰器是用函数方式表示的，那么它应该也能设置函数参数。如果要在装饰器中设置参数，整个装饰器就要定义 3 层函数，例子如下：

```python
def set_para(parameter, *args, **kwargs):
    print('---这是第一层函数---')
    print(f'装饰器的参数 parameter 为：{parameter}')
    print(f'装饰器的参数 parameter 为：{args}')
    def set_function(fun):
        print('---这是第二层函数---')
        def call_function(num, *args, **kwargs):
            print('---这是第三层函数---')
            print(f'参数 fun 的值为：{fun}')
            print(f'参数 num 的值为：{num}')
            return fun(num, *args, **kwargs)
        return call_function
    return set_function


@set_para('hello', 'python')
def myDef(num, *args, **kwargs):
    print('---Running---')
    return num


if __name__ == '__main__':
    m = myDef(10)
    print('函数返回值为：', m)
```

运行上述代码，运行结果如图 9-10 所示。

```
---这是第一层函数---
装饰器的参数parameter为：hello
装饰器的参数parameter为：('python',)
---这是第二层函数---
---这是第三层函数---
参数fun的值为：<function myDef at 0x000001E13C64D1F0>
参数num的值为：10
---Running---
函数返回值为：10
```

图 9-10 运行结果

如果装饰器需要设置函数参数，整个装饰器就需要设置3层函数，每层函数的功能说明如下：

（1）第一层函数负责接收装饰器的参数，装饰器的参数设置方式与普通函数的参数设置相同，并且它必须使用 return 设置返回值，返回值为第二层函数的名称。

（2）第二层函数接收被装饰函数，其函数参数 fun 代表被装饰函数的名称，它能使用第一层的函数参数，并且必须使用 return 设置返回值，返回值为第三层函数的名称。

（3）第三层函数负责调用被装饰函数，并且能使用第一层和第二层的函数参数，函数自身的参数等同于被装饰函数的参数，其返回值必须为被装饰函数的调用过程。

9.3.3 使用类定义装饰器

装饰器除了使用函数方式定义之外，还可以使用类方式定义，使用类方式实现装饰器功能只需定义初始化方法 __init__() 和内置方法 __call__() 即可。

如果装饰器没有参数，那么类装饰器的定义如下：

```
class decorator:
    def __init__(self, fun):
        self.fun = fun

    def __call__(self, num, *args, **kwargs):
        res = self.fun(num, *args, **kwargs)
        return res


@decorator
def myDef(num, *args, **kwargs):
    print('---Running---')
    return num

if __name__ == "__main__":
    m = myDef(10)
    print('函数返回值为: ', m)
```

运行上述代码，运行结果如图 9-11 所示。

```
E:\Python\python.exe F:/py/hello.py
---Running---
函数返回值为: 10
```

图 9-11 运行结果

对比类装饰器与函数装饰器发现：

（1）初始化方法__init__()等同于无参数函数装饰器的最外层函数，两者的功能相同，都是负责接收被装饰函数。

（2）内置方法__call__()等同于无参数函数装饰器的内层函数，主要实现被装饰函数的调用过程。

如果要在类装饰器中设置参数，那么初始化方法__init__()和内置方法__call__()的定义方式将会有所改变，代码如下：

```python
class decorator:
    def __init__(self, para):
        self.para = para


    def __call__(self, func):
        print(f'装饰器的参数为: {self.para}')
        def wrapper(num, *args, **kwargs):
            res = func(num, *args, **kwargs)
            return res
        return wrapper


@decorator('hello')
def myDef(num, *args, **kwargs):
    print('---Running---')
    return num


if __name__ == "__main__":
    m = myDef(10)
    print('函数返回值为: ', m)
```

运行上述代码，运行结果如图 9-11 所示。从例子中可以得出，带参数的类装饰器定义过程如下：

（1）初始化方法__init__()负责接收装饰器的参数，等同于带参数函数装饰器的第一层函数。

（2）内置方法__call__()负责接收被装饰函数，其参数 fun 代表被装饰函数的名称，等同于带参数函数装饰器的第二层函数。

（3）内置方法__call__()里面的函数方法 wrapper()负责调用被装饰函数，等同于带参数函数装饰器的第三层函数。

综上所述，无论是函数装饰器还是类装饰器，它们在定义的过程中有一定的相似之处，对比两者的每个定义过程就能发现规律，并且还要区分带参数装饰器和无参数装饰器的差异。

9.3.4 装饰器在类中的应用

在函数或类的前面添加 "@" 符号和装饰器名称即可使用已定义的装饰器，示例如下：

```
# 在函数中使用装饰器
@decorator
def myDef():
    pass


# 在类中使用装饰器
@decorator
class myDef:
    pass
```

除了在函数或类的前面使用装饰器之外，还可以在类里面的某个方法或属性中使用装饰器，代码如下：

```
def decorator(fun):
    def wrapper(self, *args, **kwargs):
        self.action()
        u = fun(self, *args, **kwargs)
        return u
    return wrapper


class myDef:
    def action(self):
        print('我被调用了')

    @decorator
    def run(self):
        print('各就位，预备：')
        return '跑~~~~~'

if __name__ == "__main__":
    m = myDef()
    print(m.run())
```

运行上述代码，运行结果如图 9-12 所示。

```
E:\Python\python.exe F:/py/hello.py
我被调用了
各就位，预备：
跑~~~~~
```

图 9-12　运行结果

从代码中看到，如果在类里面使用装饰器，那么在类的方法前面添加 "@" 符号和装饰器名称即可；如果装饰器里面需要调用类属性或方法，那么只需添加一个参数 self，参数 self 与实例方法的参数 self 代表同一个对象，即类的实例化对象。

9.4 实战项目：工厂模式

顾名思义，工厂模式就是通过一个指定的"工厂"获得需要的"产品"，在设计模式中主要用于抽象对象的创建过程，让用户可以指定自己想要的对象而不必关心对象的实例化过程。这样做的好处是用户只需通过固定的接口而不是直接调用类的实例化方法来获得一个对象的实例，隐藏了实例创建过程的复杂度，解耦了生产实例和使用实例的代码，降低了维护的复杂性。

工厂模式在 8.6 节中已简单介绍过了。一个简单的工厂模式主要分为以下角色：

（1）抽象产品角色：以基类的形式表示，将多个产品的相同属性和方法定义在一个抽象类里面。

（2）具体产品角色：以派生类的形式表示，它是继承抽象产品角色，能具体反映现实中的某个事物。

（3）工厂角色：以类或函数的形式表示，并且含有一定的业务逻辑和判断逻辑，它的功能是由具体产品角色的实例化对象执行的。

根据工厂模式的角色划分，我们分别定义 Person、Male、Female 和 Factory 类，定义过程如下：

```python
class Person:
    pass

class Male(Person):
    def __init__(self, name):
        print("Hello Mr." + name)

class Female(Person):
    def __init__(self, name):
        print("Hello Miss." + name)

class Factory:
    def getPerson(self, name, gender):
        if gender == 'M':
            return Male(name)
        if gender == 'F':
            return Female(name)

if __name__ == '__main__':
    factory = Factory()
    person = factory.getPerson("xy", "M")
```

根据上述代码分析 Person、Male、Female 和 Factory 类的具体作用：

（1）Person 类是工厂模式里面的抽象产品角色。

（2）Male 和 Female 类是工厂模式里面的具体产品角色。

（3）Factory 类是工厂模式里面的工厂角色。

（4）在工厂角色 Factory 类里面，实例方法 getPerson() 根据参数 gender 的值进行不同的选择。

（5）如果参数 gender 等于 M，程序将 Male 类进行实例化，由 Male 类的实例化对象执行相应的功能。

（6）如果参数 gender 等于 F，程序将 Female 类进行实例化，由 Female 类的实例化对象执行相应的功能。

工厂角色还可以使用函数方法的形式表示，只要根据实际需求设置相应的函数参数即可。综上所述，无论工厂角色是以类或者函数方法表示的，它都是将多个不同的具体产品角色聚集在一个类或函数方法里面，通过传入不同的参数值选择并执行不同的具体产品角色，整个工程模式涉及类的继承、多态等特性。

在 Person、Male、Female 和 Factory 类中，我们还能根据实际需要加入迭代器、生成器和装饰器，详细说明如下：

（1）迭代器可以在类的方法（静态方法、类方法或实例方法）中使用，特别是执行循环遍历的业务逻辑。

（2）生成器作为类的方法（静态方法、类方法或实例方法）的返回值，将关键字 return 改为 yield。

（3）装饰器可选择以函数或类的方式定义，它能作用于整个类或者类中的某个方法。

9.5　本章小结

迭代器在 Python 语言中的应用较为广泛，迭代的意思类似于循环，每一次重复的过程被称为一次迭代的过程，而每一次迭代的结果会被用来作为下一次迭代的初始值。提供迭代方法的容器称为迭代器，当我们循环序列（如列表、元组、字符串、集合和字典）的时候，实际上是由迭代器完成的。

在 Python 中，使用了关键字 yield 的函数被称为生成器。与普通函数不同的是，生成器将返回一个迭代器的函数，并且生成器只能用于迭代操作。由此可见，生成器是一种特殊的迭代器。

另一方面，生成器的存在使得 Python 的协同程序概念得以实现。所谓协同程序，就是可以运行的独立函数调用，函数可以暂停或者挂起，并在需要的时候从程序离开的地方继续或者重新开始。

当我们完成函数方法或类的功能定义后，如果发现还要添加额外的功能，在不重新定义的情况下，可以为函数方法或类添加装饰器。简单来说，装饰器是为已有的函数方法或类添加新的功能，无须重新定义。

装饰器可以使用函数方法定义，称为函数装饰器；也可以使用类方式定义，称为类装饰器。装饰器可以根据需要设置参数，但是带参数的装饰器和无参数的装饰器在定义过程中存在明显的差异。

第10章

异常机制

世间没有完美的人，正因为不完美，人才会有追求的动力。程序也是如此，即使一个经验丰富的程序员也不可能总是写出没有 Bug 的程序，例如微软开发的 Windows 系统，每隔一段时间都要更新补丁，就是为了修复系统漏洞。如果编写的程序都没有 Bug，那么程序员岂不是要面临用完即弃的危机？

异常机制是指对程序运行过程中出现的错误进行处理操作。本章讲述 Python 的异常机制，包括异常概念与类型、捕捉异常以及自定义异常。

（1）异常概念与类型是解读 Python 的异常信息和列举内置异常类，通过异常信息找出对应的异常类。

（2）捕捉异常是在代码里设置异常机制，代码运行的过程中出现异常可以进行捕捉和处理。

（3）自定义异常是在继承异常类的基础上进行定义的，并自行抛出异常类，从而控制程序的运行逻辑。

10.1　异常的类型

程序有 Bug 不可怕，但是有些 Bug 是可以人为控制和处理的。如果程序运行过程中出现异常信息而停止运行，就说明当前程序无法自行处理，这样明显的 Bug 是可以人为处理和控制的，我们可以利用 Python 提供的异常处理机制，在异常出现的时候及时捕获，并从内部自我消化掉。

一般情况下，程序在运行过程中出现错误会停止运行并发送错误信息，倘若在程序中加入异常机制，当程序在运行过程中出现错误的时候，它会捕捉错误信息并执行相应的处理，这样能使程序继续保持运行状态。

想要了解 Python 的异常机制，首先要了解异常的定义及一些常见的异常。异常是指程序在运行过程中出现问题而导致无法执行，如程序的逻辑或算法错误、计算机的资源不足或 IO 错误等。只要程序在运行过程中出现错误都可以认为是异常，并且抛出异常信息，如图 10-1 所示。

```
Traceback (most recent call last):
  File "F:/aa.py", line 2, in <module>
    s = Student('Lucy')
NameError: name 'Student' is not defined
```

图 10-1　异常信息

从异常信息可以看到，Traceback 是异常跟踪的信息；从 File "F:/aa.py", line 2 得知，aa.py 文件的第二行代码出现错误；s=Student('Lucy')是程序错误的具体位置。最后一行错误信息是这个异常的错误类型及说明错误原因的提示信息：NameError 是错误类型；name 'Student' is not defined 是错误原因，这个错误原因是指代码中的 Student 没有定义。

Python 的异常是由类定义的，所有的异常都来自于 BaseException 类，不同类型的异常都继承自父类 BaseException，具体的结构如图 10-2 所示。

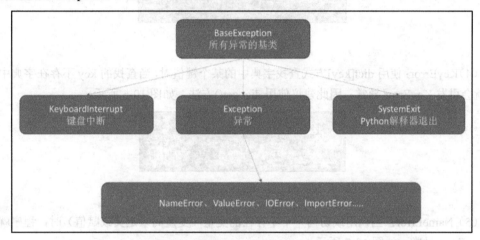

图 10-2　异常类的结构

在任意一门编程语言中，都会将异常划分为不同的类型，就好比人生病了，但每次生病的病因都不同，医生会根据病症判断病人患上了什么疾病。在 Python 中提供了异常处理机制，并定义了不同类型的异常信息。为了更好地展示各种异常信息，打开 CMD 窗口，输入 "python" 进入 Python 的交互模式。

（1）AssertionError：断言语句，当关键字 assert 后面的条件为 False 时，程序将停止并抛出 AssertionError 异常。assert 语句一般是在测试程序的时候用于在代码中设置检查点，如图 10-3 所示。

```
>>> list1 = [1, 2, 3]
>>> assert len(list1) < 0
Traceback (most recent call last):
  File "<stdin>", line 1, in <module>
AssertionError
```

图 10-3　AssertionError 异常

（2）AttributeError：在对象中调用或访问属性或方法的时候，当调用或访问的属性或方法不存在时抛出 AttributeError 异常，如图 10-4 所示。

```
>>> list1 = [1, 2, 3]
>>> list1.name
Traceback (most recent call last):
  File "<stdin>", line 1, in <module>
AttributeError: 'list' object has no attribute 'name'
>>>
```

图 10-4　AttributeError 异常

（3）IndexError：使用索引获取序列中某个元素的时候，当索引值大于序列的总长度时，程序就会抛出 IndexError 异常，如图 10-5 所示。

```
>>> list1 = [1, 2, 3]
>>> list1[10]
Traceback (most recent call last):
  File "<stdin>", line 1, in <module>
IndexError: list index out of range
>>>
```

图 10-5　IndexError 异常

（4）KeyError：使用 dict[key] 方式查找字典中的某个键值对，当查找的 key 不存在字典中时，程序就会引发 KeyError 异常，因此建议使用 dict.get() 方法，如图 10-6 所示。

```
>>> dict1 = {'a': 1, 'b': 2}
>>> dict1['c']
Traceback (most recent call last):
  File "<stdin>", line 1, in <module>
KeyError: 'c'
```

图 10-6　KeyError 异常

（5）NameError：当调用或访问一个不存在的变量（变量尚未定义或赋值）时，程序就会抛出 NameError 异常，如图 10-7 所示。

```
>>> abc
Traceback (most recent call last):
  File "<stdin>", line 1, in <module>
NameError: name 'abc' is not defined
>>>
```

图 10-7　NameError 异常

（6）OSError：操作系统产生的异常，比如打开一个不存在的文件会引发 FileNotFoundError，而 FileNotFoundError 是 OSError 的子类，如图 10-8 所示。

```
>>> f = open('aa.csv', 'r')
Traceback (most recent call last):
  File "<stdin>", line 1, in <module>
FileNotFoundError: [Errno 2] No such file or directory: 'aa.csv'
>>>
```

图 10-8　OSError 异常

（7）SyntaxError：Python 的语法错误，说明编写的代码存在语法错误，比如小括号以中文格式输出等，如图 10-9 所示。

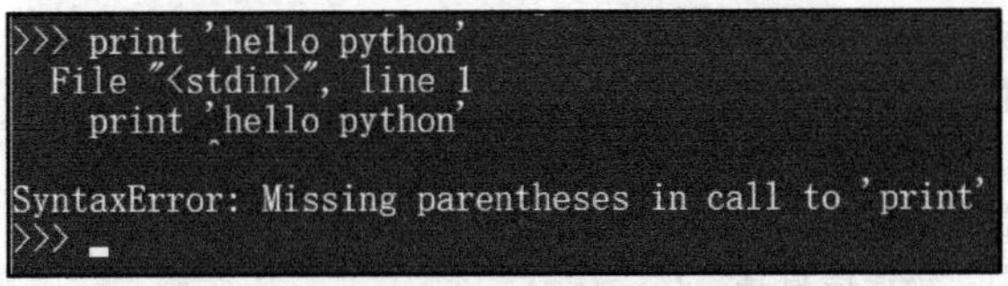

图 10-9　SyntaxError 异常

（8）TypeError：不同数据类型的无效操作，如果两个数据类型不同的变量进行关联操作，如 1+"a"，程序就会抛出 TypeError 异常，如图 10-10 所示。

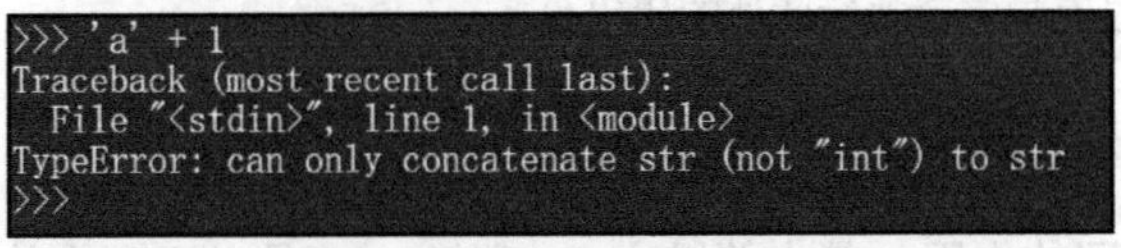

图 10-10　TypeError 异常

（9）ZeroDivisionError：当除数等于 0 的时候，程序就会引发 ZeroDivisionError 异常，如图 10-11 所示。

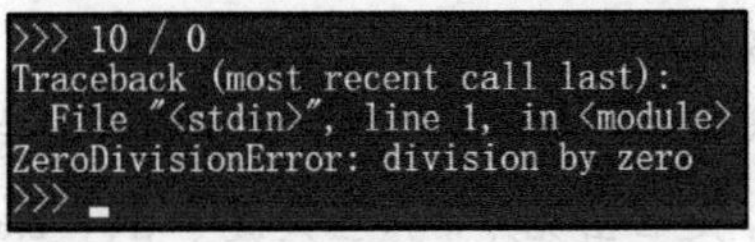

图 10-11　ZeroDivisionError 异常

（10）IndentationError：当前代码没有缩进，比如定义函数方法的时候，函数方法的代码块没有缩进处理，如图 10-12 所示。

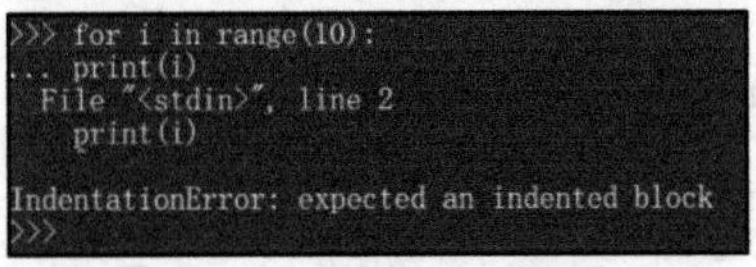

图 10-12　IndentationError 异常

上述只列举了 Python 中常见的异常信息，所有的异常信息都是继承基类 Exception，如果想了解更多 Python 的异常信息，可以在 PyChram 中查看 Exception 的源码信息，在 Exception 的源码文件中定义了不同类型的异常信息。

10.2　捕捉异常

在 Python 中，处理异常的语法由 4 个关键字组成，即 try、except、else 和 finally，其详细的语法格式如下：

```
try:
    # 程序运行的代码
except NameError as err:
```

```
    # 只捕捉 NameError 的错误类型
    print('错误啦，错误信息是：', err)
except Exception as err:
    # 捕捉全部的错误类型
    print('错误啦，错误信息是：', err)
except:
    # 捕捉全部的错误类型，但没有错误信息
    print('错误啦')
else:
    print('如果没有异常就执行此处的代码')
finally:
    print('不管是否有异常都会执行此处的代码')
```

每个关键字都有不同的作用，其中关键字 try 和 except 是必不可少的，else 和 finally 可以根据实际需求来决定是否添加。4 个关键字的具体说明如下：

- try: 用于监测程序代码是否出现异常，监测的代码可以是程序的全部代码或者部分代码。
- except: 用于捕捉异常信息并对异常进行处理，若关键字后面设置异常类型，则在捕捉过程中根据异常类型选择相应的 except。
- else: 如果关键字 try 的代码里面没有出现异常，程序就会执行此关键字里面的代码。
- finally: 无论关键字 try 是否出现异常，当关键字 try、except 或 else 的代码执行完成后，最终程序都会自动执行此关键字里面的代码。

下面通过一个简单的例子来说明如何使用 Python 的异常机制，例子如下：

```
if __name__ == '__main__':
    try:
        s = Student('Lucy')
        pass
    except NameError as err:
        print('这是 NameError 错误，错误信息是：', err)
    except Exception as err:
        print('这是 Exception 错误，错误信息是：', err)
    else:
        print('如果没有异常就执行此处的代码')
    finally:
        print('不管是否有异常都会执行此处的代码')
```

运行上述代码，运行结果如图 10-13 所示。

```
E:\Python\python.exe F:/py/hello.py
这是NameError错误，错误信息是： name 'Student' is not defined
不管是否有异常都会执行此处的代码
```

图 10-13　运行结果

由于 Student 是未定义的变量或对象，因此程序在执行过程中会出现 NameError 异常，异常信息会被 except NameError as err 所捕捉并执行相应的处理，最后程序还会执行关键字 finally 里面的代码。

若将 except NameError as err 及其代码删除或注释，当程序中再次出现 NameError 异常时，它会被 except Exception as err 所捕捉并处理。这说明在一个异常机制中，如果设置多个关键字 except，当出现异常的时候，异常捕捉是从上至下执行的，只要符合其中一个捕捉条件，程序就会执行该 except 里面的代码。

此外，一个异常机制可以支持多个异常机制的嵌套，但嵌套过多会使代码结构变得相当复杂，不利于维护和阅读。异常机制的嵌套如下：

```
if __name__ == '__main__':
    try:
        s = Student('Lucy')
    except Exception as err:
        try:
            print('这是第一个 Exception 错误，错误信息是：', err)
            s = Student('Lucy')
        except Exception as error:
            print('这是第二个 Exception 错误，错误信息是：', err)
```

运行上述代码，运行结果如图 10-14 所示。

```
E:\Python\python.exe F:/py/hello.py
这是第一个Exception错误，错误信息是：  name 'Student' is not defined
这是第二个Exception错误，错误信息是：  name 'Student' is not defined
```

图 10-14　运行结果

10.3　自定义异常

虽然异常一般是由程序在运行过程中遇到错误的时候而生成的，但有时候我们也需要自己抛出一些异常信息，让程序去捕捉和处理。自定义异常抛出除了监测错误之外，还可以用于代码的布局设计和程序的逻辑控制，通过抛出异常可以执行不同的代码块。自定义异常抛出由关键字 raise 实现，关键字后面填写异常的类型及异常信息，具体示例如下：

```
if __name__ == '__main__':
    try:
        raise NameError('自定义异常抛出')
    except Exception as err:
        print('这是 Exception 错误，错误信息是：', err)
```

上述示例是我们主动抛出 NameError 异常，NameError 是已定义好的异常类。如果在自定义异常抛出或异常捕捉的时候不想使用 Python 内置的异常类，那么可以自定义一个异常类，只要让自定义异常类继承 Exception 类即可。在自定义抛出异常或异常捕捉的时候，在关键字 raise 或 except 后面写上自定义异常类型即可，具体示例代码如下：

```
# 自定义异常类型
```

```python
class MyError(Exception):
    pass
if __name__ == '__main__':
    try:
        # 抛出自定义异常
        raise MyError('自定义异常抛出')
    # 捕捉自定义异常类
    except MyError as err:
        print('这是 MyError 错误，错误信息是：', err)
```

在自定义异常类 MyError 中，代码中的 pass 是一个空语句，这是为了保持程序结构的完整性，它不会做任何事情，只用于占位。

10.4　异常的追踪术

虽然 try…except 可以捕捉程序的异常信息，但它无法精确到哪一行代码出现异常，以下面的代码为例：

```python
class A:
    pass
try:
    a = A()
    print(a.name)
    a.name = 10
    print(a.name)
except Exception as e:
    print(str(e))
```

运行上述代码，程序将会提示 "'A' object has no attribute 'name'"，捕捉到的异常只告诉我们大致的内容，并没有具体说明哪一行代码出现异常。如果 try 所在代码块的代码较多，就很难精准定位到有问题的代码。

为了能够精准找出代码的问题所在，Python 的标准库提供了 traceback 模块，它能精准定位代码的异常信息。以上述例子为例，使用 traceback 模块定位代码的异常位置，代码如下：

```python
import traceback
class A:
    pass
try:
    a = A()
    print(a.name)
    a.name = 10
    print(a.name)
except Exception as e:
    traceback.print_exc()
```

运行上述代码，运行结果如图 10-15 所示。

```
Traceback (most recent call last):
  File "F:/py/hello.py", line 6, in <module>
    print(a.name)
AttributeError: 'A' object has no attribute 'name'
```

图 10-15　运行结果

从运行结果看到，traceback 模块的 print_exc()方法明确列出第 6 行代码的 print(a.name)出现异常，异常原因是 A 类没有定义属性 name，它比 except 捕捉的异常信息更为详细。traceback 模块还定义了许多方法，但实际经常使用 print_exception()、print_tb()和 print_exc()。

print_exception()设置了 3 个必选参数：etype、value 和 tb；3 个可选参数：limit、file 和 chain，每个参数的说明如下：

（1）etype：代表异常对象的数据类型。

（2）value：代表异常的信息内容。

（3）tb：代表 traceback 的对象信息。

（4）limit：代码可能经过多层调用，参数 limit 用于限制 traceback 的追踪层数，如果没有设置参数或者设为 None，程序就会打印所有层数的异常信息。

（5）file：是否将异常信息写入文件，如果没有设置参数或者设为 None，那么将异常信息输出到控制台；如果要写入文件，那么设置文件对象即可。

（6）chain：是否显示异常的__cause__或__context__属性等信息。

一般情况下，必选参数 etype、value 和 tb 可由 sys 模块的 exc_info()方法获取，比如我们将异常信息写入 error.txt 文件，示例代码如下：

```python
import traceback
import sys
class A:
    pass
try:
    a = A()
    print(a.name)
    a.name = 10
    print(a.name)
except Exception as e:
    etype, value, tb = sys.exc_info()
    print(etype)
    print(value)
    print(tb)
    f = open('error.txt', 'w')
    traceback.print_exception(etype, value, tb, file=f)
    f.close()
```

运行上述代码，运行结果如图 10-16 所示。

```
<class 'AttributeError'>
'A' object has no attribute 'name'
<traceback object at 0x0000021373733900>
```

图 10-16 运行结果

程序运行成功后，在代码所在的文件路径中可以找到 error.txt，该文件记录了代码运行中所捕捉的异常信息，如图 10-17 所示。

```
error.txt ×
1    Traceback (most recent call last):
2      File "F:/py/hello.py", line 7, in <module>
3        print(a.name)
4    AttributeError: 'A' object has no attribute 'name'
```

图 10-17 error.txt

print_tb()设置 3 个参数，分别是必选参数 tb 和可选参数 limit、file，参数功能与 print_exception()的参数 tb、limit 和 file 相同，此处不再重复讲述。下面演示如何将异常信息写入 error.txt 文件，代码如下：

```python
import traceback
import sys
class A:
    pass
try:
    a = A()
    print(a.name)
    a.name = 10
    print(a.name)
except Exception as e:
    etype, value, tb = sys.exc_info()
    print(tb)
    f = open('error.txt', 'w')
    traceback.print_tb(tb, file=f)
    f.close()
```

运行上述代码，然后打开 error.txt 文件，将它与 print_exception()输出的 error.txt 文件对比发现，print_tb()只输出代码出现异常的位置，并没有输出异常所属的类型，如图 10-18 所示。

```
E:\Python\python.exe F:/py/hello.py
<traceback object at 0x00000242FEC23940>

Process finished with exit code 0
```

图 10-18 运行结果

print_exc()是简化版的 print_exception()，由于 etype、value 和 tb 都可以通过 sys.exc_info()获取，因此 print_exc()自动执行 exc_info()来获取这 3 个参数。这个函数方法是程序中常用的，其示

例代码如下：

```
import traceback
class A:
    pass
try:
    a = A()
    print(a.name)
    a.name = 10
    print(a.name)
except Exception as e:
    f = open('error.txt', 'w')
    traceback.print_exc(file=f)
    f.close()
```

上述代码的运行结果与 print_exception() 示例代码的运行结果一致，print_exc() 只有可选参数：limit、file 和 chain，它不仅在使用上精简了代码量，还能根据需求设置相应的参数值。

10.5　实战项目：狼人游戏

狼人游戏是比较流行的桌上游戏，游戏中主要由狼人、特殊村民和普通村民组成，狼人的目标是吞食所有村民，而村民的目标则是找出隐藏在村民中的狼人并消灭他们。整个游戏实质上就是通过一些线索去猜测推理每个人的真实身份，根据这个游戏的本质，我们对游戏的规则进行细微的调整。具体的游戏设计说明如下：

（1）自定义两个异常类，以控制角色猜测的错误次数和判断胜利的条件。

（2）定义玩家与角色，并对两者随机匹配，使得每一次游戏的玩家角色不会重复。

（3）每个玩家只能对其身份进行两次猜测，总错误次数不能超过 5 次，否则游戏结束。

（4）如果每个玩家的身份都猜对了，那么游戏胜利。

根据上述设定的游戏规则编写游戏的功能代码，代码如下：

```
import random
# 自定义异常类
class MuchError(Exception):
    pass
class Victory(Exception):
    pass

# 定义玩家与角色
player = ['小黄', '小黑', '小白', '小红']
role = ['女巫', '猎人', '狼人', '村民',
        '守卫', '长老', '预言家', '白狼王']
# 将玩家与角色的顺序打乱并匹配
player = random.sample(player, len(player))
```

```
role = random.sample(role, len(player))
print('游戏中全部身份有: ' + '、'.join(role))
matching = {}
for t in range(len(player)):
    matching[player[t]] = role[t]

# 游戏逻辑
try:
    result, err = 0, 0
    for t in player:
        for i in range(2):
            guess = input('你认为' + t + '的身份是: ')
            if guess == matching[t]:
                result += 1
                print('你猜对了')
                break
            else:
                err += 1
                print('猜错了，你还有'+ str(1-i) + '次机会')
        if err > 5:
            raise MuchError('错误次数已超出 5 次，游戏结束')

    if result == len(player):
        raise Victory('恭喜你，全部猜对了')

except MuchError as errInfo:
    print(errInfo)
```

整段代码主要分为 3 部分：自定义异常类、玩家与角色的设定和匹配以及游戏逻辑。其中，游戏逻辑是整个游戏的核心代码，它是在一个 try...except 机制里完成的，具体说明如下：

（1）首先对每位玩家进行循环遍历，保证每位玩家都可以进行身份猜测。

（2）然后对每位玩家再循环两次，代表每位玩家的身份有两次猜测机会，每循环一次都会执行 if...else 判断，判断猜测结果是否正确。

（3）最后分别判断错误次数 err 和正确次数 result。如果错误次数大于 5，就抛出自定义异常 MuchError，直接终止 try 里面的所有 for 循环，并控制程序执行。如果正确次数等于 4，也就是全部玩家的身份都猜测正确了，就会抛出自定义 Victory 异常。

10.6　本章小结

异常机制是指对程序运行过程中出现的错误进行处理操作，一般情况下，程序在运行过程中出现错误会停止运行并发送错误信息，倘若在程序中加入异常机制，当程序在运行过程中出现错误的时候，它会捕捉错误信息并执行相应的处理，这样能使程序继续保持运行状态。

在 Python 中，完整的异常机制语法由 4 个关键字组成：try、except、else 和 finally，其详细的语法格式如下：

```
try:
    # 程序运行的代码
except NameError as err:
    # 只捕捉 NameError 的错误类型
    print('错误啦，错误信息是：', err)
except Exception as err:
    # 捕捉全部的错误类型
    print('错误啦，错误信息是：', err)
except:
    # 捕捉全部的错误类型，但没有错误信息
    print('错误啦')
else:
    print('如果没有异常就执行此处的代码')
finally:
    print('不管是否有异常都会执行此处的代码')
```

每个关键字都有不同的作用，其中关键字 try 和 except 是必不可少的，else 和 finally 可以根据实际需求来决定是否添加。

异常一般是由程序在运行过程中遇到错误的时候而生成的，但有时候我们也需要自己抛出一些异常信息，让程序去捕捉和处理。自定义异常抛出除了监测错误之外，还可以用于代码的布局设计和程序的逻辑控制，通过抛出异常可以执行不同的代码块。

虽然 try…except 可以捕捉程序的异常信息，但它无法精确到哪一行代码出现异常。为了能够精准找出代码的问题所在，Python 的标准库提供了 traceback 模块，它能精准定位代码的异常信息。

第11章

模块与包

在众多编程语言中，Python 的模块与包非常多，我们只需根据自身的业务需要安装相应的模块或包，然后调用模块或包定义的类、函数方法或属性即可。在整个开发过程，我们可能会编写一些业务逻辑代码，而功能性的代码可以由模块与包实现，无须自己动手造轮子。

本章将会讲述模块与包的应用，主要内容包括：模块与包的导入与使用、重命名模块与包、自定义模块与包、重新加载模块与包、动态添加模块与包、打包模块与包、安装第三方模块与包。

11.1　模块的导入与使用

模块是由一组类、函数或变量等元素组成的，它存储在文件中，模块文件的扩展名可能是.py（程序文件）或.pyc（编译过的.py 文件），而文件后缀名.py 是 Python 程序代码文件的扩展名。

在 Python 安装目录下的 Lib 文件夹中可以找到内置模块的.py 文件，如图 11-1 所示。

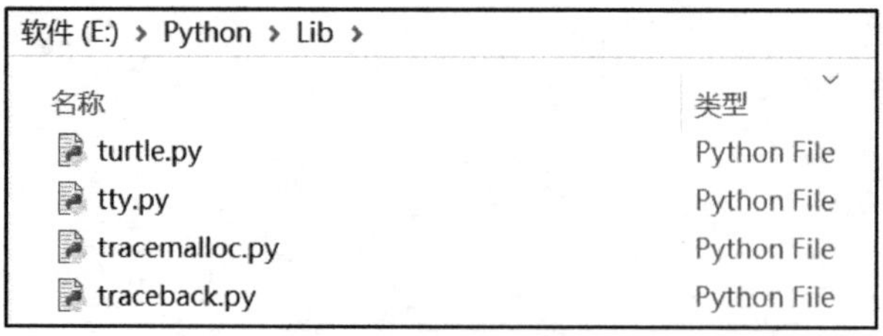

图 11-1　内置模块的.py 文件

在使用模块之前，必须在编写代码的文件中导入模块，比如导入 Python 安装目录下的 Lib 文件夹的 os 模块，导入方式如下：

```
import os
```

Python 关键字 import 用于实现模块导入功能。如果在一个.py 文件中导入多个不同的模块，可以在关键字 import 后面写上模块名称，每个模块之间使用逗号隔开；也可以每个模块使用一个关键字 import 导入。两种实现方式如下：

```
# 导入方式一：多个模块使用一个 import 导入
import os, traceback, re

# 导入方式二：每个模块使用一个 import 导入
import os
import traceback
import re
```

当我们在文件中成功导入某个模块的时候，模块文件里面所有的类、函数方法或变量都会加载到当前文件中。以 Python 的交互模式为例，在此模式中导入模块 os，然后查看当前环境的属性信息，如图 11-2 所示。

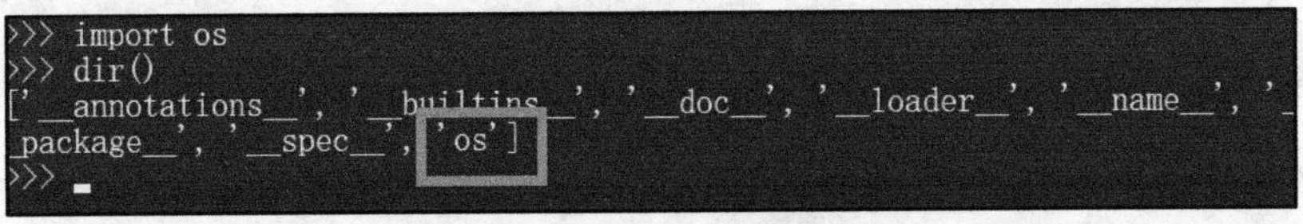

```
>>> import os
>>> dir()
['__annotations__', '__builtins__', '__doc__', '__loader__', '__name__', '__package__', '__spec__', 'os']
>>>
```

图 11-2　当前环境的属性信息

从图 11-2 中看到，在输入 import os 之后，使用 dir()就能看到当前环境已导入 os 模块，然后输入 dir(os)就能看到 os 模块所有的类、函数方法和变量信息，并且这些信息已经加载到当前环境中，我们只需使用 os 对象调用这些类、函数方法或变量即可。

11.2　包的导入与使用

包是在同一组相同文件夹中放置了许多模块文件，这个文件夹称为包，也可以称为类库。每一个包中必须至少有一个 __init__.py 文件。包可以含有子包，子包的文件夹位于该文件夹下，子包的文件夹中也必须至少有一个 __init__.py 文件。

同样，在 Python 安装目录下的 Lib 文件夹中可以找到内置包的文件夹，如图 11-3 所示。

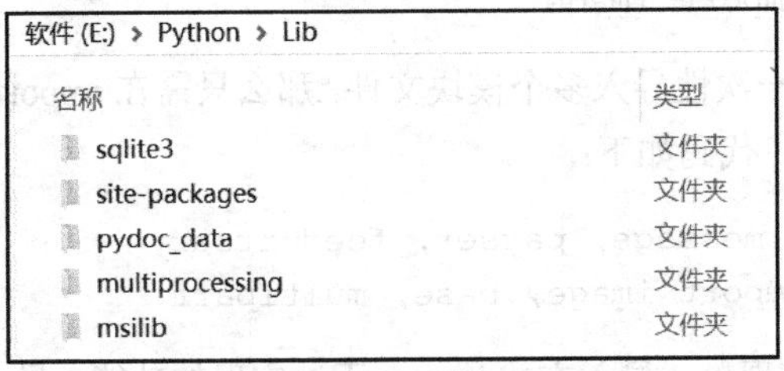

软件 (E:) › Python › Lib	
名称	类型
sqlite3	文件夹
site-packages	文件夹
pydoc_data	文件夹
multiprocessing	文件夹
msilib	文件夹

图 11-3　内置包的文件夹

在使用包之前，必须在编写代码的文件中导入包，比如导入 Python 安装目录下的 Lib 文件夹的 html 包，导入方式如下：

```
import html
```

由于包可能存在多个模块文件或子包，因此使用 import 导入包的时候，Python 不会自动加载所有模块文件和子包，它只会加载包里面的 __init__.py 文件的代码。比如在 Python 的交互模式导入 html 包，并使用 dir(html) 查看已加载的类、函数方法或变量，如图 11-4 所示。

```
>>> import html
>>> dir(html)
['_all_', '_builtins_', '_cached_', '_doc_', '_file_', '_loader_
', '_name_', '_package_', '_path_', '_spec_', '_charref', '_html5',
'_invalid_charrefs', '_invalid_codepoints', '_re', '_replace_charref', 'enti
ties', 'escape', 'unescape']
>>> _
```

图 11-4   当前环境

若想导入包中的模块文件或者子包，则可以在包名称后面添加实心点和模块文件或者子包的名称，比如导入 html 包的模块文件 parser.py，其导入方式如下：

```
import html.parser
```

假设包 A 中有子包 B，子包 B 中又有子包 C，子包 C 中有模块文件 D，如果从包 A 开始，我们需要导入模块文件 D，其导入方式如下：

```
import A.B.C.D
```

从上述的导入方式发现，在包中导入某个模块或子包，导入顺序必须遵从文件的路径信息，否则无法导入成功，程序会提示相应的异常信息。

11.3   导入方式 from…import…

在实际开发中，除了使用关键字 import 导入模块或包之外，还可以使用关键字 from 和 import 方式实现，这种组合方式比单一导入方式 import 更为智能和方便。

比如导入内置 email 包的模块文件 message.py 和子包 mime 的模块文件 image.py，实现方式如下：

```
from email import message
from email.mime import image
```

如果在同一个包中要一次性导入多个模块文件，那么只需在 import 后面编写对应的模块文件名称并使用逗号隔开即可，代码如下：

```
from email import message, parser, feedparser
from email.mime import image, base, multipart
```

from…import…还能实现单一导入方式 import 无法实现的功能：导入模块文件中的某个类、函数方法或变量。比如导入 email 包的模块文件 message.py 定义的 EmailMessage 类，实现过程如下：

```
from email.message import EmailMessage
```

from…import…导入模块文件的某个类、函数方法或变量的说明如下：

（1）关键字 from 后面的导入路径必须为某个模块的文件名称。

（2）关键字 import 后面必须为模块文件里面的类、函数方法或变量名称。

（3）若需要在模块文件中导入多个类、函数方法或变量，则使用逗号将多个类、函数方法或变量隔开即可。

from…import 还可以将包里面的所有模块文件或者模块文件里面所有的类、函数方法或变量全部加载到当前环境。只要在关键字 import 后面使用星号 "*****" 就能导入全部模块文件（模块文件里面所有的类、函数方法和变量），实现方式如下：

```
# 导入 email 包里面的所有模块文件
from email import *
# 导入模块文件 message 里面所有的类、函数方法或变量
from email.message import *
```

11.4　重命名模块与包

在开发过程中，我们自命名的变量可能与模块或包的名称相同，从而在调用过程中发生异常信息。为了解决这种情况，Python 可以对导入的模块和包进行重新命名，使用关键字 as 即可实现，以内置 email 包的模块文件 message.py 和子包 mime 的模块文件 image.py 为例，代码如下：

```
from email import message as msg
from email.mime import image as img
```

关键字 as 不仅适用于导入方式 from…import…，还适用于单一导入方式 import，示例如下：

```
import email.message as msg
import email.mime.image as img
```

关键字 as 只能对某个包或某个模块文件进行命名，如果当前导入方式是导入包的全部模块文件或者模块文件里面所有的类、函数方法和变量，关键字 as 就无法使用，否则程序会提示 SyntaxError 异常信息，代码如下：

```
from email import * as alls
```

运行上述代码，运行结果如图 11-5 所示。

```
E:\Python\python.exe F:/py/hello.py
  File "F:/py/hello.py", line 1
    from email import * as alls
                         ^
SyntaxError: invalid syntax
```

图 11-5　运行结果

程序会出现 SyntaxError 异常信息是因为关键字 as 无法将包的所有模块文件或模块文件里面所有的类、函数方法和变量改为同一个名称。如果允许将所有模块文件或模块文件里面所有的类、函数方法和变量改为同一个名称，程序在调用过程中就无法执行相应的代码。

11.5　自定义模块与包

在实际开发中，我们需要自定义一些模块或包来满足开发需求。模块或包的自定义没有规定语法格式，只要定义的模块或包中含有类、函数方法或属性即可，它们都能被导入其他文件中。

下面通过一个简单的例子来说明。首先创建 test 文件夹，在文件夹里面分别创建 a.py 和 b.py 文件，然后在 a.py 和 b.py 中分别编写以下代码：

```
# a.py
def run():
    return 'This is File A'


# b.py
from a import run

if __name__ == '__main__':
    v = run()
    print(v)
```

上述代码中，a.py 将作为模块 a，它被 b.py 导入并调用 run()方法，由于 a.py 和 b.py 在同一个目录下，因此 from a import run 能够导入模块 a。如果不在同一目录下，导入方式会有所不同，比如在 test 文件夹创建文件夹 aa 和 bb，将 a.py 放在文件夹 aa 中，b.py 放在文件夹 bb 中，那么 a.py 导入 b.py 的方式如下：

```
# 文件夹 bb 的 b.py 文件
from aa.a import run

if __name__ == '__main__':
    v = run()
    print(v)
```

当 a.py 和 b.py 不在同一个目录下时，a.py 所在的文件夹 aa 可视为一个包，而 b.py 导入的是包 aa 里面的模块 a，而不再是一个单独的模块。无论我们导入的是模块还是包，其导入方式是不变的，只要保证模块或包的文件路径是正确的，Python 就能将其导入某个.py 文件中。

我们知道每一个包中必须至少有一个__init__.py 文件，上述例子并没有在文件夹 aa 中新增__init__.py 文件也能导入和调用包里面的模块。在 Python 的新版本中，只要包里面含有模块文件就能导入和调用，无须新增__init__.py 文件，但为了兼容 Python 的旧版本，在定义包的时候，建议在包里面新增__init__.py 文件。

11.6　重新加载模块与包

一般情况下，我们都是使用关键字 import 导入模块或包的。程序在运行过程中，当模块或包的代码发生变化的时候，程序不会因模块或包的变化而变化，比如程序 A 导入模块 B，模块 B 的方法 run() 的返回值等于 10；程序 A 在运行过程中，每次调用模块 B 的方法 run() 只会得到返回值 10；即使我们将模块 B 的方法 run() 的返回值改为 20，因为程序 A 一直运行，所以调用模块 B 的方法 run() 永远得到返回值 10。

我们不妨以一个简单的例子来说明。在同一文件夹中创建 a.py 和 b.py，分别在两个 .py 文件中编写以下代码：

```
# a.py
def run():
    return 10

# b.py
from a import run
import time

if __name__ == '__main__':
    while 1:
        v = run()
        print('b 模块的 run() 返回值为: ', v)
        time.sleep(30)
```

运行 b.py 文件，因为代码中使用了死循环 while 1，每次循环设置了延时 30 秒（time.sleep(30)），程序每隔 30 秒就会调用模块文件 a.py 的函数方法 run()，并输出 run() 的返回值。如果在不中断 b.py 文件运行的前提下，改动 a.py 的函数方法 run()，将返回值改为 20，那么 b.py 的运行结果依然输出 10。

在不中断程序的情况下，当导入模块或包的代码发生变化后，程序如何实时更新呢？为了解决这个方法，Python 提供了 importlib 模块的 reload() 方法重新加载模块或包。对 b.py 的代码进行调整，代码如下：

```
import a
import time
from importlib import reload

if __name__ == '__main__':
    while 1:
        reload(a)
        v = a.run()
        print('b 模块的 run() 返回值为: ', v)
        time.sleep(30)
```

再次运行 b.py 文件，并将 a.py 的函数方法 run() 的返回值改为 20，当 b.py 执行下一次循环的时候，程序会输出数值 20，如图 11-6 所示。

```
E:\Python\python.exe F:/py/test/b.py
b模块的run()返回值为: 10
b模块的run()返回值为: 10
b模块的run()返回值为: 20
b模块的run()返回值为: 20
```

图 11-6　运行结果

reload()可以实现模块或包的重新加载，它经历了 3 个发展阶段：

（1）在 Python 2.x 版本中，reload()是 Python 的内置方法。
（2）在 Python 3.0~3.4 版本中，reload()已写入 Python 内置模块 imp。
（3）在 Python 3.4 以上的版本中，reload()已写入 Python 内置模块 importlib。

11.7　动态添加模块与包

当使用 import 导入 Python 模块或包的时候，默认调用的是__import__()，但是直接使用该函数的情况很少见，一般用于动态加载模块或包。

内置函数__import__()的语法如下：

```
__import__(name, globals, locals, fromlist, level)
```

__import__()只有参数 name 是必选参数，其他都是可选参数，一般情况下直接使用 name 参数即可。下面通过简单的例子来说明内置函数__import__()的应用场景。首先创建文件夹 test，在文件夹 test 中创建 a.py 和 b.py 文件，分别在 a.py 和 b.py 文件中编写以下代码：

```python
# a.py
def run():
    return 'This is File A'


# b.py
import os
import time

if __name__ == '__main__':
    # 获取当前文件名
    this_file = os.path.split(__file__)[-1]
    while 1:
        # os.listdir(os.getcwd())是获取 test 文件夹所有文件
        for f in os.listdir(os.getcwd()):
            if '.py' in f and f != this_file:
                file_name = f.split('.')[0]
                print('导入的文件为: ', file_name)
                new_import = __import__(file_name)
                # 调用模块的 run()方法
                v = new_import.run()
```

```
        print(v)
time.sleep(20)
```

在 PyCharm 中运行 b.py 文件，运行结果如图 11-7 所示。

```
E:\Python\python.exe F:/py/test/b.py
导入的文件为：  a
This is File A
导入的文件为：  a
This is File A
```

图 11-7　运行结果

从图 11-7 看到，b.py 文件中没有使用关键字 import 导入模块 a，而是通过模块 os 读取 test 文件夹的所有文件，然后使用 if 语句筛选出.py 文件并且过滤了 b.py 文件。由于 test 文件夹只有 a.py 和 b.py 文件，在 if 语句的判断条件中已过滤 b.py 文件，因此能进入 if 语句的代码块只有 a.py 文件。

在 b.py 的 if 语句代码块中，我们使用内置函数__import__()导入模块 a(a.py 文件)，__import__() 的参数 name 只需设置文件名，并且文件名不能带有文件后缀名。__import__()的返回值为模块对象，比如__import__('a')代表导入模块 a（a.py），它的返回值是模块 a 的模块对象，可以使用该对象调用模块 a 里面的函数方法。

由于 b.py 文件设置了死循环，程序会一直重复执行，如果在执行过程中需要引入新的模块，内置函数__import__()就能体现出它的优势。分析 b.py 的代码得知，只要文件后缀名是.py 都能加载到代码中，那么在 test 文件夹中创建新的.py 文件，并在文件中定义 run()方法，b.py 在执行下一次循环的时候就会自动将新的.py 文件导入程序中。

假如在 test 文件夹中创建 c.py 文件，并在文件中定义 run()方法，该方法的返回值为"This is File C"。当 b.py 在执行下一次循环的时候，程序就会自动导入模块 c 并调用 run()方法。如果将 test 文件夹的 c.py 文件删除，程序在下一次执行时不再导入模块 c（加载 c.py），运行结果如图 11-8 所示。

```
E:\Python\python.exe F:/py/test/b.py
导入的文件为：  a
This is File A
导入的文件为：  a
This is File A
导入的文件为：  c
This is File C
```

图 11-8　运行结果

通过上述例子发现，内置函数__import__()具有以下优点：

（1）可以灵活地导入新模块或包，并且新模块或包没有命名限制。

（2）在程序不中断的前提下，可以根据需求增加或减少模块（包）的导入。

（3）模块或包以字符串格式传入参数 name，字符串的模块或包在使用上十分灵活，比如能储存在文件或数据库中。

虽然内置函数__import__()可以动态增加或减少模块（包）的导入，但模块导入后再修改模块里面的代码，程序不会重新加载模块，只能通过 reload() 实现模块或包的重新加载。

11.8 打包模块与包

当完成某些功能开发，并把这些功能封装成模块或包的时候，如果想把这些功能分享给其他人使用，或者开源到 PyPI（The Python Package Index）社区是 Python 官方的第三方库的仓库，所有人都可以下载第三方库或上传自己开发的模块或包到 PyPI，PyPI 推荐使用 pip 包管理器来下载第三方库），我们还需要把所有.py 文件制成一个.whl 文件，第三方使用者通过下载和安装.whl 文件就能调用我们开发的功能模块或包。

Python 的内置模块包 setuptools 可以将自定义的模块或包打包成.whl 文件，比如在 test 文件夹中创建 setup.py 文件和 mys 文件夹，然后在 mys 文件夹中创建 a.py、b.py 和 c.py 文件，目录结构如图 11-9 所示。

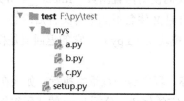

图 11-9　目录结构

打开 test 文件夹的 setup.py 文件，并编写以下代码：

```python
from setuptools import setup

setup(
    name='mypack',
    version='1.0',
    py_modules=['a', 'b', 'c'],
    author='xyh',
    install_requires=[],
    packages=['mys'],
)
```

上述代码使用内置模块包 setuptools 的函数方法 setup() 创建打包脚本文件，setup() 内置了许多函数参数，常用的参数说明如表 11-1 所示。

表11-1　setup()的参数说明

参　　数	说　　明
name	模块或包的名称
version	版本信息
author	开发者信息
author_email	开发者的邮箱地址

（续表）

参　数	说　明
maintainer	维护者
maintainer_email	维护者的邮箱地址
url	程序的官网地址
license	程序的授权信息
description	程序的简单描述
long_description	程序的详细描述
platforms	程序适用的软件平台列表
classifiers	程序所属的分类列表
keywords	程序的关键字列表
packages	需要打包处理的模块或包目录
py_modules	需要打包的 Python 文件列表
download_url	程序的下载地址
cmdclass	添加自定义命令
package_data	指定程序需要的数据文件
include_package_data	所有受版本控制（CVS/SVN/Git）的数据文件
exclude_package_data	当 include_package_data 为 True 时该选项用于排除部分文件
data_files	打包时需要打包的数据文件，如图片、配置文件等
ext_modules	指定扩展模块
scripts	指定可执行脚本，安装时脚本会被安装到系统的 PATH 路径下
package_dir	指定某些目录下的文件被映射到某个源码模块或包
requires	指定依赖的其他模块或包
provides	指定可以为哪些模块提供依赖
install_requires	安装时需要安装的依赖模块或包
entry_points	动态发现服务和插件
setup_requires	指定运行 setup.py 文件本身所依赖的模块或包
dependency_links	指定依赖模块或包的下载地址
extras_require	当前模块或包的高级/额外特性需要依赖的模块或包
zip_safe	不压缩模块或包，以目录的形式安装

　　根据上述的参数说明，在实际中按照自身需要选择相应的参数打包自定义模块或包即可。当编写好打包脚本之后，下一步是执行打包脚本，完成最后的打包过程。

　　在 PyCharm 的 Terminal 或 CMD 窗口中，将当前窗口的路径切换到 test 文件夹，即 setup.py 文件所在的路径，在使用 Python 指令执行 setup.py 文件之前，必须输入相关的执行指令。比如查看帮助信息，在 PyCharm 的 Terminal 窗口输入并执行 python setup.py --help-commands，PyCharm 的 Terminal 窗口将会输出 setuptools 的帮助信息，如图 11-10 所示。

```
F:\py\test>python setup.py --help-commands
Standard commands:
  build              build everything needed to install
  build_py           "build" pure Python modules (copy to build directory)
  build_ext          build C/C++ extensions (compile/link to build directory)
  build_clib         build C/C++ libraries used by Python extensions
  build_scripts      "build" scripts (copy and fixup #! line)
```

图 11-10　帮助信息

有关 setuptools 的操作指令，本书就不再详细讲述了，读者只需解读一下 setuptools 的帮助信息就能清楚每个指令的具体作用。

我们把 test 文件夹里面的 mys 文件夹以包的形式打包成.whl 文件，因此在 PyCharm 的 Terminal 窗口输入并执行 python setup.py sdist bdist_wheel，如图 11-11 所示。

```
F:\py\test>python setup.py sdist bdist_wheel
running sdist
running egg_info
creating mypack.egg-info
writing mypack.egg-info\PKG-INFO
writing dependency_links to mypack.egg-info\dependency_links.txt
```

图 11-11　打包成.whl 文件

如果输入指令后，程序提示 error: invalid command 'bdist_wheel'异常，如图 11-12 所示，就说明当前环境没有安装 wheel 模块。在 PyCharm 的 Terminal 或 CMD 窗口输入"pip install wheel"安装 wheel 模块，然后再次执行 python setup.py sdist bdist_wheel 即可。

```
F:\py\test>python setup.py sdist bdist_wheel
usage: setup.py [global_opts] cmd1 [cmd1_opts]
   or: setup.py --help [cmd1 cmd2 ...]
   or: setup.py --help-commands
   or: setup.py cmd --help

error: invalid command 'bdist_wheel'
```

图 11-12　bdist_wheel 异常

当 python setup.py sdist bdist_wheel 指令执行完成后，打开 test 文件夹，看到新增文件夹 build、dist 和 mypack.egg-info，其中 dist 文件夹里面就有我们需要的.whl 文件，如图 11-13 所示。

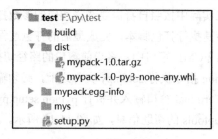

图 11-13　目录结构

上述例子只是简单演示了如何使用 setuptools 打包模块或包，有关 setuptools 的更多用法建议参考官方文档：https://setuptools.readthedocs.io/en/latest/setuptools.html。

11.9 安装第三方模块与包

在开发过程中，我们经常使用第三方模块或包实现某些功能，比如连接数据库 MySQL 使用 pymysql 模块，开发 Web 系统使用 Django、Flask 框架，等等。为了方便管理第三方模块或包，Python 提供了 pip 管理工具，pip 是 Python 包的管理工具，提供了对模块或包的查找、下载、安装、卸载等功能。

在 PyCharm 的 Terminal 或 CMD 窗口中直接输入并执行 pip help，当前命令窗口就会输出 pip 管理工具的帮助信息，如图 11-14 所示。

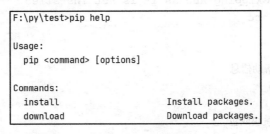

图 11-14　帮助信息

虽然 pip 管理工具设定了较多操作指令，但日常中常用的是 install、download、uninstall 和 list 指令，它们分别安装模块或包、下载模块或包文件、卸载已安装的模块或包和查看已安装的模块或包，详细的使用指令如下：

```
# install 指令语法
# 查看 install 指令的帮助信息
# pip install -help
# 示例
# 默认安装新版本的模块或包
# 如果安装的模块或包依赖其他模块或包，install 指令就会将相关依赖一并安装
# pip install django
# 安装指定版本的模块或包
# pip install django==3.0.8
# 安装.whl 文件
# install 后面最好写上文件的绝对路径
# 如果 PyCharm 的 Terminal 或 CMD 窗口的当前路径下含有.whl 文件，那么可以输入.whl 文件的
相对路径
# pip install C:\xxx.whl

# download 指令语法
# 查看 download 指令的帮助信息
# pip download -help
```

```
# 示例
# 默认下载新版本的模块或包
# 如果下载的模块或包依赖其他模块或包，download 指令就会将相关依赖一并下载
# pip download requests
# 下载指定版本的模块或包
# pip download requests==2.17.3

# uninstall 指令语法
# 查看 uninstall 指令的帮助信息
# pip uninstall -help
# 示例
# 卸载已安装的模块或包
# pip uninstall django
# 卸载尚未安装的模块或包，程序提示模块或包尚未安装
# 提示：WARNING: Skipping abc as it is not installed
# pip uninstall abc

# list 指令语法
# 查看 list 指令的帮助信息
# pip list -help
# 示例
# 查看当前已安装的模块或包
# pip list
```

pip 管理工具除了安装、下载、卸载和查看模块或包之外，还能迁移 Python 开发环境。假如在本机上完成某个功能开发，打算将这个功能迁移到线上服务器中运行，那么线上服务器必须安装 Python 运行环境，当开发的功能需要依赖第三方模块或包的时候，还要在线上服务器一个一个地安装。

为了简化第三方模块或包的批量安装过程，pip 管理工具提供了 freeze 指令，该指令能将当前环境安装第三方模块或包的信息写入 requirements.txt。在新环境中，只需使用 install 执行 requirements.txt 文件，pip 管理工具就会根据 requirements.txt 文件中记录的模块或包信息执行相应的安装指令。

打开 PyCharm 的 Terminal 或 CMD 窗口，将路径切换到某个文件夹，以 test 文件夹为例，然后输入并执行 pip freeze > requirements.txt 指令，程序就会在当前文件夹生成 requirements.txt 文件，打开并查看 requirements.txt 文件，它记录了当前环境所有模块或包的名称和版本信息，如图 11-15 所示。

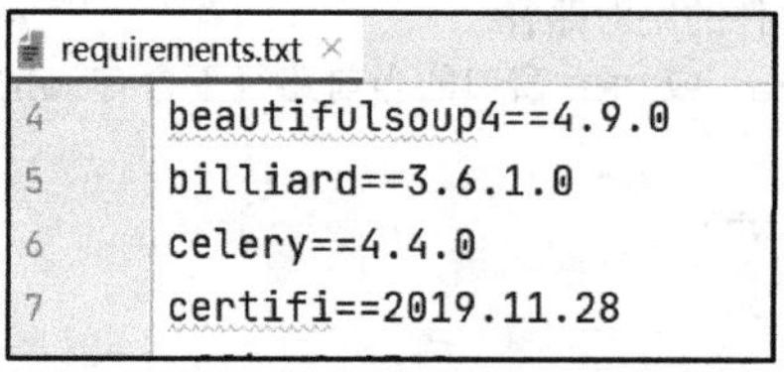

图 11-15　requirements.txt 文件

下一步将 requirements.txt 文件复制到新的操作系统中，在新的操作系统中执行 pip install -r requirements.txt 指令，程序将自动根据 requirements.txt 的记录信息依次安装第三方模块或包。

从上述例子得知，pip 管理工具的 freeze 和 install 指令可以在新的操作系统中批量安装 Python 的第三方模块或包。

11.10　实战项目：可扩展的答题系统

Python 内置模块 importlib 的 reload()方法可以重新加载模块或包，利用这一功能在不中断程序的情况下，可以动态更新或扩展程序。比如将程序创建为系统服务，当服务启动后，它会不断执行程序中的代码，如果读者对服务不太了解，可查阅 Windows 服务的相关信息。

假设现在要开发一个答题系统，系统以 Windows 服务的形式执行，当服务启动之后，在不中断服务的情况下，可以动态添加系统的题目。

根据开发需求，系统将以两个 Python 文件实现，分别为 systems.py 和 subjects.py。systems.py 负责系统的运行，并安装在 Windows 服务中；subjects.py 可动态设置系统的题目内容，并随机选取方式返回某一条题目，详细代码如下：

```python
# subjects.py 文件
import random

def get_subject():
    subject = [
        '为什么地球是圆的？',
        '蜻蜓点水是为了什么？',
        '如何理解 Python 的 GIL？',
        '协程、线程和进程的区别是什么？',
    ]
    sub = random.choice(subject)
    return sub


# systems.py 文件
import subjects
import time
from importlib import reload

if __name__ == '__main__':
    while 1:
        reload(subjects)
        v = subjects.get_subject()
        print('请问：', v)
        time.sleep(5)
```

当运行 systems.py 文件的时候，程序以死循环的形式执行，每隔 5 秒就会执行一次，每次执行都会重新加载 subjects.py 文件。换句话说，当 subjects.py 文件的函数方法 get_subject()发生改变的时候，systems.py 在下一次循环中会重新读取 subjects.py 文件变化后的内容，从而使程序能动态变化。

在 PyCharm 中运行 systems.py 文件，并修改 subjects.py 文件的函数方法 get_subject()，查看程序的输出结果，如图 11-16 所示。

```
请问：   蜻蜓点水是为了什么？
请问：   蜻蜓点水是为了什么？
请问：   蜻蜓点水是为了什么AAA？
请问：   为什么地球是圆的AAA？


Process finished with exit code -1
```

图 11-16   运行结果

上述例子中，如果只是增减题目就无法体现 importlib 的 reload()优势，因为题目可以写入文件或数据库，每次循环读取文件或数据库都能实现题目的动态变化。只有涉及业务逻辑的变更，importlib 的 reload()才能发挥最大优势，保证程序在不中断的情况下灵活变更业务逻辑。

11.11   本章小结

模块是由一组类、函数或变量等元素组成的，它存储在文件中，模块文件的扩展名可能是.py（程序文件）或.pyc（编译过的.py 文件），而文件后缀名.py 是 Python 程序代码文件的扩展名。

Python 关键字 import 用于实现模块导入功能。如果在一个.py 文件中导入多个不同的模块，可以在关键字 import 后面写上模块名称，每个模块之间使用逗号隔开；也可以每个模块使用一个关键字 import 导入。

包是在同一组相同文件夹中放置了许多模块文件，这个文件夹称为包，也可以称为类库。每一个包中必须至少有一个__init__.py 文件。包可以含有子包，子包的文件夹位于该文件夹下，子包的文件夹中也必须至少有一个__init__.py 文件。

由于包可能存在多个模块文件或子包，因此使用 import 导入包的时候，Python 不会自动加载所有模块文件和子包，它只会加载包里面的__init__.py 文件的代码。

from…import…导入模块文件的某个类、函数方法或变量的说明如下：

（1）关键字 from 后面的导入路径必须为某个模块的文件名称。

（2）关键字 import 后面必须为模块文件里面的类、函数方法或变量名称。

（3）若需要在模块文件中导入多个类、函数方法或变量，则使用逗号将多个类、函数方法或变量隔开即可。

reload()可以实现模块或包的重新加载，它经历了 3 个发展阶段：

（1）在 Python 2.x 版本中，reload()是 Python 的内置方法。

（2）在 Python 3.0~3.4 版本中，reload()已写入 Python 内置模块 imp。

（3）在 Python 3.4 以上的版本中，reload()已写入 Python 内置模块 importlib。

内置函数__import__()具有以下优点：

（1）可以灵活地导入新模块或包，并且新模块或包没有命名限制。

（2）在程序不中断的前提下，可以根据需求增加或减少模块（包）的导入。

（3）模块或包以字符串格式传入参数 name，字符串的模块或包在使用上十分灵活，比如能存储在文件或数据库中。

Python 的内置模块包 setuptools 可以将自定义的模块或包打包成.whl 文件，必须使用函数方法 setup()创建打包脚本文件，并且 setup()内置了许多函数参数，用于设置模块或包的信息，最后使用 Python 执行打包脚本文件，完成整个打包过程。

为了方便管理第三方模块或包，Python 提供了 pip 管理工具，pip 是 Python 包的管理工具，提供了对模块或包的查找、下载、安装、卸载等功能。虽然 pip 管理工具设定了较多操作指令，但日常中常用的是 install、download、uninstall 和 list 指令，它们分别安装模块或包、下载模块或包文件、卸载已安装的模块或包和查看已安装的模块或包。

第12章

日期与时间

日期与时间是编程语言中必须掌握的技能之一，如果没有日期和时间，就会导致很多功能无法实现，比如日志记录、定时任务、等待延时等。

本章将会讲述 Python 的日期和时间模块，内容包括：日期与时间的类型、Calendar 模块的使用、datetime 模块的使用、time 模块的使用。

12.1 日期与时间的类型

在 Python 语言中，日期与时间通常有 3 种表示方式，即时间戳、时间元组和格式化时间。

时间戳是指格林尼治时间 1970 年 1 月 1 日 00 时 00 分 00 秒，即北京时间 1970 年 1 月 1 日 08 时 00 分 00 秒起至现在的总秒数。目前，Python 支持的最大时间戳为 32535244799（3001-01-01 15:59:59）。

Python 的 time 模块是用来生成日期时间的，其中函数 time.time()可以获取当前时间戳，示例如下：

```
import time
print('当时时间的时间戳为：', time.time())
```

上述代码的运行结果如图 12-1 所示。

```
E:\Python\python.exe F:/py/hello.py
当时时间的时间戳为： 1596356627.9676352

Process finished with exit code 0
```

图 12-1　运行结果

从结果可以看出，时间戳是以秒为单位的浮点小数，小数点后面代表毫秒时间。时间戳适用于日期的加减运算。例如，计算两个时间的间隔，可以先将两个时间转化为时间戳再进行减法运算。

时间元组（struct_time）包含时间的年、月、日、时、分、秒、一年中第几周、一年中第几天、是否为夏令时。它可以使用 time 模块的函数 strptime()或 localtime()生成，并且具备表 12-1
所示的属性。

表12-1 时间元组

属 性	属 性 值	说 明
tm_year	2020	4 位数的年份
tm_mon	1-12	月份
tm_mday	1-31	天数
tm_hour	0-23	小时
tm_min	0-59	分钟
tm_sec	0-61	秒（60 或 61 是闰秒）
tm_wday	0-6	一周的第几天（0 是周一）
tm_yday	1-366	一年的第几天
tm_isdst	0-1	值为 1 是夏令时，值为 0 不是夏令时

我们使用 time 模块的函数 localtime()将当前时间的时间戳转化为时间元组，示例代码如下：

```
import time
t = time.time()
struct_time = time.localtime(t)
print("返回的元组: ", struct_time)
```

```
E:\Python\python.exe F:/py/hello.py
返回的元组:  time.struct_time(tm_year=2020, tm_mon=8,
Process finished with exit code 0
```

上述代码的运行结果如图 12-2 所示。

图 12-2 运行结果

格式化时间是根据实际需要将时间按一
定的格式表示，比如 2020-10-01 或 2020/10/01 等。我们可以使用 time 模块的 strftime()函数来格
式化时间，使用 strftime()函数格式化时间之前，必须了解每个时间单位的格式化符号，如表 12-2
所示。

表12-2 时间单位的格式化符号

格 式	说 明
%y	两位数的年份表示（00-99）
%Y	四位数的年份表示（000-9999）
%m	月份（01-12）
%d	月中的某一天（0-31）
%H	24 小时制小时数（0-23）
%I	12 小时制小时数（01-12）
%M	分钟数（00-59）
%S	秒数（00-59）
%a	简化星期名称
%A	完整星期名称
%b	简化的月份名称

（续表）

格　式	说　明
%B	完整的月份名称
%c	日期和时间格式
%j	年中的某一天（001-366）
%p	A.M.或 P.M.
%U	一年中的星期数（00-53），星期天为星期的开始
%w	星期（0-6），星期天为星期的开始
%W	一年中的星期数（00-53），星期一为星期的开始
%x	日期格式
%X	时间格式
%Z	当前时区的名称
%%	%本身

我们使用 time 模块的函数 strftime()输出每个时间单位的格式化符号所代表的日期时间，示例代码如下：

```python
import time
t = time.localtime()
# 获取完整年份
print('获取完整年份：', time.strftime('%Y', t))
# 获取简写年份
print('获取简写年份：', time.strftime('%y', t))
# 获取月份
print('获取月份：', time.strftime('%m', t))
# 获取日
print('获取日：', time.strftime('%d', t))
# 获取年-月-日
print('获取年-月-日：', time.strftime('%Y-%m-%d', t))
# 获取小时，24 小时制
print('获取小时，24 小时制：', time.strftime('%H', t))
# 获取小时，12 小时制
print('获取小时，12 小时制：', time.strftime('%I', t))
# 获取分钟
print('获取分钟：', time.strftime('%M', t))
# 获取秒
print('获取秒：', time.strftime('%S', t))
# 获取时-分-秒
print('获取时-分-秒：', time.strftime('%H-%M-%S', t))
# 获取简化星期
print('获取简化星期：', time.strftime('%a', t))
# 获取完整星期
print('获取完整星期：', time.strftime('%A', t))
# 获取简化月份
print('获取简化月份：', time.strftime('%b', t))
# 获取完整月份
print('获取完整月份：', time.strftime('%B', t))
# 日期时间格式
print('日期时间格式：', time.strftime('%c', t))
# 一年中的第几天
print('一年中的第几天：', time.strftime('%j', t))
# A.M.或 P.M.
print('A.M.或 P.M.：', time.strftime('%p', t))
```

```
# 一年中的星期数（00-53），星期天为星期的开始
print('一年中的星期数：', time.strftime('%U', t))
# 星期（0-6），星期天为星期的开始
print('星期（0-6）：', time.strftime('%w', t))
# 一年中的星期数（00-53），星期一为星期的开始
print('一年中的星期数（00-53）：', time.strftime('%W', t))
# 日期格式
print('日期格式：', time.strftime('%x', t))
# 时间格式
print('时间格式：', time.strftime('%X', t))
# 当前时区的名称
print('当前时区的名称：', time.strftime('%Z', t))
# 输出%字符
print('输出%字符：', time.strftime('%%', t))
# 完整日期
print('完整日期：', time.strftime('%Y-%m-%d %H-%M-%S %w-%Z', t))
```

运行上述代码，运行结果如图 12-3 所示。

```
获取完整年份： 2020
获取简写年份： 20
获取月份： 08
获取日： 02
获取年-月-日： 2020-08-02
获取小时，24小时制： 21
获取小时，12小时制： 09
获取分钟： 44
获取秒： 55
获取时-分-秒： 21-44-55
获取简化星期： Sun
获取完整星期： Sunday
获取简化月份： Aug
获取完整月份： August
日期时间格式： Sun Aug  2 21:44:55 2020
一年中的第几天： 215
A.M.或P.M.： PM
一年中的星期数： 31
星期（0-6）： 0
一年中的星期数（00-53）： 30
日期格式： 08/02/20
时间格式： 21:44:55
当前时区的名称： 中国标准时间
输出%字符： %
完整日期： 2020-08-02 21-44-55 0-中国标准时间
```

图 12-3　运行结果

12.2　calendar 模块

calendar 是 Python 的内置模块，这是与日历相关的模块，它定义了 Calendar、TextCalendar 以及 HTMLCalendar 类，其中 Calendar 是 TextCalendar 与 HTMLCalendar 的基类，并且对外提供了很多函数，例如 calendar()、month()、prcal()和 prmonth()等。

为了深入了解 calendar 模块，在 Python 安装目录的 Lib 文件夹里面找到 calendar 模块的源码文件 calendar.py，我们尝试分析源码，归纳总结 calendar 模块的函数，Calendar、TextCalendar 以及 HTMLCalendar 的实例方法，如表 12-3 所示。

表12-3　calendar模块的源码文件

calendar 模块的函数	
函　数	说　明
setfirstweekday(firstweekday)	设置一周的第一天是星期几,参数 firstweekday 从 0 到 6,0 代表星期一,6 代表星期日
firstweekday()	获取一周的第一天是星期几,返回值从 0 到 6,0 代表星期一,6 代表星期日
isleap(year)	判断参数 year 是否是闰年,闰年为 True,平年为 False
leapdays(y1, y2)	返回 y1 与 y2 之间的闰年数量,y1 与 y2 皆为年份
weekday(year, month, day)	获取指定日期是星期几
weekheader(n)	返回包含星期的英文缩写,参数 n 表示英文缩写所占的宽度
monthrange(year, month)	返回一个由某月第一天的星期数与当月天数组成的元组
monthcalendar(year, month)	返回一个月的天数列表(不是当前月份的天数为 0),按周划分,以二维数组表示
prmonth(theyear,themonth,w=0,l=0)	打印一个月的日历,参数 theyear 指定年份;参数 themonth 指定月份;参数 w 是每个单元格的宽度,默认值为 0,代表宽度为 2;参数 l 是每列的换行数,默认值为 0,代表换 1 行
month(theyear,themonth,w=0,l=0)	返回一个月日历的多行文本字符串,参数 theyear 指定年份;参数 themonth 指定月份;参数 w 是每个单元格的宽度,默认值为 0,代表宽度为 2;参数 l 是每列的换行数,默认值为 0,代表换 1 行
prcal(year,w=0,l=0,c=6,m=3)	打印一年的日历,参数 w 是每个单元格的宽度,默认值为 0,代表宽度为 2;参数 l 是每列的换行数,默认值为 0,代表换 1 行;参数 c 是月与月之间的间隔宽度,默认值为 6,代表宽度为 2;参数 m 是将 12 个月分为 m 列
calendar(year,w=2,l=1,c=6,m=3)	以多行字符串形式返回一年的日历,参数 w 是每个单元格的宽度,默认值为 0,代表宽度为 2;参数 l 是每列的换行数,默认值为 1,代表换 1 行;参数 c 是月与月之间的间隔宽度,默认值为 6,代表宽度为 2;参数 m 是将 12 个月分为 m 列
Calendar 类的实例方法	
方　法	说　明
iterweekdays()	获取一周每天的数字,以迭代器表示,0 代表星期一,6 代表星期日
itermonthdates(year, month)	获取一个月在日历上的所有日期,包括月份开始周的所有日期和月份结束周的所有日期,如 8 月 1 号可能是周三,那么周二为 7 月 31 号,两者不是同一个月份,但在同一个星期里面,所以也会显示在日历上
itermonthdays(year, month)	获取一个月在日历上的所有天数,包括月份开始周的所有日期和月份结束周的所有日期
itermonthdays2(year, month)	返回一个月的天数与星期,包括当月开始周的所有日期和当月结束周的所有日期

（续表）

Calendar 类的实例方法	
方　法	说　明
monthdatescalendar(year, month)	返回一个月的日期列表，按周划分，以二维数组表示，包括当月开始周的所有日期和当月结束周的所有日期
monthdayscalendar(year, month)	返回一个月的天数列表，按周划分，以二维数组表示，包括当月开始周的所有日期和当月结束周的所有日期
monthdays2calendar(year, month)	返回一个月的天数与星期列表，按周划分，以二维数组表示，包括当月开始周的所有日期和当月结束周的所有日期
yeardatescalendar(year, width=3)	返回一年的所有日期，以四维数组表示，参数 width 表示对一年中 12 个月份进行划分，默认值为 3 表示每三个月分为一组，包括当月开始周的所有日期和当月结束周的所有日期
yeardayscalendar(year,width=3)	返回一年中每个月的天数，以四维数组表示，参数 width 表示对一年中 12 个月份进行划分，默认值为 3 表示每三个月分为一组，包括当月开始周的所有日期和当月结束周的所有日期
yeardays2calendar(year,width=3)	返回一年中每个月的天数与星期的元组，以四维数组表示，参数 width 表示对一年中 12 个月份进行划分，默认值为 3 等于每三个月分为一组，包括当月开始周的所有日期和当月结束周的所有日期
TextCalendar 类的实例方法	
方　法	说　明
formatmonth(theyear,themonth,w=0,l=0)	以多行字符串形式返回一个月的日历，参数 theyear 指定年；参数 themonth 指定月；参数 w 是每个单元格的宽度，默认值为 0，代表宽度为 2；参数 l 是每列的换行数，默认值为 1，代表换 1 行
prmonth(theyear,themonth,w=0,l=0)	calendar 模块的 prmonth()调用此方法（TextCalendar 类的实例方法 prmonth()）完成日历打印功能
calendar(year,w=2,l=1,c=6,m=3)	calendar 模块的 calendar()调用此方法（TextCalendar 类的实例方法 formatyear()）生成多行字符串形式的一年日历
formatyear(theyear, w=2, l=1, c=6, m=3)	调用 TextCalendar 类的实例方法 formatyear()
HTMLCalendar 类的实例方法	
方　法	说　明
formatmonth(theyear,themonth, withyear=Ture)	返回一个月的日历内容，以 HTML 表示，参数 withyear 表示是否显示年份，默认为 True，即显示年份
formatyear(theyear, width=3)	返回一年的日历内容，以 HTML 表示，参数 width 表示对一年中 12 个月份进行划分，默认值为 3 等于每三个月分为一组
formatyearpage(theyear,width=3, css='calendar.css', encoding=None)	返回一年的日历内容，以 HTML 表示，参数 width 表示对 12 个月分组；参数 css 用于自定义 CSS 样式，参数 encoding 是编码方式

　　为了更好地理解 calendar 模块的函数和类的实例方法，下面分别列举每个函数和类的实例方法的使用过程，示例代码如下：

```python
import calendar
"""calendar 模块的函数方法"""
# 将星期日设置为一周的第一天
calendar.setfirstweekday(firstweekday=6)
# 返回一周的第一天
calendar.setfirstweekday(firstweekday=6)
print(calendar.firstweekday())
# 2021 年是平年，所以为 False
print(calendar.isleap(2021))
# 2008 年是闰年，所以为 True
print(calendar.isleap(2008))
# 2008 到 2011 之间只有 2008 年是闰年，所以输出为 1
print(calendar.leapdays(2008, 2011))
# 2020-08-08 正是星期三，所以输出 2，数字 2 代表星期三
print(calendar.weekday(2020, 8, 8))
# 打印每个星期的英文缩写
print(calendar.weekheader(4))
# 输出 (2, 31)，08-01 是星期三，8 月共 31 天
print(calendar.monthrange(2020, 8))
# 返回一个月的天数列表
print(calendar.monthcalendar(2020, 8))
# 打印一个月的日历
calendar.prmonth(2020, 8)
# 返回一个月日历的多行文本字符串
print(calendar.month(2020, 8))
# 打印一年的日历
calendar.prcal(2020, m=4)
# 以多行字符串形式返回一年的日历
print(calendar.calendar(2020, m=4))


"""Calendar 类的实例方法"""
# 获取一周每天的数字
c = calendar.Calendar()
print(list(c.iterweekdays()))
# 获取一个月在日历上的所有日期
c = calendar.Calendar(firstweekday=6)
for item in c.itermonthdates(2020, 8):
    print(item)
# 获取一个月在日历上的所有天数
c = calendar.Calendar(firstweekday=6)
for item in c.itermonthdays(2020, 8):
    print(item)
# 返回一个月的天数与星期
c = calendar.Calendar(firstweekday=6)
for item in c.itermonthdays2(2020, 8):
    print(item)
```

```python
# 返回一个月的日期列表
c = calendar.Calendar(firstweekday=6)
for item in c.monthdatescalendar(2020, 8):
    print(item)
# 返回一个月的天数列表
c = calendar.Calendar(firstweekday=6)
for item in c.monthdayscalendar(2020, 8):
    print(item)
# 返回一个月的天数与星期列表
c = calendar.Calendar(firstweekday=6)
for item in c.monthdays2calendar(2020, 8):
    print(item)
# 返回一年的所有日期
c = calendar.Calendar(firstweekday=6)
for item in c.yeardatescalendar(2020, 3):
    print(item)
# 返回一年中每个月的天数
c = calendar.Calendar(firstweekday=6)
for item in c.yeardayscalendar(2020, 3):
    print(item)
# 返回一年中每个月的天数与星期的元组
c = calendar.Calendar(firstweekday=6)
for item in c.yeardays2calendar(2020, 3):
    print(item)


"""TextCalendar 类的实例方法"""
# 以多行字符串形式返回一个月的日历
c = calendar.TextCalendar(firstweekday=6)
print(c.formatmonth(2020, 8))
# 日历打印功能
c = calendar.TextCalendar(firstweekday=6)
c.prmonth(2020, 8)
# 以多行字符串形式返回一年的日历
c = calendar.TextCalendar(firstweekday=6)
print(c.formatyear(2020, m=4))


"""HTMLCalendar 类的实例方法"""
# 返回一个月的日历内容
c = calendar.HTMLCalendar(firstweekday=6)
print(c.formatmonth(2020, 8, withyear=False))
# 返回一年的日历内容
c = calendar.HTMLCalendar(firstweekday=6)
print(c.formatyear(2020, width=4))
# 返回一年的日历内容
c = calendar.HTMLCalendar(firstweekday=6)
print(c.formatyearpage(2020, width=4))
```

12.3 time 模块

time 模块是 Python 内置模块，用于提供存取与转换时间的函数。时间是使用 UTC（Universal Time Coordinated，协调世界时）时间格式表示的（UTC 也叫作格林尼治时间）。

从官方文档得知，time 模块定义了许多函数及方法，这些函数及方法可以分为系统级别和线程级别，系统级别是获取当前操作系统的时间数据，线程级别是获取线程的执行时间等时间数据。在实际应用中，我们经常使用系统级别的函数方法获取时间数据，在 12.1 节中已经介绍了 time 模块的一些使用方法，本节将继续讲述 time 模块常用的函数及方法。

localtime() 函数是把以秒为单位的时间转换为本地时间，该函数的返回值是一个元组，它的语法格式如下：

```
localtime(secs)
```

可选参数 secs 代表需要转化的时间，若没有设置 secs 参数，则使用当前的时间，示例如下：

```
import time
print(time.localtime())
```

上述代码的运行结果如图 12-4 所示。

```
time.struct_time(tm_year=2020, tm_mon=8, tm_mday=9, tm_hour=14,

Process finished with exit code 0
```

图 12-4 运行结果

gmtime() 函数是把以秒为单位的时间转换为 UTC 时间（格林尼治时间），该函数的返回值是一个元组，它的语法格式如下：

```
time.gmtime(secs)
```

gmtime() 函数设有可选参数 secs，代表需要转化的时间，参数以时间戳（按秒计算的浮点数）表示，若没有设置 secs 参数，则使用当前的时间，示例如下：

```
import time
print(time.gmtime(1596681860))
print(time.gmtime())
```

上述代码的运行结果如图 12-5 所示。

```
time.struct_time(tm_year=2020, tm_mon=8, tm_mday=6, tm_hour=2,
time.struct_time(tm_year=2020, tm_mon=8, tm_mday=9, tm_hour=6,

Process finished with exit code 0
```

图 12-5 运行结果

mktime() 函数是将 gmtime() 或 localtime() 函数的返回值转换为以秒为单位的浮点数，该函数的执行操作与 gmtime() 或 localtime() 函数相反，它的语法格式如下：

```
time.mktime(tuple)
```

mktime()函数的参数 tuple 是指需要转化的时间，参数 tuple 必须是结构化的时间或完整的 9 位元素的元组。如果输入的值不是合法时间，就会触发异常提示，示例如下：

```
import time
t = time.localtime()
print(time.mktime(t))
t1 = (2020, 8, 20, 12, 45, 5, 42, 30, 11)
print(time.mktime(t1))
t2 = (2020, 8, 20, 12)
print(time.mktime(t2))
```

上述代码的运行结果如图 12-6 所示。

```
1596956116.0
1597898705.0
Traceback (most recent call last):
  File "C:/xy/py/cc.py", line 59, in <module>
    print(time.mktime(t2))
TypeError: mktime(): illegal time tuple argument

Process finished with exit code 1
```

图 12-6　运行结果

ctime()函数的作用是把一个时间戳（按秒计算的浮点数）转化为字符串格式的时间格式，并且时间格式是固定的，它的语法格式如下：

```
time.ctime(secs)
```

ctime()设有可选参数 secs，如果不指定参数 secs 的值或者参数值为 None，程序就会默认将 time.time()（当时时间的时间戳）作为参数，示例如下：

```
import time
print(time.ctime(1596681860.123))
print(time.ctime())
```

上述代码的运行结果如图 12-7 所示。

```
Thu Aug  6 10:44:20 2020
Sun Aug  9 14:57:05 2020

Process finished with exit code 0
```

图 12-7　运行结果

sleep()函数是将目前的程序置入等待状态，等待时间以秒为单位，它的语法格式如下：

```
time.sleep(secs)
```

sleep()的参数 secs 是必选参数，参数值可以为整数和浮点数，如果不设置参数值，程序就会提示 TypeError 异常信息，示例如下：

```
import time
time.sleep(2)
time.sleep(1.5)
time.sleep()
```

上述代码的运行结果如图 12-8 所示。

```
Traceback (most recent call last):
  File "C:/xy/py/cc.py", line 56, in <module>
    time.sleep()
TypeError: sleep() takes exactly one argument (0 given)

Process finished with exit code 1
```

图 12-8　运行结果

strptime()函数是根据指定的时间格式把一个时间字符串转化为元组格式。实际上，它与 strftime()是逆操作。它的语法格式如下：

```
time.strptime(string, format)
```

strptime()的必选参数 string 代表字符串格式的时间，可选参数 format 指格式化字符串，默认值为"%a %b %d %H:%M:%S %Y"，该函数将返回元组格式的时间对象，示例如下：

```
import time
print(time.strptime('2020-08-08', '%Y-%m-%d'))
# 参数 format 的默认值: %a %b %d %H:%M:%S %Y
print(time.strptime('Sun Sep 09 12:12:06 2020'))
```

上述代码的运行结果如图 12-9 所示。

```
time.struct_time(tm_year=2020, tm_mon=8, tm_mday=8, tm_hour=0,
time.struct_time(tm_year=2020, tm_mon=9, tm_mday=9, tm_hour=12,

Process finished with exit code 0
```

图 12-9　运行结果

12.4　datetime 模块

datetime 是 Python 内置模块，这是日期和时间相关的模块，包括 date 和 time 的所有信息，支持 0001 年到 9999 年，它一共定义了 5 个类，每个类的说明如下：

（1）date：表示日期的类，主要属性有 year、month 和 day。

（2）time：表示时间的类，主要属性有 hour、minute、second、microsecond 和 tzinfo。

（3）datetime：表示日期和时间的组合类，常用的属性有 year、month、day、hour、minute、

second、microsecond 和 tzinfo。

（4）timedelta：表示时间间隔类，即两个时间点之间的长度。

（5）tzinfo：表示时区信息类。

date 类的属性由年份（year）、月份（month）及日期（day）三部分构成，示例如下：

```
import datetime
d = datetime.date.today()
print(d)
print('year: ', d.year)
print('month: ', d.month)
print('day: ', d.day)
```

上述代码的运行结果如图 12-10 所示。

```
2020-08-09
year: 2020
month: 8
day: 9

Process finished with exit code 0
```

图 12-10　运行结果

date 类的属性方法可以根据功能进行划分，分为构造函数、运算函数和功能函数，如表 12-4 所示。

表12-4　date类的属性方法

属性方法	类　型	作　用
__new__()	构造函数	创建 date 类的实例化对象
fromtimestamp(t)	构造函数	以类方法定义构造函数，传入时间戳创建 date 类的实例化对象
today()	构造函数	以类方法定义构造函数，传入当前时间创建 date 类的实例化对象
fromordinal(n)	构造函数	以类方法定义构造函数，将日期以天数传入并创建 date 类的实例化对象，从公元前 1 年 1 月 1 日开始计算，整数增加 1 代表增加 1 天
__repr__()	运算函数	将 date 类的实例化转换为字符串格式
__str__()	运算函数	将日期转换为 YYYY-MM-DD 的日期格式
__eq__()	运算函数	判断两个日期是否相等
__ge__()	运算函数	判断两个日期是否大于等于
__gt__()	运算函数	判断两个日期是否大于
__le__()	运算函数	判断两个日期是否小于等于
__lt__()	运算函数	判断两个日期是否小于
__ne__()	运算函数	判断两个日期是否不等于
__add__() __radd__()	运算函数	获取当前日期添加天数后的日期

（续表）

属性方法	类 型	作 用
__sub__() __rsub__()	运算函数	计算两个日期相差多少天数
ctime()	功能函数	将日期转换为%s %s %2d 00:00:00 %04d 的格式
strftime(fmt)	功能函数	将日期转换为指定的格式
__format__()	功能函数	将日期转换为指定的格式
isoformat()	功能函数	将日期转换为 YYYY-MM-DD 的日期格式
timetuple()	功能函数	将日期转换为元组格式表示
toordinal()	功能函数	将日期转换为整数表示，从公元前 1 年 1 月 1 日开始计算，整数增加 1 代表增加 1 天
replace()	功能函数	将日期的年月日替换为新的数据
weekday()	功能函数	获取当天在一周中是星期几，星期一代表 0，星期天代表 6
isoweekday()	功能函数	获取当天在一周中是星期几，星期一代表 1，星期天代表 7
isocalendar()	功能函数	获取某个日期在当年中是第几周和星期几

为了进一步理解 date 类的属性方法，下面在代码中实现这些属性方法的应用，示例如下：

```
import datetime
# 使用默认构造函数__new__()
a = datetime.date(2020, 10, 30)
print('使用默认构造函数__new__():', a)
# 使用构造函数 fromtimestamp(t)
a = datetime.date.fromtimestamp(1596708942.4904885)
print('使用构造函数 fromtimestamp(t):', a)
# 使用构造函数 today()
a = datetime.date.today()
print('使用构造函数 today():', a)
# 使用构造函数 fromordinal(n)
a = datetime.date.fromordinal(730920)
print('使用构造函数 fromordinal(n):', a)
# 使用__repr__()
a = datetime.date.today()
print('使用__repr__():', type(repr(a)), repr(a))
# 使用__str__()
a = datetime.date.today()
print('使用__str__():', a.__str__())
# 使用比较运算符
a = datetime.date.today()
b = datetime.date(2020, 10, 30)
print('使用__eq__():', a.__eq__(b))
print('使用__ge__():', a.__ge__(b))
print('使用__gt__():', a.__gt__(b))
print('使用__le__():', a.__le__(b))
```

```
print('使用__lt__(): ', a.__lt__(b))
print('使用__ne__(): ', a.__ne__(b))
print('使用__sub__(): ', a.__sub__(b).days)
print('使用__rsub__(): ', a.__rsub__(b).days)
t = datetime.timedelta(3)
print('使用__add__(): ', b.__add__(t))
print('使用__radd__(): ', b.__radd__(t))
# 使用 ctime()
a = datetime.date.today()
print('使用 ctime(): ', a.ctime())
# 使用 strftime()
a = datetime.date.today()
print('使用 strftime(): ', a.strftime('%Y-%m-%d'))
# 使用__format__()
a = datetime.date.today()
print('使用__format__(): ', a.__format__('%Y-%m-%d'))
# 使用 isoformat()
a = datetime.date.today()
print('使用 isoformat(): ', a.isoformat())
# 使用 timetuple()
a = datetime.date.today()
print('使用 timetuple(): ', a.timetuple())
# 使用 toordinal()
a = datetime.date.today()
print('使用 toordinal(): ', a.toordinal())
# 使用 replace()
a = datetime.date.today()
print('使用 replace(): ', a.replace(year=2021))
# 使用 weekday()
a = datetime.date.today()
print('使用 weekday(): ', a.weekday())
# 使用 isoweekday()
a = datetime.date.today()
print('使用 isoweekday(): ', a.isoweekday())
# 使用 isocalendar()
a = datetime.date.today()
print('使用 isocalendar(): ', a.isocalendar())
```

运行上述代码，运行结果如图 12-11 所示。

```
使用默认构造函数__new__():  2020-10-30
使用构造函数fromtimestamp(t):  2020-08-06
使用构造函数today():  2020-08-09
使用构造函数fromordinal(n):  2002-03-11
使用__repr__():  <class 'str'> datetime.date(2020, 8, 9)
使用__str__():  2020-08-09
使用__eq__():  False
使用__ge__():  False
使用__gt__():  False
使用__le__():  True
使用__lt__():  True
使用__ne__():  True
使用__sub__():  -82
使用__rsub__():  82
使用__add__():  2020-11-02
使用 radd ():  2020-11-02
使用ctime():  Sun Aug  9 00:00:00 2020
使用strftime():  2020-08-09
使用__format__():  2020-08-09
使用isoformat():  2020-08-09
使用timetuple():  time.struct_time(tm_year=2020, tm_mon=8, tm_mday=9, tm_hour=0,
使用toordinal():  737646
使用replace():  2021-08-09
使用weekday():  6
使用isoweekday():  7
使用isocalendar():  (2020, 32, 7)
```

图 12-11　运行结果

time 类由小时（hour）、分钟（minute）、秒（second）、毫秒（microsecond）和时区（tzinfo）组成，示例如下：

```python
import datetime
t = datetime.time(14, 30, 20, 666)
print(t)
print('hour: ', t.hour)
print('minute: ', t.minute)
print('second: ', t.second)
print('microsecond: ', t.microsecond)
```

上述代码的运行结果如图 12-12 所示。

```
14:30:20.000666
hour: 14
minute: 30
second: 20
microsecond: 666

Process finished with exit code 0
```

图 12-12　运行结果

time 类的属性方法可以根据功能进行划分，分为构造函数、运算函数和功能函数，如表 12-5 所示。

表12-5 time类的属性方法

属性方法	类 型	作 用
__new__()	构造函数	创建 time 类的实例化对象
__repr__()	运算函数	将 time 类的实例化转换为字符串格式
__str__()	运算函数	将时间转换为 HH:MM:SS.mmmmmm+zz:zz 格式
__eq__()	运算函数	判断两个时间是否相等
__ge__()	运算函数	判断两个时间是否大于等于
__gt__()	运算函数	判断两个时间是否大于
__le__()	运算函数	判断两个时间是否小于等于
__lt__()	运算函数	判断两个时间是否小于
isoformat()	功能函数	将时间转换为 HH:MM:SS.mmmmmm+zz:zz 格式
strftime(fmt)	功能函数	将时间转换为指定的格式
utcoffset()	功能函数	返回时区时间的偏移量
tzname()	功能函数	返回时区的名字
replace()	功能函数	将时间的时、分、秒、毫秒替换为新的数据

为了进一步理解 time 类的属性方法，下面在代码中实现这些属性方法的应用，示例如下：

```python
import datetime
# 创建 timzone 对象
tz = datetime.timezone(datetime.timedelta(hours=8))
# 创建 time 类的实例化对象
t = datetime.time(14, 30, 20, 666, tz)
# 使用__repr__()
print('使用__repr__(): ', t.__repr__())
# 使用__str__()
print('使用__str__(): ', t.__str__())
# 使用运算符
t1 = datetime.time(15, 20, 20, 666, tz)
print('使用__eq__(): ', t.__eq__(t1))
print('使用__ge__(): ', t.__ge__(t1))
print('使用__gt__(): ', t.__gt__(t1))
print('使用__le__(): ', t.__le__(t1))
print('使用__lt__(): ', t.__lt__(t1))
# 使用 isoformat()
print('使用 isoformat(): ', t.isoformat())
# 使用 tzname()和 utcoffset()
print('使用 tzname(): ', t.tzname())
print('使用 utcoffset(): ', t.utcoffset())
```

上述代码的运行结果如图 12-13 所示。

```
使用__repr__(): datetime.time(14, 30, 20, 666, tzinfo=datetime.
使用__str__(): 14:30:20.000666+08:00
使用__eq__(): False
使用__ge__(): False
使用__gt__(): False
使用__le__(): True
使用__lt__(): True
使用isoformat(): 14:30:20.000666+08:00
使用tzname(): UTC+08:00
使用utcoffset(): 8:00:00
```

图 12-13　运行结果

datetime 类可以看作 date 类和 time 类的组合，其大部分的方法和属性都继承自这两个类。它的属性有年份（year）、月份（month）、日期（day）、小时（hour）、分钟（minute）、秒（second）、毫秒（microsecond）和时区（tzinfo），示例如下：

```python
import datetime
d = datetime.datetime.now()
print(d)
print('year: ', d.year)
print('month: ', d.month)
print('day: ', d.day)
print('hour: ', d.hour)
print('minute: ', d.minute)
print('second: ', d.second)
print('microsecond: ', d.microsecond)
print('tzinfo: ', d.tzinfo)
print('fold: ', d.fold)
print('date(): ', d.date())
```

上述代码的运行结果如图 12-14 所示。

```
2020-08-09 15:32:05.719016
year: 2020
month: 8
day: 9
hour: 15
minute: 32
second: 5
microsecond: 719016
tzinfo: None
fold: 0
date(): 2020-08-09
```

图 12-14　运行结果

datetime 类的属性方法可以根据功能进行划分，分为构造函数、运算函数和功能函数，如表 12-6 所示。

表12-6　datetime类的属性方法

属性方法	类　型	作　用
__new__()	构造函数	创建 datetime 类的实例化对象
fromtimestamp()	构造函数	传入时间戳生成 datetime 类的实例化对象
utcfromtimestamp()	构造函数	传入时间戳生成 datetime 类的实例化对象，日期以 UTC 格式表示
now()	构造函数	以当前时间生成 datetime 类的实例化对象
utcnow()	构造函数	以当前时间生成 datetime 类的实例化对象，日期以 UTC 格式表示
combine()	构造函数	传入日期和时间生成 datetime 类的实例化对象
fromisoformat()	构造函数	传入字符串的日期格式生成 datetime 类的实例化对象
__eq__()	运算函数	判断两个日期时间是否相等
__ge__()	运算函数	判断两个日期时间是否大于等于
__gt__()	运算函数	判断两个日期时间是否大于
__le__()	运算函数	判断两个日期时间是否小于等于
__lt__()	运算函数	判断两个日期时间是否小于
__add__() __radd__()	运算函数	获取当前日期时间添加天数或时间后的日期时间
__sub__() __rsub__()	运算函数	计算两个日期时间相差多少天或时间
timetuple()	功能函数	将日期转换为元组格式表示
timestamp()	功能函数	将日期转换为时间戳表示
utctimetuple()	功能函数	将 UTC 日期转换为元组格式表示
date()	功能函数	返回日期的数据
time()	功能函数	返回时间的数据，不带时区信息
timetz()	功能函数	返回时间的数据，带时区信息
replace()	功能函数	将日期和时间的数据替换为新数据
astimezone()	功能函数	在 UTC 时间的基础上修改时区
ctime()	功能函数	将日期转换为%s %s %2d %02d:%02d:%02d %04d 的格式
isoformat()	功能函数	将日期转换为 YYYY-MM-DD 的格式
utcoffset()	功能函数	返回时区时间的偏移量
tzname()	功能函数	返回时区的名字

由于 datetime 类的大部分方法和属性都继承自 date 类和 time 类，我们只讲述 datetime 类特有方法的使用过程，而继承 date 类和 time 类的方法不再重复讲述，示例如下：

```
import datetime
# 使用 now()
d = datetime.datetime.now()
print('使用 now(): ', d)
# 使用 utcnow()
d = datetime.datetime.utcnow()
```

```python
print('使用 utcnow()：', d)
# 使用 combine()
dd = datetime.date.today()
t = datetime.time(14, 30, 20, 666)
d = datetime.datetime.combine(dd, t)
print('使用 combine()：', d)
# 使用 fromisoformat()
d = datetime.datetime.fromisoformat('2020-08-07 03:33:44.458885')
print('使用 fromisoformat()：', d)
# 使用 timetuple()
d = datetime.datetime.today()
print('使用 timetuple()：', d.timetuple())
# 使用 timestamp()
d = datetime.datetime.today()
print('使用 timestamp()：', d.timestamp())
# 使用 utctimetuple()
d = datetime.datetime.today()
print('使用 utctimetuple()：', d.utctimetuple())
# 使用 date()
d = datetime.datetime.today()
print('使用 date()：', d.date())
# 使用 time()
d = datetime.datetime.today()
print('使用 time()：', d.time())
# 使用 timetz()
d = datetime.datetime.today()
print('使用 timetz()：', d.timetz())
# 使用 astimezone()
utc_time = datetime.datetime.now()
# 获取日本东京时区
from pytz import timezone
# 使用 pytz 模块的 timezone 生成某个时区的对象信息
local_tz = timezone('Asia/Tokyo')
# 计算当前北京时间对应的东京时间
t = utc_time.astimezone(local_tz)
print('使用 astimezone()：', t)
# 使用 tzname()
print('使用 tzname()：(日本标准时间)', t.tzname())
```

上述代码的运行结果如图 12-15 所示。

```
使用now(): 2020-08-09 15:53:27.109276
使用utcnow(): 2020-08-09 07:53:27.109276
使用combine(): 2020-08-09 14:30:20.000666
使用fromisoformat(): 2020-08-07 03:33:44.458885
使用timetuple(): time.struct_time(tm_year=2020, tm_mon=8, tm_mday=9,
使用timestamp(): 1596959607.109277
使用utctimetuple(): time.struct_time(tm_year=2020, tm_mon=8, tm_mday
使用date(): 2020-08-09
使用time(): 15:53:27.109277
使用timetz(): 15:53:27.109277
使用astimezone(): 2020-08-09 16:53:27.109276+09:00
使用tzname(): (日本标准时间) JST
```

图 12-15　运行结果

　　timedelta 类用于计算两个 datetime 对象的差值，它包含以下属性：周数（weeks）、天数（days）、小时（hours）、分钟（minutes）、秒数（seconds）、毫秒（milliseconds）、微秒（microseconds），示例如下：

```python
import datetime
d = datetime.datetime.now()
w = datetime.timedelta(weeks=1)
print('当前日期时间加上 1 周后的日期时间', d+w)
print('当前日期时间减去 1 周后的日期时间', d-w)
dd = datetime.timedelta(days=10)
print('当前日期时间加上 10 天后的日期时间', d+dd)
print('当前日期时间减去 10 天后的日期时间', d-dd)
h = datetime.timedelta(hours=1)
print('当前日期时间加上 1 小时后的日期时间', d+h)
print('当前日期时间减去 1 小时后的日期时间', d-h)
m = datetime.timedelta(minutes=1)
print('当前日期时间加上 1 分钟后的日期时间', d+m)
print('当前日期时间减去 1 分钟后的日期时间', d-m)
s = datetime.timedelta(seconds=60)
print('当前日期时间加上 60 秒后的日期时间', d+s)
print('当前日期时间减去 60 秒后的日期时间', d-s)
ms = datetime.timedelta(milliseconds=60)
print('当前日期时间加上 60 毫秒后的日期时间', d+ms)
print('当前日期时间减去 60 毫秒后的日期时间', d-ms)
ms = datetime.timedelta(microseconds=60)
print('当前日期时间加上 60 微秒后的日期时间', d+ms)
print('当前日期时间减去 60 微秒后的日期时间', d-ms)
```

上述代码的运行结果如图 12-16 所示。

```
当前日期时间加上1周后的日期时间 2020-08-16 15:54:53.491452
当前日期时间减去1周后的日期时间 2020-08-02 15:54:53.491452
当前日期时间加上10天后的日期时间 2020-08-19 15:54:53.491452
当前日期时间减去10天后的日期时间 2020-07-30 15:54:53.491452
当前日期时间加上1小时后的日期时间 2020-08-09 16:54:53.491452
当前日期时间减去1小时后的日期时间 2020-08-09 14:54:53.491452
当前日期时间加上1分钟后的日期时间 2020-08-09 15:55:53.491452
当前日期时间减去1分钟后的日期时间 2020-08-09 15:53:53.491452
当前日期时间加上60秒后的日期时间 2020-08-09 15:55:53.491452
当前日期时间减去60秒后的日期时间 2020-08-09 15:53:53.491452
当前日期时间加上60毫秒后的日期时间 2020-08-09 15:54:53.551452
当前日期时间减去60毫秒后的日期时间 2020-08-09 15:54:53.431452
当前日期时间加上60微秒后的日期时间 2020-08-09 15:54:53.491512
当前日期时间减去60微秒后的日期时间 2020-08-09 15:54:53.491392
```

图 12-16　运行结果

tzinfo 是关于时区信息的类，但它是一个抽象类，不能直接被实例化，所以 Python 定义了其子类 timezone。timezone 类是以 UTC 时间为基准的，在实例化 timezone 类的时候，如果要获取某个时区的日期时间，就必须传入当前时区与 UTC 的时间差，详细示例如下：

```python
from datetime import datetime, timedelta, timezone
# 获取 UTC 时间
# timezone.utc 代表 UTC 时间
utc_dt = datetime.utcnow().replace(tzinfo=timezone.utc)
print(timezone.utc)
print('UTC 时间：', utc_dt)
# UTC 时间与北京时间相差 8 小时
# timezone(timedelta(hours=8)) 代表当前北京时间
cn_dt = utc_dt.astimezone(timezone(timedelta(hours=8)))
print(timezone(timedelta(hours=8)))
print('北京时间：', cn_dt)
# UTC 时间与东京时间相差 9 小时
# timezone(timedelta(hours=9)) 代表当前东京时间
jan_dt = utc_dt.astimezone(timezone(timedelta(hours=9)))
print(timezone(timedelta(hours=9)))
print('东京时间：', jan_dt)
```

上述代码的运行结果如图 12-17 所示。

```
UTC
UTC时间： 2020-08-09 07:56:07.710733+00:00
UTC+08:00
北京时间： 2020-08-09 15:56:07.710733+08:00
UTC+09:00
东京时间： 2020-08-09 16:56:07.710733+09:00
```

图 12-17　运行结果

12.5　实战项目：限时支付

日期时间在现实和互联网中都有非常重要的作用，在电商领域，日期时间更是随处可见，如限时支付、订单日期、优惠价有效日期、会员期限、限时抢购等功能都涉及日期时间的应用。

以限时支付为例，用户从创建订单的时间开始，如果在限定的时间段内完成支付过程，订单将提示支付成功，否则订单改为取消状态，实现代码如下：

```python
import time

def orders():
    i = '创建订单请输入"C",查询订单请输入"Q",支付订单请输入"P"'
    info = input(i)
    if info == 'C':
        time.sleep(1)
        pay_time = int(time.time()) + 10
        order_list.append([pay_time, '未支付'])
        print('订单创建成功')
    if info == 'Q':
        for i in order_list:
            print(f"订单编号：{i[0]},状态：{i[1]}")
    if info == 'P':
        pay_time = input("输入订单编号：")
        now = int(time.time())
        for i in order_list:
            if i[0] == int(pay_time):
                if i[1] == '未支付':
                    if now <= i[0]:
                        i[1] = '已支付'
                        print('支付成功')
                    else:
                        i[1] = '已取消'
                        print('支付超时')
                else:
                    print('订单已支付或已取消')

if __name__ == '__main__':
    order_list = []
    while 1:
        orders()
```

在 PyCharm 中运行上述代码，根据程序提示执行相应操作，详细说明如下：

（1）首先输入两次大写字母 C，分别创建两张不同时间戳的订单。

（2）然后输入大写字母 Q，查询已创建的订单，订单状态均为未支付状态。

（3）最后输入大写字母 P，程序将提示输入订单编号，当输入订单编号的时候，如果订单创建时间与支付时间在 10 秒内，就提示支付成功，否则提示支付超时。

程序的运行结果如图 12-18 所示。

```
创建订单请输入"C",查询订单请输入"Q",支付订单请输入"P"C
订单创建成功
创建订单请输入"C",查询订单请输入"Q",支付订单请输入"P"C
订单创建成功
创建订单请输入"C",查询订单请输入"Q",支付订单请输入"P"Q
订单编号：1599371714,状态：未支付
订单编号：1599371716,状态：未支付
创建订单请输入"C",查询订单请输入"Q",支付订单请输入"P"P
输入订单编号：1599371714
支付成功
创建订单请输入"C",查询订单请输入"Q",支付订单请输入"P"P
输入订单编号：1599371716
支付超时
创建订单请输入"C",查询订单请输入"Q",支付订单请输入"P"Q
订单编号：1599371714,状态：已支付
订单编号：1599371716,状态：已取消
创建订单请输入"C",查询订单请输入"Q",支付订单请输入"P"
```

图 12-18　运行结果

分析上述代码，函数 orders()设置了 3 个条件判断，详细说明如下：

（1）当输入大写字母 C 的时候，函数 orders()将创建订单，在创建订单之前使用 time.sleep(1)延时 1 秒，这是防止同一秒内创建多张订单。订单编号是以当前时间的 10 秒后的时间戳表示的。最后将订单写入列表 order_list 中。

（2）当输入大写字母 Q 的时候，函数 orders()查询列表 order_list 的所有元素，输入每一张订单的编号和状态。

（3）当输入大写字母 P 的时候，函数 orders()将进入支付功能。首先提示用户输入需要支付的订单编号和获取当前支付时间；然后从列表 order_list 中找出对应的订单信息。如果订单状态是未支付并且订单编号的时间戳大于或等于支付时间，程序修改订单状态并提示支付成功，说明当前支付时间是在规定时间内完成的；如果订单编号的时间戳小于支付时间，就说明当前支付时间已超出规定的时间，程序修改订单状态并提示支付超时，如果订单状态不是未支付，就说明该订单已执行过一次支付过程，订单的状态可能是已支付或已取消。

12.6　本章小结

在 Python 语言中，日期时间通常有 3 种表示方式，即时间戳、时间元组和格式化时间。

时间戳是指格林尼治时间 1970 年 1 月 1 日 00 时 00 分 00 秒，即北京时间 1970 年 1 月 1 日 08 时 00 分 00 秒起至现在的总秒数。目前，Python 支持的最大时间戳为 32535244799（3001-01-01 15:59:59）。

　　时间元组（struct_time）包含时间的年、月、日、时、分、秒、一年中第几周、一年中第几天、是否为夏令时，它可以使用 time 模块的函数 strptime() 或 localtime() 生成。

　　格式化时间是根据实际需要将时间按一定的格式表示，比如 2020-10-01 或 2020/10/01 等。我们可以使用 time 模块的 strftime() 函数来格式化时间。

　　calendar 是 Python 内置模块，这是与日历相关的模块，它定义了 Calendar、TextCalendar 以及 HTMLCalendar 类，其中 Calendar 是 TextCalendar 与 HTMLCalendar 的基类，并且对外提供了很多方法，例如 calendar()、month()、prcal() 和 prmonth() 等。

　　time 模块是 Python 内置模块，用于提供存取与转换时间的函数。时间是使用 UTC（Universal Time Coordinated，协调世界时）时间格式表示的（UTC 也叫作格林尼治时间）。

　　datetime 是 Python 内置模块，这是日期和时间相关的模块，包括 date 和 time 的所有信息，支持 0001 年到 9999 年，它一共定义了 5 个类，每个类的说明如下：

　　（1）date：表示日期的类，主要属性有 year、month 和 day。

　　（2）time：表示时间的类，主要属性有 hour、minute、second、microsecond 和 tzinfo。

　　（3）datetime：表示日期和时间的组合类，常用的属性有 year、month、day、hour、minute、second、microsecond 和 tzinfo。

　　（4）timedelta：表示时间间隔类，即两个时间点之间的长度。

　　（5）tzinfo：表示时区信息类。

第13章

文件处理

文件处理主要分为文件的读取和写入操作，不同的文件类型有不一样的处理方式，普通文件的读写操作可以使用内置函数 open()实现，但一些较为特殊的文件的读写操作需要特定的模块或包。

本章将会讲述 Python 如何读取文件的目录和路径、使用 open()读写 TXT 文件、使用 configparser 读写配置文件、使用 csv 读写 CSV 文件、使用 xlrd 和 xlwt 读写 Excel 文件、使用 python-docx 读写 Word 文件。

13.1　使用 os 模块处理文件与目录

当我们在读写系统中某个文件的时候，必须找到文件所在路径才能读取文件，否则程序无法找到目标文件。Python 的 os 模块为我们提供了查找目录中所有文件的方法。查看 os 模块的帮助文档，文档里面详细讲述了模块相关函数和使用方法，查看方法如下：

```
import os
help(os)
```

os 模块的帮助文档如图 13-1 所示。由于帮助文档内容较多，本书只截取部分内容。

```
DESCRIPTION
    This exports:
      - all functions from posix or nt, e.g. unlink, stat, etc.
      - os.path is either posixpath or ntpath
      - os.name is either 'posix' or 'nt'
      - os.curdir is a string representing the current directory (always '.')
      - os.pardir is a string representing the parent directory (always '..')
      - os.sep is the (or a most common) pathname separator ('/' or '\\')
      - os.extsep is the extension separator (always '.')
      - os.altsep is the alternate pathname separator (None or '/')
      - os.pathsep is the component separator used in $PATH etc
      - os.linesep is the line separator in text files ('\r' or '\n' or '\r\n')
      - os.defpath is the default search path for executables
      - os.devnull is the file path of the null device ('/dev/null', etc.)

    Programs that import and use 'os' stand a better chance of being
    portable between different platforms.  Of course, they must then
    only use functions that are defined by all platforms (e.g., unlink
    and opendir), and leave all pathname manipulation to os.path
    (e.g., split and join).
```

图 13-1 帮助文档

由于 os 模块定义了较多的函数及方法,因此本书只列举说明一些常用的函数及方法,详细说明如下:

```
# os.getcwd():查看当前运行环境所在的路径信息
import os
print(os.getcwd())
# os.walk():获取目录下所有的目录和文件夹信息
for root, dirs, files in os.walk(r"C:\xy\html"):
    for name in files:
        print(os.path.join(root, name))
    for name in dirs:
        print(os.path.join(root, name))
# os.chdir():将当前路径切换到某个指定路径
print('切换前: ', os.getcwd())
os.chdir(r'C:\Users\Administrator\Downloads')
print('切换后: ', os.getcwd())
# os.curdir:返回当前目录的名称
print(os.curdir)
# os.pardir:返回当前目录的父目录的名称
print(os.pardir)
# os.makedirs():生成一个多层递归目录
os.makedirs(r'D:\xy\htmls')
# os.removedirs():目录为空,删除并返回上级目录,如果上级目录也为空,就执行同样的操作,
以此类推
os.removedirs(r'D:\xy\htmls')
# os.mkdir():创建一个目录
os.mkdir(r'D:\xy\htmls')
# os.rmdir():删除某个目录,若目录不为空,则无法删除并提示异常
```

```python
os.rmdir(r'D:\xy\htmls')
# os.listdir()：显示指定目录下所有的文件和子目录，包括隐藏文件
dirs = os.listdir(r'D:\xy\html')
print(dirs)
# os.remove()：删除文件，不能删除文件夹
os.remove(r'D:\xy\html\aa.txt')
# os.stat()：获取文件/目录信息，并获取到文件的大小
info = os.stat(r'C:\xy\html\aa.txt')
print(info)
# os.sep：输出操作系统特定的路径分隔符，如 Windows 为\\，Linux 为/
s = os.sep
print(s)
# os.pathsep：输出用于分隔文件路径的字符串
print(os.pathsep)
# os.system()：运行 Shell 命令
print(os.system('ipconfig'))
# os.environ：获取操作系统的环境变量
print(os.environ)
# os.path.split(path)：将参数 path 分隔，以元组返回
print(os.path.split(r'C:\xy\html'))
# os.path.abspath(path)：返回参数 path 的绝对路径
print(os.path.abspath(r'xy\html'))
# os.path.dirname(path)：返回参数 path 的上一级目录
print(os.path.dirname(r'D:\xy\html'))
# os.path.basename(path)：返回参数 path 最后的目录或文件的名称
print(os.path.basename(r'D:\xy\html'))
# os.path.exists(path)：判断参数 path 是否存在,若存在则返回 True,若不存在则返回 False
print(os.path.exists('/test/123/abc'))
# os.path.isabs(path)：判断参数 path 是否为绝对路径，如果是就返回 True
print(os.path.isabs(r'D:\xy\html'))
# os.path.isfile(path)：判断参数 path 是否为文件，如果是就返回 True，否则返回 False
print(os.path.isfile(r'D:\xy\html'))
# os.path.isdir(path)：判断参数 path 是否存在，如果是就返回 True，否则返回 False
print(os.path.isdir(r'D:\xy\html'))
# os.path.join(path1,[path2],[path3])：将路径和文件名拼接
print(os.path.join(r'D:\xy\html', 'aa.txt'))
# os.path.getatime(path)：返回参数 path 所指向的文件或者目录的最后存取时间
print(os.path.getatime(r'D:\xy\html'))
# os.path.getmtime(time)：返回参数 path 所指向的文件或者目录的最后修改时间
print(os.path.getmtime(r'D:\xy\html'))
# os.popen()：以临时文件的方式执行 Shell 命名
f = os.popen(r"ipconfig", "r")
print(f.read())
f.close()
```

13.2　使用 open() 读写 TXT 文件

　　TXT 文件是微软在操作系统上附带的一种文本格式，它也能在其他操作系统上使用，这是目前使用较为广泛的文本格式之一。Python 读写 TXT 文件可以使用内置函数 open() 实现。内置函数 open() 支持大部分文本文件的读写，TXT 文件是其中之一，详细的读写方法如下：

```
f = open('test.txt', 'w', encoding='utf-8')
f.write('This is Python')
f.close()
```

　　运行上述代码，程序会在当前运行环境的目录中创建 test.txt 文件，并在文件中写入 This is Python，如图 13-2 所示。

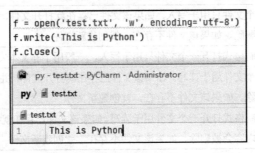

图 13-2　运行结果

　　上述例子只是演示了内置函数 open() 如何写入 TXT 文件，内置函数 open() 一共设有 7 个参数，完整语法如下：

```
open(file, mode='r', buffering=None, encoding=None, errors=None, newline=None,
    closefd=True)
```

　　内置函数 open() 设置了 1 个必选参数和 6 个可选参数，每个参数的说明如下：

　　（1）file：必选参数，代表文件路径（相对路径或者绝对路径）。

　　（2）mode：可选参数，文件打开模式。

　　（3）buffering：设置缓冲。

　　（4）encoding：设置编码格式，一般使用 UTF8。

　　（5）errors：报错信息。

　　（6）newline：区分换行符。

　　（7）closefd：读写完成后是否关闭文件，默认值为 True。

　　文件的读写模式分为只读、只写和读写，参数 mode 的值对应 r、w 和 a。在这 3 种模式的基础上还引入了其他读写模式，如表 13-1 所示。

表13-1 open()读写文件的模式

模　式	说　明
t	以文本模式打开文件（默认的文件打开模式）
x	写模式，新建一个文件，如果该文件已存在就会报错
b	以二进制模式打开文件
+	打开一个文件进行读写
U	通用换行模式（不推荐使用）
r	以只读方式打开文件，文件的指针将会放在文件开头，这是默认的文件操作模式
rb	以二进制格式打开一个文件用于只读，一般用于非文本文件，如图片等
r+	打开一个文件用于读写
rb+	以二进制格式打开一个文件用于读写
w	打开一个文件只用于写入，如果该文件已存在就打开文件，并重新开始编辑，即原有内容会被删除。如果该文件不存在，就创建新文件
wb	以二进制格式打开一个文件只用于写入，一般用于非文本文件，如图片等
w+	打开一个文件用于读写。如果该文件已存在就打开文件，并重新开始编辑，即原有内容会被删除。如果该文件不存在，就创建新文件
wb+	以二进制格式打开一个文件用于读写。如果该文件已存在就打开文件，并重新开始编辑，即原有内容会被删除。如果该文件不存在，就创建新文件
a	打开一个文件用于追加数据，如果该文件已存在就打开文件，并从结尾开始编辑，新的内容将会被写入已有内容之后。如果该文件不存在，就创建新文件
ab	以二进制格式打开一个文件用于追加，如果该文件已存在就打开文件，并从结尾开始编辑，新的内容将会被写入已有内容之后。如果该文件不存在，就创建新文件
a+	打开一个文件用于读写，如果该文件已存在就打开文件，并从结尾开始编辑，新的内容将会被写入已有内容之后。如果该文件不存在，就创建新文件
ab+	以二进制格式打开一个文件用于追加，如果该文件已存在就打开文件，并从结尾开始编辑，新的内容将会被写入已有内容之后。如果该文件不存在，就创建新文件

尽管 open()设有多种读写模式，但在使用上并无太大的差异。下面列举一些常用的文件读写过程，代码如下：

```python
# 以字符串格式的数据写入文件
f = open('test.txt', 'w', encoding='utf-8', newline='')
# writable()用于判断当前打开的文件是否为可写模式
print(f.writable())
# write()是写入一行数据，写入内容必须为字符串
f.write('This is Python')
# 写入换行符，让内容在新的一行写入，必须将参数 newline 设为空，否则数据之间存在空白行
f.write('\r\n')
# writelines()的写入内容可以是字符串或者多个字符串组成的列表
f.writelines(['name', 'age'])
# 关闭文件
```

```
f.close()

# 以二进制格式的数据写入文件
f = open('test.txt', 'wb')
# 适用方法：writable()、write()和writelines()
# write()是写入一行数据，写入内容必须为字节格式
f.write('This is Django'.encode('utf-8'))
# 关闭文件
f.close()


# 以字符串格式的数据读取文件
f = open('test.txt', 'r', encoding='utf-8')
# readable()用于判断当前打开的文件是否为可读模式
print(f.readable())
# read()是读取文件全部内容
print(f.read())
# readline()是每次读取一行内容，如果要读取全部数据，就需要结合while循环
while 1:
    # 输出每一行数据
    v = f.readline()
    print(v)
    # 判断读取的数据是否为空，若为空，则代表已读取所有数据
    if not v:
        break
# writelines()读取整个文件所有行，保存在一个列表中，每行数据作为一个元素
print(f.readlines())
# 关闭文件
f.close()


# 以二进制格式的数据读取文件
f = open('test.txt', 'rb')
# 适用方法：readable()、read()、readline()和readlines()
# read()是读取文件全部内容
print(f.read())
# 关闭文件
f.close()


# 以字符串格式的数据追加并读写文件
f = open('test.txt', 'a+', encoding='utf-8', newline='')
# 适用方法：writable()、write()和writelines()
# write()是写入一行数据，写入内容必须为字符串
f.write('This is Python')
# 适用方法：readable()、read()、readline()和readlines()
# 但是a+模式打开的文件指针在文件结尾处，所以直接读是读不到内容的
print(f.read())
# 关闭文件
```

```
f.close()
```

当完成文件读写操作的时候，必须调用 close()函数关闭已打开的文件，虽然 open()函数的参数 closefd 会自动关闭文件对象，但为了养成良好的编程习惯，还是建议使用 close()函数关闭已打开的文件。除此之外，还可以使用 with…as…语句读写文件，详细示例如下：

```
with open('test.txt', 'w') as f:
    # 调用 closed 属性查看文件是否关闭
    print('文件是否已关闭', f.closed)
    f.write('This is Python')
# 调用 closed 属性查看文件是否已关闭
print('文件是否已关闭', f.closed)
```

运行上述代码，运行结果如图 13-3 所示。

```
文件是否已关闭 False
文件是否已关闭 True

Process finished with exit code 0
```

图 13-3　运行结果

任何一门编程语言中，文件的输入输出、数据库的连接断开等都是很常见的资源管理操作。但资源都是有限的，在编写程序时，必须保证这些资源在使用过后得到释放，不然就容易造成资源泄漏，轻者使得系统处理缓慢，严重时会使系统崩溃。

在 Python 中，使用 with…as…语句可以操作上下文管理器（Context Manager），它能够帮助我们自动分配并且释放资源。简单来说，当程序执行完 with…as…代码块时，Python 会将已打开的文件或者数据库的连接自动关闭。

13.3　使用 configparser 读写配置文件

在计算机科学领域，配置文件（Configuration File）是一种计算机文件，可以为一些计算机程序配置参数和初始设置。常用的配置文件后缀名分别有.ini、.conf、.config、.xml、.yaml 等，Python 的内置模块 configparser 支持读写 CONF 和 INI 类型的文件，本书将以 INI 类型的文件为例进行介绍。

首先创建 test.ini 文件，并在文件中写入配置信息，代码如下：

```
[settings]
username = admin
password = 123456
```

INI 配置文件的数据必须遵从一定的格式编写，主要分为 section、options 和 comments，详细说明如下：

（1）section 是将配置信息以组的形式划分，一个 section 可以设置多个配置信息，一个配置文件中可以有多个 section，每个 section 的名字必须使用中括号包围，如[settings]。

（2）options 是 section 里面的某一条配置信息，每个 options 都有一个 name 和一个 value，如 username=admin。

（3）comments 是配置文件的注释说明，注释必须以分号";"开头。

配置文件 test.ini 设置后，可以使用内置模块 configparser 读取 test.ini 的配置信息，实现过程如下：

```python
import configparser

# 创建 configparser 对象
cf = configparser.ConfigParser()

# read(filename) 读取配置文件，生成文件对象
filename = cf.read("test.ini")
print(filename)

# sections() 得到所有的 section，以列表形式返回
sec = cf.sections()
print(sec)

# options(section) 得到 section 下的所有 option
opt = cf.options("settings")
print(opt)

# items() 得到 section 的所有键值对
value = cf.items("settings")
print(value)

# get(section,option) 得到 section 中的 option 值，返回 string 类型的结果
# getint(section,option) 得到 section 中的 option 值，返回 int 类型的结果
username = cf.get("settings", "username")
password = cf.getint("settings", "password")
print(username, password)
```

运行上述代码，运行结果如图 13-4 所示。

```
['test.ini']
['settings']
['username', 'password']
[('username', 'admin'), ('password', '123456')]
admin 123456

Process finished with exit code 0
```

图 13-4 运行结果

上述例子是对一个已存在的配置文件进行读取，如果要生成一个新的配置文件，我们可以调

用内置模块 configparser 的相关函数方法，实现过程如下：

```
import configparser

# 创建 configparser 对象
cf = configparser.ConfigParser()

# 往配置文件写入内容
# add_section() 是添加 section
# set(section,option,value) 是给 section 项中写入键值对
cf.add_section("mysql")
cf.set("mysql", "user", "root")
cf.add_section("redis")
cf.set("redis", "user", "admin")

# 使用 open()创建新的文件，并将配置信息写入文件
with open("test1.ini", "w+") as f:
    cf.write(f)
```

运行上述代码，当程序执行完成后，在运行环境的目录下可以找到 test1.ini 文件，文件内容如图 13-5 所示。

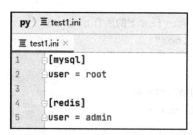

图 13-5　配置文件内容

文件数据的修改主要分为新增数据、修改数据和删除数据。如果要修改一个已存在的配置文件，假设以图 13-5 所示的配置文件为例，修改过程如下：

```
import configparser

# 创建 configparser 对象
cf = configparser.ConfigParser()

# 读取配置文件，生成文件对象
cf.read("test1.ini")

# 修改已有的配置信息
cf.set("mysql", "user", "roots")
# 新增配置信息
cf.set("mysql", "password", "123456")
```

```
# remove_option() 是删除 option
cf.remove_option("redis", "user")
# remove_section() 是删除 section
# 如果删除的 section 有 option，那么会将 option 一并删除
cf.remove_section("redis")

# 使用 open() 写入文件，并将配置信息写入文件
with open("test1.ini", "w+") as f:
    cf.write(f)
```

运行上述代码，当程序执行完成后，打开并查看 test1.ini 文件，文件内容如图 13-6 所示。

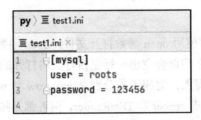

图 13-6　配置文件内容

综上所述，Python 的内置模块 configparser 读写配置文件主要调用以下函数及方法：

（1）read(filename)：读取配置文件，生成文件对象。

（2）sections()：得到所有的 section，以列表形式返回。

（3）options(section)：得到 section 下的所有 option。

（4）items()：得到 section 的所有键值对。

（5）get(section,option)：得到 section 中的 option 值，返回 string 类型的结果。

（6）getint(section,option)：得到 section 中的 option 值，返回 int 类型的结果。

（7）add_section()：添加 section。

（8）set(section,option,value)：给 section 项中写入键值对。

（9）remove_option()：删除 option。

（10）remove_section()：删除 section，若要删除的 section 设有 option，也会将 option 一并删除。

13.4　使用 csv 读写 CSV 文件

　　CSV（Comma-Separated Values）文件以纯文本形式存储表格数据（数字和文本），它是一种通用的、相对简单的文件格式，在商业和科学方面广泛应用，最广泛的应用是在程序之间转移表格数据。

　　Python 内置模块自带 csv 模块，不用自行安装。在 CSV 文件中写入数据的代码如下：

```
import csv
# 若存在 CSV 文件，则打开 CSV 文件；若不存在 CSV 文件，则新建文件
# 若不设置 newline=''，则每行数据会隔一行空白行
```

```python
csvfile = open('csv_test.csv', 'w', newline='')
# 将文件加载到 csv 对象中
writer = csv.writer(csvfile)
# 写入一行数据
writer.writerow(['姓名', '年龄', '电话'])
# 写入多行数据
data = [
    ('小 P', '18', '138001380000'),
    ('小 Y', '22', '138001380000')
]
writer.writerows(data)
# 关闭 csv 对象
csvfile.close()
```

在 CSV 文件中写入数据时使用 open 函数打开文件，open 函数最好设置参数 newline 为空，否则每次写入一行数据，数据之间就会空出一行空白行。将打开的文件对象加载到 CSV 对象中，写入数据分为单行写入和多行写入，对应函数分别是 writerow 和 writerows。

读取 CSV 文件，读取函数有 reader 和 DictReader，两者都是接收一个可迭代的对象，返回一个生成器。reader 函数是将一行数据以列表形式返回；DictReader 函数返回的是一个字典，字典的值是单元格的值，而字典的键则是这个单元格的标题（列头）。示例代码如下：

```python
import csv
csvfile = open('csv_test.csv', 'r')
# 以列表形式输出
reader = csv.reader(csvfile)
# 以字典形式输出，第一行作为字典的键
# reader = csv.DictReader(csvfile)
rows = [row for row in reader]
print(rows)
```

上述代码用于获取文件中的全部数据，如果要获取某行数据，就可以循环全部数据，再对每行数据进行判断，判断是否符合筛选条件，代码如下：

```python
import csv
csvfile = open('csv_test.csv', 'r')
# 以列表形式输出
reader = csv.reader(csvfile)
for row in reader:
    if '小 P' in row:
        print(row)
# 以字典形式输出，第一行作为字典的键
# reader = csv.DictReader(csvfile)
# for row in reader:
#     if row['姓名']== '小 P':
#         print(row)
```

要获取某行数据，使用不同函数会有不同的判断方式，reader 函数返回的是列表，DictReader 函数返回的是字典，要根据某个值判断筛选，所采用的方法也不一样。CSV 文件的存储相对较为简单，而且实用性比较强。

13.5 使用 xlrd 和 xlwt 读写 Excel 文件

Python 操作的 Excel 包有 xlrd、xlwt、pyExcelerator 和 openpyxl。其中，pyExcelerator 只支持 2003 版本，openpyxl 只支持 2007 版本，xlrd 支持 Excel 任何版本的读取，xlwt 支持 Excel 任何版本的写入。

为了版本的兼容性，大多数开发人员选择使用 xlrd 和 xlwt 操作 Excel。xlrd 和 xlwt 的安装如下：

```
pip install xlrd
pip install xlwt
```

完成安装后，在 Python 交互式命令行查看 xlrd 和 xlwt 模块的版本信息：

```
>>> import xlwt
>>> import xlrd
>>> xlrd.__VERSION__
>>> xlwt.__VERSION__
```

Excel 的写入相对比 CVS 复杂，但 Excel 可以实现设置数据格式、合并单元格、设置公式和插入图片等功能。使用 xlwt 实现上述功能的代码如下：

```
import xlwt
# 新建一个 Excel 文件
wb = xlwt.Workbook()
# 新建一个 Sheet
ws = wb.add_sheet('Python', cell_overwrite_ok=True)
# 定义字体对齐方式对象
alignment = xlwt.Alignment()
# 设置水平方向
# HORZ_GENERAL, HORZ_LEFT, HORZ_CENTER, HORZ_RIGHT, HORZ_FILLED
# HORZ_JUSTIFIED, HORZ_CENTER_ACROSS_SEL, HORZ_DISTRIBUTED
alignment.horz = xlwt.Alignment.HORZ_CENTER
# 设置垂直方向
# VERT_TOP, VERT_CENTER, VERT_BOTTOM, VERT_JUSTIFIED, VERT_DISTRIBUTED
alignment.vert = xlwt.Alignment.VERT_CENTER
# 定义格式对象
style = xlwt.XFStyle()
style.alignment = alignment
# 合并单元格 write_merge(开始行, 结束行, 开始列, 结束列, 内容, 格式)
ws.write_merge(0, 0, 0, 5, 'Python 网络爬虫', style)

# 写入数据 wb.write(行,列,内容)
for i in range(2, 7):
```

```
for k in range(5):
    ws.write(i, k, i+k)
# Excel 公式 xlwt.Formula
ws.write(i, 5, xlwt.Formula('SUM(A'+str(i+1)+':E'+str(i+1)+')'))
```

```
# 插入图片 insert_bitmap(img, x, y, x1, y1, scale_x=0.8, scale_y=1)
# 图片格式必须为 bmp
# x 表示行数,y 表示列数
# x1 表示相对原来位置向下偏移的像素
# y1 表示相对原来位置向右偏移的像素
# scale_x、scale_y 为缩放比例
ws.insert_bitmap('E:\\test.bmp', 9, 1, 2, 2, scale_x=0.3, scale_y=0.3)
```

```
# 保存文件
wb.save('file.xls')
```

运行程序,结果如图 13-7 所示。

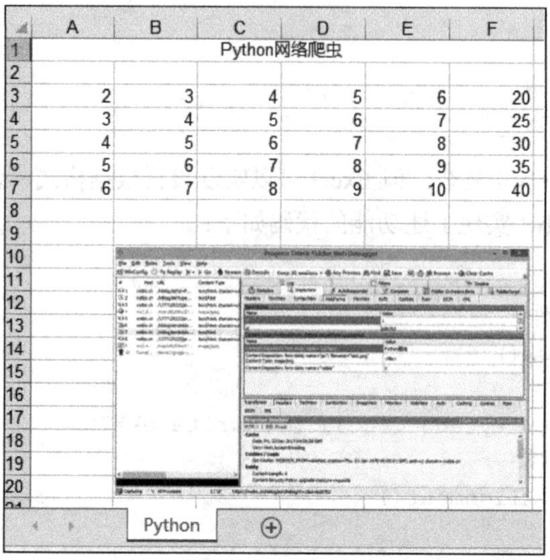

图 13-7　运行结果

分析上述代码,依次实现的功能如下:

（1）设置字体水平垂直居中:该功能实现共分为两步,第一步是定义 xlwt.Alignment()对象,分别设置其水平方向和垂直方向的属性;第二步是定义 xlwt.XFStyle()对象,将设置好的 Alignment()对象赋予 XFStyle()对象。在写入数据的时候,XFStyle()对象作为 write_merge()方法的参数。

（2）合并单元格:主要由 write_merge（开始行,结束行,开始列,结束列,内容,格式）方法实现。

（3）生成表格并计算每行的总和:通过嵌套循环生成 5 行 6 列的表格,第 1~5 列的数据写入由 write()方法实现;第 6 列的数据是累计求和,由 Excel 自带公式实现。

（4）插入图片:插入图片是由 insert_bitmap(img, x, y, x1, y1, scale_x=0.8, scale_y=1)实现的,

图片格式必须为 BMP，否则无法插入并提示错误。

综上所述，使用 xlwt 模块把数据写入 Excel 文件的整体思路如下：

（1）xlwt 创建生成临时 Excel 对象。

（2）添加 WorkSheets 对象。

（3）单元格的位置由行列索引决定，索引从 0 开始。

（4）数据写入主要由 write_merge()和 write()实现，两者分别是合并单元格再写入和单元格写入。

（5）设置数据格式是在写入（write_merge()和 write()）的数据中传入参数 style。

除此之外，xlwt 还可以设置单元格背景颜色、添加单元格边框、设置单元格高宽度、设置字体颜色和数据类型等，由于篇幅较大，本书就不详细讲解了。

下一步是读取 Excel 数据，它是由 xlrd 模块实现的。以上述已生成的 Excel 为读取目标，代码如下：

```
import xlrd
wb = xlrd.open_workbook('file.xls')
# 获取 Sheets 总数
ws_count = wb.nsheets
print('Sheets 总数：', ws_count)
# 通过索引顺序获取 Sheets
# ws = wb.sheets()[0]
# ws = wb.sheet_by_index(0)
# 通过 Sheets 名获取 Sheets
ws = wb.sheet_by_name('Python')
# 获取整行的值（以列表返回内容）
row_value = ws.row_values(3)
print('第 4 行数据：', row_value)
# 获取整列的值（以列表返回内容）
row_col = ws.col_values(3)
print('D 列数据：', row_col)

# 获取所有行列
nrows = ws.nrows
ncols = ws.ncols
print('总行数：', nrows, ',总列数：', ncols)

# 获取某个单元格内容 cell(行，列)
cell_F3 = ws.cell(2, 5).value
print('F3 内容：', cell_F3)

# 使用行列索引获取某个单元格内容
row_F3 = ws.row(2)[5].value
col_F3 = ws.col(5)[2].value
print('F3 内容：', row_F3, 'F3 内容：', col_F3)
```

运行程序，结果如图 13-8 所示。

```
Sheets总数： 1
第4行数据： [3.0, 4.0, 5.0, 6.0, 7.0, 25.0]
D列数据： ['', '', 5.0, 6.0, 7.0, 8.0, 9.0]
总行数： 7 ,总列数： 6
F3内容： 20.0
F3内容： 20.0 F3内容： 20.0
```

图 13-8　运行结果

综上所述，读取 Excel 文件的数据思路大致如下：

（1）xlrd 生成 Workbook 对象，并指向 Excel 文件。

（2）选择 Workbook 里面某个 WorkSheets 对象。

（3）获取 WorkSheets 里面的数据已占用的总行数和总列数（某个单元格的数据）。

（4）循环总行数和总列数，读取每一个单元格的数据。

注　意

当我们使用 xlrd 模块读取 Excel 的时候，如果 Excel 的数据内容中已添加了图片信息，那么 xlrd 模块将无法读取 Excel 的数据内容。

13.6　使用 python-docx 读写 Word 文件

如果将数据存储在 Word 文件中，一般以文章、新闻报道和小说这类文字内容较长的数据为主。Python 读写 Word 文件需要第三方库扩展支持，使用 pip 安装：

```
pip install python-docx
```

模块安装后，验证模块是否安装成功，在 Python 交互式命令行查看 python-docx 模块的版本信息：

```
>>> import docx
>>> docx.__version__
```

下面通过例子来讲述如何将数据写入 Word 文件，代码如下：

```
# 数据写入
from docx import Document
from docx.shared import Inches
# 创建对象
document = Document()
# 添加标题，其中“0”代表标题类型，共有 4 种类型，具体可在 Word 的“开始”→“样式”中查看
document.add_heading('Python 爬虫', 0)
# 添加正文内容并设置部分内容格式
```

```
p = document.add_paragraph('Python 爬虫开发-')
# 设置内容加粗
p.runs[0].bold = True
# 添加内容并加粗
p.add_run('数据存储-').bold = True
# 添加内容
p.add_run('Word-')
# 添加内容并设置字体斜体
p.add_run('存储实例。').italic = True
# 添加正文,设置"样式"→"明显引用"
document.add_paragraph('样式'-'明显引用', style='IntenseQuote')
# 添加正文,设置"项目符号"
document.add_paragraph(
    '项目符号 1', style='ListBullet'
)
document.add_paragraph(
    '项目符号 2', style='ListNumber'
)
# 添加图片
document.add_picture('test.png', width=Inches(1.25))
# 添加表格
table = document.add_table(rows=1, cols=3)
hdr_cells = table.rows[0].cells
hdr_cells[0].text = 'Qty'
hdr_cells[1].text = 'Id'
hdr_cells[2].text = 'Desc'
for item in range(2):
    row_cells = table.add_row().cells
    row_cells[0].text = 'a'
    row_cells[1].text = 'b'
    row_cells[2].text = 'c'
# 保存文件
document.add_page_break()
document.save('test.docx')
```

分析上述代码,在 Word 文件中写入数据的整体思路如下:

(1)创建生成临时 Word 对象。

(2)分别使用 add_paragraph()和 add_heading()对 Word 对象添加标题和正文内容。

(3)如果想设置正文内容的字体加粗和斜体等,那么可以将正文内容 p 对象的属性 runs[0].bold 和 add_run('XX').italic 设置为 True。

(4)如果要插入图片和添加表格,那么可以在 Word 对象中使用方法 add_picture()和 add_table()。

(5)完成数据写入,需要将 Word 对象保存成 Word 文件。

读取 Word 数据比写入数据相对简单,因为不用设置内容格式,直接获取数据即可,实现代码如下：

```
# 数据读取
import docx
def readDocx(docName):
    fullText = []
    doc = docx.Document(docName)
    # 读取全部内容
    paras = doc.paragraphs
    # 将每行数据存入列表
    for p in paras:
        fullText.append(p.text)
        # 将列表数据转换成字符串
    return '\n'.join(fullText)
print(readDocx('test.docx'))
```

分析上述代码，在 Word 文件中读取数据的整体思路如下：

（1）生成 Word 对象，并指向 Word 文件。

（2）使用 paragraphs() 获取 Word 对象全部内容。

（3）循环 paragraphs 对象，获取每行数据并写入列表。

（4）将列表转换为字符串，每个列表元素使用换行符连接，转换后数据的段落布局与 Word 文件相似。

13.7   实战项目：多文件读写功能

不同的文件类型有不同的读写方式，如果在一个程序中需要读写多个不同类型的文件，每次读写都要创建文件对象，再由文件对象处理文件内容。

为了简化文件的读写过程，我们可以利用类的多态特性将不同文件的读写方式封装在一个实例方法里面，通过判断文件后缀名执行相应的读写操作，代码如下：

```
import csv
import configparser
import xlrd
import docx
import xlwt

class ReadWrite():
    def __init__(self, name):
        self.name = name
        self.fileStyle = name.split(".")[1]

    def reads(self):
        value = None
```

```python
        if self.fileStyle == 'txt':
            f = open(self.name, 'r', encoding='utf-8')
            value = f.read()
            f.close()
        if self.fileStyle == 'csv':
            csvfile = open(self.name, 'r')
            value = csv.DictReader(csvfile)
        if self.fileStyle == 'ini':
            value = configparser.ConfigParser()
            value.read(self.name)
        if self.fileStyle in ['xls', 'xlsx']:
            value = xlrd.open_workbook(self.name)
        if self.fileStyle in ['doc', 'docx']:
            doc = docx.Document(self.name)
            value = doc.paragraphs
        return value

    def writes(self):
        target = None
        if self.fileStyle == 'txt':
            target = open(self.name, 'w', encoding='utf-8')
        if self.fileStyle == 'csv':
            csvfile = open(self.name, 'w', newline='')
            target = csv.writer(csvfile)
        if self.fileStyle == 'ini':
            target = configparser.ConfigParser()
            target.read(self.name)
        if self.fileStyle in ['xls', 'xlsx']:
            target = xlwt.Workbook()
        if self.fileStyle in ['doc', 'docx']:
            target = docx.Document()
        return target

if __name__ == '__main__':
    f = ReadWrite('test1.ini')
    # 读取数据
    value = f.reads()
    username = value.get("settings", "username")
    password = value.getint("settings", "password")
    print(f'用户名为：{username}，密码为：{password}')
    # 写入数据
    target = f.writes()
    target.set("settings", "address", "GZ")
    with open("test1.ini", "w+") as f:
        target.write(f)
```

上述代码中，我们定义了 ReadWrite 类，并重写了类的初始化方法 __init__()，定义了实例方法 reads()和 writes()，每个方法的说明如下：

（1）初始化方法__init__()设置类实例化的参数，在类的实例化过程中必须传入参数 name，该参数代表文件的路径信息。

（2）实例方法 reads()通过判断文件后缀名的方式选择相应的文件读取操作，由于每个文件的读取方式各不相同，只有 TXT、CSV 和 Docx 文件是读取文件内容，INI 和 Excel 文件是返回文件对象。

（3）实例方法 writes()也是通过判断文件后缀名的方式选择相应的文件写入操作，每个文件的数据写入方式不同，所以该方法返回相应的文件对象，具体的写入过程不在方法内实现。

我们以配置文件 INI 为例，首先读取配置文件 test1.ini 的数据，然后在文件中写入数据，代码的运行结果如图 13-9 所示。

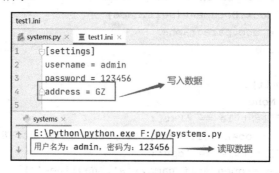

图 13-9　运行结果

13.8　本章小结

TXT 文件是微软在操作系统上附带的一种文本格式，它也能在其他操作系统上使用，这是目前使用较为广泛的文本格式之一。Python 读写 TXT 文件可以使用内置函数 open()实现，内置函数 open()支持大部分文本文件的读写，TXT 文件是其中之一。

内置函数 open()设置了 1 个必选参数和 6 个可选参数，每个参数的说明如下：

（1）file：必选参数，代表文件路径（相对路径或者绝对路径）。

（2）mode：可选参数，文件打开模式。

（3）buffering：设置缓冲。

（4）encoding：设置编码格式，一般使用 UTF8。

（5）errors：报错信息。

（6）newline：区分换行符。

（7）closefd：读写完成后是否关闭文件，默认值为 True。

配置文件是一种计算机文件，可以为一些计算机程序配置参数和初始设置。常用的配置文件后缀名分别有.ini、.conf、.config、.xml、.yaml 等，Python 的内置模块 configparser 支持读写 CONF 和 INI 类型的文件。

Python 的内置模块 configparser 读写配置文件主要调用以下函数方法：

（1）read(filename)：读取配置文件，生成文件对象。

（2）sections()：得到所有的 section，以列表形式返回。

（3）options(section)：得到 section 下的所有 option。

（4）items()：得到 section 的所有键值对。

（5）get(section,option)：得到 section 中的 option 值，返回 string 类型的结果。

（6）getint(section,option)：得到 section 中的 option 值，返回 int 类型的结果。

（7）add_section()：添加 section。

（8）set(section,option,value)：给 section 项中写入键值对。

（9）remove_option()：删除 option。

（10）remove_section()：删除 section，若要删除的 section 设有 option，也会将 option 一并删除。

CSV 文件以纯文本形式存储表格数据（数字和文本），它是一种通用的、相对简单的文件格式，在商业和科学方面广泛应用，最广泛的应用是在程序之间转移表格数据。

CSV 文件写入数据的整体思路如下：

（1）使用 open 函数打开 CSV 文件，模式为 w（一般设置 newline="），生成 file 对象。

（2）CSV 模块的 writer()方法加载对象 file。

（3）使用 writerow()（writerows()）写入一行（多行）数据。

CSV 文件读取数据的整体思路如下：

（1）使用 open 函数打开 CSV 文件，模式为 r，生成 file 对象。

（2）CSV 模块的 reader()方法加载对象 file。

（3）使用 reader（DictReader）读取数据。

（4）reader 和 DictReader 的区别：两者都是接收一个可迭代的对象，返回一个生成器，reader 函数是将一行数据以列表形式返回；DictReader 函数返回的是一个字典，字典的值是单元格的值，而字典的键则是这个单元格的标题（列头）。

Python 操作的 Excel 包有 xlrd、xlwt、pyExcelerator 和 openpyxl。其中，pyExcelerator 只支持 2003 版本，openpyxl 只支持 2007 版本，xlrd 支持 Excel 任何版本的读取，xlwt 支持 Excel 任何版本的写入。

Excel 文件写入数据的整体思路如下：

（1）xlwt 创建生成临时 Excel 对象。

（2）添加 WorkSheets 对象。

（3）单元格的位置由行列索引决定，索引从 0 开始。

（4）数据写入主要由 write_merge()和 write()实现，两者分别是合并单元格再写入和单元格写入。

（5）设置数据格式是在写入（write_merge()和 write()）的数据中传入参数 style。

Excel 文件读取数据的整体思路如下：

（1）xlrd 生成 Workbook 对象，并指向 Excel 文件。

（2）选择 Workbook 里某个 WorkSheets 对象。

（3）获取 WorkSheets 里数据已占用的总行数和总列数（某个单元格的数据）。

（4）循环总行数和总列数，读取每一个单元格的数据。

如果将数据存储在 Word 文件中，一般以文章、新闻报道和小说这类文字内容较长的数据为主。Python 读写 Word 文件需要第三方库扩展支持，比如 python-docx。

Word 文件写入数据的整体思路如下：

（1）创建生成临时 Word 对象并添加内容。

（2）使用 add_heading()添加标题。

（3）使用 add_paragraph()添加正文内容。

（4）使用 add_picture()插入图片。

（5）使用 add_table()添加表格。

Word 文件读取数据的整体思路如下：

（1）生成 Word 对象，并指向 Word 文件。

（2）使用 paragraphs()获取 Word 对象全部内容。

（3）循环 paragraphs 对象，获取每行数据并写入列表。

（4）将列表转换为字符串，每个列表元素使用换行符连接，转换后数据的段落布局与 Word 文件相似。

第14章

进程、线程与协程

　　进程、线程和协程是所有编程语言的语法之一，它们是为了有效地利用多核处理器的性能，但每一种编程语言的进程、线程和协程具备不同的特性。

　　本章将会讲述 Python 为什么设有 GIL 锁，进程、线程与协程的原理和区别，并深入讲述多进程、多线程和协程的应用。

14.1　为什么会有 GIL

　　GIL（Global Interpreter Lock，全局解释器锁）的存在是因为 Python 在执行程序时需要依赖解释器。GIL 的设计理念是为了解决多线程之间的数据完整性和状态同步的问题，在任意时刻只有一个线程在解释器中运行，而当执行多线程的时候，由 GIL 来控制同一时刻只有一个线程能够运行。

　　但需要明确的一点是，GIL 并不是 Python 的特性，它是在实现 Python 解析器（CPython）时所引入的一个概念。相同的代码可以通过 CPython、PyPy、Psyco 等不同的 Python 环境执行，其中 JPython 没有 GIL，大部分的 Python 环境都以 CPython 为主，所以在很多人的概念里，CPython 就是 Python，也就想当然地把 GIL 归结为 Python 语言的缺陷。因此，我们需要明确一点：GIL 并不是 Python 的特性，Python 完全可以不依赖于 GIL。

　　随着计算机硬件的发展，各 CPU 厂商在核心频率上的比赛已经被多核所取代，为了更有效地利用多核处理器的性能，出现了多线程的编程方式，但随之带来的是线程之间数据一致性和状态同步的困难。为了利用多核，Python 开始支持多线程，而解决多线程之间数据完整性和状态同步的简单方法就是加锁，于是有了 GIL 这把超级大锁，当越来越多的第三方代码库开发者接受了这种设定后，他们开始依赖这种方法（默认 Python 内部对象是线程安全（Thread-Safe）的，无须在实现时考虑额外的内存锁和同步操作）。

　　尽管 GIL 控制了同一时刻只有一个线程能够运行，但在某些场景下还是会起到正面效果。如果程序是执行 IO 密集型的任务，当任务处于阻塞等待时，Python 释放 GIL，让另一个线程执行任务，可以减少线程在阻塞状态下占用 CPU 的情况，从而提高执行效率；如果程序是执行 CPU 密集型的任务，它会一直占用 CPU 执行计算，会使其他线程一直处于等待状态，所以多线程执行效率会由于 GIL 而大幅下降。

当 GIL 的缺陷被发现的时候，大量的第三方代码库开发者已经重度依赖 GIL，如果将其推倒重来，多线程的问题依然还是要解决。由于 GIL 难以推倒重来，目前只能不断对其进行优化，提高资料利用率。总的来说，GIL 是功能和性能之间权衡后的产物，它的存在有一定的合理性，也有较难改变的客观因素。

14.2 进程、线程与协程的区别

在讲述进程、线程与协程的区别之前，我们首先了解什么是并行和并发，两者在文字上只差一字，但在意义上完全不同，详细说明如下：

（1）并行是指不同的代码块同时执行，它是以多核 CPU 为基础的，每个 CPU 独立执行一个程序，各个 CPU 之间的数据相互独立，互不干扰。

（2）并发是指不同的代码块交替执行，它是以一个 CPU 为基础的，使用多线程等方式提高 CPU 的利用率，线程之间会相互切换，轮流被 Python 解释器执行。

了解并行和并发的区别后，接下来了解什么是进程、线程与协程，三者的说明如下：

（1）进程：这是一个实体，每个进程都有自己的地址空间（CPU 分配），简单来说，进程是一个"执行中的程序"。

（2）线程：这是进程中的一个实体，被系统独立调度和分派的基本单位。线程自己不拥有系统资源，只拥有运行中必不可少的资源。同一进程中的多个线程并发执行，这些线程共享进程所拥有的资源。

（3）协程：这是一种比线程更加轻量级的存在，重要的是，协程不被操作系统内核管理，协程完全是由程序控制的，它的运行效率极高。协程的切换完全由程序控制，不像线程切换需要花费操作系统的开销，线程数量越多，协程的优势就越明显。协程不受 GIL 的限制，因为只有一个线程，不存在变量冲突。

我们将三者的关系以图表形式表示，如图 14-1 所示。

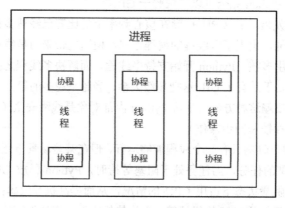

图 14-1　进程、线程与协程的关系图

14.3　使用多线程

Python 的内置模块 _thread 和 threading 实现了多线程功能，其中 _thread 提供了低级别、原始的线程以及一个简单的 GIL 锁，它相比于 threading 模块的功能还是比较有限的。在日常开发中使用 threading 模块较多，但为了更深入地了解 Python 的多线程，我们首先了解 _thread 的语法与应用，如下所示：

```
_thread.start_new_thread(function, args[, kwargs])
```

_thread 的 start_new_thread()设有 3 个参数，分别是 function、args 和 kwargs，参数说明如下：

（1）必选参数 function 代表线程执行的函数。

（2）可选参数 args 是设置函数参数，以元组格式表示。

（3）可选参数 kwargs 也是设置函数参数，以字典格式表示。

根据 _thread 的 start_new_thread()的语法，通过示例演示 start_new_thread()的应用，代码如下：

```python
import _thread
import time

# 为线程定义一个函数
def print_time(threadName, delay, **kwargs):
    print(kwargs.get('name'))
    for i in range(3):
        time.sleep(delay)
        print("%s: %s" % (threadName, time.ctime(time.time())))

# 创建两个线程
try:
    _thread.start_new_thread(print_time, ("Thread-1", 1), {'name': 'Tom'})
    _thread.start_new_thread(print_time, ("Thread-2", 2,))
except:
    print("Error: 无法启动线程")
# 使用死循环，使程序处于运行状态，等待线程输出执行结果
while 1:
    pass
```

在 PyCharm 中运行上述代码，运行结果如图 14-2 所示。

```
Tom
None
Thread-1: 1597992354.1216903
Thread-2: 1597992355.121679
Thread-1: 1597992355.1346538
Thread-1: 1597992356.1411538
Thread-2: 1597992357.128391
Thread-2: 1597992359.1350365
```

图 14-2　运行结果

从运行结果看到，程序一直处于死循环中，只能通过人工强制终止程序运行。如果程序不设置死循环，当程序创建线程后，它不会等待线程执行完毕，而是一直往下执行，当程序执行完毕后，相应的资源也会释放，运行中的线程也会逼迫终止。

内置模块 threading 除了包含_thread 模块中的所有函数方法外，还定义了以下方法：

（1）threading.currentThread()：返回当前的线程变量。

（2）threading.enumerate()：返回一个包含正在运行的线程的列表，正在运行的线程是指线程启动后和结束前的状态。

（3）threading.activeCount()：返回正在运行的线程数量，与 len(threading.enumerate())的结果等同。

除此之外，threading 还定义了 Thread 类来处理线程，并定义了以下的实例方法：

（1）run()：用以表示线程活动的方法。

（2）start()：启动线程。

（3）join([timeout])：等待线程执行结束，可选参数 timeout 用于设置超时时间。

（4）isAlive()：返回线程是否正在执行。

（5）getName()：返回线程名。

（6）setName()：设置线程名。

由于 threading 定义了额外的函数方法和 Thread 类，因此它有多种使用方式，比如普通使用方式、自定义线程类、守护进程、等待线程结束、多线程共享全局变量、互斥锁（递归锁）、信号量、线程事件等。

14.3.1 使用线程

线程的普通使用方式是由 threading.Thread() 方法实现的，它的使用与_thread 的 start_new_thread()相似。使用 threading.Thread()创建对象后，还要由该对象调用 start()方法开始执行线程，并且程序会等待线程执行完毕才会终止，示例代码如下：

```python
import time
import threading
def run(n, **kwargs):
    print('name', kwargs.get('name'))
    print('task', n)
    time.sleep(1)


if __name__ == '__main__':
    # target 是要执行的函数名（不是函数），args 是函数对应的参数，以元组的形式存在
    t1 = threading.Thread(target=run, args=('t1',), kwargs={'name': 'Tom'})
    t2 = threading.Thread(target=run, args=('t2',), kwargs={'name': 'Lily'})
    t1.start()
    t2.start()
    print('主程序已执行完')
```

在 PyCharm 中运行上述代码，运行结果如图 14-3 所示。

```
name Tom
task t1
name Lily
主程序已执行完
task t2
```

图 14-3　运行结果

自定义线程类是继承 threading.Thread 类来定义线程类的，其本质是重构 Thread 类的实例方法 run()，将实例方法 run() 改为我们需要执行的代码，示例如下：

```
import time
import threading

class MyThread(threading.Thread):
    def __init__(self, n):
        super(MyThread, self).__init__()
        self.n = n

    # 重构实例方法 run()
    def run(self):
        print('task', self.n)
        time.sleep(1)

if __name__ == '__main__':
    t1 = MyThread('t1')
    t2 = MyThread('t2')
    t1.start()
    t2.start()
```

在 PyCharm 中运行上述代码，运行结果如图 14-4 所示。

```
task t1
task t2

Process finished with exit code 0
```

图 14-4　运行结果

14.3.2　守护线程

守护线程是当程序执行完毕后，无论线程是否执行完毕都会强制退出线程，首先使用 threading.Thread() 创建对象，再由该对象调用 setDaemon() 方法，并传入参数 True 即可，代码如下：

```
import time
import threading
```

```
def run(n):
    time.sleep(3)
    print('task', n)

if __name__ == '__main__':
    t = threading.Thread(target=run, args=('t1',))
    t.setDaemon(True)
    t.start()
    print('end')
```

在 PyCharm 中运行上述代码，运行结果如图 14-5 所示。

```
end

Process finished with exit code 0
```

图 14-5　运行结果

14.3.3　等待线程结束

等待线程结束是程序使用线程执行部分功能的时候，需要线程的执行结果才能往下执行后面的功能，也就是说，只有当线程执行完成后，程序才能往下执行，在线程的执行过程中，程序一直处于等待状态，示例如下：

```
import time
import threading

def run(n):
    time.sleep(5)
    print('task', n)

if __name__ == '__main__':
    t = threading.Thread(target=run, args=('t1',))
    t.start()
    # 等待线程执行结束
    t.join()
    print('end')
```

在 PyCharm 中运行上述代码，运行结果如图 14-6 所示。

```
task t1
end

Process finished with exit code 0
```

图 14-6　运行结果

14.3.4 多线程共享全局变量

多线程共享全局变量是使用关键字 global 在线程执行的函数中定义全局变量，使线程能从程序中读取和修改全局变量的值，从而使线程之间能够共享全局变量，示例如下：

```
import threading
# 设置全局变量的初始值
g_num = 100

def work1():
    # 设置全局变量 g_num
    global g_num
    for i in range(3):
        g_num += 1
    print('in work1 g_num is : %d' % g_num)

def work2():
    # 设置全局变量 g_num
    global g_num
    g_num += 1
    print('in work2 g_num is : %d' % g_num)

if __name__ == '__main__':
    t1 = threading.Thread(target=work1)
    t2 = threading.Thread(target=work2)
    t1.start()
    t2.start()
```

在 PyCharm 中运行上述代码，运行结果如图 14-7 所示。

```
in work1 g_num is : 103
in work2 g_num is : 104

Process finished with exit code 0
```

图 14-7　运行结果

14.3.5 互 斥 锁

互斥锁是由 lock 类定义的，递归锁是由 RLock 类定义的，两者在使用和功能上并无差异，但递归锁支持嵌套，在多个锁没有释放的时候一般会使用递归锁。

互斥锁（递归锁）解决多线程的同时读写同一条数据可能会出现脏数据，比如同时读写某一个文件，由于线程之间是随机调度的，这样会导致文件内容的错乱。

虽然 Python 已有 GIL 保护多线程之间数据的完整性和状态同步，但无法确定线程的调度顺序，从而难以确定数据的读写顺序，示例如下：

```
import threading
```

```
import time

def work(t, s):
    time.sleep(s)
    f = open('test.txt', 'a+')
    f.write(f'This is {t}\n')
    f.close()

if __name__ == '__main__':
    t1 = threading.Thread(target=work, args=('t1', 3))
    t2 = threading.Thread(target=work, args=('t2', 1))
    t1.start()
    t2.start()
```

从上述代码看到，线程 t1 开始执行时间比 t2 早，但 t1 的延时比 t2 高，所以 t2 首先在 test.txt 写入数据，然后在 t1 写入数据，如图 14-8 所示。

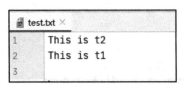

图 14-8　运行结果

14.3.6　信 号 量

信号量是限制程序同时能执行多少条线程，它的使用与互斥锁（递归锁）大致相同，也是在线程执行的函数中调用相应的函数方法，示例如下：

```
import threading
import time

def run(n, semaphore):
    # 加锁
    semaphore.acquire()
    time.sleep(3)
    print('run the thread:%s\n' % n)
    # 释放
    semaphore.release()

if __name__ == '__main__':
    # 最多允许两个线程同时运行
    semaphore = threading.BoundedSemaphore(2)
    for i in range(4):
        t = threading.Thread(target=run, args=(f't-{i}', semaphore))
        t.start()
```

在 PyCharm 中运行上述代码，运行结果如图 14-9 所示。

```
run the thread:t-1
run the thread:t-0


run the thread:t-3
run the thread:t-2
```

图 14-9 运行结果

14.3.7 线程事件

线程事件是程序控制线程的执行，事件是一个简单的线程同步对象，其主要提供以下几个方法：

（1）clear()将全局变量 flag 设置为 False。

（2）set()将 flag 设置为 True。

（3）is_set()判断全局变量 flag 的值是否为 True。

（4）wait()是一直监听全局变量 flag，如果 flag 等于 False，就一直处于阻塞状态。

线程事件的处理机制是定义一个全局变量 flag，如果 flag 的值为 False，event.wait()就处于阻塞状态，如果 flag 的值为 True，event.wait()就不再阻塞，示例如下：

```
import threading
import time
# 定义事件对象
event = threading.Event()

def t1():
    i = 0
    while 1:
        if i < 3:
            # 将 flag 设置为 False
            event.clear()
            print('阻塞中')
        elif i == 4:
            # 将 flag 设置为 True
            event.set()
            print('阻塞结束')
        time.sleep(1)
        # 判断 flag 是否为 True，若是则终止循环
        if event.is_set():
            break
        i += 1

def t2():
    while 1:
        print('This is T2')
```

```
        if event.is_set():
            break
        time.sleep(2)

t1 = threading.Thread(target=t1, )
t2 = threading.Thread(target=t2, )
# 启动线程
t1.start()
t2.start()
# 监听事件
event.wait()
```

在 PyCharm 中运行上述代码，运行结果如图 14-10 所示。

```
阻塞中
This is T2
阻塞中
This is T2
阻塞中
This is T2
阻塞结束
This is T2
```

图 14-10　运行结果

在上述例子中，当我们同时启动线程 t1 和 t2 的时候，线程 t1 会根据循环次数设置线程事件 event 的 clear() 和 set()，并且每次循环都会调用 is_set() 检测全局变量 flag 的值，当全局变量 flag 的值等于 True 的时候，线程 t1 将终止循环，完成线程 t1 的执行过程。与此同时，线程 t2 在循环过程中也是不停地判断全局变量 flag 的值，当 flag 的值为 True 的时候，线程 t2 也会终止循环。

14.4　基于进程的并行

在 Python 中，多线程是无法利用 CPU 多核优势的，如果想要充分地使用 CPU 的多核资源，在 Python 中可以使用多进程。Python 提供了内置模块 multiprocessing，模块功能包括：创建进程、守护进程、等待进程结束、互斥锁、通信和共享数据、信号量、进程事件、进程池，并定义了 Process、Queue、Pipe、Lock 等组件。

多进程与多线程在使用上大同小异，创建进程由 Process 类完成，其语法如下：

```
Process([group [,target [,name [,args [,kwargs]]]]])
```

语法的各个参数说明如下：

（1）参数 group 并无太大作用，参数值为 None 即可。
（2）参数 target 表示调用对象，即进程执行的函数。
（3）参数 name 为所创建的进程的名称。

（4）参数 args 表示进程执行的函数的参数，如 args=(1, 2, 'anne',)。

（5）参数 kwargs 表示进程执行的函数的参数，如 kwargs={'name': 'Tom', 'age': 18}。

我们可以在 Process 类的基础上创建进程，也可以通过继承和自定义 Process 类创建进程，两者的使用过程如下：

```
# 使用 Process 类创建进程
import time
from multiprocessing import Process

def run(name):
    print(f'{name} is runing')
    time.sleep(2)
    print(f'{name} is end')

if __name__ == '__main__':
    p1 = Process(target=run, args=('anne',))
    p2 = Process(target=run, args=('alice',))
    p1.start()
    p2.start()
    print('主进程')

# 继承和自定义 Process 类
class Run(Process):
    def __init__(self, name):
        super().__init__()
        self.name = name

    def run(self):
        print('%s is runing' % self.name)
        time.sleep(2)
        print('%s is end' % self.name)

if __name__ == '__main__':
    p1 = Run('anne')
    p2 = Run('alex')
    p1.start()
    p2.start()
    print('主线程')
```

14.4.1　守护进程

守护进程是由 Process 类的实例化对象设置属性 daemon 实现的，当程序执行完成后，无论创建的进程是否执行完毕，它都会强制终止进程，示例如下：

```
from multiprocessing import Process
import time
```

```
def run(name):
    print(f'{name} is runing')
    time.sleep(2)
    print(f'{name} is end')


p1 = Process(target=run, args=('Tom',))
p1.daemon = True
p1.start()
print('主进程')
```

运行上述代码，运行结果如图 14-11 所示。

```
主进程

Process finished with exit code 0
```

图 14-11　运行结果

14.4.2　等待进程结束

等待进程结束是由 Process 类的实例化对象调用 join()实现的，当所有进程执行完毕后，程序才会往下执行剩余的代码，示例代码如下：

```
from multiprocessing import Process
import time


def run(name):
    print(f'{name} is runing')
    time.sleep(2)
    print(f'{name} is end')


if __name__ == '__main__':
    p1 = Process(target=run, args=('Tom',))
    p2 = Process(target=run, args=('Tim',))
    p1.start()
    p2.start()
    p1.join()
    p2.join()
    print('主进程')
```

运行上述代码，运行结果如图 14-12 所示。

```
Tom is runing
Tim is runing
Tom is end
Tim is end
主进程

Process finished with exit code 0
```

图 14-12 运行结果

14.4.3 互斥锁

互斥锁是限制多个进程在同一时间对数据进行读写操作，它使多个进程按照启动顺序依次执行，示例代码如下：

```python
from multiprocessing import Process, Lock
import time

def work(t, lock):
    lock.acquire()
    print('%s is running' % t)
    time.sleep(2)
    print('%s is done' % t)
    lock.release()

if __name__ == '__main__':
    lock = Lock()
    for i in range(3):
        p = Process(target=work, args=(i, lock))
        p.start()
```

运行上述代码，运行结果如图 14-13 所示。

```
0 is running
0 is done
1 is running
1 is done
2 is running
2 is done

Process finished with exit code 0
```

图 14-13 运行结果

14.4.4 通信和共享数据

通信和共享数据可以使用 Manager() 和 Lock() 方法实现，Manager() 负责数据共享，Lock() 保护数据每次只能有一个进程操作，示例代码如下：

```python
from multiprocessing import Manager, Process, Lock
```

```python
def work(d, lock):
    # 不加锁而操作共享的数据会导致最终结果与实际不符
    with lock:
        d['count'] -= 1


if __name__ == '__main__':
    lock = Lock()
    with Manager() as m:
        dic = m.dict({'count': 100})
        p_l = []
        for i in range(100):
            p = Process(target=work, args=(dic, lock))
            p_l.append(p)
            p.start()
        for p in p_l:
            p.join()
        print(dic)
```

运行上述代码，运行结果如图 14-14 所示。

```
{'count': 0}

Process finished with exit code 0
```

图 14-14　运行结果

14.4.5　信 号 量

信号量是限制程序同一时间能执行多少个进程，如果需要运行的进程多于限制数量，其他进程就会处于等待状态，示例代码如下：

```python
from multiprocessing import Process, Semaphore
import time


def work(sem, user):
    sem.acquire()
    print('%s 占到一个位置' % user)
    time.sleep(3)
    sem.release()


if __name__ == '__main__':
    sem = Semaphore(3)
    p_l = []
    for i in range(9):
        p = Process(target=work, args=(sem, i,))
        p.start()
```

```
        p_l.append(p)
    for i in p_l:
        i.join()
```

运行上述代码，运行结果如图 14-15 所示。

```
0 占到一个位置
1 占到一个位置
2 占到一个位置
3 占到一个位置
4 占到一个位置

Process finished with exit code 0
```

图 14-15 运行结果

14.4.6 进程事件

进程事件与线程事件是同一个概念，并且在使用上也是相同的，进程事件也是定义了 clear()、set()、is_set() 和 wait() 方法，详细使用如下：

```python
from multiprocessing import Process, Event
import time

def p1(event):
    i = 0
    while 1:
        if i < 3:
            # 将 flag 设置为 False
            event.clear()
            print('阻塞中')
        elif i == 4:
            # 将 flag 设置为 True
            event.set()
            print('阻塞结束')
        time.sleep(1)
        # 判断 flag 是否为 True，若是则终止循环
        if event.is_set():
            break
        i += 1

def p2(event):
    while 1:
        print('This is P2')
        if event.is_set():
            break
        time.sleep(2)

if __name__ == '__main__':
    # 定义事件对象
    event = Event()
    pp1 = Process(target=p1, args=(event,))
    pp2 = Process(target=p2, args=(event,))
    # 启动进程
```

```
    pp1.start()
    pp2.start()
    # 监听事件
    event.wait()
```

在多进程中使用事件机制必须遵从以下规则：

（1）事件对象 Event 必须以参数形式传入进程执行的函数中，因为每个进程执行的函数都是相互独立的，如果不传入事件对象 Event，函数就会无法识别。

（2）进程对象的名称不能与函数名相同，比如 p1=Process(target=p1, args=(event,))，等号左边的 p1 代表进程对象，等号右边的 p1（Process()的 target 参数值）代表进程执行的函数，如两者的命名相同，程序就会提示 PicklingError 异常。

（3）多进程必须在 if __name__ == '__main__' 下执行，否则程序提示 RuntimeError 异常。

运行上述代码，运行结果如图 14-16 所示。

```
阻塞中
This is P2
阻塞中
阻塞中
This is P2
阻塞结束
This is P2


Process finished with exit code 0
```

图 14-16　运行结果

14.4.7　进 程 池

由于多进程的执行效率是受 CPU 核数影响的，一个操作系统不可能无限开启多个进程，进程越多，执行效率反而会降低，因此我们可以通过进程池来控制进程数目。

比如进程池设置最大运行的进程数量为 3，如果进程池还没有满，那么程序会创建一个新的进程用来执行；如果进程池中的进程数已经达到规定的最大值，其他执行程序处于等待状态，直到进程池的某个进程执行结束，释放出空闲的进程，才继续执行处于等待的进程。

进程池是由 multiprocessing 模块的 Pool 类创建的，其语法如下：

```
Pool([numprocess [, initializer [, initargs]]])
```

参数说明如下：

（1）numprocess：创建的进程数，如果省略，就默认使用 cpu_count()的值，即 CUP 核数。

（2）initializer：每个工作进程启动时要执行的可调用函数方法，默认为 None。

（3）initargs：传递给 initializer 的参数。

当创建进程池后，由进程池对象调用实例方法实现不同的功能，实例方法的作用如下：

（1）apply(func [, args [, kwargs]])：以同步方式使用进程执行某个函数，进程会一直等待函数执行完成为止。

（2）apply_async(func [, args [, kwargs]])：以异步方式使用进程执行某个函数，必须与 join() 方法一起使用，否则程序结束了，进程也会强迫结束。

（3）close()：关闭进程池。

（4）join()：等待所有工作中的进程结束，此方法只能在 close() 或 teminate() 之后调用。

总的来说，当进程池创建后，可以使用 apply() 或 apply_async() 方法执行某个函数方法。首先演示同步调用 apply() 的过程，示例代码如下：

```
from multiprocessing import Pool
import os, time

def work(n):
    # os.getpid()获取进程在操作系统里面的 PID
    print('%s run' % os.getpid())
    time.sleep(3)
    return n ** 2

if __name__ == '__main__':
    p = Pool(3)
    res_l = []
    for i in range(5):
        res = p.apply(work, args=(i,))
        res_l.append(res)
    print(res_l)
```

运行上述代码，运行结果如图 14-17 所示。

```
34668 run
4812 run
4304 run
34668 run
4812 run
[0, 1, 4, 9, 16]

Process finished with exit code 0
```

图 14-17　运行结果

下一步是演示异步调用 apply_async() 的过程，示例代码如下：

```
from multiprocessing import Pool
import os, time

def work(n):
    print('%s run' % os.getpid())
    time.sleep(3)
    return n ** 2

if __name__ == '__main__':
    p = Pool(3)
```

```
        res_l = []
        for i in range(6):
            res = p.apply_async(work, args=(i,))
            res_l.append(res)
        # 使用 join() 等待所有工作中的进程结束
        p.close()
        p.join()
        # 使用 get() 获取执行结果
        print([res.get() for res in res_l])
```

运行上述代码，运行结果如图 14-18 所示。

```
13568 run
25316 run
27824 run
13568 run
25316 run
27824 run
[0, 1, 4, 9, 16, 25]

Process finished with exit code 0
```

图 14-18　运行结果

从 apply() 和 apply_async() 的示例发现，两者在运行结果上并无太大差异，但 apply() 比 apply_async() 更为简洁，因为 apply() 是在 apply_async() 的基础上封装而成的。在 PyCharm 中查看 apply() 的定义过程，如图 14-19 所示。

```
352    *    def apply(self, func, args=(), kwds={}):
353             '''
354             Equivalent of `func(*args, **kwds)`.
355             Pool must be running.
356             '''
357             return self.apply_async(func, args, kwds).get()
```

图 14-19　apply() 的定义过程

虽然 apply() 比 apply_async() 简洁，但没有 apply_async() 灵活。apply_async() 可以设置回调函数，即进程执行完成后，程序会自动执行回调函数处理进程的执行结果，示例代码如下：

```
from multiprocessing import Pool


def work(n):
    return n ** 2


def after_work(result):
    print('回调函数：', result)


if __name__ == '__main__':
    p = Pool(3)
    res_l = []
    for i in range(5):
```

```
        res = p.apply_async(work, args=(i,), callback=after_work)
        res_l.append(res)
# 使用 join() 等待所有工作中的进程结束
p.close()
p.join()
```

运行上述代码，运行结果如图 14-20 所示。

```
回调函数： 0
回调函数： 1
回调函数： 4
回调函数： 9
回调函数： 16


Process finished with exit code 0
```

图 14-20 运行结果

14.5 使用 concurrent.futures 执行并行任务

Python 标准库为我们提供了 threading 和 multiprocessing 模块编写相应的多线程/多进程代码。从 Python 3.2 开始，标准库提供了 concurrent.futures 模块，它提供了 ThreadPoolExecutor 和 ProcessPoolExecutor 两个类，实现对 threading 和 multiprocessing 更高级的抽象，对编写线程池/进程池提供了直接的支持。

下面通过简单的例子讲解如何使用 concurrent.futures，代码如下：

```
# 导入 concurrent.futures 模块
from concurrent.futures import ThreadPoolExecutor, ProcessPoolExecutor
import time


# 线程的执行方法
def print_value(value):
    print('Thread__' + str(value))


# 每个进程里面的线程
def myThread(value):
    Thread = ThreadPoolExecutor(max_workers=2)
    Thread.submit(print_value, time.time())
    Thread.submit(print_value, time.time())


# 创建两个进程，每个进程执行 myThread 方法，myThread 是在每个进程里面再开启线程执行
# 如果不填写 max_workers=2，就根据计算机的 CPU 核数创建进程，如果是四核的，就创建 4 个进程
def myProcess():
    pool = ProcessPoolExecutor(max_workers=2)
    pool.submit(myThread, time.time())
    pool.submit(myThread, time.time())
```

```
if __name__ == '__main__':
    myProcess()
```

在上述代码中创建了进程 ProcessPoolExecutor 和线程 ThreadPoolExecutor，在每个进程中又创建了两个线程，运行结果如图 14-21 所示。

```
Thread__1597997882.6350155
Thread__1597997882.636014
Thread__1597997882.636014
Thread__1597997882.636014

Process finished with exit code 0
```

图 14-21　运行结果

concurrent.futures 定义了 Executor、ThreadPoolExecutor、ProcessPoolExecutor 和 Future 类，每个类的作用以及实例方法说明如表 14-1 所示。

表14-1　concurrent.futures

类、属性方法	说　明
Executor	一个抽象类，不能被直接使用
Executor.submit()	执行任务，函数参数按照参数设置依次传入即可
Executor.map()	执行任务，函数参数必须是列表、元组和迭代器
Executor.shutdown()	释放 ThreadPoolExecutor 或 ProcessPoolExecutor 的实例对象
ThreadPoolExecutor	继承了 Executor，创建线程池
ProcessPoolExecutor	继承了 Executor，创建进程池
Future	负责调用对象的异步执行
Future.cancel()	尝试取消函数调用，如果调用当前正在执行，就不能被取消
Future.cancelled()	如果调用被成功取消，就返回 True
Future.running()	判断是否正在执行，并且不能中止执行
Future.done()	如果调用已被取消或正常结束，就返回 True
Future.result(timeout=None)	等待线程或进程的执行结果，参数 timeout 是等待时间
Future.exception(timeout=None)	获取线程或进程在执行中的异常信息
Future.add_done_callback()	设置线程或进程的回调函数，当取消或运行结束的时候触发

14.5.1　获取任务的执行结果

concurrent.futures 模块已为我们简化了多线程和多进程的使用，由于多线程和多进程在执行过程中所消耗的时间各不相同，为了获得所有线程或进程的执行结果，可以使用模块定义的 as_completed()方法获取，示例代码如下：

```
import random
import time
from concurrent import futures
```

```
# 定义线程执行的任务
def task(n):
    time.sleep(random.random())
    return (n, n / 10)

# 创建多线程
Thread = futures.ThreadPoolExecutor(max_workers=2)
print('程序开始...')
# 给线程分配任务
task_list = [
    Thread.submit(task, i) for i in range(5, 0, -1)
]
# 使用 futures.as_completed()方法获取任务执行结果
for f in futures.as_completed(task_list):
    print('result:{}'.format(f.result()))
```

运行上述代码，运行结果如图 14-22 所示。

```
程序开始...
result:(4, 0.4)
result:(3, 0.3)
result:(5, 0.5)
result:(2, 0.2)
result:(1, 0.1)

Process finished with exit code 0
```

图 14-22   运行结果

14.5.2   设置回调函数

concurrent.futures 的回调函数是当任务在等待执行之前被取消或者任务执行完成后所触发的函数，回调函数必须设有参数 fn，参数 fn 代表 Future 的实例对象，即任务提交执行后所生成的对象，示例代码如下：

```
from concurrent import futures

def task(n):
    # 设置任务的返回值
    return n / 10

def done(fn):
    # 参数 fn 代表 Future 的实例对象
    # 判断线程的任务是否被取消
    if fn.cancelled():
        print('执行结果 {}:取消'.format(fn.value))
    # 判断线程的任务是否执行完成
    elif fn.done():
```

```
        error = fn.exception()
        # 判断线程的任务在执行过程中是否出现异常
        if error:
            print('执行结果 {} : 错误返回 : {}'.format(fn.value, error))
        else:
            result = fn.result()
            print('执行结果 {} : 正常返回 : {}'.format(fn.value, result))

if __name__ == '__main__':
    Thread = futures.ThreadPoolExecutor(max_workers=2)
    print('程序开始...')
    # 任务执行后将生成 Future 的实例对象
    f = Thread.submit(task, 5)
    # 为 Future 的实例对象设置属性 value 的值
    f.value = 66
    # 调用 add_done_callback(fn)方法
    f.add_done_callback(done)
    # 获取执行结果
    result = f.result()
```

运行上述代码，运行结果如图 14-23 所示。

```
程序开始...
执行结果 66 : 正常返回 : 0.5

Process finished with exit code 0
```

图 14-23　运行结果

14.5.3　取消任务

由于 Python 设有 GTL，多条线程在同时执行的时候，实质上只有一条线程真正在执行，其他的线程处于阻塞状态。当线程处于阻塞状态的时候，我们可以将线程取消执行，详细的例子如下：

```
from concurrent import futures
import time

def task(n):
    time.sleep(3)
    return n / 10

def done(fn):
    if fn.cancelled():
        print('执行结果 {}:取消了'.format(fn.arg))
    elif fn.done():
        error = fn.exception()
        if error:
```

```
            print('执行结果 {} : 错误返回 : {}'.format(fn.arg, error))
        else:
            result = fn.result()
            print('执行结果 {} : 正常返回 : {}'.format(fn.arg, result))

if __name__ == '__main__':
    ex = futures.ThreadPoolExecutor(max_workers=1)
    print('程序开始...')
    tasks = []

    # 执行任务
    for i in range(3):
        print('开始执行任务：{}'.format(i))
        f = ex.submit(task, i+1)
        f.arg = i+1
        f.add_done_callback(done)
        tasks.append((i+1, f))

    # 取消任务
    for i, task_obj in tasks:
        # 使用 cancel()取消任务
        # 成功取消后会自动执行回调函数
        if not task_obj.cancel():
            print('不能取消{}'.format(i))
```

运行上述代码，运行结果如图 14-24 所示。

```
程序开始...
开始执行任务：0
开始执行任务：1
开始执行任务：2
不能取消1
执行结果 2:取消了
执行结果 3:取消了
执行结果 1 : 正常返回 : 0.1

Process finished with exit code 0
```

图 14-24　运行结果

14.5.4　处理异常

处理异常是任务在执行过程中出现异常而导致无法完整执行整个程序，如果使用 result()获取执行结果，程序就会自动抛出线程或进程在执行过程中所出现的异常信息，此外，还可以使用 exception()获取异常信息，示例代码如下：

```
from concurrent import futures

def task():
    print('任务开始')
```

```
        raise ValueError('任务执行出错了')

if __name__ == '__main__':
    ex = futures.ThreadPoolExecutor(max_workers=2)
    print('程序开始...')
    f = ex.submit(task)

    # 使用 exception()获取异常信息
    error = f.exception()
    print('错误: error:{}'.format(error))

    # 使用 result()获取执行结果会出现异常
    # 也可以使用 try...except 获取异常
    try:
        result = f.result()
    except ValueError as e:
        print('访问异常 {}'.format(e))
```

运行上述代码，运行结果如图 14-25 所示。

```
程序开始...
任务开始
错误: error:任务执行出错了
访问异常 任务执行出错了

Process finished with exit code 0
```

图 14-25　运行结果

14.6　协程的应用

协程是在 1963 年被提出的概念，但在最近几年才在某些语言中得到广泛的应用，比如 Lua、Python 等。我们可以认为一个线程是调用某个函数方法，协程可以控制函数方法的执行过程，转向执行其他函数方法，并在适当的时候切换到原来的函数方法中继续执行。Python 中常见的协程模块有 yield、yield from、async/await、asyncio、Gevent 等，只有 Gevent 是第三方模块，其他都是 Python 的内置模块。

14.6.1　yield 与 yield from

在 Python 中，生成器 yield 在一定程度上实现了协程功能。我们通过以下例子简单说明 yield 如何实现协程功能，代码如下：

```
def consumer():
    """任务 1:接收数据,处理数据"""
    print('开始接收数据')
```

```
    while True:
        print('等待中……')
        x = yield
        print('处理数据：', x)

def producer():
    """任务 2:生产数据"""
    c = consumer()
    # 找到函数 consumer()的 yield 位置
    next(c)
    for i in range(2):
        print('发送数据：', i)
        # 给函数 consumer()的 yield 传值，然后循环给下一个 yield 传值
        # 使用 yield 的 send()方法切换另一个任务
        c.send(i)

if __name__ == '__main__':
    # 基于 yield 保存状态，实现两个任务直接来回切换，即并发的效果
    producer()
```

运行上述代码，运行结果如图 14-26 所示。

```
开始接收数据
等待中……
发送数据： 0
处理数据： 0
等待中……
发送数据： 1
处理数据： 1
等待中……
```

图 14-26 运行结果

从运行结果看到，yield 实现协程功能的过程如下：

（1）当我们调用函数 producer()的时候，函数中调用了函数 consumer()，生成函数对象 c。

（2）函数 consumer()处于死循环状态，如果按照正常的调用方式，它会使函数 producer()处于死循环，但通过使用 yield 可将 consumer()和 producer()相互切换。

（3）当 consumer()的函数对象 c 调用 send()的时候，程序从 producer()切换到 consumer()的 yield 位置开始执行 consumer()。

（4）由于 consumer()处于死循环状态，当再次执行到 yield 位置的时候，代表 consumer()已执行完成，程序会自动切换到函数 producer()继续执行。

根据上述的实现过程分析运行结果得知，程序的执行过程如下：

（1）函数 producer()调用了函数 consumer()，生成函数对象 c，因此程序首先输出“开始接收数据”。

（2）函数 producer()调用 next(c)，找到函数 consumer()的 yield 位置，由于 yield 位置在 print('等待中…')后面，因此程序输出“等待中……”。

（3）函数 producer()执行两次循环，每次循环分别执行 print('发送数据：', i)和 c.send(i)，程序会输出"发送数据：x"和执行 c.send(i)。

（4）当执行 c.send(i)的时候，程序会自动切换到函数 consumer()，send()的参数 i 会赋值给变量 x，并且从 yield 位置开始执行，分别输出"处理数据：x"和"等待中……"。

从 Python 3.3 版本开始，官方引入了 yield from 语句，它不仅简化了 yield 多层嵌套的代码，还弥补了 yield 的不足。yield from 的语法如下：

```
#iterable 为可迭代对象，如列表、元组、生成器等
yield from iterable
```

其语法等同于下面的代码：

```
for item in iterable:
  yield item
```

yield from 重要的作用是提供了一个数据传输管道。下面通过一个简单的例子加以说明：

```
def consumer():
    print('开始接收数据')
    while True:
        print('等待中……')
        x = yield
        print('处理数据：', x)

def wraps(c):
    while True:
        print('running')
        yield from c

def producer(wrap):
    next(wrap)
    for i in range(2):
        print('发送数据：', i)
        wrap.send(i)

if __name__ == '__main__':
    c = consumer()
    wrap = wraps(c)
    producer(wrap)
```

分析代码得知，函数 producer()与 consumer()之间开始是通过函数 wraps()传递函数对象的，但 wraps()只是为 producer()与 consumer()提供一个数据传输管道，不参与 producer()与 consumer()之间的数据通信。运行上述代码，运行结果如图 14-27 所示。

```
running
开始接收数据
等待中......
发送数据：  0
处理数据：  0
等待中......
发送数据：  1
处理数据：  1
等待中......
```

图 14-27　运行结果

14.6.2　异步并发 asyncio 与 async/await

asyncio 是 Python 3.4 版本引入的标准模块，直接内置了对异步 IO 的支持。它的编程模型就是一个消息循环，比如从 asyncio 模块中获取一个 EventLoop 的引用，然后把需要执行的协程放到 EventLoop 中执行，这样就实现了异步 IO，详细例子如下：

```python
import asyncio

@asyncio.coroutine
def say_hello():
    print("Hello Python!")
    # 调用 asyncio.sleep(1)，设置延时
    # yield from 是协程切换执行的函数
    yield from asyncio.sleep(1)
    print("Hello Django!")

# 创建 EventLoop 对象
loop = asyncio.get_event_loop()
# 执行异步函数 say_hello()
loop.run_until_complete(say_hello())
# 执行多个异步函数
# loop.run_until_complete(asyncio.wait([say_hello(), say_hello()]))
# 销毁 EventLoop 对象
loop.close()
```

分析上述代码，asyncio 的使用过程如下：

（1）使用@asyncio.coroutine 作为函数的装饰器，使函数变为异步函数。

（2）调用 get_event_loop()方法创建 EventLoop 对象。

（3）由 EventLoop 对象调用 run_until_complete()方法执行异步函数 say_hello()。

（4）如果需要同时执行多个异步函数，那么将多个函数以列表方式表示，并作为asyncio.wait()的函数参数，最后由 run_until_complete()方法执行。

（5）由 EventLoop 对象调用 close()方法销毁 EventLoop 对象。

运行上述代码，运行结果如图 14-28 所示。

```
C:/xy/py/cc.py:4: DeprecationWarning: "@coroutine" decorator is
  def say_hello():
Hello Python!
Hello Django!

Process finished with exit code 0
```

图 14-28　运行结果

从运行结果看到，Python 出现了提示信息，说明不推荐使用装饰器 asyncio.coroutine，建议改用关键字 async。关键字 async/await 是从 Python 3.5 开始引入的新语法，它主要优化 asyncio.coroutine 的语法，说明如下：

（1）将@asyncio.coroutine 替换为 async。

（2）将 yield from 替换为 await。

对上述例子进行改写，代码如下：

```python
import asyncio
import time

async def get_times():
    for i in range(2):
        print('进入等待')
        # 设置延时
        await asyncio.sleep(1)
        print('Hello times is ', i)

async def say_hello():
    print("Hello Python!")
    # 调用异步函数 get_times()
    await get_times()
    print("Hello Django!")

start = time.time()
# 创建 EventLoop 对象
loop = asyncio.get_event_loop()
# 执行异步函数 say_hello()
# loop.run_until_complete(say_hello())
# 执行多个异步函数
loop.run_until_complete(asyncio.wait([say_hello(), say_hello()]))
# 销毁 EventLoop 对象
loop.close()
end = time.time()
print('一共耗时：', end-start)
```

上述代码的修改说明如下：

（1）将代码原有的@asyncio.coroutine 和 yield from 分别改为 async 和 await，并且还定义了异步函数 get_times()。

（2）在异步函数 say_hello()中，使用关键字 await 调用异步函数 get_times()。

（3）程序在执行异步函数 get_times()的时候，当出现延时 asyncio.sleep(1)时，程序自动切换并执行另一个异步任务。

运行上述代码，运行结果如图 14-29 所示。

```
Hello Python!
进入等待
Hello Python!
进入等待
Hello times is  0
进入等待
Hello times is  0
进入等待
Hello times is  1
Hello Django!
Hello times is  1
Hello Django!
一共耗时: 2.0016746520996094
```

图 14-29 运行结果

从运行结果看到，程序重复执行了两次函数 say_hello()，但输出内容是交替输出两次的执行结果，整个程序的执行时间一共花费了 2 秒，如果不采用异步编程，程序从开始到结束需要花费 4 秒时间。虽然 GIL 给 Python 带来了一定的缺陷，但使用协程在某种程度上弥补了 GIL 带来的缺陷，并且在一定程度上实现了程序的并发功能。

14.7 实战项目：生产者和消费者模式

在并发编程中，使用生产者和消费者模式能够解决绝大多数并发问题，该模式通过平衡生产进程（线程）和消费进程（线程）的工作能力来提高程序整体处理数据的速度。

在进程（线程）的世界里，生产者是生产数据的进程（线程），消费者是消费数据的进程（线程）。在多进程（多线程）开发中，如果生产者处理速度很快，而消费者处理速度很慢，那么生产者就必须等待消费者处理完才能继续生产数据。同样的道理，如果消费者的处理能力大于生产者，那么消费者就必须等待生产者。为了解决这个问题，引入了生产者和消费者模式。

生产者和消费者模式是通过一个容器来解决生产者和消费者的强耦合问题。生产者和消费者彼此之间不直接通信，而是通过阻塞队列（也称为消息队列）来进行通信，所以生产者生产完数据之后不用等待消费者处理，而是直接扔给阻塞队列（也称为消息队列）；消费者不找生产者获取数据，而是直接从阻塞队列（也称为消息队列）获取，阻塞队列（也称为消息队列）相当于一个缓冲区，平衡了生产者和消费者的处理能力，其模式如图 14-30 所示。

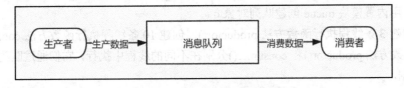

图 14-30 生产者和消费者模式

在生产环境中有很多分布式消息队列，例如 RabbitMQ、RocketMq、Kafka 等。在学习过程中，没必要使用这些大型的消息队列，直接使用 Python 内置模块 queue 中提供的队列即可。下面以多线程为例讲述如何使用 Python 实现多线程的生产者和消费者模式。

为了更加深刻地了解生产者和消费者模式，我们模拟一个饭店的实际场景，生产者可视为饭店的厨师，他们生产数据视为烹饪菜式，消费者可视为饭店的顾客，他们消费数据视为食用菜式，这是生产者和消费者模式的典型例子，实现代码如下：

```python
import time
import queue
import threading

# 创建阻塞队列（消息队列），长度为 10
q = queue.Queue(10)

# 生产者
def productor(i):
    # 厨师每隔 2 秒完成一道菜式
    while True:
        q.put("厨师%s 做的菜式!" % i)
        time.sleep(2)

# 消费者
def consumer(j):
    # 顾客每隔 1 秒吃完一道菜式
    while True:
        print("顾客%s 吃了-%s" % (j, q.get()))
        time.sleep(1)

if __name__ == '__main__':
    # 实例化 3 个生产者（厨师）
    for i in range(3):
        t = threading.Thread(target=productor, args=(i,))
        t.start()

    # 实例化 10 个消费者
    for j in range(10):
        v = threading.Thread(target=consumer, args=(j,))
        v.start()
```

上述代码的逻辑说明如下：

（1）分别定义了函数方法 productor()和 consumer()，对应生产者和消费者。

（2）使用内置模块 queue 创建队列对象 q。

（3）创建 3 条线程执行函数方法 productor()，创建 10 条线程执行函数方法 consumer()。

（4）函数方法 productor()和 consumer()分别在不同的线程中执行，它们通过队列对象 q 来读取和写入数据。

运行上述代码，运行结果如图 14-31 所示。

```
顾客0吃了一厨师0做的菜式！
顾客1吃了一厨师1做的菜式！
顾客2吃了一厨师2做的菜式！
顾客3吃了一厨师0做的菜式！
顾客4吃了一厨师2做的菜式！
顾客5吃了一厨师1做的菜式！
顾客6吃了一厨师0做的菜式！
顾客8吃了一厨师1做的菜式！顾客7吃了一厨师2做的菜式！
```

图 14-31　运行结果

14.8　本章小结

　　GIL（Global Interpreter Lock，全局解释器锁）的存在是因为 Python 在执行程序时需要依赖解释器。GIL 的设计理念是为了解决多线程之间数据完整性和状态同步的问题，在任意时刻只有一个线程在解释器中运行，而当执行多线程的时候，由 GIL 来控制同一时刻只有一个线程能够运行。

　　并行和并发，两者在文字上只差一字，但在意义上完全不同，详细说明如下：

　　（1）并行是指不同的代码块同时执行，它是以多核 CPU 为基础的，每个 CPU 独立执行一个程序，各个 CPU 之间的数据相互独立，互不干扰。

　　（2）并发是指不同的代码块交替执行，它是以一个 CPU 为基础的，使用多线程等方式提高 CPU 的利用率，线程之间会相互切换，轮流被 Python 解释器执行。

　　进程、线程与协程的说明如下：

　　（1）进程：这是一个实体，每个进程都有自己的地址空间（CPU 分配），简单来说，进程是一个"执行中的程序"。

　　（2）线程：这是进程中的一个实体，被系统独立调度和分派的基本单位。线程自己不拥有系统资源，只拥有运行中必不可少的资源。同一进程中的多个线程并发执行，这些线程共享进程所拥有的资源。

　　（3）协程：这是一种比线程更加轻量级的存在，重要的是，协程不被操作系统内核管理，协程完全是由程序控制的，它的运行效率极高。协程的切换完全由程序控制，不像线程切换需要花费操作系统的开销，线程数量越多，协程的优势就越明显。协程不受 GIL 的限制，因为只有一个线程，不存在变量冲突。

　　Python 的内置模块_thread 和 threading 实现了多线程功能，其中_thread 提供了低级别、原始的线程以及一个简单的 GIL 锁，它相比于 threading 模块的功能还是比较有限的。

　　由于 threading 定义了额外的函数方法和 Thread 类，因此它有多种使用方式，比如普通使用方式、自定义线程类、守护进程、等待线程结束、多线程共享全局变量、互斥锁（递归锁）、信号量、线程事件等。

　　在 Python 中，多线程是无法利用 CPU 多核优势的，如果想要充分地使用 CPU 的多核资源，在 Python 中可以使用多进程。Python 提供了内置模块 multiprocessing，模块功能包括：创建进程、守护进程、等待进程结束、互斥锁、通信和共享数据、信号量、进程事件、进程池，并定义了 Process、Queue、Pipe、Lock 等组件。

Python 标准库为我们提供了 threading 和 multiprocessing 模块编写相应的多线程/多进程代码。从 Python 3.2 开始，标准库提供了 concurrent.futures 模块，它提供了 ThreadPoolExecutor 和 ProcessPoolExecutor 两个类，实现对 threading 和 multiprocessing 更高级的抽象，对编写线程池/进程池提供了直接的支持。

协程是在 1963 年被提出的概念，但在最近几年才在某些语言中得到广泛的应用，比如 Lua、Python 等。我们可以认为一个线程是调用某个函数方法，协程可以控制函数方法的执行过程，转向执行其他函数方法，并在适当的时候切换到原来的函数方法中继续执行。Python 中常见的协程模块有 yield、yield from、async/await、asyncio、Gevent 等，只有 Gevent 是第三方模块，其他都是 Python 的内置模块。

第15章

数据库编程

数据库是存放数据的仓库，它的存储空间很大，可以存放百万条、千万条、上亿条数据，但是数据库并不是随意地对数据进行存放的，不同的数据库有自身的规则，否则会降低读写效率。

数据库分为关系型数据库和非关系型数据库，它们在存储方式、数据结构和读写方式方面都不相同，难以比较两者之间的优劣，在开发过程中，选择数据库类型需要根据自身业务需求而定。

主流的关系型数据库有 Oracle、Microsoft SQL Server、MySQL、PostgreSQL、SQLite 等。主流的非关系型数据库有 Redis、MongoDB、HBase、Cassandra 等。

本章将介绍关系型数据库 SQLite 和 MySQL、非关系型数据库 MongoDB 和 Redis、ORM 框架 SQLAlchemy 的应用。

15.1 SQLite 的应用

SQLite 是一款遵守 ACID（数据库正确执行的 4 个基本要素的缩写，包括原子性（Atomicity）、一致性（Consistency）、隔离性（Isolation）、持久性（Durability））的轻量级的关系型数据库管理系统，包含在一个较小的 C 库中，它是 D.RichardHipp 建立的公有领域项目。其设计目标是嵌入式，已被很多嵌入式产品采用，并且占用的资源非常少。在嵌入式设备中，可能只需要几百 KB 的内存，支持 Windows、Linux、MacOS 等主流的操作系统，同时能够与很多编程语言相结合，比如 Python、C#、PHP、Java 等，相比 MySQL、PostgreSQL，它的处理速度非常快。

在学习关系型数据库的操作之前，需要了解关系型数据库的一些基本概念：

（1）关系型数据库管理系统用于管理多个数据库，比如 MySQL、PostgreSQL、SQLite 都是关系型数据库管理系统，日常说的数据库其实就是指关系型数据库管理系统。

（2）数据库中可以创建多张数据表。

（3）数据表是二维的，每一列是数据表的字段，字段可以设置不同的数据格式，比如整型、字符型等，每一行代表写入和读取的数据。

（4）数据的读写可以通过数据库可视化软件和 SQL 语句实现，大多数情况下，数据库可视化软件只是帮我们查看数据和执行 SQL 语句，数据操作主要由 SQL 语句实现。

了解了关系型数据库的基本概念后，下面讲述如何使用 Python 操作 SQLite 数据库。Python 的内置模块 sqlite3 已实现对 SQLite 数据库的操作，并且 SQLite 数据库无须安装，它类似于 TXT 文件。在读写过程中，如果存在 SQLite 数据库文件，程序就在文件中进行读写；如果不存在 SQLite 数据库文件，程序就会自动创建并读写数据。

使用程序操作数据库的步骤如下：

（1）通过数据库模块连接数据库，生成数据库对象。

（2）使用数据库对象执行 SQL 语句，数据库收到程序传送的 SQL 语句后，自动执行相应的数据操作。

（3）数据库将执行结果返回给程序，程序从执行结果获取数据或者判断执行是否成功。

（4）当完成数据操作后，关闭或销毁数据库连接对象。

15.1.1 连接并创建数据表

根据数据库的操作步骤，尝试使用内置模块 sqlite3 连接 SQLite 数据库，并实现简单的数据表创建，示例代码如下：

```python
import sqlite3
# 连接 test.db 数据库
# 如果数据库文件不存在，系统就会自动创建数据库文件
conn = sqlite3.connect('test.db')
# 返回数据库连接的光标对象，用于执行 SQL 语句
c = conn.cursor()
# 执行 SQL 语句，创建数据表 user
c.execute("""CREATE TABLE user
    (id          INT     PRIMARY KEY    NOT NULL,
    name        TEXT    NOT NULL,
    age         INT     NOT NULL,
    address     CHAR(50));""")
# commit()是将 SQL 语句提交到数据库中执行
conn.commit()
# 关闭数据库连接对象
conn.close()
```

上述代码运行后，系统会在当前运行的目录环境创建 test.db 文件。我们使用数据库可视化软件（数据库可视化软件建议使用 Navicat Premium，软件的安装和使用请读者自行在网上搜索相关资料）查看 test.db 文件，其文件内容如图 15-1 所示。

图 15-1 test.db 文件

15.1.2 新增数据

我们已在 test.db 文件中创建了数据表 user，接着在数据表 user 中插入数据，其操作如下：

```python
import sqlite3
# 连接 test.db 数据库
# 如果数据库文件不存在，系统就会自动创建数据库文件
conn = sqlite3.connect('test.db')
# 返回数据库连接的光标对象，用于执行 SQL 语句
c = conn.cursor()
# 执行 SQL 语句，向数据表 user 插入数据
c.execute("INSERT INTO user (id,name,age,address) VALUES (1,'Tom',18,'CN')")
c.execute("INSERT INTO user (id,name,age,address) VALUES
(2,'Lily',22,'UK')")
# commit()是将 SQL 语句提交到数据库中执行
conn.commit()
# 查看当前操作所执行的数据量
print('本次执行新增的数据量为：', conn.total_changes)
# 关闭数据库连接对象
conn.close()
```

运行上述代码，在数据库可视化软件中查看数据表 user 的数据信息，如图 15-2 所示。

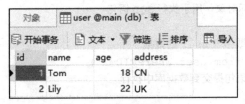

图 15-2 数据表 user 的数据信息

15.1.3 更新数据

如果要对数据表 user 中已有的数据进行更新操作，可以使用 SQL 的 UPDATE 语句，示例代码如下：

```
import sqlite3
# 连接 test.db 数据库
# 如果数据库文件不存在，系统就会自动创建数据库文件
conn = sqlite3.connect('test.db')
# 返回数据库连接的光标对象，用于执行 SQL 语句
c = conn.cursor()
# 执行 SQL 语句，向数据表 user 插入数据
c.execute("UPDATE user SET name='Tim' WHERE id=1")
c.execute("UPDATE user SET address='US' WHERE id=2")
# commit()是将 SQL 语句提交到数据库中执行
conn.commit()
# 查看当前操作所执行的数据量
print('本次执行修改的数据量为：', conn.total_changes)
# 关闭数据库连接对象
conn.close()
```

上述代码将 id 等于 1 的数据的字段 name 改为 Tim，id 等于 2 的数据的字段 address 改为 US，
数据信息如图 15-3 所示。

图 15-3　数据表 user 的数据信息

15.1.4　删除数据

如果要删除数据表中的某行数据，可以使用 SQL 的 DELETE 语句，示例如下：

```
import sqlite3
# 连接 test.db 数据库
# 如果数据库文件不存在，系统就会自动创建数据库文件
conn = sqlite3.connect('test.db')
# 返回数据库连接的光标对象，用于执行 SQL 语句
c = conn.cursor()
# 执行 SQL 语句，删除数据表 user 的数据
c.execute("DELETE from user where ID=2")
# commit()是将 SQL 语句提交到数据库中执行
conn.commit()
# 查看当前操作所执行的数据量
print('本次执行删除的数据量为：', conn.total_changes)
# 关闭数据库连接对象
conn.close()
```

运行上述代码，在数据库可视化软件中查看数据表 user 的数据信息，如图 15-4 所示。

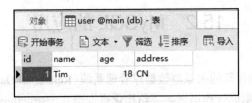

图 15-4　数据表 user 的数据信息

15.1.5　查询数据

最后查询数据表 user 的数据信息，数据查询是由 SELECT 语句实现的，但 SQL 提供了多种查询方法，本小节只演示简单的数据查询，示例代码如下：

```python
import sqlite3
# 连接 test.db 数据库
# 如果数据库文件不存在，系统就会自动创建数据库文件
conn = sqlite3.connect('test.db')
# 返回数据库连接的光标对象，用于执行 SQL 语句
c = conn.cursor()
# 执行 SQL 语句，查询数据表 user 的数据
result = c.execute("SELECT * FROM user")
# 将查询结果遍历输出
# 每次遍历都是获取数据表的某一行数据，数据以元组表示，元组的元素排序与数据表字段排序相同
for r in result:
    print('字段 id 的值为：', r[0])
    print('字段 name 的值为：', r[1])
    print('字段 age 的值为：', r[2])
    print('字段 address 的值为：', r[3])
# commit() 是将 SQL 语句提交到数据库中执行
conn.commit()
# 关闭数据库连接对象
conn.close()
```

运行上述代码，结果如图 15-5 所示。

```
字段id的值为： 1
字段name的值为： Tim
字段age的值为： 18
字段address的值为： CN


Process finished with exit code 0
```

图 15-5　运行结果

15.2　MySQL 的应用

MySQL 是一种开放源代码的关系型数据库管理系统（Relational Database Management System，RDBMS），使用常用的数据库管理语言——结构化查询语言（Structured Query Language，SQL）进行数据库管理。它是开放源代码的，因此任何人都可以在 GPL（General Public License）下下载并根据个性化的需要对其进行修改。它因为运行速度快、可靠性高和适应性强而备受关注，大多数人都认为在不需要事务化处理的情况下，MySQL 是管理数据的最好选择。

15.2.1　MySQL 的安装与使用

要使用 MySQL 必须在操作系统中安装它，在不同的操作系统中安装方法不同。以 Windows 为例，在浏览器中打开 MySQL 官网的下载地址（https://dev.mysql.com/downloads/installer/），选择并下载 MySQL 安装包，如图 15-6 所示。

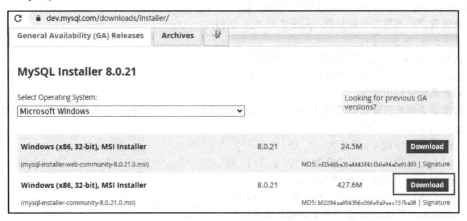

图 15-6　下载 MySQL 安装包

下一步在下载页面单击 No thanks, just start my download 链接，浏览器就会自动下载 MySQL 安装包，如图 15-7 所示。当安装包下载成功后，只需双击运行安装包，并根据安装提示执行相应操作即可。

图 15-7　下载页面

在安装过程中，我们需要设置 MySQL 的用户和密码，最高权限的用户名默认为 root，将其密码设置为 123456，数据库的默认端口为 3306，当 MySQL 安装成功后，将会在本地服务的 3306

端口开启 MySQL 服务。使用数据库可视化软件连接 MySQL 数据库，数据库可视化软件以 Navicat Premium 为例。如图 15-8 所示创建 MySQL 连接。

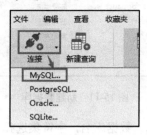

图 15-8　创建 MySQL 连接

创建 MySQL 数据库连接需要填写数据库的连接信息，包括主机、端口、用户名和密码，如图 15-9 所示。

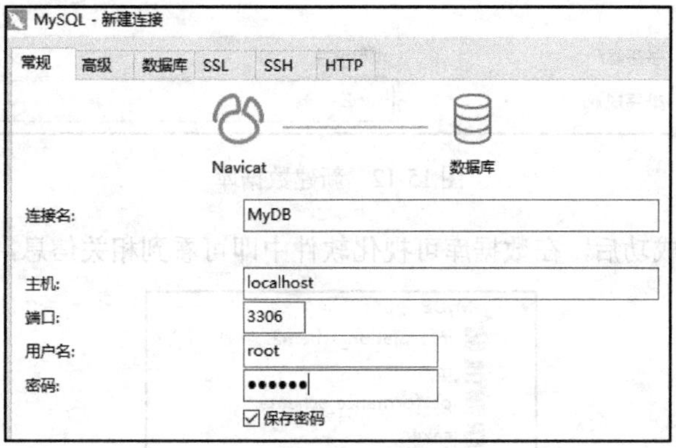

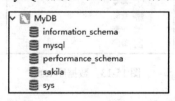

图 15-9　填写连接信息

当数据库可视化软件成功连接本地 MySQL 数据库之后，可以看到数据库管理系统中已有内置数据库，这些数据库用于运行 MySQL 服务，如图 15-10 所示。

图 15-10　本地数据库管理系统

我们在 MySQL 中创建数据库 test，可以在数据库可视化软件中完成，详细的创建过程如下：

（1）在数据库可视化软件中，将鼠标指向 MyDB，右击并选择"新建数据库…"，如图 15-11 所示。

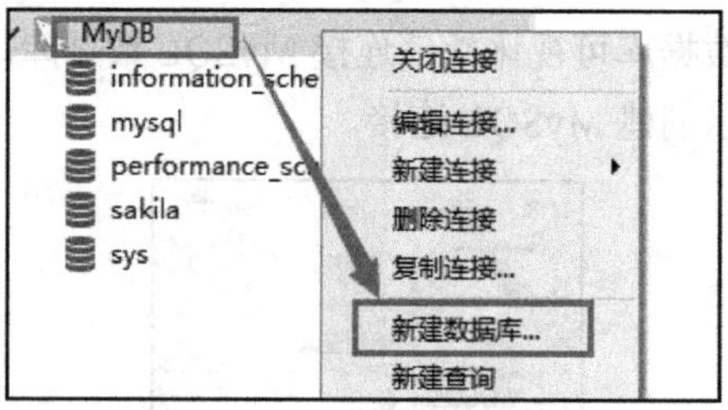

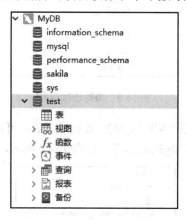

图 15-11　新建数据库

（2）在"新建数据库"界面输入数据库名，字符集选择 utf8mb4，如图 15-12 所示。

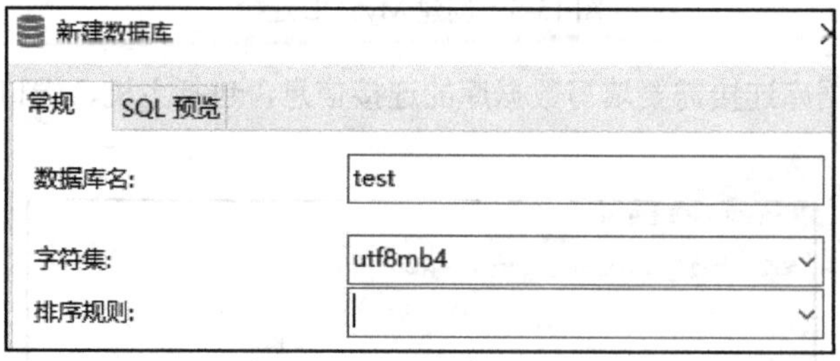

图 15-12　新建数据库

（3）数据库创建成功后，在数据库可视化软件中即可看到相关信息，如图 15-13 所示。

图 15-13　数据库 test

15.2.2　连接并创建数据表

在本地计算机中安装 MySQL 数据库之后，我们可以使用 Python 连接 MySQL，并在其中实现数据操作。使用 Python 连接 MySQL 需要安装第三方模块，常用的模块有 pymysql 和 mysqlclient。下面以 pymysql 为例，在 CMD 窗口中输入安装指令：

```
pip install pymongo
```

模块安装成功后，下面讲述如何使用 Python 实现 MySQL 的数据操作，示例代码如下：

```
import pymysql
# 打开数据库连接
```

```
# host 代表数据库所在的计算机的 IP 地址
# user 代表登录数据库的用户名
# password 代表登录数据库的密码
# database 代表需要连接的数据库
# port 代表数据库的端口
db = pymysql.connect(host="localhost", user="root",
                password="123456", database="test", port=3306)
# 使用 cursor()方法创建一个游标对象 cursor
cursor = db.cursor()
# 使用 execute()方法执行 SQL，如果数据表存在就删除
cursor.execute("DROP TABLE IF EXISTS user")
# 使用 SQL 语句创建表
sql = """CREATE TABLE user
    (id        INT     PRIMARY KEY     NOT NULL,
    name       TEXT    NOT NULL,
    age        INT     NOT NULL,
    address    CHAR(50));"""
# 执行 SQL 语句
cursor.execute(sql)
# 关闭数据库连接
db.close()
```

上述代码是在数据库 test 中创建数据表 user，数据表的字段分别为 id、name、age 和 address，表结构如图 15-14 所示。

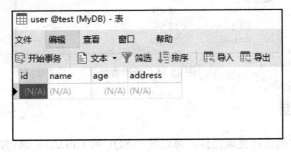

图 15-14　创建数据表 user

15.2.3 新增数据

如果要在数据表 user 中新增数据，可以使用 SQL 的 INSERT 语句，示例代码如下：

```
import pymysql
# 打开数据库连接
# host 代表数据库所在的计算机的 IP 地址
# user 代表登录数据库的用户名
# password 代表登录数据库的密码
# database 代表需要连接的数据库
# port 代表数据库的端口
db = pymysql.connect(host="localhost", user="root",
```

```
                password="123456", database="test", port=3306)
# 使用 cursor()方法创建一个游标对象 cursor
cursor = db.cursor()
sql = """INSERT INTO user(id, name, age, address)
        VALUES (1, 'Tom', 20, 'UK'),(2, 'Tim', 18, 'CN'),
        (3, 'Lily', 15, 'US'), (4, 'Mary', 25, 'USA')"""
try:
    # 执行 SQL 语句
    cursor.execute(sql)
    # 提交到数据库执行
    db.commit()
except Exception as e:
    print(e)
    # 如果发生错误就回滚，不执行任何操作
    db.rollback()
# 关闭数据库连接
db.close()
```

运行上述代码，在数据表 user 中查看数据新增情况，如图 15-15 所示。

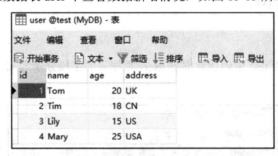

图 15-15　新增数据

15.2.4　更新数据

如果要对现有的数据进行更新操作，可以使用 SQL 的 UPDATE 语句，示例代码如下：

```
import pymysql
# 打开数据库连接
# host 代表数据库所在的计算机的 IP 地址
# user 代表登录数据库的用户名
# password 代表登录数据库的密码
# database 代表需要连接的数据库
# port 代表数据库的端口
db = pymysql.connect(host="localhost", user="root",
                password="123456", database="test", port=3306)
# 使用 cursor()方法创建一个游标对象 cursor
cursor = db.cursor()
# SQL 更新语句
sql = "UPDATE user SET AGE = AGE + 1 WHERE id = 1"
```

```
try:
    # 执行 SQL 语句
    cursor.execute(sql)
    # 提交到数据库执行
    db.commit()
except:
    # 发生错误时回滚
    db.rollback()
# 关闭数据库连接
db.close()
```

上述代码是对现有数据的字段 age 进行自增 1 操作，代码运行成功后，结果如图 15-16 所示。

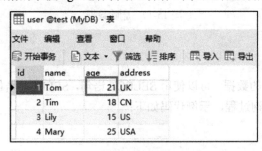

图 15-16　更新数据

15.2.5　删除数据

如果要对现有的数据进行删除操作，可以使用 SQL 的 DELETE 语句，示例代码如下：

```
import pymysql
# 打开数据库连接
# host 代表数据库所在的计算机的 IP 地址
# user 代表登录数据库的用户名
# password 代表登录数据库的密码
# database 代表需要连接的数据库
# port 代表数据库的端口
db = pymysql.connect(host="localhost", user="root",
                password="123456", database="test", port=3306)
# 使用 cursor()方法创建一个游标对象 cursor
cursor = db.cursor()
# SQL 删除语句
sql = "DELETE FROM user WHERE AGE > %s" % (20)
try:
    # 执行 SQL 语句
    cursor.execute(sql)
    # 提交修改
    db.commit()
except:
    # 发生错误时回滚
```

```
    db.rollback()
# 关闭连接
db.close()
```

上述代码是删除字段 age 大于 20 的数据，运行结果如图 15-17 所示。

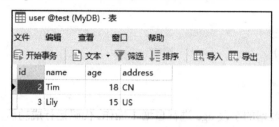

图 15-17　删除数据

15.2.6　查询数据

如果要查询数据表中的数据，可以使用 SELECT 语句，SELECT 语句支持多种复杂的查询方式，我们只演示简单的查询过程，示例代码如下：

```python
import pymysql
# 打开数据库连接
# host 代表数据库所在的计算机的 IP 地址
# user 代表登录数据库的用户名
# password 代表登录数据库的密码
# database 代表需要连接的数据库
# port 代表数据库的端口
db = pymysql.connect(host="localhost", user="root",
                    password="123456", database="test", port=3306)
# 使用 cursor()方法创建一个游标对象 cursor
cursor = db.cursor()
# SQL 查询语句
sql = "SELECT * FROM user"
try:
    # 执行 SQL 语句
    cursor.execute(sql)
    # 获取所有数据列表
    results = cursor.fetchall()
    for row in results:
        id = row[0]
        name = row[1]
        age = row[2]
        address = row[3]
        # 打印结果
        print(f"id={id}, name={name}, age={age}, address={address}")
except:
    print("Error: unable to fetch data")
# 关闭数据库连接
```

```
db.close()
```

上述代码是查询数据表 user 的所有数据，并在控制台上输出查询到的数据，运行结果如图 15-18 所示。

```
id=2, name=Tim, age=18, address=CN
id=3, name=Lily, age=15, address=US

Process finished with exit code 0
```

图 15-18 运行结果

15.3 MongoDB 的应用

MongoDB 是一种基于分布式文件存储的数据库，由 C++语言编写，旨在为 Web 应用提供可扩展的高性能数据存储解决方案。MongoDB 是介于关系数据库和非关系数据库之间的产品，是非关系数据库中功能丰富、很像关系数据库的数据库。MongoDB 支持的数据结构非常松散，类似于 JSON 的 BSON 格式，因此可以存储比较复杂的数据类型。MongoDB 的特点是支持的查询语言非常强大，其语法有点类似于面向对象的查询语言，几乎可以实现类似于关系数据库单表查询的绝大部分功能，而且还支持对数据建立索引。

MongoDB 的特点是高性能、易部署、易使用，存储数据非常方便。具体来说，其主要功能特性如下：

（1）面向集合存储，易存储对象类型的数据。

（2）模式自由。

（3）支持动态查询。

（4）支持完全索引，包含内部对象。

（5）支持查询。

（6）支持复制和故障恢复。

（7）使用高效的二进制数据存储，包括大型对象（如视频等）。

（8）自动处理碎片，以支持云计算层次的扩展性。

（9）支持 Ruby、Python、Java、C++、PHP、C#等多种语言。

（10）文件存储格式为 BSON（一种 JSON 的扩展）。

（11）可通过网络访问。

所谓面向集合（Collection-Oriented），是指数据被分组存储在数据集中，被称为一个集合。每个集合在数据库中都有一个唯一的标识名，并且可以包含无限数目的文档。集合的概念类似于关系型数据库里的表，不同的是 MongoDB 不需要定义任何模式（Schema），具有闪存高速缓存算法，能够快速识别数据库内大数据集中的热数据，提供一致的性能改进。

模式自由（Schema-Free）意味着对于存储在 MongoDB 数据库中的文件，不需要知道它的任何结构定义。如果需要，完全可以把不同结构的文件存储在同一个数据库里。

集合中的文档以键-值对的形式存储。键用于唯一标识一个文档，为字符串类型，而值则可以是各种复杂的文件类型。我们称这种存储形式为 BSON（Binary Serialized Document Format），是一种类似于 JSON 的二进制形式的存储格式，简称 Binary JSON。

MongoDB 已经在多个站点部署，其主要场景如下：

（1）网站实时数据处理。非常适合实时地添加、更新与查询，并具备网站实时数据存储所需的复制及高度伸缩性。

（2）缓存。由于性能很高，因此适合作为信息基础设施的缓存层。在系统重启之后，由它搭建的持久化缓存层可以避免下层的数据源过载。

（3）高伸缩性的场景。非常适合由数十或数百台服务器组成的数据库，它的路线图中已经包含对 MapReduce 引擎的内置支持。

15.3.1 MongoDB 的安装与使用

MongoDB 的安装包可以在官方网站下载社区版（www.mongodb.com），如图 15-19 所示。

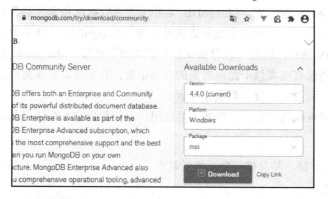

图 15-19　下载 MongoDB

下载完成之后，直接打开安装包，单击 Next 按钮，按提示完成安装即可。完成安装后，计算机会自动重启，重启后会在桌面上自动创建数据库可视化软件 MongoDB Compass Community，双击打开数据库可视化软件，如图 15-20 所示。

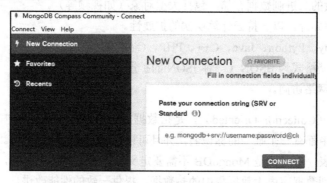

图 15-20　数据库可视化软件 MongoDB Compass Community

单击 CONNECT 按钮，数据库可视化软件会自动连接本地的 MongoDB 数据库管理系统，

MongoDB 内置 admin、config 和 local 数据库，它们皆属于系统数据库，如图 15-21 所示。

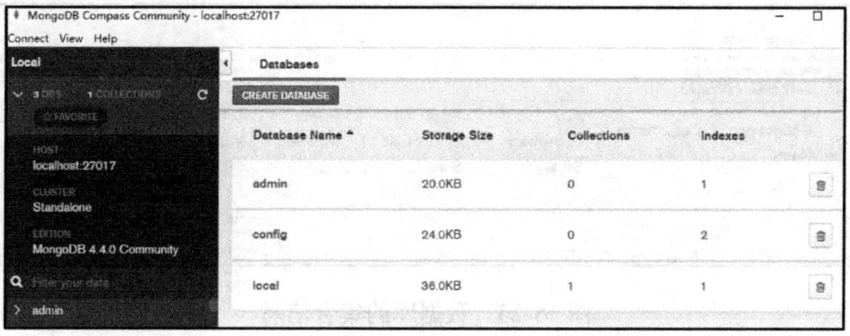

图 15-21　连接 MongoDB 数据库管理系统

单击图 15-21 中的 CREATE DATABASE 按钮，将会看到数据库创建界面，分别在 Database Name 和 Collection Name 文本框输入数据库名称和集合名称，集合名称等同于关系数据库中的数据表名称，如图 15-22 所示。

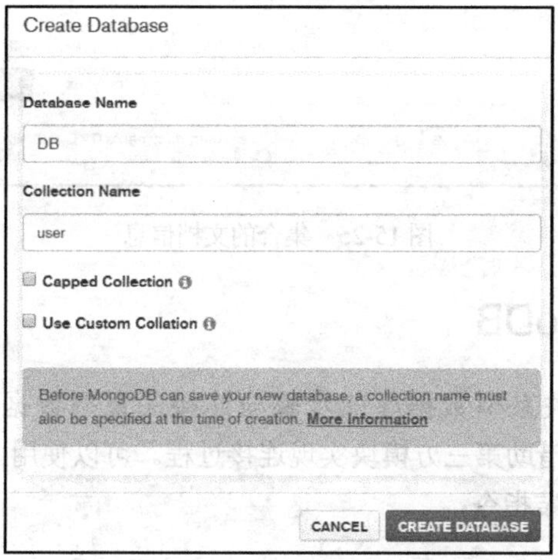

图 15-22　创建数据库

数据库 DB 创建成功后，在数据库可视化软件的主界面可以看到该数据库的基本信息，如图 15-23 所示。

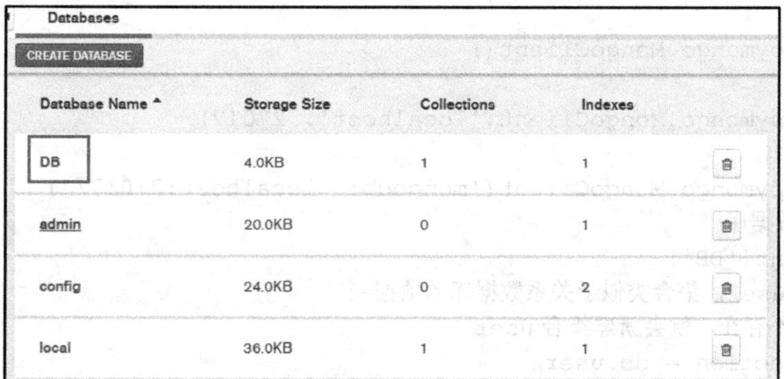

图 15-23　数据库可视化软件的主界面

单击数据库名称，软件将显示当前数据库的集合信息，如图 15-24 所示。

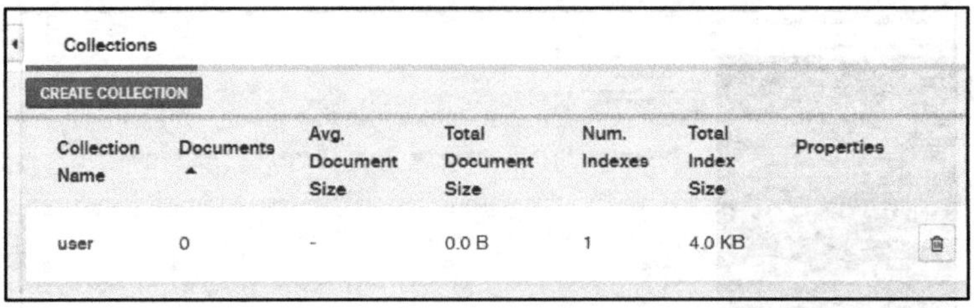

图 15-24 数据库的集合信息

单击集合名称，软件将显示当前集合的所有文档信息，文档信息等同于关系型数据库的数据表的数据信息，如图 15-25 所示。

图 15-25 集合的文档信息

15.3.2 连接 MongoDB

使用 Python 连接非关系型数据库的步骤与连接关系型数据库的步骤是相同的，连接 MongoDB 之前，我们需要借助第三方模块实现连接过程。可以使用 pip 指令在线安装 pymongo 模块，在 CMD 窗口输入安装指令：

```
pip install pymongo
```

我们使用 pymongo 模块实现 MongoDB 的连接与操作，示例代码如下：

```
import pymongo
# 创建对象，连接本地数据库
# 方法一
client = pymongo.MongoClient()
# 方法二
client = pymongo.MongoClient('localhost', 27017)
# 方法三
client = pymongo.MongoClient('mongodb://localhost:27017/')
# 连接 DB 数据库
db = client['DB']
# 连接集合 user，集合类似于关系数据库的数据表
# 如果集合不存在，就会新建集合 user
user_collection = db.user
# 设置文档格式（文档即我们常说的数据）
```

代码使用 3 种方法创建数据库（client）对象，localhost 是数据库的 IP 地址，27017 是数据库

端口，db = client['DB']指向需要连接的数据库，user_collection = db.user 指向 user 集合（相当于关系数据库的数据表）。

如果数据库设置了用户验证，就要在连接命令上添加验证信息：

```
import pymongo
# 用户验证方法一
username = ''
password = ''
client = pymongo.MongoClient()
db_auth = client.admin
db_auth.authenticate(username, password)
# 连接 DB 数据库
db = client['DB']
# 用户验证方法二
client =
pymongo.MongoClient('mongodb://username:password@localhost:27017/')
# 连接 DB 数据库
db = client['DB']
```

上述代码提供了两种验证方式，用户验证实质上是在连接数据库的时候，将数据库用户的账号、密码添加到连接语句上实现验证登录。

15.3.3　新增文档

在 MongoDB 中，常用的操作有新增文档、更新文档、删除文档和查询文档。文档的数据结构和 JSON 基本一样。所有存储在集合中的数据都是 BSON 格式的。

文档新增方式分别有单条新增和批量新增，实现代码如下：

```
import pymongo
import datetime
import re
# 创建对象
client = pymongo.MongoClient()
# 连接 DB 数据库
db = client['DB']
# 连接集合 user，集合类似于关系数据库的数据表
# 如果集合不存在，就会新建集合 user
user_collection = db.user
# 设置文档格式（文档即我们常说的数据）
user_info = {
    "_id": 100,
    "author": "小黄",
    "text": "Python 开发",
    "tags": ["mongodb", "python", "pymongo"],
    "date": datetime.datetime.utcnow()}

# 使用 insert_one 单条添加文档，inserted_id 获取写入后的 id
# 添加文档时，如果文档尚未包含"_id"键，就会自动添加"_id"。"_id"的值在集合中必须是唯一的
# inserted_id 用于获取添加后的 id，若不需要，则可以去掉
```

```
user_id = user_collection.insert_one(user_info).inserted_id
print("user id is ", user_id)

#批量添加
user_infos = [{
    "_id": 101,
    "author": "小黄",
        "text": "Python 开发",
        "tags": ["mongodb", "python", "pymongo"],
        "date": datetime.datetime.utcnow()},
 {
    "_id": 102,
    "author": "小黄_A",
        "text": "Python 开发_A",
        "tags": {"db":"Mongodb","lan":"Python","modle":"Pymongo"},
        "date": datetime.datetime.utcnow()},
 ]
# inserted_ids 用于获取添加后的 id, 若不需要, 则可以直接去掉
user_id = user_collection.insert_many(user_infos).inserted_ids
print("user id is ", user_id)
```

代码实现了单条新增和批量新增，单条新增的数据是 user_info，该数据是一个字典数据结构；批量新增的数据是 uesr_infos，该数据是一个字典数据组成的列表。执行数据新增分别由 insert_one 和 insert_many 方法实现。数据新增完成后，使用 inserted_id 和 inserted_ids 可返回添加后自动生成的 id 内容。

数据新增后，打开数据库可视化软件查看数据库 DB 的集合 user 的文档信息，如图 15-26 所示。

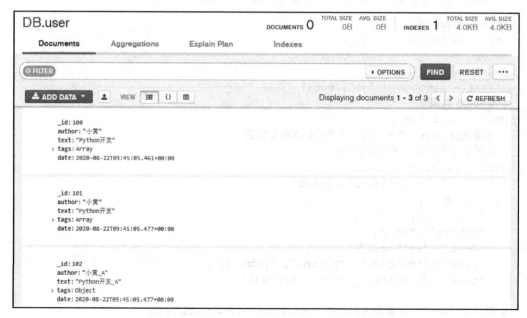

图 15-26　新增文档信息

15.3.4　更新文档

更新文档同样分为单条更新和批量更新，分别由 replace_one()、update_one()和 update_many()
实现。文档更新需要加入操作符。操作符的作用：通常文档只会有一部分需要更新，利用原子的
更新修改器可以使得这部分更新极为高效。MongoDB 提供了许多原子操作，比如文档的保存、
修改、删除等。所谓原子操作，就是要么将这个文档保存到 MongoDB，要么没有保存到 MongoDB，
不会出现查询到的文档没有保存完整的情况。更新修改器是一种特殊的键，用来指定复杂的更新
操作，比如调整、增加或者删除键，还可能用于操作数组或者内嵌文档。

下面介绍常用的更新操作符。

- $set: 用来指定一个键的值。如果这个键不存在，就创建它；如果存在，就执行更新。
- $unset: 从文档中移除指定的键。
- $inc: 修改器用来增加已有键的值，或者在键不存在时创建一个键。$inc 就是专门来增
  加（和减少）数字的，只能用于整数、长整数或双精度浮点数。如果用在其他类型的数
  据上，就会导致操作失败。
- $rename: 操作符可以重命名字段名称，新的字段名称不能和文档中现有的字段名相同。
  如果文档中存在 A、B 字段，将 B 字段重命名为 A，$rename 会将 A 字段和值移除，然
  后将 B 字段名改为 A。
- $push: 如果指定的键已经存在，就会向已有的数组末尾加入一个元素；如果指定的键不
  存在，就会创建一个新的数组。

如何使用操作符实现更新文档呢？例如更新上述已添加的文档的代码如下：

```
import pymongo
# 创建对象
client = pymongo.MongoClient()
# 连接 DB 数据库
db = client['DB']
# 连接集合 user，集合类似于关系数据库的数据表
# 如果集合不存在，就会新建集合 user
user_collection = db.user

# 更新单条文档
# update_one(筛选条件,更新内容)，筛选条件为空，默认更新第一条文档
# 如果查询有多条数据，就按照排序先后更新第一条数据
user_collection.update_one(
{"author": "小黄"},
{"$set": {"author":"小黄","text":"Python 爬虫"}}
)

# replace_one(筛选条件,更新内容)用于将整条数据替换
# 如果文档的部分数据没有更新，就去除这部分数据
# user_collection.replace_one(
# {"author": "小黄"},
# {"author":"小黄","text":"Python_django"}
# )

# update_many(筛选条件,更新内容)用于批量更新文档
```

```
#  如果查询有多条数据，就会对全部数据进行更新处理
#  user_collection.update_many(
#  {"author": "小黄"},
#  {"$set": {"text":"Python_web 开发"}}
#  )
```

运行上述代码，在数据库可视化软件中查看数据库 DB 的集合 user 的文档信息，如图 15-27
所示。

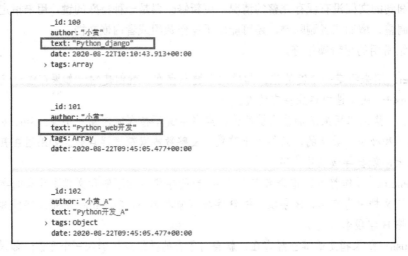

图 15-27   更新文档信息

15.3.5   删除文档

删除文档同样分为单条删除和批量删除，分别由 delete_one()和 delete_many()实现，示例代码
如下：

```
import pymongo
# 创建对象
client = pymongo.MongoClient()
# 连接 DB 数据库
db = client['DB']
# 连接集合 user，集合类似于关系数据库的数据表
# 如果集合不存在，就会新建集合 user
user_collection = db.user

# 删除单条文档
# delete_one(筛选条件)，筛选条件为空，默认删除第一条文档
user_collection.delete_one({"_id": 100})

# delete_many(筛选条件)用于删除多条数据
user_collection.delete_many({"author": "小黄"})
```

运行上述代码，在数据库可视化软件中查看数据库 DB 的集合 user 的文档信息，如图 15-28
所示。

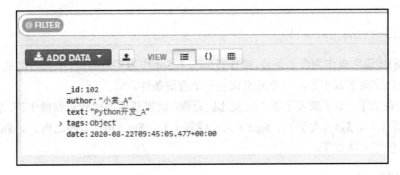

图 15-28　删除文档信息

15.3.6　查询文档

查询文档是使用 find()方法产生一个查询来从 MongoDB 的集合中查询到数据。该方法与其他方法的使用大致相同，使用方法如下：

```
import pymongo
# 创建对象
client = pymongo.MongoClient()
# 连接 DB 数据库
db = client['DB']
# 连接集合 user，集合类似于关系数据库的数据表
# 如果集合不存在，就会新建集合 user
user_collection = db.user
# 查询文档，find({"_id":101})，其中{"_id":101}为查询条件
# 若查询条件为空，则默认查询全部
find_value = user_collection.find({"_id":101})
print(list(find_value))
```

如果要实现多条件查询，就需要使用查询操作符：$and 和$or，使用方法如下：

```
import pymongo
# 创建对象
client = pymongo.MongoClient()
# 连接 DB 数据库
db = client['DB']
# 连接集合 user，集合类似于关系数据库的数据表
# 如果集合不存在，就会新建集合 user
user_collection = db.user
# AND 条件查询
find_value = user_collection.find({
"$and":[{"_id":101},{"author":"小黄"}]
})
print(list(find_value))
# OR 条件查询
find_value = user_collection.find({
"$or":[{"author":"小黄_A"},{"author":"小黄"}]
```

```
})
print(list(find_value))
```

方法 find()传递字典作为查询条件,操作符$and 和$or 作为字典的键,字典的值是列表格式的,列表中的元素以字典形式表示,一个元素代表一个查询条件。

如果要实现大于、小于或者不等于这类比较查询,就需要使用比较查询操作符:$lt(小于)、$lte(小于或等于)、$gt(大于)、$gte(大于或等于)、$in(in,范围之内)、$nin(not in,范围之外),使用方法如下:

```
import pymongo
# 创建对象
client = pymongo.MongoClient()
# 连接 DB 数据库
db = client['DB']
# 连接集合 user,集合类似于关系数据库的数据表
# 如果集合不存在,就会新建集合 user
user_collection = db.user
# 如查找 id>100 且 id<102(_id=101)的文档
find_value = user_collection.find({
"_id":{"$gt":100,"$lt":102}
})
print(list(find_value))
# 查找 id 在[100,101]的文档
find_value = user_collection.find({
"_id":{"$in":[100,101]}
})
print(list(find_value))
```

比较查询和多条件查询存在明显的差别:

(1)多条件查询以操作符为字典的键,比较查询以字段为字典的键。
(2)多条件查询的值是列表格式的,比较查询的值是字典格式的。

如果使用两者组成一个查询,代码如下:

```
import pymongo
# 创建对象
client = pymongo.MongoClient()
# 连接 DB 数据库
db = client['DB']
# 连接集合 user,集合类似于关系数据库的数据表
# 如果集合不存在,就会新建集合 user
user_collection = db.user
find_value = user_collection.find({
"$and": [{"_id": {"$gt":100,"$lt":102}},
        {"_id": {"$in": [100,101]}}]
})
```

```
print(list(find_value))
```

从代码中可以看到，多条件查询操作符$and 作为最外层字典的键，比较查询操作符位于字典最里层。$and 是将每个条件连接起来，主要作用于每个查询条件之间；比较查询操作符（$gt 和 $in）使条件按照某个规则成立条件判断，主要作用于每个查询条件里面。

当查询条件不明确某个值的时候，可以使用模糊匹配进行查询。在 MongoDB 中实现模糊匹配需要引用正则表达式，代码如下：

```
import pymongo
import re
# 创建对象
client = pymongo.MongoClient()
# 连接 DB 数据库
db = client['DB']
# 连接集合 user，集合类似于关系数据库的数据表
# 如果集合不存在，就会新建集合 user
user_collection = db.user
# 模糊查询实际上是加入正则表达式实现的
# 方法一
find_value = user_collection.find({
"author": {"$regex": ".*小.*"}
})
print(list(find_value))

#方法二
regex = re.compile(".*小.*")
find_value = user_collection.find({
"author": regex
})
print(list(find_value))
```

实现模糊匹配有两种不同的方式，两者都需要引用正则表达式来完成模糊功能。

方法一：使用操作符$regex 作为字典的键，告诉数据库这个查询语句要查找字段 author 中含有"小"的内容。

方法二：re.compile 定义了一个 Pattern 实例，这是正则表达式对象，将其实例作为查询条件的值，同样也是告诉数据库需要查找字段 author 中含有"小"的内容。

我们知道 JSON 可以嵌套多个 JSON，MongoDB 的文档也是如此。当查询文档中某个字段嵌套多个文档时，如何将嵌套的文档作为查询条件实现文档查询呢？请看下面的示例：

```
import pymongo
import re
# 创建对象
client = pymongo.MongoClient()
# 连接 DB 数据库
db = client['DB']
```

```
# 连接集合 user，集合类似于关系数据库的数据表
# 如果集合不存在，就会新建集合 user
user_collection = db.user
# 查询嵌入/嵌套文档
# 查询字段"tags":{"db":"Mongodb","lan":"Python","modle":"Pymongo"}
# 查询嵌套字段，只需要查询嵌套里的某个值即可
find_value = user_collection.find({
"tags.db": "Mongodb"
})
print(list(find_value))
```

字段 tags 的值是一个字典类型的数据，也就是说，文档中 tags 字段的值嵌套了另一个文档，如果查询条件是"db":"Mongodb"，而"db"属于字段 tags，可通过"tags.db"对其进行定位。如果"db"的值再嵌套一个字典，那么可用相同的方式进行下一步的定位，代码如下：

```
import pymongo
# 创建对象
client = pymongo.MongoClient()
# 连接 DB 数据库
db = client['DB']
# 连接集合 user，集合类似于关系数据库的数据表
# 如果集合不存在，就会新建集合 user
user_collection = db.user
# 查询字段"tags":{"db":
# {"Mongodb":"NoSql","MySql":"Sql"},"lan":"Python","modle":"Pymongo"}
find_value = user_collection.find({
"tags.db.Mongodb": "NoSql"
})
print(list(find_value))
```

15.4 Redis 的应用

Redis（Remote Dictionary Server）是一个由 Salvatore Sanfilippo 写的 Key-Value 存储系统，它是一个开源的使用 ANSI C 语言编写的、遵守 BSD 协议、支持网络、可基于内存，亦可持久化的日志型 Key-Value 数据库，并提供多种语言的 API。

Redis 被称为数据结构服务器，因为它的数据结构有字符串、散列、列表、集合、有序集合、位图、流等类型，每种数据结构说明如下：

- 字符串（String）键值对是 Redis 基本的键值对类型，这种类型的键值对会在数据库中把一个单独的键和一个单独的值关联起来，被关联的键和值既可以是普通的文字数据，又可以是图片、视频、音频、压缩文件等更为复杂的二进制数据。
- 散列又称为哈希（Hash），可以将多个键值对的数据存储在一个 Redis 的键里面。
- 列表是一种线性的有序结构，可以按照元素被推入列表中的顺序来存储元素，这些元素

既可以是文字数据，又可以是二进制数据，并且列表中的元素可以重复出现。

- 集合（Set）允许用户将任意多个各不相同的元素存储到集合中，这些元素既可以是文本数据，又可以是二进制数据。
- 有序集合（Sorted Set）同时具有"有序"和"集合"两种性质，这种数据结构中的每个元素都由一个成员和一个与成员相关联的分值组成，其中成员以字符串方式存储，而分值则以 64 位双精度浮点数格式存储。
- 位图（Bitmap）是由多个二进制位组成的数组，数组中的每个二进制位都有与之对应的偏移量（也称索引），用户通过这些偏移量可以对位图中指定的一个或多个二进制位进行操作。
- 流（Stream）是 Redis 5.0 版本中新增加的数据结构，是一个包含零个或任意多个流元素的有序队列，队列中的每个元素都包含一个 ID 和任意多个键值对，这些元素会根据 ID 的大小在流中有序地进行排列。

15.4.1　Redis 的安装与使用

Redis 暂不支持在 Windows 系统安装，如果要在 Windows 系统安装 Redis，需要到 GitHub 下载 Redis 安装包。在浏览器访问 https://github.com/tporadowski/redis/releases，单击并下载 Redis 安装包，如图 15-29 所示。

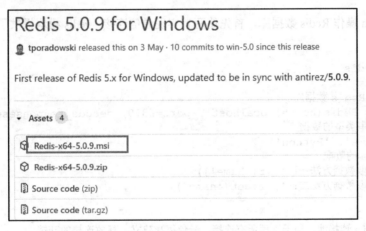

图 15-29　下载 Redis 安装包

Redis 安装包下载完成后，只需双击运行安装包，按照安装的提示步骤即可完成安装过程。默认情况下，它将会占用端口 6379 运行 Redis 服务。

Redis 数据库安装后，下一步是安装数据库可视化软件，本节以 RedisDesktopManager 为例进行介绍。

打开 RedisDesktopManager，在软件的主界面单击"连接到 Redis 服务器"，软件会弹出"新连接设置"界面，如图 15-30 所示。

由于 Redis 在安装过程中默认占用 6379 端口，因此在"新连接设置"界面只需输入名字，并单击"确定"按钮即可连接本地计算机的 Redis 服务器，如图 15-31 所示。

图 15-30　RedisDesktopManager 主界面

图 15-31　连接 Redis 服务器

在图 15-31 中，Redis 服务器设有多个 db，它可视为关系型数据库的数据表，主要读取和存储数据信息。

最后，我们需要安装 redis 模块，该模块用于实现 Python 与 Redis 服务器的连接与通信，并提供 Redis 的数据操作等函数方法。安装 redis 模块可以使用 pip 在线安装，在 CMD 窗口输入安装指令即可：

```
pip install redis
```

15.4.2　连接 Redis

通过 Python 操作 Redis 数据库，首先使两者实现通信连接，redis 模块提供了两种连接方式，详细例子如下：

```python
import redis
# 连接方式一
# 直接连接 Redis 数据库
r = redis.Redis(host='localhost', port=6379, decode_responses=True)
# 写入字符串类型的数据
r.set('name', 'Python')
# 获取 name 的数据
print('获取数据方法一：', r['name'])
print('获取数据方法二：', r.get('name'))

# 连接方式二
# 创建 Redis 连接池，用于管理所有连接，避免每次建立、释放连接的开销
pool =
redis.ConnectionPool(host='localhost',port=6379,decode_responses=True)
r = redis.Redis(connection_pool=pool)
# 写入字符串类型的数据
r.set('name', 'Django')
# 获取 name 的数据
print('获取数据方法一：', r['name'])
```

第一种连接方式是通过实例化 Redis 类，在初始化的过程中传入 Redis 数据库的连接信息。在 PyCharm 中查看 Redis 类源码，只需长按键盘上的 Ctrl 键，将鼠标指向代码中的 Redis 并单击就能打开 Redis 类的源码文件，其初始化方法 __init__() 如图 15-32 所示。

```python
def __init__(self, host='localhost', port=6379,
             db=0, password=None, socket_timeout=None,
             socket_connect_timeout=None,
             socket_keepalive=None, socket_keepalive_options=None,
             connection_pool=None, unix_socket_path=None,
             encoding='utf-8', encoding_errors='strict',
             charset=None, errors=None,
             decode_responses=False, retry_on_timeout=False,
             ssl=False, ssl_keyfile=None, ssl_certfile=None,
             ssl_cert_reqs='required', ssl_ca_certs=None,
             ssl_check_hostname=False,
             max_connections=None, single_connection_client=False,
             health_check_interval=0, client_name=None, username=None):
```

图 15-32　Redis 类源码

初始化方法__init__()设有多个参数，这是解决 Redis 数据库的不同连接方式，大多数情况下，常用的参数有 host、port、db、password 和 decode_responses，每个参数的说明如下：

- 参数 host 代表 Redis 数据库的 IP 地址，如果是在本地计算机，就可设为 localhost 或 127.0.0.1，数据以字符串格式表示。
- 参数 port 代表 Redis 数据库的端口，默认值为 6379，数据以数字表示。
- 参数 db 代表使用 Redis 数据库的 db，可理解为关系型数据库的数据表。
- 参数 password 是连接 Redis 数据库的验证密码。
- 参数 decode_responses 是对 Redis 数据库返回的数据进行编码，若设为 True，则数据以字符串的形式返回，否则以二进制格式返回。

对比上述两种连接方式，第二种方式比第一种方式更有优势。在并发量较高的情况下，第一种方式会频繁地连接、创建和释放 Redis 数据库，在性能上会有较高的影响；第二种方式通过创建连接池，预先创建多个 Redis 连接，当进行数据操作时，直接从连接池中获取某个连接进行操作，操作完成后，程序不会释放连接，而是让其返回连接池，用于后续操作，这样避免连续创建和释放，从而提高了性能。

运行上述代码，运行结果如图 15-33 所示。

```
获取数据方法一： Python
获取数据方法二： Python
获取数据方法一： Django

Process finished with exit code 0
```

图 15-33　运行结果

15.4.3 新增数据

由于 Redis 设有 7 种基本数据类型，为了让读者了解每一种数据类型的基本操作，我们将分别讲述每一种数据类型的读写方法，示例如下：

```python
import redis
r = redis.Redis(host='localhost', port=6379, decode_responses=True)
# 写入字符串类型的数据
```

```python
r.set(name='string', value='Python')
# 获取字符串的数据
print('获取字符串的数据: ', r['string'])
print('获取字符串的数据: ', r.get('string'))


# 写入散列类型的数据
r.hset(name='hash', key='name', value='Tom')
r.hset(name='hash', key='age', value=10)
r.hset(name='hash', key='address', value='UK')
# 获取散列的数据
print('获取散列的数据: ', r.hget(name='hash', key='name'))


# 写入列表类型的数据
# 将元素写入列表的左边
r.lpush('list', 'Mr Li', 'Miss Lu')
# 将元素写入列表的右边
r.rpush('list', 'Miss Wang', 'Mir Zhang')
# 获取列表的数据
# lpop()从最左边获取元素，数据获取后在数据库中移除
print('获取列表的数据: ', r.lpop('list'))
# rpop()从最右边获取元素，数据获取后在数据库中移除
print('获取列表的数据: ', r.rpop('list'))


# 写入集合类型的数据
r.sadd('set', 'UK', 'CN', 'US', 'JP')
# 获取集合的数据
print('获取集合的数据: ', r.smembers('set'))


# 写入有序集合类型的数据，每个数据设有权重，权重以整数表示
r.zadd(name='sord_set', mapping={'GZ': 1, 'BJ': 2, 'SZ': 3, 'SH': 4})
# 获取有序集合的数据
print('获取有序集合的数据: ', r.zrange('sord_set', 0, -1))


# 写入位图类型的数据
# 将 bytes 的数据设为字符串数据
r.set(name='bytes', value='Python')
print('二进制数据的第二位数为: ', r.getbit(name='bytes', offset=1))
# setbit()将字符串数据转为二进制数据，然后将第二位数改为 0
r.setbit(name='bytes', offset=1, value=0)


# 写入流类型的数据
id = r.xadd(name='stream', fields={'name': 'Tom'})
# 获取流数据的 id
print('获取流数据的 id: ', id)
id = r.xadd(name='stream', fields={'msg': 'Hello Python'})
# 获取流数据的 id
```

```
print('获取流数据的id: ', id)
```

每一种数据类型的读写都有特定的函数或方法实现，但每个函数或方法的第一个参数 name 都代表数据名称，第二或第三个参数代表数据内容，只要掌握每种数据类型的数据格式就能设置第二或第三个参数的参数值。

运行上述代码，运行结果如图 15-34 所示。当程序运行完成后，我们可以在数据库可视化软件中查看每一种数据类型的数据结构。

```
获取字符串的数据: Python
获取字符串的数据: Python
获取散列的数据: Tom
获取列表的数据: Miss Lu
获取列表的数据: Mir Zhang
获取集合的数据: {'CN', 'US', 'UK', 'JP'}
获取有序集合的数据: ['GZ', 'BJ', 'SZ', 'SH']
二进制数据的第二位数为: 1
获取流数据的id: 1603337432530-0
获取流数据的id: 1603337432530-1
```

图 15-34　运行结果

15.4.4　更新数据

在更新数据方面，Redis 仅支持部分数据类型执行更新操作，如字符串、散列、列表和位图，而集合、有序集合和流是无法更新数据的，只能清空原有的数据，再执行新增操作，详细例子如下：

```
import redis
r = redis.Redis(host='localhost', port=6379, decode_responses=True)
# 更新字符串类型的数据
r.set(name='string', value='Python')
# 如果数据已存在，就进行修改处理
r.set(name='string', value='Django')
# 获取字符串的数据
print('获取字符串的数据: ', r['string'])
# append()是在数据的末端添加数据
r.append('string', '_web')
print('获取字符串的数据: ', r.get('string'))


# 更新散列类型的数据
r.hset(name='hash', key='name', value='Tom')
# 如果数据已存在，就进行修改处理
r.hset(name='hash', key='name', value='Tim')
# 获取散列的数据
print('获取散列的数据: ', r.hget(name='hash', key='name'))


# 更新列表类型的数据
# 将元素放在列表的左边
r.lpush('list', 'Mr Li', 'Miss Lu')
```

```
# 在元素 Mr Li 前面添加 Lucy,参数 before 代表在前面还是后面
r.linsert('list', 'before', 'Mr Li', 'Lucy')
# 查看整个列表的数据
print('查看整个列表的数据: ', r.lrange('list', 0, -1))
# 将列表第一个元素改为 Mary
r.lset(name='list', index=0, value='Mary')
# 查看整个列表的数据
print('查看整个列表的数据: ', r.lrange('list', 0, -1))


# 更新集合类型的数据
r.sadd('set', 'UK', 'CN', 'US', 'JP')
# 不提供更新操作,只能清空集合再新增数据
r.srem('set', *r.smembers('set'))
r.sadd('set', *('UK', 'CN', 'US'))
# 获取集合的数据
print('获取集合的数据: ', r.smembers('set'))


# 更新有序集合类型的数据
r.zadd(name='sord_set', mapping={'GZ': 1, 'BJ': 2, 'SZ': 3, 'SH': 4})
# 不提供更新操作,只能清空有序集合再新增数据
r.zrem('sord_set', *r.zrange('sord_set', 0, -1))
r.zadd(name='sord_set', mapping={'GZ': 1, 'BJ': 2})
# 获取有序集合的数据
print('获取有序集合的数据: ', r.zrange('sord_set', 0, -1))


# 更新位图类型的数据
# 将 bytes 的数据设为字符串数据
r.set(name='bytes', value='Python')
print('二进制数据的第二位数为: ', r.getbit(name='bytes', offset=1))
# setbit()将字符串数据转为二进制数据,然后将第二位数改为 0
r.setbit(name='bytes', offset=1, value=0)


# 更新流类型的数据
# 不提供修改功能,只能清空数据再新增数据
# xrange()的参数 max='+'和 min='-'是获取所有数据
alls = r.xrange(name='stream', max='+', min='-')
# 获取流数据的 id
ids = [i[0] for i in alls]
# 删除数据
if ids:
    r.xdel('stream', *ids)
# 新增数据
id = r.xadd(name='stream', fields={'msg': 'Hello Python'})
# 获取流数据的 id
print('获取流数据的 id: ', id)
```

对于字符串、散列和位图类型的数据,更新数据与新增数据可以使用同一个函数或方法,如

果当前数据不存在数据库，就执行新增操作，如果已存在数据库中，就执行更新操作；而列表类型的数据可以使用 linsert() 和 lset() 方法实现数据更新操作；集合、有序集合和流是不提供数据修改功能的，只有删除原有数据再新增数据才能实现修改功能。

运行上述代码，运行结果如图 15-35 所示。代码运行完成后，也可以在数据库可视化软件中查看数据信息。

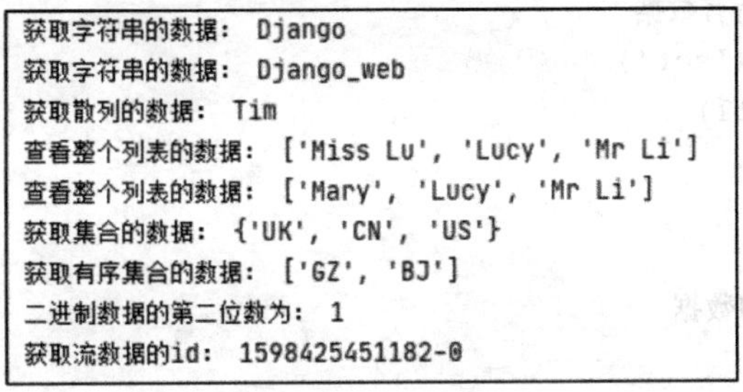

```
获取字符串的数据：Django
获取字符串的数据：Django_web
获取散列的数据：Tim
查看整个列表的数据：['Miss Lu', 'Lucy', 'Mr Li']
查看整个列表的数据：['Mary', 'Lucy', 'Mr Li']
获取集合的数据：{'UK', 'CN', 'US'}
获取有序集合的数据：['GZ', 'BJ']
二进制数据的第二位数为：1
获取流数据的id：1598425451182-0
```

图 15-35　运行结果

15.4.5　删除数据

由于数据类型的数据结构不同，因此删除数据的过程也会有所不同，尽管如此，我们还可以使用函数 delete() 删除整个数据，详细例子如下：

```
import redis
r = redis.Redis(host='localhost', port=6379, decode_responses=True)
# 删除字符串类型的数据
# 删除整个 string
r.delete('string')

# 删除散列类型的数据
# 删除某个键值对
r.hdel('hash', *('name', ))
# 删除全部键值对
# hgetall() 获取全部键值对，以字典格式返回
keys = r.hgetall(name='hash').keys()
# 将 hash 的所有键值对删除
r.hdel('hash', *keys)
# 删除整个 hash
r.delete('hash')

# 删除列表类型的数据
# 删除某个数据
# 参数 count 的值等于 0，移除列表中所有指定数据
# 参数 count 的值大于 0，从列表的左端开始向右进行检查，并移除最先发现的 count 个指定数据
# 参数 count 的值小于 0，从列表的右端开始向左进行检查，并移除最先发现的 abs(count) 个指定数据
r.lrem(name='list', count=0, value='Mary')
# 删除整个 list
```

```
r.delete('list')

# 删除集合类型的数据
# 删除某个数据
r.srem('set', *('US',))
# 删除全部数据
# smembers()获取所有数据
all = r.smembers('set')
r.srem('set', *all)
# 删除整个 set
r.delete('set')

# 删除有序集合类型的数据
# 删除某个数据
r.zrem('sord_set', *('BJ',))
# 删除全部数据
# zrange()获取有序集合的所有数据
all = r.zrange('sord_set', 0, -1)
r.zrem('sord_set', *all)
# 删除整个 sord_set
r.delete('sord_set')

# 删除位图类型的数据
# 删除整个 bytes
r.delete('bytes')

# 删除流类型的数据
# xrange()的参数 max='+'和 min='-'是获取所有数据
alls = r.xrange(name='stream', max='+', min='-')
# 获取所有数据的 id
ids = [i[0] for i in alls]
# 删除全部数据，如果删除某个数据，那么只需设置 ids 的列表数据即可
if ids:
    r.xdel('stream', *ids)
# 删除整个 stream
r.delete('stream')
```

在上述代码中，只有字符串和位图类型的数据没有提供数据删除的函数方法，其他数据类型都定义了相应的数据删除的函数方法。函数 delete()可以删除所有类型的数据。

当代码运行完成后，Redis 服务器的 db 数据库就不再保留任何数据，因为代码中的每一种数据类型都使用了函数 delete()，如图 15-36 所示。

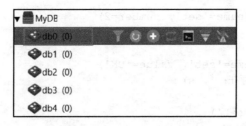

图 15-36　Redis 服务器

15.4.6　查询数据

Redis 为各个数据类型提供了数据查询的函数或方法，部分函数或方法可以支持一个或多个数据查询，详细例子如下：

```python
import redis
r = redis.Redis(host='localhost', port=6379, decode_responses=True)
# 查询字符串类型的数据
print('查询字符串类型的数据：', r.get('string'))
print('查询字符串类型的数据：', r['string'])

# 查询散列类型的数据
# 查询某个键值对
v = r.hget(name='hash', key='name')
print('查询某个键值对：', v)
# 查询全部键值对
# hgetall()获取全部键值对，以字典格式返回
v = r.hgetall(name='hash')
print('查询全部键值对：', v)

# 查询列表类型的数据
# 获取列表最左端的元素，并移除
l = r.lpop('list')
print('获取列表最左端的元素，并移除：', l)
# 获取列表最右端的元素，并移除
l = r.rpop('list')
print('获取列表最右端的元素，并移除：', l)
# 查询列表的长度
l = r.llen('list')
print('查询列表的长度：', l)
# 查询指定索引的数据
l = r.lindex(name='list', index=0)
print('查询指定索引的数据：', l)
# 查询索引范围的数据
# 若参数 start=0 且 end=-1，则查询全部数据
l = r.lrange(name='list', start=0, end=-1)
print('查询索引范围的数据：', l)

# 查询集合类型的数据
# 随机查询数据
# 参数 number 代表查询数据的个数
```

```
s = r.srandmember(name='set', number=2)
print('随机查询数据：', s)
# 查询数据是否存在
s = r.sismember(name='set', value='UK')
print('查询数据是否存在：', s)
# 查询数据的数量
s = r.scard(name='set')
print('查询数据的数量：', s)
# 查询所有数据
s = r.smembers('set')
print('查询所有数据：', s)


# 查询有序集合类型的数据
# 查询数据的数量
s = r.zcard('sord_set')
print('查询数据的数量：', s)
# 查询全部数据
# zrange()获取有序集合的所有数据
# 参数 start 和 end 代表数据在有序集合中的索引
# 若参数 start=0 且 end=-1，则查询全部数据
s = r.zrange(name='sord_set', start=0, end=-1)
print('查询全部数据：', s)
# 查询数据的权重
s = r.zscore(name='sord_set', value='GZ')
print('查询数据的权重：', s)
# 查询数据的排名
s = r.zrange(name='sord_set', start=0, end=-1)
print('查询数据的排名：', s)


# 查询位图类型的数据
# 查询二级制的某个位数的数值
b = r.getbit(name='bytes', offset=1)
print('查询二级制的某个位数的数值：', b)
# 查询被设置的二进制位数量
b = r.bitcount(key='bytes', start=0, end=-1)
print('查询被设置的二进制位数量：', b)
# 查询第一个指定的二进制位值的位置
b = r.bitpos(key='bytes', bit=1, start=0, end=-1)
print('查询第一个指定的二进制位值的位置：', b)


# 查询流类型的数据
# 查询所有数据
# xrange()的参数 max='+'和 min='-'是获取所有数据
x = r.xrange(name='stream', max='+', min='-')
print('查询所有数据：', x)
# 查询数据的数量
x = r.xlen(name='stream')
print('查询数据的数量：', x)
```

由于每个数据类型的数据结构各不相同，因此每个函数或方法的参数和数据格式略有不同，

如果不了解函数参数的数据格式，那么建议在源码文件中查看函数的定义过程。

上述代码的运行结果如图 15-37 所示。

```
查询字符串类型的数据: Django_web
查询字符串类型的数据: Django_web
查询某个键值对: Tom
查询全部键值对: {'name': 'Tom', 'age': '20'}
获取列表最左端的元素，并移除: None
获取列表最右端的元素，并移除: None
查询列表的长度: 0
查询指定索引的数据: None
查询索引范围的数据: []
随机查询数据: ['CN', 'US']
查询数据是否存在: True
查询数据的数量: 3
查询所有数据: {'UK', 'CN', 'US'}
查询数据的数量: 2
查询全部数据: ['GZ', 'BJ']
查询数据的权重: 1.0
查询数据的排名: ['GZ', 'BJ']
查询二级制的某个位数的数值: 0
查询被设置的二进制位数量: 24
查询第一个指定的二进制位值的位置: 3
查询所有数据: [('1598430867332-0', {'msg': 'Hello Python'})]
查询数据的数量: 1
```

图 15-37　运行结果

15.5　ORM 框架 SQLAlchemy

开发人员经常接触的关系数据库主要有 MySQL、Oracle、SQL Server、SQLite 和 PostgreSQL，操作数据库的方法大致有以下两种：

（1）直接使用数据库接口连接。在 Python 的关系数据库连接模块中，分别有 pymysql、cx_Oracle、pymssql、sqlite3 和 psycopg2。通常，这类数据库的操作步骤都是连接数据库、执行 SQL 语句、提交事务、关闭数据库连接。每次操作都需要 Open/Close Connection，如此频繁地操作对于整个系统无疑是一种浪费。对于一个企业级的应用来说，这无疑是不科学的开发方式。

（2）通过 ORM（Object/Relation Mapping，对象-关系映射）框架来操作数据库。这是随着面向对象软件开发方法的发展而产生的，面向对象的开发方法是当今企业级应用开发环境中的主流开发方法，关系数据库是企业级应用环境中永久存放数据的主流数据存储系统。对象和关系数据是业务实体的两种表现形式，业务实体在内存中表现为对象，在数据库中表现为关系数据。内存中的对象之间存在关联和继承关系，而在数据库中，关系数据无法直接表达多对多关联和继承关系。因此，ORM 系统一般以中间件的形式存在，主要实现程序对象到关系数据库数据的映射。

在实际工作中，企业级开发都是使用 ORM 框架来实现数据库持久化操作的，所以作为一个开发人员，很有必要学习 ORM 框架。

15.5.1 SQLAlchemy 框架的概述与安装

常用的 ORM 框架模块有 SQLObject、Stom、Django 的 ORM、Peewee 和 SQLAlchemy。本节主要讲述 Python 的 ORM 框架——SQLAlchemy。SQLAlchemy 是 Python 编程语言下的一款开源软件，提供 SQL 工具包及对象-关系映射工具，使用 MIT 许可证发行。

SQLAlchemy 采用简单的 Python 语言，为高效和高性能的数据库访问设计，实现了完整的企业级持久模型。SQLAlchemy 的理念是，SQL 数据库的量级和性能重要于对象集合，而对象集合的抽象又重要于表和行。因此，SQLAlchmey 采用类似 Java 中 Hibernate 的数据映射模型，而不是其他 ORM 框架采用的 Active Record 模型。不过，Elixir 和 Declarative 等可选插件可以让用户使用声明语法。

SQLAlchemy 首次发行于 2006 年 2 月，是 Python 社区中被广泛使用的 ORM 工具之一，不亚于 Django 的 ORM 框架。

SQLAlchemy 在构建于 WSGI 规范的下一代 Python Web 框架中得到了广泛应用，是由 Mike Bayer 及其开发团队开发的一个单独的项目。使用 SQLAlchemy 等独立 ORM 的一个优势是允许开发人员首先考虑数据模型，并能决定稍后可视化数据的方式（采用命令行工具、Web 框架还是 GUI 框架）。这与先决定使用 Web 框架或 GUI 框架，再决定如何在框架允许的范围内使用数据模型的开发方法极为不同。

SQLAlchemy 的一个目标是提供能兼容众多数据库（如 SQLite、MySQL、PostgreSQL、Oracle、MS-SQL、SQL Server 和 Firebird）的企业级持久性模型。

安装 SQLAlchemy 时，建议直接使用 pip 安装：

```
pip install SQLAlchemy
```

除了通过 pip 安装外，也可以在 https://pypi.org/project/SQLAlchemy/#files 下载 SQLAlchemy 的.whl 文件，SQLAlchemy 的每个 whl 文件对应不同的 Python 版本，读者应根据自己的 Python 版本下载对应的.whl 文件。

使用 SQLAlchemy 连接数据库实质上还是通过数据库模块实现连接，安装 SQLAlchemy 后还需要安装对应数据库的接口模块，比如连接 MySQL 需要 pymysql 模块、连接 SQLite 数据库需要 sqlite3 模块等。

15.5.2 连接数据库

在使用 SQLAlchemy 连接数据库之前，我们再简单介绍一下数据库系统环境。MySQL 数据库的用户名默认为 root，密码设置为 123456，数据库的默认端口为 3306，通过数据库可视化软件 Navicat Premium 连接 MySQL 数据库管理系统，并创建数据库 test，如图 15-38 所示。

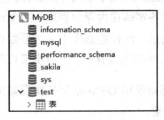

图 15-38　创建数据库 test

SQLAlchemy 连接数据库使用数据库连接池技术，原理是在系统初始化的时候，将数据库连接作为对象存储在内存中，当用户需要访问数据库时，并非建立一个新的连接，而是从连接池中取出一个已建立的空闲连接对象。使用完毕后，用户也并非将连接关闭，而是将连接放回连接池中，以供下一个请求访问使用。而连接的建立、断开都由连接池自身来管理。同时，还可以通过设置连接池的参数来控制连接池中的初始连接数、连接的上下限数以及每个连接的最大使用次数、最大空闲时间等。也可以通过其自身的管理机制来监视数据库连接的数量、使用情况等。

通过了解 SQLAlchemy 的原理有利于理解 SQLAlchemy 连接数据库的代码，代码如下：

```
from sqlalchemy import create_engine
engine=create_engine("mysql+pymysql://root:123456@localhost:3306/test?charset=utf8",echo=True)
```

导入 SQLAlchemy 的 create_engine 模块，设置数据库指令和参数后可实现连接，上述代码是常用的连接方式。

完整的连接数据库代码如下：

```
from sqlalchemy import create_engine
engine = create_engine("mysql+pymysql://root:123456@localhost:3306/test?charset=vtf8",
                       echo=True, pool_size=5, max_overflow=4,
                       pool_recycle=7200, pool_timeout=30)
```

create_engine 的参数设置说明如下：

- mysql+pymysql://root:123456@localhost:3306/test: mysql 指明数据库系统类型，pymysql 是连接数据库接口的模块，root 是数据库系统用户名，123456 是数据库系统密码，localhost:3306 是本地的数据库系统和数据库端口，test 是数据库名称。
- echo=True: 用于显示 SQLAlchemy 在操作数据库时所执行的 SQL 语句情况，相当于一个监视器，可以清楚知道执行情况，如果设置为 False，就可以关闭。
- pool_size: 设置连接数，默认设置 5 个连接数，连接数可以根据实际情况进行调整，在一般的爬虫开发中，使用默认值已足够。
- max_overflow: 默认连接数为 10。当超出最大连接数后，如果超出的连接数在 max_overflow 设置的访问内，超出的部分还可以继续连接访问，在使用过后，这部分连接不放在 pool（连接池）中，而是被真正关闭。
- pool_recycle: 连接重置周期，默认为-1，推荐设置为 7200，即如果连接已空闲 7200 秒，就自动重新获取，以防止 connection 被关闭。
- pool_timeout: 连接超时时间，默认为 30 秒，超过时间的连接都会连接失败。
- ?charset=utf8: 对数据库进行编码设置，能对数据库进行中文读写，如果不设置，在进行数据添加、修改和更新等时，就会提示编码错误。

上述代码只是给出 MySQL 的连接语句，其他数据库的连接方式如表 15-1 所示。

表15-1 主流数据库连接方式

数 据 库	连接字符串
Microsoft SQL Server	mssql+pymssql://username:password@ip:port/dbname
MySQL	mysql+pymysql://username:password@ip:port/dbname
Oracle	cx_Oracle://username:password@ip:port/dbname
PostgreSQL	postgresql://username:password@ip:port/dbname
SQLite	sqlite://file_path

15.5.3 创建数据表

完成数据库的连接后,可以通过 SQLAlchemy 对数据表进行创建和删除,目前数据库 test 是没有数据表的,使用 SQLAlchemy 创建数据表,代码如下:

```python
from sqlalchemy.ext.declarative import declarative_base
from sqlalchemy import Column, Integer, String, DateTime
Base = declarative_base()

class mytable(Base):
    # 表名
    __tablename__ = 'mytable'
    # 字段,属性
    id = Column(Integer, primary_key=True)
    name = Column(String(50), unique=True)
    age = Column(Integer)
    birth = Column(DateTime)
    class_name = Column(String(50))
# 创建数据表
Base.metadata.create_all(engine)
```

引入 declarative_base 模块,生成其对象 Base,再创建一个类 mytable。一般情况下,数据表名和类名是一致的,__tablename__用于定义数据表的名称,可忽略,忽略时默认类名为数据表名。然后创建字段 id、name、age、birth、class_name。最后使用 Base.metadata.create_all(engine)在数据库中创建对应的数据表。

上述是比较常见的创建数据表的方法之一,还有一种创建方法类似于 SQL 语句的创建方法:

```python
from sqlalchemy import Column, MetaData, ForeignKey, Table
from sqlalchemy.dialects.mysql import (INTEGER, CHAR)
meta = MetaData()
myclass = Table('myclass', meta,
            Column('id', INTEGER, primary_key=True),
            Column('name', CHAR(50), ForeignKey(mytable.name)),
            Column('class_name', CHAR(50))
            )
# 创建数据表
myclass.create(bind=engine)
```

此创建方法与前面介绍的创建数据表的方法差别很大，代码比较偏向于 SQL 创建数据表的语法，两者引入的模块也各不相同，导致在创建数据表的时候，创建语法也不一致。不过两者实现的功能是一样的，读者可以根据自己的爱好进行选择。一般情况下，前者较有优势，在数据表已经存在的情况下，前者再创建数据表不会报错，后者就会提示已存在数据表的错误信息。

若要删除数据表，则可用以下代码：

```
# 先删除 myclass，后删除 mytable
myclass.drop(bind=engine)
Base.metadata.drop_all(engine)
```

在删除数据表的时候，一定要先删除设有外键的数据表，也就是先删除 myclass 后才能删除 mytable，两者之间涉及外键，这是在数据库中删除数据表的规则。

以下是完整的代码：

```
# 连接数据库
from sqlalchemy import create_engine
engine = create_engine(
    "mysql+pymysql://root:123456@localhost:3306/test?charset=utf8",
    echo=True)


# 创建数据表方法一
from sqlalchemy import Column, Integer, String, DateTime
from sqlalchemy.ext.declarative import declarative_base
Base = declarative_base()


class mytable(Base):
    # 表名
    __tablename__ = 'mytable'
    # 字段，属性
    id = Column(Integer, primary_key=True)
    name = Column(String(50), unique=True)
    age = Column(Integer)
    birth = Column(DateTime)
    class_name = Column(String(50))


Base.metadata.create_all(engine)

# 创建数据表方法二
from sqlalchemy import Column, MetaData, ForeignKey, Table
from sqlalchemy.dialects.mysql import (INTEGER, CHAR)
meta = MetaData()
myclass = Table('myclass', meta,
                Column('id', INTEGER, primary_key=True),
                Column('name', CHAR(50), ForeignKey(mytable.name)),
                Column('class_name', CHAR(50))
                )
```

```
myclass.create(bind=engine)

# 删除数据表
myclass.drop(bind=engine)
Base.metadata.drop_all(engine)
```

┌─────────────────────── 注　意 ───────────────────────┐

无论数据表是否已经创建，在使用 SQLAlchemy 时一定要对数据表的属性、字段进行类定
义。也就是说，无论通过什么方式创建数据表，在使用 SQLAlchemy 的时候，第一步是创
建数据库连接，第二步是定义类来映射数据表，类的属性映射数据表的字段。

└──┘

15.5.4　新增数据

完成数据表的创建后，下一步对数据表的数据进行操作。首先创建一个会话对象，用于执行
SQL 语句，代码如下：

```
from sqlalchemy.orm import sessionmaker
DBSession = sessionmaker(bind=engine)
session = DBSession()
```

引入 sessionmaker 模块，指明绑定已连接数据库的 engine 对象，生成会话对象 session，该对
象用于数据库的增、删、改、查等操作。

一般来说，常用的数据库操作是增、改、查，SQLAlchemy 对这类操作有自身的语法支持。
对数据库 test 的数据表 mytable 新增数据，代码如下：

```
# 连接数据库
from sqlalchemy import Column, Integer, String, DATE
from sqlalchemy.ext.declarative import declarative_base
from sqlalchemy import create_engine
from sqlalchemy.orm import sessionmaker
engine = create_engine(
    "mysql+pymysql://root:123456@localhost:3306/test?charset=utf8",
    echo=True)
# 定义数据表
Base = declarative_base()
class mytable(Base):
    # 表名
    __tablename__ = 'mytable'
    # 字段，属性
    id = Column(Integer, primary_key=True)
    name = Column(String(50), unique=True)
    age = Column(Integer)
    birth = Column(DATE)
    class_name = Column(String(50))
# 创建数据表
Base.metadata.create_all(engine)
```

```
# 创建会话 session
DBSession = sessionmaker(bind=engine)
session = DBSession()
# 新增数据
new_data = mytable(name='Li Lei', age=10,
                   birth='2017-10-01',
                   class_name='一年级一班')
session.add(new_data)
session.commit()
session.close()
```

要使用 SQLAlchemy 新增数据，必须已经定义 mytable 对象，mytable 是映射数据库里面的 mytable 数据表。然后设置类属性（字段）对应的值，将数据绑定在 session 会话中，最后通过 session.commit()来提交到数据中，就完成对数据库的数据新增了。session.close()用于关闭会话，关闭会话不是必要规定，不过为了形成良好的编码规范，最好在代码中写上该语句。

注　意
如果关闭会话放在 session.commit()之前，这个新增语句就是无效的，因为当前的 session 已经被关闭和销毁。所以在使用 session.close()时，要注意编写的位置。

通过数据库可视化软件可以看到数据表 test 中已成功新增一条数据，如图 15-39 所示。

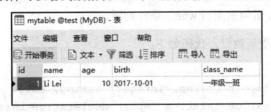

图 15-39　SQLAlchemy 添加数据

15.5.5　更新数据

目前，数据库中已经添加了一条数据，如果要对这条数据进行更新，SQLAlchemy 提供了以下两种更新数据的方法。

（1）使用 update()方法更新数据，代码如下：

```
# 连接数据库
from sqlalchemy import Column, Integer, String, DATE
from sqlalchemy.ext.declarative import declarative_base
from sqlalchemy import create_engine
from sqlalchemy.orm import sessionmaker
engine = create_engine(
    "mysql+pymysql://root:123456@localhost:3306/test?charset=utf8",
    echo=True)
# 定义数据表
Base = declarative_base()
```

```
class mytable(Base):
    # 表名
    __tablename__ = 'mytable'
    # 字段，属性
    id = Column(Integer, primary_key=True)
    name = Column(String(50), unique=True)
    age = Column(Integer)
    birth = Column(DATE)
    class_name = Column(String(50))
# 创建数据表
Base.metadata.create_all(engine)
# 创建会话 session
DBSession = sessionmaker(bind=engine)
session = DBSession()
# 更新数据
session.query(mytable).filter_by(id=1).update({mytable.age:12})
session.commit()
session.close()
```

首先查询 mytable 表 id 为 1 的数据；然后使用 update()对这条数据进行更新，update()的数据格式是字典类型，通过键值的方式对数据进行更新；接着使用 session.coomit()执行更新语句；最后使用 session.close()关闭当前会话，释放资源。

如果批量更新，就可以将 filter_by(id=1)去掉，这样能将 mytable 中 age 字段的值全部更新为 12。filter_by 相当于 SQL 语句里面的 where 条件判断。

（2）使用赋值方式更新数据，代码如下：

```
# 连接数据库
from sqlalchemy import Column, Integer, String, DATE
from sqlalchemy.ext.declarative import declarative_base
from sqlalchemy import create_engine
from sqlalchemy.orm import sessionmaker
engine = create_engine(
    "mysql+pymysql://root:123456@localhost:3306/test?charset=utf8",
    echo=True)
# 定义数据表
Base = declarative_base()
class mytable(Base):
    # 表名
    __tablename__ = 'mytable'
    # 字段，属性
    id = Column(Integer, primary_key=True)
    name = Column(String(50), unique=True)
    age = Column(Integer)
    birth = Column(DATE)
    class_name = Column(String(50))
# 创建数据表
Base.metadata.create_all(engine)
```

```
# 创建会话 session
DBSession = sessionmaker(bind=engine)
session = DBSession()
# 更新数据
get_data = session.query(mytable).filter_by(id=1).first()
get_data.class_name = '三年级三班'
session.commit()
session.close()
```

使用赋值方式也是将数据查询出来，生成查询对象，然后对该对象的某个属性重新赋值，最后提交到数据库执行。这种方法对批量更新不太友好，常用于单条数据的更新，若要用这种方法实现批量更新，则只能循环每条数据进行赋值更改。但这种方法对性能影响较大，批量更新使用update()比较合理。

运行结果如图 15-40 所示。

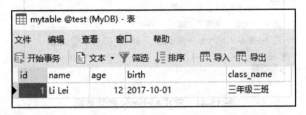

图 15-40　SQLAlchemy 更新数据

15.5.6　删除数据

如果要在数据表中删除某行数据，可以使用 SQLAlchemy 的 delete()方法实现，示例代码如下：

```
# 连接数据库
from sqlalchemy import Column, Integer, String, DATE
from sqlalchemy.ext.declarative import declarative_base
from sqlalchemy import create_engine
from sqlalchemy.orm import sessionmaker
engine = create_engine(
    "mysql+pymysql://root:123456@localhost:3306/test?charset=utf8",
    echo=True)
# 定义数据表
Base = declarative_base()
class mytable(Base):
    # 表名
    __tablename__ = 'mytable'
    # 字段，属性
    id = Column(Integer, primary_key=True)
    name = Column(String(50), unique=True)
    age = Column(Integer)
    birth = Column(DATE)
    class_name = Column(String(50))
# 创建数据表
Base.metadata.create_all(engine)
```

```
# 创建会话 session
DBSession = sessionmaker(bind=engine)
session = DBSession()
# 删除数据
del_data = session.query(mytable).filter_by(id=1).delete()
print('已删除数据的数据量为：', del_data)
session.commit()
session.close()
```

首先查询 mytable 表 id 为 1 的数据；然后使用 delete()方法删除这条数据，然后使用 session.coomit()执行删除语句；最后使用 session.close()关闭当前会话，释放资源。如果批量删除，那么可以将 filter_by(id=1)去掉，这样能将 mytable 中所有数据删除，filter_by 相当于 SQL 语句里面的 where 条件判断。

运行结果如图 15-41 所示。

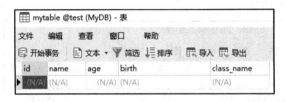

图 15-41　SQLAlchemy 删除数据

15.5.7　查询数据

SQLAlchemy 对数据库多种查询方式有很好的语法支持。在 15.5.3 节中，我们分别使用两种不同的方式创建了数据表 mytable 和 myclass，为了更好地讲解 SQLAlchemy 的数据查询，分别在两个表中新增数据，如图 15-42 所示。

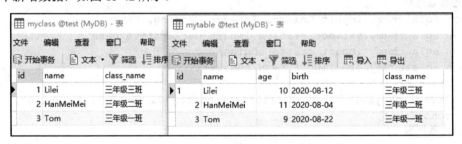

图 15-42　数据表数据内容

由图 15-42 可以看到，两个数据表已添加部分数据，如果要查询某个数据表中的数据，查询代码如下：

```
# 查询 myclass 全部数据
get_data = session.query(myclass).all()
for i in get_data:
    print('我的名字是：' + i.name)
    print('我的班级是：' + i.class_name)
session.close()
```

上述代码只列出了查询数据的核心代码，SQLAlchemy 的数据库连接和数据表定义不再列举。代码中的 session.query(myclass)相当于 SQL 语句里面的 select * from myclass，而 all()方法是将数据以列表的形式返回。

如果要查询某一字段，如 SQL 语句 select name,class_name from myclass，代码如下：

```
get_data = session.query(myclass.name, myclass.class_name).all()
for i in get_data:
    print('我的名字是：' + i.name)
    print('我的班级是：' + i.class_name)
session.close()
```

设置筛选条件，SQLAlchemy 有两种筛选方法，代码如下：

```
# 根据条件查询某条数据
# 筛选方法一
# get_data = session.query(myclass).filter(myclass.id==1).all()
# 筛选方法二
get_data = session.query(myclass).filter_by(id=1).all()
print('数据类型是：' + str(type(get_data)))
for i in get_data:
    print('我的名字是：' + i.name)
    print('我的班级是：' + i.class_name)
```

代码分别有两个 get_data 对象，两者的区别在于 filter 和 filter_by。

（1）字段写法：filter 筛选的字段是带类名（表名）的，而 filter_by 只需筛选字段即可。

（2）判断条件：filter 比 filter_by 多出一个等号。

（3）作用范围：filter 可以用于单表或者多表查询，而 filter_by 只能用于单表查询。

all()方法是将查询数据以列表的形式返回，但只查询一条数据的时候，可以用 first()返回第一条数据，代码如下：

```
get_data = session.query(myclass).filter_by(id=1).first()
print('数据类型是：' + str(type(get_data)))
print('我的名字是：' + get_data.name)
print('我的班级是：' + get_data.class_name)
```

实现多条件筛选，如 SQL 的 select * from mytable where id>1 and class_name='三年级二班'，实现方法如下：

```
get_data = session.query(mytable).filter(mytable.id >= 2,
            mytable.class_name == '三年级二班').first()
print('数据类型是：' + str(type(get_data)))
print('我的名字是：' + get_data.name)
print('我的班级是：' + get_data.class_name)
```

多条件查询只需要在查询条件中添加多个查询内容即可，每个查询内容以英文逗号隔开。如果将 SQL 语句的多条件查询 and 改成 or，SQLAlchemy 代码如下：

```
from sqlalchemy import or_
session.query(mytable).filter(or_(mytable.id >= 2,
mytable.class_name == '三年级二班')).all()
```

如果涉及多表查询的内连接查询和外连接查询,实现代码如下:

```
# 内连接
get_data = session.query(mytable).join(myclass).filter(
mytable.class_name == '三年级二班').all()
print('数据类型是: ' + str(type(get_data)))
for i in get_data:
        print('我的名字是: ' + i.name)
        print('我的班级是: ' + i.class_name)
# 外连接
get_data = session.query(mytable).outerjoin(
        myclass).filter(mytable.class_name=='三年级二班').all()
```

代码中的 join 和 outerjoin 与 SQL 语句中的 INNER JOIN 和 FULL OUTER JOIN 的意思一致,两者之间在实现功能和性能上存在明显的差别。

一般来说,如果涉及复杂的查询语句,特别涉及多表查询和复杂的查询条件时,SQLAlchemy还可以直接执行 SQL 语句,代码如下:

```
sql = 'select * from mytable '
session.execute(sql)
# 如果涉及更新、添加数据,就需要使用 session.commit()
session.commit()
```

15.6 实战项目: 多数据库读写功能

在一个程序或一个系统中,如果需要连接多个不同的数据库,我们必须针对每个数据库创建相应的连接对象,再由连接对象执行数据操作。为了使代码简洁易懂,可以将多个数据库的连接对象封装在一个类中,由类的实例方法实现数据库的连接和数据操作。

数据库主要分为关系型数据库和非关系型数据库,关系型数据库使用 ORM 框架 SQLAlchemy就能适用大部分数据库;而非关系数据库尚未有 ORM 框架,不同的数据库有不同的数据操作指令,所以我们以 ORM 框架 SQLAlchemy 和 MongoDB 为例讲述如何实现多数据库读写功能。

多数据库读写功能以 DataStorage 类表示,并重写初始化方法__init__()和定义实例方法 field()、connect()、table()、insert()、update(),详细的定义过程如下:

```
from sqlalchemy import *
from sqlalchemy.orm import sessionmaker
from sqlalchemy.ext.declarative import declarative_base
from pymongo import MongoClient

Base = declarative_base()
```

```python
# 定义数据存储类 DataStorage
class DataStorage(object):
    def __init__(self, CONNECTION, **kwargs):
        self.databaseType = kwargs.get('databaseType', 'CSV')
        # 根据参数 databaseType 选择存储方式，默认使用 CSV 文件存储
        if self.databaseType == 'SQL':
            # 根据字段创建映射类和数据表
            self.field()
            tablename = kwargs.get('tablename', self.__class__.__name__)
            self.table = self.table(tablename)
            self.DBSession = self.connect(CONNECTION)
        elif self.databaseType == 'NoSQL':
            self.DBSession = self.connect(CONNECTION)
        else:
            self.path = CONNECTION

# 定义数据表字段
def field(self):
    # self.name = Column(String(50))
    pass

# 连接数据库，生成 DBSession 对象
def connect(self, CONNECTION):
    # 连接关系型数据库
    if self.databaseType == 'SQL':
        engine = create_engine(CONNECTION)
        DBSession = sessionmaker(bind=engine)()
        Base.metadata.create_all(engine)
    # 连接非关系型数据库
    else:
        info = CONNECTION.split('/')
        # 连接 Mongo 数据库
        connection = MongoClient(
            info[0],
            int(info[1])
        )
        db = connection[info[2]]
        DBSession = db[info[3]]
    return DBSession

# 定义映射类
def table(self, tablename):
    class TempTable(Base):
        __tablename__ = tablename
        id = Column(Integer, primary_key=True)
        #判断类属性的数据类型，若符合 sqlalchemy 的字段，则定义到数据映射类
```

```
            for k, v in self.__dict__.items():
                if isinstance(v, Column):
                    setattr(TempTable, k, v)
            return TempTable

        # 插入数据
        def insert(self, value):
            # 关系型数据库的数据插入
            if self.databaseType == 'SQL':
                self.DBSession.execute(self.table.__table__.insert(),value)
                self.DBSession.commit()
            # 非关系型数据库的数据插入
            elif self.databaseType == 'NoSQL':
                # 判断参数 value 的数据类型，选择单条数据还是多条数据插入
                if isinstance(value, list):
                    self.DBSession.insert_many(value)
                else:
                    self.DBSession.insert_one(value)

        # 更新数据
        def update(self, value, condition: dict):
            # 关系型数据库的数据更新
            if self.databaseType == 'SQL':
                # 更新条件只设置了单个条件
                if condition:
                    c = self.table.__dict__[list(condition.keys())[0]].
                        in_(list(condition.values()))
                    self.DBSession.execute(self.table.
                        __table__.update().where(c).values(), value)
                # 全表更新
                else:
                    self.DBSession.execute(self.table.__table__.
                        update().values(), value)
                self.DBSession.commit()
            # 非关系型数据库的数据更新
            elif self.databaseType == 'NoSQL':
                self.DBSession.update_many(condition, {'$set': value})
```

在上述代码中，DataStorage 类定义了 6 个方法，分别是初始化方法 __init__()，类方法 field()、connect()、table()、insert() 和 update()，每个方法所实现的功能说明如下：

（1）初始化方法 __init__() 根据参数 databaseType 来执行相应的数据存储方式，每种数据存储方式说明如下：

● 若参数 databaseType 设为 SQL，则说明数据存储方式为关系型数据库。初始化方法会从可选参数 kwargs 里获取参数 tablename，若参数 tablename 不存在，则由子类的名字作为数据

表的表名；然后调用类方法 field()，从类方法 field()里获取自定义的字段属性，用于定义数据表映射类；再调用类方法 table()来创建数据表映射类，并以类属性 table 表示；最后调用类方法 connect()进行数据库连接，将数据库连接对象返回并以类属性 DBSession 表示。

- 若参数 databaseType 设为 NoSQL，则说明数据存储方式为非关系型数据库。初始化方法只调用类方法 connect()并把参数 CONNECTION 传入，实现数据库连接，将数据库连接对象返回并以类属性 DBSession 表示。

- 若参数 databaseType 设为 CSV 或没有设置参数 databaseType，则说明数据存储方式为 CSV 文件存储。初始化方法将参数 CONNECTION 赋值给类属性 path，类属性 path 代表 CSV 文件路径信息。

（2）类方法 field()让开发者自定义数据表字段，主要用于关系型数据库的存储方式。在使用过程中，通过子类继承数据存储类 DataStorage，在子类里重写类方法 field()即可实现自定义表字段。

（3）类方法 connect()根据参数 databaseType 来选择相应的数据库连接方式。如果使用关系型数据库，就使用 SQLAlchemy 框架实现数据库连接，否则使用 pymongo 模块连接 MongoDB。

（4）类方法 table()定义数据表映射类 TempTable，映射类会默认创建主键 ID，然后遍历数据存储类 DataStorage 的类属性，并对每个类属性的数据类型进行判断，如果类属性是 Column 对象（SQLAlchemy 的表字段对象），就使用 Python 内置方法 setattr()将类属性写入数据表映射类 TempTable。

（5）类方法 insert()实现数据入库功能，支持关系型和非关系型数据库的数据入库操作。插入的数据必须是字典格式，并且字典的 key 必须为表字段。参数 value 可以是列表或字典形式，若以字典表示，则插入单条数据；若以列表表示，则插入多条数据。

（6）类方法 update()实现数据更新功能，支持关系型和非关系型数据库的数据更新操作。参数 value 必须是字典格式，并且字典的 key 必须为表字段；参数 condition 是更新条件，它的默认值为 None，如果参数值为 None，就对全表数据进行更新处理，否则对符合条件的数据进行更新处理。

综上所述，类方法 field()、connect()和 table()主要用于初始化方法 __init__()，为初始化方法 __init__()分别提供数据表字段、数据库连接对象 DBSession 和数据表映射类 TempTable；类方法 insert()和 update()主要用于实现数据库的数据操作（如数据的新增或修改）。

为了验证 DataStorage 的功能是否正确，分别创建测试文件 storageTest-NoSQL.py 和 storageTest-SQL.py，验证不同数据库的数据存储方式。

打开 storageTest-NoSQL.py，在文件里编写功能测试代码，验证非关系型数据库的数据存储功能，代码如下：

```
from storage import *

if __name__ == '__main__':
    CONNECTION = 'localhost/27017/test/storage_db'
    # 实例化数据存储类 DataStorage
    database = DataStorage(CONNECTION, databaseType='NoSQL')
    # 插入多条数据
    personInfo = [{'name': 'Lucy', 'age': '21', 'address': '北京市'},
```

```
                {'name': 'Lily', 'age': '18', 'address': '上海市'}]
    database.insert(personInfo)
    # 插入单条数据
    value = {'name': 'Tom', 'age': '21', 'address': '北京市'}
    database.insert(value)
    # 更新数据
    condition = {'name': 'Lucy'}
    updateInfo = {'name': 'Lucy', 'age': '22', 'address': '广州市'}
    database.update(updateInfo, condition)
```

变量 CONNECTION 是 MongoDB 的连接方式，在实例化数据存储类 DataStorage 的时候，传入变量 CONNECTION 并设置参数 databaseType 为 NoSQL 即可选择非关系型数据库的数据存储功能。实例化对象 database 调用 insert()和 update()方法，分别实现多条数据插入、单条数据插入和数据更新功能。

运行上述代码之前，在 MongoDB 的可视化工具里操作 MongoDB，创建数据库 test。代码运行成功后，在可视化工具里查看数据库 test 的 storage_db 集合，该集合的数据信息如图 15-43 所示。

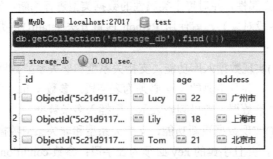

图 15-43　非关系型数据库的数据存储功能

最后打开 storageTest-SQL.py，在文件中编写功能测试代码，验证关系型数据库的数据存储功能，代码如下：

```python
from storage import *

# 定义数据表 personinfo
class PersonInfo(DataStorage):
    def field(self):
        # 定义数据表字段
        # self.name = Column(String(50))
        self.name = Column(String(50), comment='姓名')
        self.age = Column(String(50), comment='年龄')
        self.address = Column(String(50), comment='地址')


# 定义数据表 schoolinfo
class SchoolInfo(DataStorage):
    def field(self):
        # 定义数据表字段
        # self.name = Column(String(50))
        self.school = Column(String(50), comment='学校')
        self.name = Column(String(50), comment='姓名')
```

```
if __name__ == '__main__':
    CONNECTION = 'mysql+pymysql://root:1234@
localhost/storage_db?charset=utf8mb4'
    person = PersonInfo(CONNECTION, databaseType='SQL')
    school = SchoolInfo(CONNECTION, databaseType='SQL')
    # 对 personInfo 表插入多条数据
    personInfo = [{'name': 'Lucy', 'age': '21', 'address': '北京市'},
                  {'name': 'Lily', 'age': '18', 'address': '上海市'}]
    person.insert(personInfo)
    # 对 schoolInfo 表插入单条数据
    schoolInfo = {'name': 'Lucy', 'school': '清华大学'}
    school.insert(schoolInfo)

    # 对 personInfo 表更新数据
    condition = {'id': 1}
    personInfo = {'name': 'Lucy', 'age': '22', 'address': '广州市'}
    person.update(personInfo, condition)
    # 对 schoolInfo 表更新数据
    schoolInfo = {'name': 'Lucy', 'school': '北京大学'}
    school.update(schoolInfo, condition)
```

上述代码分别定义了数据存储类 PersonInfo 和 SchoolInfo，两者通过重写类方法 field() 来实现表字段的定义。在文件中的运行函数 __main__ 分别对类 PersonInfo 和 SchoolInfo 进行实例化，由于子类继承了父类 DataStorage 的初始化方法，因此数据存储类 PersonInfo 和 SchoolInfo 在实例化的时候会定义数据表映射类和创建数据表连接对象，最后实例化对象 person 和 school 分别调用 insert() 和 update() 方法实现数据的入库和更新处理。

从使用方式发现，关系型数据库的使用方式不同于非关系型数据库和 CSV 文件，前者是通过定义子类并继承数据存储类 DataStorage，再实例化子类并调用相关的方法，从而实现数据存储功能；而非关系型数据库和 CSV 文件是直接实例化数据存储类 DataStorage 并调用相关的方法。

运行上述代码，打开数据库 storage_db 查看数据表 schoolinfo 和 personinfo 的数据信息，如图 15-44 所示。

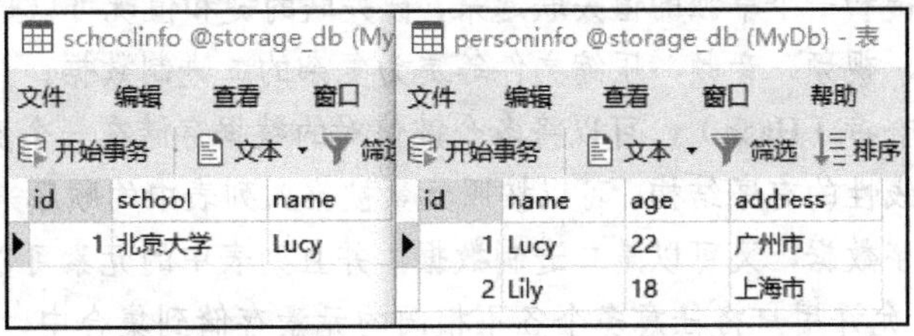

图 15-44　数据表 schoolinfo 和 personinfo 的数据信息

15.7　本章小结

数据库分为关系型数据库和非关系型数据库，它们在存储方式、数据结构和读写方式方面各不相同，难以比较两者之间的优劣，在开发过程中，选择数据库类型需要根据自身业务需求而定。

主流的关系型数据库有 Oracle、Microsoft SQL Server、MySQL、PostgreSQL、SQLite 等。主流的非关系型数据库有 Redis、MongoDB、HBase、Cassandra 等。

关系型数据库的一些基本概念：

（1）关系型数据库管理系统用于管理多个数据库，比如 MySQL、PostgreSQL、SQLite 这些都是关系型数据库管理系统，日常中说的数据库其实就是指关系型数据库管理系统。

（2）数据库存在于关系型数据库管理系统中，数据库里面可以创建多张数据表。

（3）数据表是一张二维表，每一列是数据表的字段，字段可以设置不同的数据格式，比如整型、字符型等；每一行代表写入和读取的数据。

（4）数据的读写可以通过数据库可视化软件和 SQL 语句实现，大多数情况下，数据库可视化软件只是帮我们查看数据和执行 SQL 语句，数据操作主要由 SQL 语句实现。

使用程序操作数据库的步骤如下：

（1）通过数据库模块连接数据库，生成数据库对象。

（2）使用数据库对象执行 SQL 语句，数据库收到程序传送的 SQL 语句后，自动执行相应的数据操作。

（3）数据库将执行结果返回给程序，程序从执行结果获取数据或者判断执行结果是否成功。

（4）当完成数据操作后，关闭或销毁数据库连接对象。

MongoDB 是一种基于分布式文件存储的数据库，由 C++语言编写，旨在为 Web 应用提供可扩展的高性能数据存储解决方案。MongoDB 是介于关系数据库和非关系数据库之间的产品，是非关系数据库中功能丰富、很像关系数据库的数据库。MongoDB 支持的数据结构非常松散，类似于 JSON 的 BSON 格式，因此可以存储比较复杂的数据类型。

Redis 被称为数据结构服务器，它的数据结构有字符串、散列、列表、集合、有序集合、位图、流等类型，每种数据结构说明如下：

- 字符串（String）键值对是 Redis 基本的键值对类型，这种类型的键值对会在数据库中把一个单独的键和一个单独的值关联起来，被关联的键和值既可以是普通的文字数据，又可以是图片、视频、音频、压缩文件等更为复杂的二进制数据。
- 散列又称为哈希（Hash），可以将多个键值对的数据存储在一个 Redis 的键里面。
- 列表是一种线性的有序结构，可以按照元素被推入列表中的顺序来存储元素，这些元素既可以是文字数据，又可以是二进制数据，并且列表中的元素可以重复出现。
- 集合（Set）允许用户将任意多个各不相同的元素存储到集合中，这些元素既可以是文本数据，又可以是二进制数据。
- 有序集合（Sorted Set）同时具有"有序"和"集合"两种性质，这种数据结构中的每个元素都由一个成员和一个与成员相关联的分值组成，其中成员以字符串方式存储，而分值则以 64 位双精度浮点数格式存储。
- 位图（Bitmap）是由多个二进制位组成的数组，数组中的每个二进制位都有与之对应的偏移量（也称索引），用户通过这些偏移量可以对位图中指定的一个或多个二进制位进行操作。

- 流（Stream）是 Redis 5.0 版本中新增加的数据结构，是一个包含零个或任意多个流元素的有序队列，队列中的每个元素都包含一个 ID 和任意多个键值对，这些元素会根据 ID 的大小在流中有序地进行排列。

SQLAlchemy 操作数据库的流程如下：

- 连接数据库：使用 create_engine()实现连接，需要了解 create_engine()各个参数的作用。
- 创建数据表：定义实体类映射数据表结构，通过操作类属性进而操作数据表字段。
- 创建持久化对象：引入 sessionmaker 模块，绑定已连接数据库的 engine 对象，生成会话对象 session。
- 添加数据：对实体类的属性赋值，通过 session.add()方法添加数据，通过 session.commit()提交到数据库。
- 使用更新数据：先查询需要修改的数据对象再更新。更新方法有修改对象属性值和使用 update()方法更新数据。
- 查询数据：掌握 SQLAlchemy 查询语句，区分 filter_by 和 filter 的差异，理解多条件查询和多表查询。
- 执行 SQL 语句：SQLAlchemy 使用 execute()方法执行 SQL 语句。

第16章

使用 Selenium 实现网页操作自动化

本章讲述如何在 Python 中使用 Selenium 实现网页自动化开发，主要介绍 Selenium 的概念，开发环境搭建，使用 Selenium 模拟用户打开浏览器并实现自动操控浏览器的网页，如单击、鼠标拖曳和文本输入等操作。

16.1　了解 Selenium

Selenium 是一个用于网站应用程序自动化的工具。它可以直接运行在浏览器中，就像真正的用户在操作一样。它支持的浏览器包括 IE、Mozilla Firefox、Safari、Google Chrome 和 Opera 等，同时支持多种编程语言，如.Net、Java、Python 和 Ruby 等。

Jason Huggins 在 2004 年发起了 Selenium 项目，这个项目主要是为了不让自己的时间浪费在无聊的重复性工作中。因为当时测试的浏览器都支持 JavaScript，Jason 和他所在的团队就采用 JavaScript 编写了一种测试工具——JavaScript 类库来验证浏览器页面的行为。这个 JavaScript 类库就是 Selenium Core，同时也是 Selenium RC、Selenium IDE 的核心组件，Selenium 由此诞生。

从 Selenium 诞生至今一共发展了 3 个版本：Selenium 1.0、Selenium 2.0 和 Selenium 3.0。下面大概了解一下各个版本的信息。

Selenium 1.0：主要由 Selenium IDE、Selenium Grid 和 Selenium RC 组成。Selenium IDE 是一个嵌入浏览器的插件，用于实现简单的浏览器操作的录制与回放功能；Selenium Grid 是一种自动化的辅助工具，通过利用现有的计算机基础设施，加快网站的自动化操作；Selenium RC 是 Selenium 家族的核心部分，支持多种不同开发语言编写的自动化脚本，通过 Selenium RC 的服务器作为代理服务器去访问网站应用，达到自动化的目的。

Selenium 2.0：该版本在 1.0 版本的基础上结合了 WebDriver。Selenium 通过 WebDriver 直接操控网站应用，解决了 Selenium 1.0 存在的缺点。WebDriver 是针对各个浏览器开发的，取代了网站应用的 JavaScript。目前大部分自动化技术都以 Selenium 2.0 为主，这也是本书使用的版本。

Selenium 3.0：这个版本做了比较大的更新。如果是使用 Java 开发，就只能选择 Java 8 以上的开发环境，如果以 IE 浏览器作为自动化浏览器，浏览器则必须为 IE 9 或以上版本。

从 Selenium 的各个版本信息可以了解到，它必须在浏览器的基础上才能实现自动化。目前浏览器的种类繁多，比如搜狗浏览器、QQ 浏览器和百度浏览器等，这些浏览器大多数是在 IE 内核、WebKit 内核或 Gecko 内核的基础上开发而成的。为了统一浏览器的使用，Selenium 主要支持 IE、Mozilla Firefox、Safari、Google Chrome 和 Opera 等主流浏览器。

Selenium 发展至今，不仅在自动化测试和自动化流程开发领域占据着重要的位置，而且在网络爬虫上也被广泛使用。

16.2　安装 Selenium

Selenium 支持多种浏览器，本书以 Google Chrome 作为讲述对象。搭建 Selenium 开发环境需要安装 Selenium 库并且配置 Google Chrome 的 WebDriver。安装 Selenium 库可以使用 pip 指令完成，具体的安装指令如下：

```
pip install selenium
```

Selenium 安装完成后，我们在 CMD 环境下验证 Selenium 是否安装成功。在 CMD 窗口中输入“python”并按回车键，就会进入 Python 的交互模式。在交互模式下依次输入以下代码：

```
>>> import selenium
>>> selenium.__version__
```

从上述代码可知，在 Python 的交互模式下成功地导入了 Selenium 库，并得知了当前 Selenium 库的版本信息。Selenium 的安装相对简单，接下来安装 Google Chrome 的 WebDriver。打开 Google Chrome 并查看当前的版本信息，在浏览器中找到“自定义及控制 Google Chrome”→“帮助(E)”→“关于 Google Chrome(G)”选项，即可查看当前的版本信息，如图 16-1 所示。

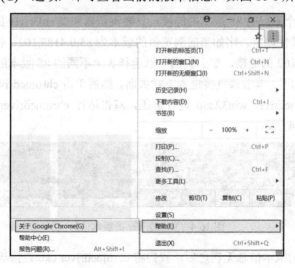

图 16-1　浏览器版本查看方法

除了上述方法之外，还可以在浏览器的地址栏直接输入 chrome://settings/help 并按回车键查看浏览器的版本信息，如图 16-2 所示。

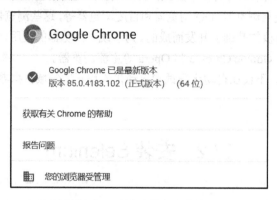

图 16-2　浏览器的版本信息

从图 16-2 中得知，当前 Google Chrome 的版本为 85，根据版本信息找到与之对应的 WebDriver 版本。从 Google Chrome 的 70 版本开始，WebDriver 的版本号与 Google Chrome 的版本号相同，也就是说，如果当前 Google Chrome 的版本为 85，那么 WebDriver 的版本也应该选择 85。

在浏览器上访问 http://npm.taobao.org/mirrors/chromedriver/ 并找到以 85 开头的链接，如图 16-3 所示。

```
83.0.4103.14/
83.0.4103.39/
84.0.4147.30/
85.0.4183.38/
85.0.4183.83/
85.0.4183.87/
86.0.4240.22/
```

图 16-3　WebDriver 版本

图 16-3 显示了 3 个不同的 85 版本的链接，只要浏览器和 WebDriver 的前 3 位版本号相同，最后位的版本号无须硬性规定。比如当前浏览器的版本为 85.0.4183.102，但 WebDriver 的下载网页没有提供 85.0.4183.102 的链接，那么我们可以选择 3 个不同的 85 版本的某一个链接。

以 85.0.4183.87 为例，单击该链接进入下载页面，然后单击 chromedriver_win32.zip 的下载链接，将已下载的 chromedriver_win32.zip 进行解压，双击运行 chromedriver.exe，查看 WebDriver 的版本信息，如图 16-4 所示。

```
Starting ChromeDriver 85.0.4183.87 (cd6713ebf92fa1cacc0f1a598df280093af0
5
Only local connections are allowed.
Please see https://chromedriver.chromium.org/security-considerations for
ChromeDriver was started successfully.
```

图 16-4　WebDriver 的版本信息

确认 WebDriver 的版本信息无误之后，我们将 chromedriver.exe 直接放置在 Python 的安装目录下，比如 Python 安装目录为 E:\Python，如图 16-5 所示。

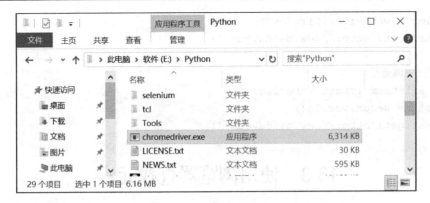

图 16-5　chromedriver.exe 存放位置

完成 Selenium 库的安装以及 WebDriver 的配置后，在 PyCharm 里创建一个 test.py 文件，编写以下代码来验证 Selenium 是否能自动启动并控制 Google Chrome，代码如下：

```
# 导入 Selenium 的 webdriver 类
from selenium import webdriver
# 设置变量 url，用于浏览器访问
url = 'https://www.baidu.com/'
# 将 webdriver 类实例化，将浏览器设定为 Google Chrome
# 参数 executable_path 用于设置 chromedriver 的路径
path = 'E:\\Python\\chromedriver.exe'
browser = webdriver.Chrome(executable_path=path)
# 打开浏览器并访问百度网址
browser.get(url)
```

上述代码分为 3 个步骤：导入 Selenium 库的 webdriver 类、webdriver 类实例化并指定浏览器、打开浏览器访问网址。注意，如果 chromedriver.exe 存放在 Python 的安装目录下，在 webdriver 类实例化的时候，就无须设置参数 executable_path；如果 chromedriver.exe 存放在其他目录下，在实例化的时候就要设置参数 executable_path 来指向 chromedriver.exe 所在的位置。上述代码运行后，程序会自动打开一个新的 Google Chrome，如图 16-6 所示。

图 16-6　Selenium 控制 Google Chrome

此外，Selenium 还可以控制其他浏览器，在执行程序之前，记得配置浏览器的 WebDriver，配置方法与配置 Google Chrome 大同小异。首先通过浏览器版本确认 WebDriver 的版本，然后下载 WebDriver 并存放在 Python 的安装目录下。以 IE 和 Mozilla Firefox 为例，两者的 WebDriver 配置过程就不详细讲述了，此处只列出 Selenium 的具体代码：

```
# 启动火狐浏览器
from selenium import webdriver
```

```
browser = webdriver.Firefox()
browser.get('http://www.baidu.com/')

# 启动 IE 浏览器
from selenium import webdriver
browser = webdriver.Ie()
browser.get('http://www.baidu.com/')
```

16.3 使用浏览器查找元素

在 16.2 节中已经部署了 Selenium+ChromeDriver 的开发环境，在真正开发之前，还需要学会使用浏览器来查找网页元素。因为 Selenium 是通过程序来自动操控网页的控件元素的，比如单击某个按钮、输入文本框内容等，所以若网页中有多个同类型的元素，比如有多个按钮，想要 Selenium 精准地单击目标元素，则需要将目标元素的具体信息告知 Selenium，让它根据这些信息在网页上找到该元素并进行操控。

网页的元素信息是通过浏览器的开发者工具来获取的。以 Google Chrome 为例，在浏览器上访问豆瓣电影网（https://movie.douban.com/），然后按快捷键 F12 打开 Chrome 的开发者工具，如图 16-7 所示。

图 16-7 网页信息

从图 16-7 中可以看到，开发者工具的界面共有 9 个标签页，分别是 Elements、Console、Sources、Network、Performance、Memory、Application、Security 和 Audits。开发者工具以 Web 开发调试为主，如果只是获取网页元素信息，那么只需熟练掌握 Elements 标签页即可。

Elements 标签页允许从浏览器的角度查看页面，也就是说，可以看到 Chrome 渲染页面所需要的 HTML、CSS 和 DOM（Document Object Model）对象。此外，还可以编辑内容更改页面显示效果。它一共分为两部分，左边是当前网页的 HTML 内容，右边是某个元素的 CSS 布局内容。

查找元素信息以左边的 HTML 内容为主，在查找控件信息之前，我们首先来了解 HTML 的相关知识。

HTML 是超文本标记语言，这是标准通用标记语言下的一个应用。"超文本"就是指页面内可以包含图片、链接甚至音乐、程序等非文字元素。超文本标记语言的结构包括"头"（Head）部分和"主体"（Body）部分，其中"头"部分提供关于网页的信息，"主体"部分提供网页的具体内容。下面通过一段简单的 HTML 代码来进一步了解：

```
# 声明为 HTML5 文档
<!DOCTYPE html>
# 元素是 HTML 页面的根元素
<html>
# 元素包含文档的元数据
<head>
# 提供页面的元信息，主要是描述和关键词
<meta charset="utf-8">
# 元素描述了文档的标题
<title>Python</title>
</head>
# 元素包含可见的页面内容
<body>
# 定义一个标题
<h1>我的第一个标题</h1>
# 元素定义一个段落
<p>我的第一个段落。</p>
</body>
</html>
```

一个完整的网页必定以<html></html>为开头和结尾，整个 HTML 可分为两部分：

（1）<head></head>是对网页的描述、对图片和 JavaScript 的引用。<head>元素包含所有的头部标签元素。在<head>元素中可以插入脚本（script）、样式文件（CSS）及各种 meta 信息。该区域可添加的元素标签有<title>、<style>、<meta>、<link>、<script>、<noscript>和<base>。

（2）<body></body>是网页信息的主要载体。该标签下还可以包含很多类别的标签，不同的标签有不同的作用。每个标签都是以< >开头，以</>结尾，< >和</>之间的内容是标签的值和属性，每个标签之间可以是相互独立的，也可以是嵌套、层层递进的关系。

根据这两个组成部分就能很容易地分析整个网页的布局。其中，<body></body>是整个 HTML 的重点部分。下面通过示例来分析<body></body>。

```
<body>
<h1>我的第一个标题</h1>
<div>
<p>Python</p>
</div>
<h2>
<p>
```

```
<a>Python</a>
</p>
</h2>
</body>
```

上述代码的说明如下：

（1）<h1>、<div>和<h2>是互不相关的标签，3 个标签之间是相互独立的。

（2）<div>标签和<div>中的<p>标签是嵌套关系，<p>的上一级标签是<div>。

（3）<h1>和<p>是两个毫无关系的标签。

（4）<h2>标签包含一个<p>标签，<p>标签又包含一个<a>标签，一个标签可以嵌套多个标签。

除了上述示例中的标签之外，大部分标签都可以在<body></body>中使用，常用的标签如表 16-1 所示。

表16-1　HTML的常用标签

HTML 标签	含　义
<img>	图片，用于显示图片
<a></a>	锚，在网页中设置其他网址链接
<strong></strong>	加重（文本），文本格式之一
<em></em>	强调（文本），文本格式之一
<i></i>	斜体字，文本格式之一
<b></b>	粗体（文本），文本格式之一

	插入简单的换行符
<div></div>	分隔，块级元素或内联元素
<span></span>	范围，用来组合文档中的行内元素
<ol></ol>	有序列表
<ul></ul>	无序列表
<li></li>	列表项目
<dl></dl>	定义列表
<h1></h1> 到 <h6></h6>	标题 1 到标题 6
<p></p>	定义段落
<table></table>	创建表格
<tr></tr>	表格中的一行
<th></th>	表格中的表头
<td></td>	表格中的一个单元格

大致了解了 HTML 的结构后，接下来使用开发者工具来查找网页元素。比如查找豆瓣电影网的搜索框在 HTML 里的位置，我们可以单击开发者工具的 ⊡ 按钮，然后将鼠标指针移到网页上的搜索框并单击，最后在 Elements 标签页自动显示搜索框在 HTML 里的元素信息，具体操作如图 16-8 所示。

图 16-8　查找网页元素

从图 16-8 可以看到，网页中的搜索框是由<input>标签生成的，该标签的上一级标签是<div>。<input>标签有属性 id、name、size 和 maxlength 等，这些属性值是<input>标签特有的，我们可以通过这些属性值来告诉 Selenium，让它根据这些属性值操控搜索框。

16.4　使用 Selenium 定位元素

16.3 节我们学会了如何使用浏览器来查找网页元素，本节主要讲述如何将网页元素告知 Selenium，并让它自动操控网页。Selenium 定位网页元素主要是通过元素的属性值或者元素在 HTML 里的路径位置，定位方式一共有 8 种，示例代码如下：

```
# 通过属性 id 和 name 来实现定位
find_element_by_id()
find_element_by_name()


# 通过 HTML 标签类型和属性 class 实现定位
find_element_by_class_name()
find_element_by_tag_name()


# 通过标签值实现定位，partial_link 用于模糊匹配
find_element_by_link_text()
find_element_by_partial_link_text()


# 元素的路径定位选择器
find_element_by_xpath()
find_element_by_css_selector()
```

我们将 8 种定位方式分为 4 组，分组标准是每种定位方式的优缺点。具体说明如下：

（1）find_element_by_id 和 find_element_by_name 分别通过元素属性 id 和 name 的值来定位。如果被定位的元素不存在属性 id 或 name，就无法使用这种定位方式。通常情况下，在一个网页中，元素的 id 或 name 的属性值是唯一的，如果多个元素的 id 或 name 相同，这种定位方式就只能定位第一个元素。

（2）find_element_by_class_name 和 find_element_by_tag_name 分别通过元素属性 class 和元素标签类型进行定位。在一个网页里，属性 class 的值可以被多个元素使用，同一个元素标签也可以多次使用，正因如此，这两种定位方式只能定位符合条件的第一个元素。

（3）find_element_by_link_text 和 find_element_by_partial_link_text 是根据标签值进行定位的。比如单击豆瓣电影网的排行榜，通过网页的文字来对元素进行定位。若网页中的文字并不是唯一的，则 Selenium 默认定位第一个符合条件的元素。

（4）find_element_by_xpath 和 find_element_by_css_selector 是由 xpath 和 css_selector 实现定位的。它们是定位选择器，通过标签的路径来实现定位。标签的路径是指当前标签在整个 HTML 代码里的位置，比如<body>里的第二个<div>标签，<div>又嵌套<p>标签，那么<p>的路径为 body -> div[1] -> p。这种定位方式相对前面的定位更为精准，因为每个标签的路径都是唯一的。

我们以豆瓣电影网为例，具体讲述 8 种定位方式的使用，代码如下：

```python
from selenium import webdriver
url = 'https://movie.douban.com/'
driver = webdriver.Chrome()
driver.get(url)
# 定位
driver.find_element_by_id('inp-query').send_keys('红海行动')
driver.find_element_by_name('search_text').send_keys('我不是药神')
```

find_element_by_id 和 find_element_by_name 都是定位网页的搜索框，并在搜索框里输入文本信息。搜索框的元素信息如图 16-9 所示。

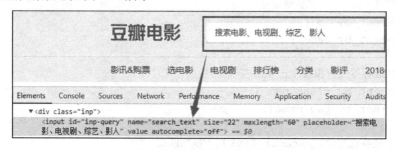

图 16-9　搜索框的元素信息

```python
class_name = driver.find_element_by_class_name('nav-items').text
tag_name = driver.find_element_by_tag_name('div').text
print('由 class_name 定位：', class_name)
print('由 tag_name 定位：', tag_name)
```

上述两种方式分别用于定位不同的网页元素。class_name 定位 class 属性值为 nav-items 的标签，tag_name 定位 HTML 中的第一个 `<div>` 标签，两者定位元素后，再使用 text 方法来获取元素值并输出。元素信息如图 16-10 所示。

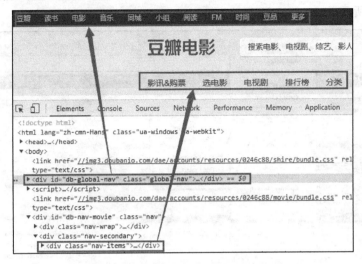

图 16-10　class_name 和 tag_name 定位元素

```
link_text = driver.find_element_by_link_text('排行榜').text
partial_text = driver.find_element_by_partial_link_text('部正在热映').text
print('由 link_text 定位: ', link_text)
print('由 partial_link_text 定位: ', partial_text)
```

上述代码是对网页中含有"排行榜"和"部正在热映"的内容进行定位，"排行榜"在网页中只出现一次，link_text 是对内容进行精准定位，比如网页中出现"排行榜"和"热播排行榜"，link_text 只能定位到"排行榜"。而"部正在热映"是网页内容"全部正在热映»"的部分内容，partial_link_text 可以进行模糊匹配，所以 Selenium 会自动定位"全部正在热映»"这个元素，如图 16-11 所示。

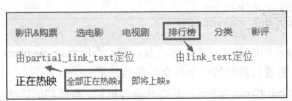

图 16-11　link_text 和 partial_link_text 定位元素

```
xpath = driver.find_element_by_xpath('//*
[@id="db-nav-movie"]/div[1]/div/div[1]/a').text
selector = driver.find_element_by_css_selector('#db-nav-movie
 > div.nav-wrap > div > div.nav-logo > a').text
print('由 xpath 定位: ', xpath)
print('由 css_selector 定位: ', selector)
```

上述代码的定位选择器 xpath 和 css_selector 都是定位 class 属性值为 nav-logo 的 `<div>` 标签里的 `<a>` 标签，然后获取该标签的值并输出。xpath 和 css_selector 的语法编写规则不同。一般情况下，在 Google Chrome 里可以快速获取它们的语法。首先在 Google Chrome 的 Elements 标签页里找到
某个元素的位置，然后右击选择 Copy，最后选择 Copy Xpath 或 Copy selector 即可获取相应的语
法，如图 16-12 所示。

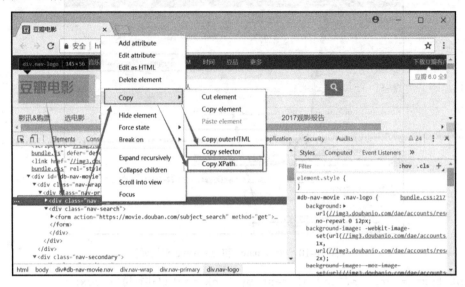

图 16-12　xpath 和 css_selector 语法获取

上述 8 种定位方式只能定位到第一个元素，如果有多个相同的元素，并且想全部获取，可以
使用以下定位方式：

```
find_elements_by_id()
find_elements_by_name()
find_elements_by_class_name()
find_elements_by_tag_name()
find_elements_by_link_text()
find_elements_by_partial_link_text()
find_elements_by_xpath()
find_elements_by_css_selector()
```

这 8 种定位方式与前面的定位方式非常相似，唯一不同就是 elements 和 element。前者定位
全部符合条件的元素，后者只获取第一个符合条件的元素。

关于上述提及的 xpath 和 css_selector 的语法编写规则，有兴趣的读者可以自行查阅相关的资
料进行学习。

16.5　使用 Selenium 操控元素

操控网页元素需在网页元素定位后才能执行，Selenium 可以模拟任何操作，比如单击、右击、
拖曳、滚动、复制、粘贴、文本输入等。操作方式分为三大类：常规操作、鼠标事件操作和键盘
事件操作。

常规操作包含文本清除、文本输入、单击元素、提交表单、获取元素值等。以 QQ 音乐注册

为例（https://ssl.zc.qq.com/v3/index-chs.html?from=pt），具体的使用方式如下：

```
from selenium import webdriver
url = 'https://ssl.zc.qq.com/v3/index-chs.html?from=pt'
driver = webdriver.Chrome()
driver.get(url)
# 输入昵称和密码
driver.find_element_by_id('nickname').send_keys('pythonAuto')
driver.find_element_by_id('password').send_keys('pythonAuto123')
# 获取手机号码下方的 tips 内容
tipsValue = driver.find_element_by_xpath(
'//div[3]/div[2]/div[1]/form/div[7]/div').text
print(tipsValue)
# 勾选 "同时开通 QQ 空间" 选项
driver.find_element_by_class_name('checkbox').click()
# 单击 "注册" 按钮
driver.find_element_by_id('get_acc').submit()
```

上述例子执行了对网页的昵称和密码文本框进行文本输入、获取手机号码下方的 tips 内容、勾选"同时开通 QQ 空间"选项和单击"注册"按钮 4 种操作，分别由 send_keys、text、click 和 submit 方法实现。其中，click 和 submit 在某些情况下互换使用，submit 只用于表单的"提交"按钮，click 强调事件的独立性，可用于任何按钮。下面列出一些实际开发中常见的操作方式。

```
# 清空 X 标签的内容
driver.find_element_by_id('X').clear()
# 获取元素在网页中的坐标位置，坐标格式：{'y': 19, 'x': 498}
location = driver.find_element_by_id('X').location
# 获取元素的某个属性值，如获取 X 标签的 id 属性值
attribute = driver.find_element_by_id('X').get_attribute('id')
# 判断 X 元素在网页上是否可见，返回值为 True 或 False
result = driver.find_element_by_id('X').is_displayed()
# 判断 X 元素是否被选，通常用于 checkbox 和 radio 标签，返回值为 True 或 False
result = driver.find_element_by_id('X').is_selected()
""" select 标签的值选择"""
from selenium.webdriver.support.select import Select
# 根据下拉框的索引来选取
Select(driver.find_element_by_id('X')).select_by_index('2')
# 根据下拉框的 value 属性来选取
Select(driver.find_element_by_id('X')).select_by_index('Python')
# 根据下拉框的值来选取
Select(driver.find_element_by_id('X')).select_by_visible_text('Python')
```

以上是元素的常规操作方法。接着讲述鼠标事件的操作方法，鼠标事件操作由 Selenium 的 ActionChains 类来实现。ActionChains 类定义了多种鼠标操作方法，具体的操作方法说明如表 16-2 所示。

表16-2 ActionChains类的鼠标操作方法

操作方法	说　明	示　例
perform	执行鼠标事件	click(element).perform() click 是鼠标单击事件 perform 是执行这个单击事件
reset_actions	取消鼠标事件	click(element).reset_actions() click 是鼠标单击事件 reset_actions 是取消单击事件
click	鼠标单击	click(element) element 是某个元素对象
click_and_hold	长按鼠标左键	click_and_hold(element) element 是某个元素对象
context_click	长按鼠标右键	context_click(element) element 是某个元素对象
double_click	鼠标双击	double_click(element) element 是某个元素对象
drag_and_drop	对元素长按左键，当移动到另一个元素的位置后释放鼠标左键	drag_and_drop(element, element1) element 是某个元素对象 element1 是目标元素对象
drag_and_drop_by_offset	对元素长按左键并移动到指定的坐标位置	drag_and_drop_by_offset(element, x, y) element 是某个元素对象 x 是偏移的 x 坐标 y 是偏移的 y 坐标
key_down	对元素长按键盘中的某个按键	key_down(Keys.CONTROL, element) Keys.CONTROL 是由 Keys 定义的键盘事件 element 是某个元素对象
key_up	对元素释放键盘中的某个按键	key_up(Keys.CONTROL, element) Keys.CONTROL 是由 Keys 定义的键盘事件 element 是某个元素对象
move_by_offset	对当前鼠标所在位置进行偏移	move_by_offset(x, y) x 是偏移的 x 坐标 y 是偏移的 y 坐标
move_to_element	将鼠标移动到某个元素所在的位置	move_to_element(element) element 是某个元素对象
move_to_element_with_offset	将鼠标移动到某个元素并偏移一定的位置	move_to_element_with_offset(element, x, y) element 是某个元素对象 x 是偏移的 x 坐标 y 是偏移的 y 坐标
pause	设置暂停执行时间	pause(1000)
release	释放鼠标长按操作	release(element) element 是某个元素对象 如果 element 为空，就对当前鼠标的长按操作进行释放
send_keys	执行文本输入	send_keys(value) value 是输入的内容
send_keys_to_element	对当前元素执行文本输入	send_keys_to_element(element, value) element 是某个元素对象 value 是输入的内容

表 16-2 给出了各种鼠标事件操作，这些方法都是在 ActionChains 类中所定义的，若想使用这些方法，则必须将 ActionChains 类实例化后才能调用。以 B 站的登录页面为例，通过鼠标操作方法双击网页中的"登录"标题以及拖曳验证滑块，具体代码如下：

```
from selenium import webdriver
from selenium.webdriver.common.action_chains import ActionChains
import time
url = 'https://passport.bilibili.com/login'
driver = webdriver.Chrome()
driver.get(url)
# 双击"登录"按钮
element = driver.find_element_by_class_name('tit')
ActionChains(driver).double_click(element).perform()
# 设置延时，否则会导致操作过快
time.sleep(3)
# 拖曳滑块
element = driver.find_element_by_class_name('gt_slider_knob,gt_show')
ActionChains(driver).drag_and_drop_by_offset(element, 100, 0).perform()
```

上述代码中，首先将 ActionChains 实例化，实例化的时候传入 driver 对象。driver 是 chromedriver 打开的浏览器对象，这是告诉 ActionChains 操作的浏览器对象是 driver。实例化之后就可以直接调用鼠标事件操作方法，这些方法需要传入 element 对象，element 是网页中的某个标签元素。最后调用 perform 方法，这是一个执行命令，因为鼠标操作可以拖曳、长按鼠标的左键或右键，这是持久性的操作，而调用 perform 方法可以让这个鼠标操作马上执行。

最后讲述键盘事件操作，它是模拟人按下键盘的某个按键，主要通过 send_keys 方法来实现。在上述例子中，send_keys 用于文本内容的输入，而下面的示例是通过 send_keys 来触发键盘按钮实现内容的输入。以百度搜索为例，利用键盘的快捷键实现搜索内容的变换，具体代码如下：

```
from selenium import webdriver
from selenium.webdriver.common.keys import Keys
import time

driver = webdriver.Chrome()
driver.get("http://www.baidu.com")

# 获取输入框标签对象
element = driver.find_element_by_id('kw')
# 输入框输入内容
element.send_keys("Python 你")
time.sleep(2)

# 删除最后一个文字
element.send_keys(Keys.BACK_SPACE)
time.sleep(2)

# 添加输入空格键 + "教程"
```

```
element.send_keys(Keys.SPACE)
element.send_keys("教程")
time.sleep(2)

# Ctrl+a 全选输入框内容
element.send_keys(Keys.CONTROL, 'a')
time.sleep(2)

# Ctrl+x 剪切输入框内容
element.send_keys(Keys.CONTROL, 'x')
time.sleep(2)

# Ctrl+v 粘贴内容到输入框
element.send_keys(Keys.CONTROL, 'v')
time.sleep(2)

# 通过回车键来代替单击操作
driver.find_element_by_id('su').send_keys(Keys.ENTER)
```

只要运行上述代码就能看到键盘事件的操作过程。此外，Keys 类还定义了键盘上的各个快捷键，具体的定义方式可以查看 Keys 类的源码，源码地址在 Python 安装目录下的 Lib\site-packages\selenium\webdriver\common\keys.py。

16.6 Selenium 常用功能

前面已经学习了 Selenium 的基本使用方法，掌握了如何启动浏览器、查找并定位网页元素以及操控网页元素。本节将讲述 Selenium 的一些常用功能，如设置浏览器的参数、浏览器多窗口切换、设置等待时间、文件的上传与下载、Cookies 处理以及 frame 操作。

设置浏览器的参数是在定义 driver 的时候设置 chrome_options 参数，该参数是一个 Options 类所实例化的对象。其中，常用的参数是设置浏览器是否可视化和浏览器的请求头等信息，前者可以加快代码的运行速度，后者可以有效地防止网站的反爬虫检测。具体的代码如下：

```
from selenium import webdriver
# 导入 Options 类
from selenium.webdriver.chrome.options import Options
url = 'https://movie.douban.com/'
# Options 类实例化
chrome_options = Options()
# 设置浏览器参数
# --headless 是不显示浏览器启动及执行过程
chrome_options.add_argument('--headless')
# 设置 lang 和 User-Agent 信息，防止反爬虫检测
chrome_options.add_argument('lang=zh_CN.UTF-8')
UserAgent = 'Mozilla/5.0 (Windows NT 10.0; Win64; x64) AppleWebKit/537.36
```

```
                    (KHTML, like Gecko) Chrome/68.0.3440.84 Safari/537.36'
chrome_options.add_argument('User-Agent=' + UserAgent)
# 启动浏览器并设置 chrome_options 参数
driver = webdriver.Chrome(chrome_options=chrome_options)
# 浏览器窗口最大化
# driver.maximize_window()
# 浏览器窗口最小化
# driver.minimize_window()
driver.get(url)
# 获取网页的标题内容
print(driver.title)
# page_source 用于获取网页的 HTML 代码
print(driver.page_source)
```

浏览器多窗口切换是在同一个浏览器中切换不同的网页窗口。打开浏览器可以看到,浏览器顶部可以不断添加新的窗口,而 Selenium 可以通过窗口切换来获取不同的网页信息。具体代码如下:

```
from selenium import webdriver
import time
url = 'https://www.baidu.com/'
driver = webdriver.Chrome()
driver.get(url)
# 使用 JavaScript 开启新的窗口
js = 'window.open("https://www.sogou.com");'
driver.execute_script(js)
# 获取当前显示的窗口信息
current_window = driver.current_window_handle
# 获取浏览器的全部窗口信息
handles = driver.window_handles
# 设置延时以看到切换效果
time.sleep(3)
# 根据窗口信息进行窗口切换
# 切换百度搜索的窗口
driver.switch_to_window(handles[0])
time.sleep(3)
# 切换搜狗搜索的窗口
driver.switch_to_window(handles[1])
```

上述代码中使用了 execute_script 方法,这是通过浏览器运行 JavaScript 代码生成新的窗口,然后获取浏览器上的全部窗口信息,window_handles 方法是获取当前浏览器的窗口信息,并以列表的形式表示,最后由 switch_to_window 方法实现窗口之间的切换。千万不要小看 execute_script 方法,很多浏览器的插件都是由 JavaScript 来实现的,可想而知它的作用是多么强大。

Selenium 的执行速度相当快,在 Selenium 执行的过程中往往需要等待网页的响应才能执行下一个步骤,否则程序会抛出异常信息。网页响应的快慢取决于多方面的因素,因此在某些操作之间需要设置一个等待时间,让 Selenium 与网页响应尽量达到同步执行,这样才能保证程序的稳健性。在前面的例子中,延时是使用 Python 内置的 time 模块来实现的,而 Selenium 本身也提供了延时的功能，具体的使用方法如下：

```python
from selenium import webdriver
url = 'https://www.baidu.com/'
driver = webdriver.Chrome()
driver.get(url)
# 隐性等待，最长等待时间为 30 秒
driver.implicitly_wait(30)
driver.find_element_by_id('kw').send_keys('Python')
# 显性等待
from selenium.webdriver.support.wait import WebDriverWait
from selenium.webdriver.common.by import By
from selenium.webdriver.support import expected_conditions
# visibility_of_element_located 检查网页元素是否可见
# (By.ID, 'kw'): kw 是搜索框的 id 属性值，By.ID 是使用 find_element_by_id 定位
condition = expected_conditions.visibility_of_element_located((By.ID,
'kw'))
    WebDriverWait(driver=driver, timeout=20,
poll_frequency=0.5).until(condition)
```

隐性等待是指在一个设定的时间内检测网页是否加载完成，也就是一般情况下用户看到浏览器标签栏那个小圈不再转，才会执行下一步。比如代码中设置 30 秒等待时间，网页只要在 30 秒内完成加载就会自动执行下一步，如果超出 30 秒就会抛出异常。值得注意的是，隐性等待对整个 driver 的周期都起作用，所以只要设置一次即可。

显性等待能够根据判断条件而灵活地等待，程序每隔一段时间检测一次，如果检测结果与条件相符，就执行下一步，否则继续等待，直到超过设置的最长时间为止，然后抛出 TimeoutException 异常。显性等待的使用涉及多个模块，包括 By、expected_conditions 和 WebDriverWait，各个模块说明如下：

- By：设置元素定位方式，定位方式共有 8 种：ID、XPATH、LINK_TEXT、PARTIAL_LINK_TEXT、NAME、TAG_NAME、CLASS_NAME、CSS_SELECTOR。
- expected_conditions：验证网页元素是否存在，提供了多种验证方式。具体可以查看源码 Lib\site-packages\selenium\webdriver\support\expected_conditions.py。
- WebDriverWait 的参数说明如下：
  - ❖ driver：浏览器对象 driver。
  - ❖ timeout：超时时间，等待的最长时间。
  - ❖ poll_frequency：检测时间的间隔。
  - ❖ ignored_exceptions：忽略的异常。如果在调用 until 或 until_not 的过程中抛出的异常在这个参数里，就不中断代码，继续等待；如果抛出的异常在这个参数之外，就中断代码并抛出异常。默认值为 NoSuchElementException。
  - ❖ until：条件判断，参数必须为 expected_conditions 对象。如果网页里的某个元素与条件符合，就中断等待并执行下一个步骤。
  - ❖ until_not：与 until 的逻辑相反。

隐性等待和显性等待相比于 time.sleep 这种强制等待更为灵活和智能，可解决各种网络延误的问题，隐性等待和显性等待可以同时使用，但最长的等待时间取决于两者之间的最大数，如上述代码的隐性等待时间为 30 秒，显性等待时间为 20 秒，则该代码的最长等待时间为隐性等待时间。

上传文件在网页中是用上传按钮来显示的，通过单击按钮就会打开本地计算机的一个文件对话框，在文件对话框中选择文件并确认即可上传文件路径。而 Selenium 的实现过程相对简单，只需定位到网页的上传按钮并使用 send_keys 方法来写入文件路径即可，代码如下：

```
# HTML 的元素信息
<div class="row-fluid">
<div class="span6 well">
<h3>upload_file</h3>
<input type="file" name="file" />
</div>
</div>
# Selenium 定位
driver.find_element_by_name("file").send_keys("D:\file.txt")
```

在网页中，文件上传有多种实现方式，但无论使用哪一种方式，只要分析好上传机制，就可以使用 Selenium 实现。而文件下载的原理与文件上传是一样的，具体代码如下：

```
from selenium import webdriver
# 设置文件保存的路径，如不设置，默认为系统的 Downloads 文件夹
options = webdriver.ChromeOptions()
prefs = {'download.default_directory': 'd:\\'}
options.add_experimental_option('prefs', prefs)
# 启动浏览器
driver = webdriver.Chrome()
# 下载微信 PC 版安装包
driver.get('https://pc.weixin.qq.com/')
# 浏览器窗口最大化
driver.maximize_window()
# 单击下载按钮
driver.find_element_by_class_name('button').click()
```

下面讲述浏览器 Cookies 的使用，Cookies 操作无非就是读取、添加和删除。Cookies 信息可以在浏览器开发者工具的 Network 标签页查看，查看步骤如图 16-13 所示。

从图 16-13 中可以看到，一个网页的 Cookies 可以由多条数据组成，每条数据都有 9 个属性。而我们需要检测 Selenium 获取的 Cookies 信息与图中的数据格式是否一致，具体代码如下：

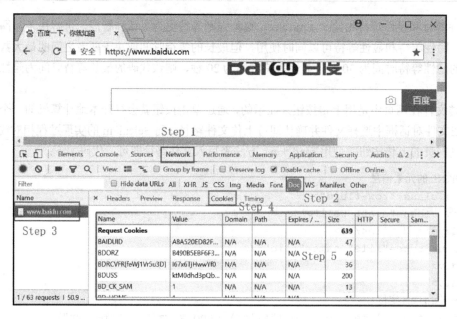

图 16-13　查看 Cookies 信息

```python
from selenium import webdriver
import time
# 启动浏览器
driver = webdriver.Chrome()
driver.get('https://www.youdao.com')
time.sleep(5)
# 添加 Cookies
driver.add_cookie({'name': 'Login_User', 'value': 'PassWord'})
# 获取全部 Cookies
all_cookies = driver.get_cookies()
print('全部的 Cookies 为：', all_cookies)
# 获取 name 为 Login_User 的 Cookie 内容
one_cookie = driver.get_cookie('Login_User')
print('单个的 Cookie 为：', one_cookie)
# 删除 name 为 Login_User 的 Cookie
driver.delete_cookie('Login_User')
surplus_cookies = driver.get_cookies()
print('剩余的 Cookie 为：', surplus_cookies)
# 删除全部 Cookies
driver.delete_all_cookies()
surplus_cookies = driver.get_cookies()
print('剩余的 Cookie 为：', surplus_cookies)
```

运行上述代码可以发现，输出的 Cookies 信息以列表的形式展示，列表的每个元素是一个字典，并且字典键值与图中的 Cookies 信息一一对应。

frame 是一个框架页面，在 HTML 5 中已经不支持使用框架，但在一些网站中依然会看到它的身影。frame 的作用是在 HTML 代码中嵌套一个或多个不同的 HTML 代码，每嵌套一个 HTML

代码都需要由 frame 来实现。以百度知道的问题（https://zhidao.baidu.com/list?cid=110106）为例，打开某个题目，题目的回答数最好是 0，如图 16-14 所示。

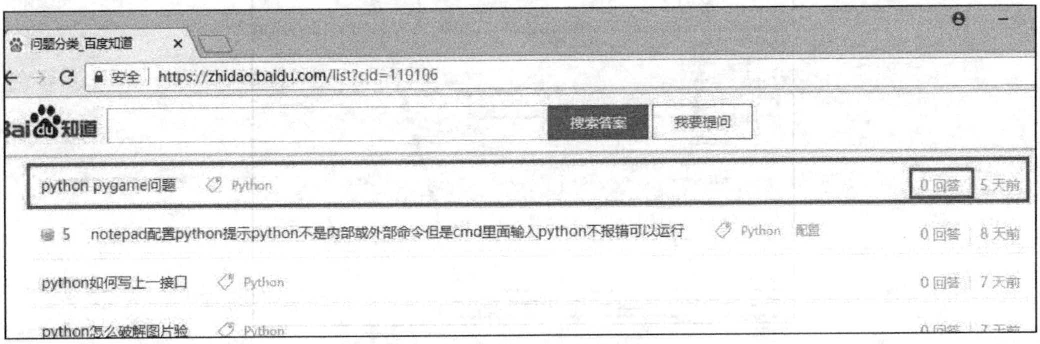

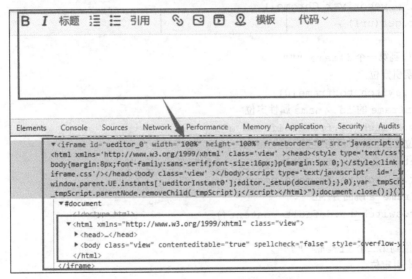

图 16-14　百度知道问题列表页

单击图 16-14 中的问题链接进入问题的详细信息页，并且打开开发者工具的 Elements 标签页，快速定位到文本输入框，在 Elements 标签页可以看到这个文本框是由 iframe 框架页面生成的。iframe 和 frame 实现的功能是相同的，只不过使用方式和灵活性有所不同，无论是 iframe 还是 frame，Selenium 的定位和操作方式都是一样的。iframe 框架信息如图 16-15 所示。

图 16-15　百度知道问题详情页

由于一个 HTML 可以嵌套一个或多个 iframe，因此 Selenium 在操作不同的 iframe 时需要通过 switch_to.frame() 来切换到指定的 iframe，再执行相应的操作。比如一个网页中有多个 iframe，各个 iframe 的信息如图 16-16 所示。

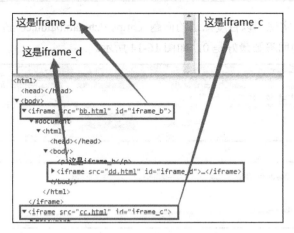

图 16-16 iframe 的信息

图 16-16 中一共有 3 个 iframe，在当前网页里嵌套了两个 iframe，其中第一个 iframe 中又嵌套了一个 iframe，那么 Selenium 对各个 iframe 的定位方法如下：

```python
from selenium import webdriver
url = 'XXXXX'
driver = webdriver.Chrome()
driver.get(url)

""" 定位到第一个 iframe """
# 通过索引定位
driver.switch_to.frame(0)
# 通过 iframe 的 id 或 name 属性定位
driver.switch_to.frame('iframe_a')
# 先定位 iframe，再切换到 iframe_a
element = driver.find_element_by_id("iframe_a")
driver.switch_to.frame(element)
# 从 iframe_a 跳回 HTML
driver.switch_to.default_content()

""" 定位到第二个 iframe """
# 通过索引定位
driver.switch_to.frame(1)
# 通过 iframe 的 id 或 name 属性定位
driver.switch_to.frame('iframe_b')
# 先定位 iframe，再切换到 iframe_b
element = driver.find_element_by_id("iframe_b")
driver.switch_to.frame(element)
# 从 iframe_b 跳回 HTML
driver.switch_to.default_content()

""" 定位到第三个 iframe """
# 定位到 iframe_a
```

```
driver.switch_to.frame('iframe_a')
# 再从 iframe_a 切换到 iframe_d
driver.switch_to.frame('iframe_d')
# 从 iframe_d 跳回 iframe_a
driver.switch_to.parent_frame()
# 从 iframe_d 跳回 HTML
driver.switch_to.default_content()
```

从上述代码可以看到，无论是 HTML 切换 iframe，还是 iframe 之间切换，实现过程都是由 switch_to 方法来完成的。下面以百度知道答题为例进一步了解 Selenium 对 iframe 的操作方式。

```
from selenium import webdriver
url = 'https://zhidao.baidu.com/question/1952259230876274508.html'
driver = webdriver.Chrome()
driver.get(url)
# 切换到 frame 内部的 HTML
driver.switch_to.frame(0)
# 定位 frame 内部的元素
driver.find_element_by_xpath('/html/body').send_keys('Python')
# 跳回到网页的 HTML
driver.switch_to.default_content()
# 单击"提交回答"按钮
driver.find_element_by_xpath('//*[@id="answer-editor"]/div[2]/a').click()
```

16.7　实战项目：百度登录与答题

本节通过 Selenium 来实现百度知道自动答题，在讲述之前，首先注册一个百度账号，在浏览器上打开 https://passport.baidu.com/v2/，使用手机号码即可完成注册，具体的注册过程不再详述。

完成用户注册后，在浏览器上访问 https://zhidao.baidu.com/list?cid=110，该网页显示某个分类的问题列表，每个问题代表一个链接，单击链接可以进入问题详情页，问题列表页面和问题详情页分别如图 16-14 和图 16-15 所示。

在问题详情页中，我们需要根据题目搜索相关的答案，然后将答案写到问题详情页的回答文本框里，最后单击"提交回答"按钮即可实现答题。这个看似简单的功能涉及 3 个网页的操控。首先获取问题详情页的题目，然后根据题目搜索答案，在答案列表页中逐一访问每个答案的链接，在答案详情页中获取合理的答案，最后将答案写回问题详情页中。整个过程如图 16-17 所示。

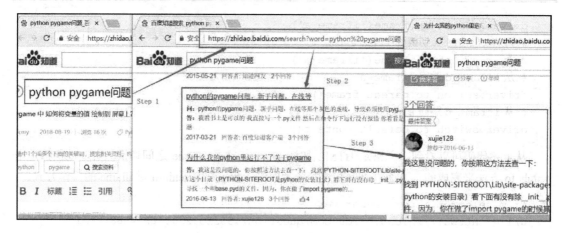

图 16-17　根据题目搜索答案

根据上述的简单分析，整个实战项目可以分为 5 个步骤来实现，具体说明如下：

（1）在 https://zhidao.baidu.com/list?cid=110 上获取问题列表，得到全部问题的地址链接，然后遍历访问这些链接，依次进入问题的详情页。

（2）在问题详情页中获取问题题目，题目用于搜索相关的答案。

（3）搜索答案的地址链接是固定的，如图 16-17 所示，只要替换地址中 word 后面的内容即可搜索相关的答案。

（4）得到搜索结果后，获取答案列表的地址并遍历访问进入答案详情页，如果答案详情页中有较佳答案，就会获取答案内容，并且终止答案列表的遍历。

（5）将得到的答案写回问题详情页的回答文本框并单击"提交回答"按钮完成答题。

整个项目的实现过程是在用户已登录的情况下执行的，如果使用百度的账号和密码进行用户登录，会遇到手机验证码或图片验证码。用户登录后，网站会一直保持用户的登录状态，无论用户是否重启浏览器，只要访问百度网址，用户登录信息就会显示出来。利用用户登录的状态，Selenium 可以模拟用户登录并将用户登录后的 Cookies 保存下来，在下次登录的时候，直接读取并操控 Cookies 即可完成用户登录。功能代码如下：

```python
from selenium import webdriver
import json, time
# 百度用户登录并保存登录 Cookies
driver = webdriver.Chrome()
driver.get("https://www.baidu.com/")
driver.find_element_by_xpath('//*[@id="u1"]/a[7]').click()
time.sleep(3)
driver.find_element_by_id('TANGRAM__PSP_10__footerULoginBtn').click()
time.sleep(3)
# 设置用户的账号和密码
driver.find_element_by_xpath('//*[@id="TANGRAM__PSP_10__userName"]').
send_keys('XX')
driver.find_element_by_xpath('//*[@id="TANGRAM__PSP_10__password"]').
send_keys('XX')
```

```
try:
    verifyCode = driver.find_element_by_name('verifyCode')
    code_number = input('请输入图片验证码：')
    verifyCode.send_keys(str(code_number))
except: pass
driver.find_element_by_xpath('//*[@id="TANGRAM__
PSP_10__submit"]'). click()
time.sleep(3)
try:
    driver.find_element_by_xpath ('//*[@id="TANGRAM__36__
     button_send_mobile"]').click()
    code_photo = input('请输入短信验证码：')
    driver.find_element_by_xpath('//*[@id="TANGRAM__36__
     input_vcode"]').
send_keys(str(code_photo))
    driver.find_element_by_xpath('//*[@id="TANGRAM__36__
     button_submit"]'). click()
    time.sleep(3)
except: pass
cookies = driver.get_cookies()
f1 = open('cookie.txt', 'w')
f1.write(json.dumps(cookies))
f1.close()
```

上述代码使用了两次异常捕捉，用于检测图片验证码和短信验证码是否存在，两种验证方式是否出现取决于百度账号的安全性设置以及网络环境等因素。每个操作之间都设置了强制性延时，这是为了让程序与网页之间能够同步协调。最后，完成登录操作后，将网页的 Cookies 信息保存到 TXT 文件中。

得到了用户的登录信息，接下来实现自动答题。整个答题过程一共涉及 4 个网页：百度知道问题列表页、百度知道问题详情页、答案搜索页和答案详情页。

在问题列表页中，每个问题的 HTML 代码是由标签<a>生成的，并且属性 class 的属性值为 title-link，如图 16-18 所示。因此，Selenium 可以对属性 class 进行定位，获取全部问题所在的标签<a>，遍历这些标签提取相应的链接地址。

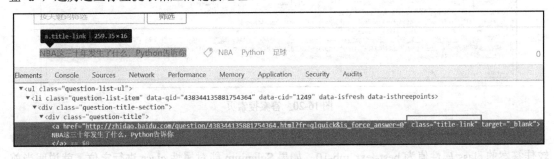

图 16-18　问题列表页

在新的窗口访问每个问题的链接，利用这些链接会进入相应的问题详情页。在问题详情页中，首先判断问题是否已被抢答。如果尚未被回答，程序就根据题目去百度知道搜索相关的答案，在这些相关答案中找到较佳答案，写入问题答案输入框里并单击"提交回答"按钮；如果问题已被回答，程序就关闭当前窗口，回到问题列表执行下一个问题。问题详情页的答案输入框和"提交回答"按钮的 HTML 代码如图 16-19 所示。

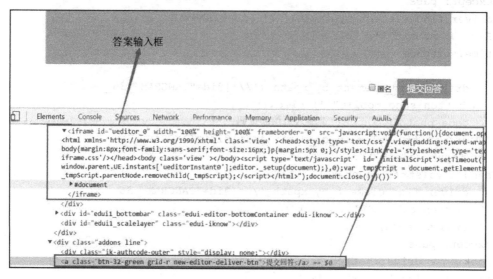

图 16-19　问题详情页

回答问题的过程中涉及两个新的网页：答案搜索页和答案详情页。答案搜索页是根据问题在新的窗口中搜索相关答案，每个答案的链接是以标签\<dt\>表示的，该标签下含有标签\<a\>。将 Selenium 定位到每个答案的标签\<a\>，再获取 href 属性值，该属性值用于进入答案详情页，如图 16-20 所示。

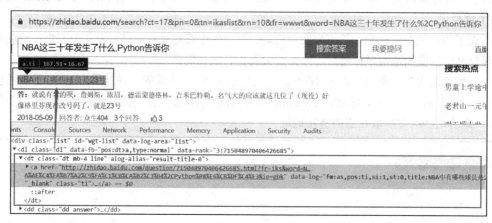

图 16-20　答案搜索页

在新的窗口里访问答案详情页的链接，每个答案详情页不一定有较佳答案，根据分析可知，较佳答案的 class 属性值为 best-text mb-10，如果 Selenium 能对属性 class 进行定位，就说明当前答案详情页有较佳答案，否则没有，如图 16-21 所示。

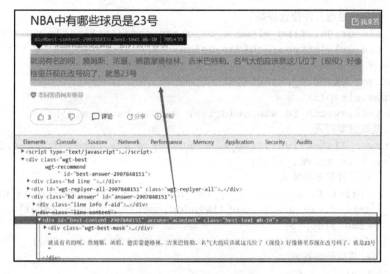

图 16-21　答案详情页

　　根据上述的元素定位以及答题的业务逻辑，整个答题程序需要注意每个页面窗口之间的切换，如果窗口的切换逻辑不严谨，就很容易导致程序出错。此外，还需要考虑一些异常的情况，比如问题搜不到任何答案、问题已被回答以及网络延时响应等特殊情况。综上所述，自动答题的功能代码如下：

```python
from selenium import webdriver
import json, time
url = 'https://zhidao.baidu.com/list?cid=110'
driver = webdriver.Chrome()
driver.get(url)
# 使用 Cookies 登录
driver.delete_all_cookies()
f1 = open('cookie.txt')
cookie =json.loads(f1.read())
f1.close()
for c in cookie:
    driver.add_cookie(c)
driver.refresh()

# 获取问题列表
title_link = driver.find_elements_by_class_name('title-link')
for i in title_link:
    # 打开问题详情页并切换窗口
    driver.switch_to.window(driver.window_handles[0])
    href = i.get_attribute('href')
    driver.execute_script('window.open("%s");' % (href))
    time.sleep(5)
    driver.switch_to.window(driver.window_handles[1])
    try:
        # 查找 iframe，判断问题是否已被回答
        driver.find_element_by_id('ueditor_0')
```

```python
        # 获取问题题目并搜索答案
        title=driver.find_element_by_class_name('ask-title ').text
        title_url='https://zhidao.baidu.com/search?&word=' + title
        js = 'window.open("%s");' % (title_url)
        driver.execute_script(js)
        time.sleep(5)
        driver.switch_to.window(driver.window_handles[2])
        # 获取答案列表
        answer_list=driver.find_elements_by_class_name('dt,mb-4,line')
        for k in answer_list:
            # 打开答案详情页
            href=k.find_element_by_tag_name('a').get_attribute('href')
            driver.execute_script('window.open("%s");' % (href))
            time.sleep(5)
            driver.switch_to.window(driver.window_handles[3])
            # 获取较佳答案
            try:
                text = driver.find_element_by_class_name
                    ('best-text, mb-10').text
            except:
                text = ''
            finally:
                # 关闭答案详情页的窗口
                driver.close()
            # 答案不为空
            if text:
                # 关闭答案列表页的窗口
                driver.switch_to.window(driver.window_handles[2])
                driver.close()
                # 将答案写在问题答案输入框中并单击“提交回答”按钮
                driver.switch_to.window(driver.window_handles[1])
                driver.switch_to.frame('ueditor_0')
                driver.find_element_by_xpath('/html/body').click()
                driver.find_element_by_xpath('/html/body').send_keys(text)
                # 跳回到网页的 HTML
                driver.switch_to.default_content()
                # 单击“提交回答”按钮
                driver.find_element_by_xpath('//*[@id="answer-editor"]
                    /div[2]/a').click()
                time.sleep(5)
                # 关闭问题详情页的窗口
                driver.switch_to.window(driver.window_handles[1])
                driver.close()
                break
    except Exception as err:
        # 除了问题列表页外，关闭其他窗口
        all_handles = driver.window_handles
        for i, v in enumerate(all_handles):
            if i != 0:
                driver.switch_to.window(v)
```

```
        driver.close()
driver.switch_to.window(driver.window_handles[0])
        print(err)
```

上述代码多次使用了 try…except 异常机制，这是处理一些特殊情况，在某种程度上保证了程序的稳健性。程序中的 4 个网页都使用 JavaScript 打开新的窗口，使用 JavaScript 也是为了提高程序的稳健性，因为 Selenium 的 click()方法没有 JavaScript 稳定，读者不妨将 JavaScript 的代码改用 click()方法实现，测试程序的稳健性。

16.8　本章小结

Selenium 是一个用于网站应用程序自动化的工具。它可以直接运行在浏览器中，就像真正的用户在操作一样。它支持的浏览器包括 IE、Mozilla Firefox、Safari、Google Chrome 和 Opera 等，同时支持多种编程语言，如.Net、Java、Python 和 Ruby 等。

搭建 Selenium 开发环境需要安装 Selenium 库并且配置 Google Chrome 的 WebDriver。安装 Selenium 库可以使用 pip 指令完成。配置 Google Chrome 的 WebDriver 首先通过浏览器版本确认 WebDriver 的版本，然后下载相应的 WebDriver 并存放在 Python 的安装目录下。

Selenium 定位网页元素主要是通过元素的属性值或者元素在 HTML 里的路径位置，定位方式一共有 8 种，分别是：find_element_by_id()、find_element_by_name()、find_element_by_class_name()、find_element_by_tag_name()、find_element_by_link_text()、find_element_by_partial_link_text()、find_element_by_xpath()、find_element_by_css_selector()。

Selenium 可以模拟任何操作，比如单击、右击、拖曳、滚动、复制、粘贴、文本输入等。操作方式分为三大类：常规操作、鼠标事件操作和键盘事件操作。

Selenium 还有一些常用功能，如设置浏览器的参数、浏览器多窗口切换、设置等待时间、文件的上传与下载、Cookies 处理以及 frame 操作。

第17章

使用 Requests 实现自动爬取网页数据

本章讲述如何使用 Requests 实现网页爬虫，利用 Chrome 分析网站接口的请求信息，根据请求信息使用 Requests 实现 HTTP 请求，从而实现自动爬取网页数据。本章重点介绍 Requests 模块的使用，如 Requests 的安装、发送 HTTP 请求和文件上传等。

17.1 分析网站接口

网络爬虫通过查找网站接口，然后以代码的形式来模拟浏览器来发送请求，从而与网站服务器之间实现数据交互。浏览器查找元素是在开发者工具的 Element 标签页完成的，而网站的接口查找与分析在开发者工具的 Network 标签页。

在 Network 标签页可以看到页面向服务器请求的信息、请求的大小以及加载请求花费的时间。从发起网页请求后，分析每个 HTTP 请求都可以得到具体的请求信息（包括状态、类型、大小、所用时间等）。Network 结构组成如图 17-1 所示。

图 17-1 上的 Network 包括 5 个区域，每个区域的说明如下：

- Controls: 控制 Network 的外观和功能。
- Filters: 将 Requests Table 的资源内容分类显示。各个分类说明如下：

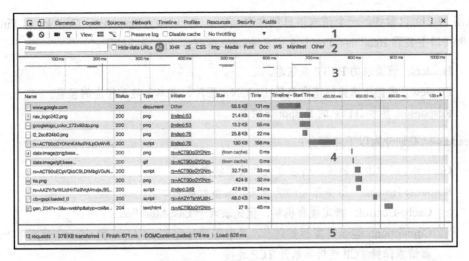

图 17-1　Network 结构图

❖ **All**: 返回当前页面全部加载的信息，就是一个网页全部所需的代码、图片等请求。
❖ **XHR**: 筛选 Ajax 的请求链接信息，前面讲过 Ajax 核心对象 XMLHTTPRequest，XHR 是 XMLHTTPRequest 的缩写。
❖ **JS**: 主要筛选 JavaScript 文件。
❖ **CSS**: 主要是 CSS 样式内容。
❖ **Img**: 网页加载的图片、爬取图片的 URL 都可以在这里找到。
❖ **Media**: 网页加载的媒体文件，如 MP3、RMVB 等音频视频文件资源。
❖ **Doc**: HTML 文件，主要用于响应当前 URL 的网页内容。
● **Overview**: 显示获取到请求的时间轴信息，主要是对每个请求信息在服务器的响应时间进行记录。这个主要是为网站开发优化方面提供数据参考，这里不进行详细介绍。
● **Requests Table**: 按前后顺序显示网站的请求资源，单击请求信息可以查看详细内容。
● **Summary**: 显示总的请求数、数据传输量、加载时间信息。

在 5 个区域中，Requests Table 是核心部分，主要作用是记录每个请求信息。但每次网站出现刷新时，请求列表都会清空并记录新的请求信息，如用户登录后发生 304 跳转，就会清空跳转之前的请求信息并捕捉跳转后的请求信息，如果勾选了 Preserve log，浏览器就会保留所有请求信息。

对于每条请求信息，可以单击查看该请求的详细内容，每条请求信息划分为 5 个标签，如图 17-2 所示。

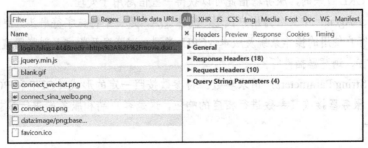

图 17-2　请求信息的详细内容

从图 17-2 可以看到,一个请求信息包含 Headers、Preview、Response、Cookies 和 Timing 标签。分析接口主要看 Headers、Preview 和 Response 标签即可,说明如下:

- Headers: 该请求的 HTTP 头信息。
- Preview: 根据所选择的请求类型(JSON、图片、文本)显示相应的预览。
- Response: 显示 HTTP 的 Response 信息。

Headers 标签划分为以下 4 部分:

- General: 记录请求链接、请求方式和请求状态码。
- Response Headers: 服务器端的响应头。其参数说明如下:
  - ◇ Cachc-Control: 指定缓存机制,优先级大于 Last-Modified。
  - ◇ Connection: 包含很多标签列表,其中常见的是 Keep-Alive 和 Close,分别用于向服务器请求保持 TCP 连接和断开 TCP 连接。
  - ◇ Content-Encoding: 服务器通过这个头告诉浏览器数据的压缩格式。
  - ◇ Content-Length: 服务器通过这个头告诉浏览器回送数据的长度。
  - ◇ Content-Type: 服务器通过这个头告诉浏览器回送数据的类型。
  - ◇ Date: 当前时间值。
  - ◇ Keep-Alive: 在 Connection 为 Keep-Alive 时,该字段才有用,用来说明服务器估计保留连接的时间和允许后续几个请求复用这个保持着的连接。
  - ◇ Server: 服务器通过这个头告诉浏览器服务器的类型。
  - ◇ Vary: 明确告知缓存服务器按照 Accept-Encoding 字段的内容分别缓存不同的版本。
- Request Headers: 用户的请求头。其参数说明如下:
  - ◇ Accept: 告诉服务器客户端支持的数据类型。
  - ◇ Accept-Encoding: 告诉服务器客户端支持的数据压缩格式。
  - ◇ Accept-Charset: 可接受的内容编码 UTF-8。
  - ◇ Cache-Control: 缓存控制,服务器控制浏览器要不要缓存数据。
  - ◇ Connection: 处理完这次请求后,是断开连接还是保持连接。
  - ◇ Cookie: 客户可通过 Cookie 向服务器发送数据,让服务器识别不同的客户端。
  - ◇ Host: 访问的主机名。
  - ◇ Referer: 包含一个 URL,用户从该 URL 代表的页面出发访问当前请求的页面,当浏览器向 Web 服务器发送请求的时候,一般会带上 Referer,告诉服务器请求是从哪个页面 URL 过来的,服务器借此可以获得一些信息用于处理。
  - ◇ User-Agent: 中文名为用户代理,简称 UA,是一个特殊字符串头,使得服务器能够识别客户使用的操作系统及版本、CPU 类型、浏览器及版本、浏览器渲染引擎、浏览器语言、浏览器插件等。
- Query String Parameters: 请求参数。将参数按照一定的形式(GET 和 POST)传递给服务器,服务器接收其参数进行相应的响应,这是客户端和服务端进行数据交互的主要方式之一。

Preview 和 Response 标签的内容是一致的,只不过两者的显示方式有所不同。如果返回的结果是图片，那么 Preview 可显示图片内容，Response 则无法显示；如果返回的是 HTML 或 JSON，那么两者皆能显示，但在格式上可能会存在细微的差异。

17.2　Requests 的安装

Requests 是 Python 的一个很实用的 HTTP 客户端库，常用于网络爬虫和接口自动化测试。它的语法简单易懂，完全符合 Python 优雅、简洁的特性。在兼容性上，Requests 完全兼容 Python 2 和 Python 3，具有较强的适用性。

Requests 可通过 pip 安装，具体如下：

- Windows 系统：pip install requests。
- Linux 系统：sudo pip install requests。

除了使用 pip 安装之外，还可以下载.whl 文件安装，方法如下：

（1）访问 www.lfd.uci.edu/~gohlke/pythonlibs，按 Ctrl+F 组合键搜索关键字"requests"，如图 17-3 所示。

```
requests_file-1.4.3-py2.py3-none-any.whl
requests_download-0.1.2-py2.py3-none-any.whl
requests-2.24.0-py3-none-any.whl
requests-2.23.0-py2.py3-none-any.whl
repoze.lru-0.7-py2-none-any.whl
reikna-0.7.5-py3-none-any.whl
```

图 17-3　requests 安装包

（2）单击下载 requests2.23.0-py2.py3-none-any.whl，直接解压下载的文件，将解压出来的文件放入 Python 的安装目录 Lib\site-packages 中即可。

（3）除了解压.whl 文件外，还可以使用 pip 安装。例如把下载的文件保存在 E 盘，打开 CMD（终端）窗口，将路径切换到 E 盘，输入安装命令：

```
E:\>pip install requests2.23.0-py2.py3-none-any.whl
```

完成 Requests 安装后，在 CMD 窗口运行 Python，查看 Requests 的版本信息，检测是否安装成功。其方法如下：

```
E:\>python
>>> import requests
>>> requests.__version__
```

17.3　简单的请求方式

在使用 Requests 向服务器发送请求之前，我们需要弄清楚几个概念：请求是什么、请求参数是什么、响应信息是什么。针对这 3 个问题，具体解释如下：

（1）Requests 的请求可以理解为我们平时在浏览器上输入地址并按回车键，或者在网页上单击某个按钮、某个链接等。只要通过一些操作使网页内容发生变化，这些操作就称为请求。

（2）请求参数是我们向服务器发送请求的部分内容，一个请求包含很多信息，如请求头、Cookies 和请求参数等。服务器会根据请求参数来选择不同的响应内容。

（3）响应内容是我们发送请求后，服务器根据请求而返回的数据。这些数据通常是 HTML 代码或 JSON 数据，然后将数据通过浏览器渲染生成网页。

了解网站的一些原理后，接着使用 Requests 发送请求。常用的请求主要有 GET 和 POST，因此，Requests 也分为两种不同的方法来实现。GET 请求有两种形式，分别是不带参数和带参数，以百度为例：

```
# 不带参数
https://www.baidu.com/
# 带参数 wd
https://www.baidu.com/s?wd=python
```

判断 URL 是否带有参数，可以对符号"?"进行判断。一般网址末端（域名）带有"?"，就说明该 URL 是带有请求参数的，否则不带有参数。GET 参数说明如下：

（1）wd 是参数名，参数名由网站（服务器）规定。

（2）python 是参数值，可由用户自行设置。

（3）如果一个 URL 有多个参数，参数之间就用"&"连接。

Requests 实现 GET 请求，对于带参数的 URL 有两种请求方式：

```
import requests
# 第一种方式
r = requests.get('https://www.baidu.com/s?wd=python')
# 第二种方式
url = 'https://www.baidu.com/s'
params = {'wd': 'python'}
# 左边的 params 在 GET 请求中表示设置参数
r = requests.get(url, params=params)
# 输出生成的 URL
print(r.url)
```

两种方式都是请求同一个 URL，在开发中建议使用第一种方式，因为代码简洁，而且参数可以灵活地变换，例如'https://www.baidu.com/s?wd=%s' %('python')。

POST 请求是我们常说的提交表单，表单的数据内容就是 POST 的请求参数。Requests 实现 POST 请求需设置请求参数 data，数据格式可以为字典、元组、列表和 JSON 格式，不同的数据格式有不同的优势。示例代码如下：

```
# 字典类型
data = {'key1': 'value1', 'key2': 'value2'}
# 元组或列表
(('key1', 'value1'), ('key1', 'value2'))
# JSON
```

```
import json
data = {'key1': 'value1', 'key2': 'value2'}
# 将字典转换为 JSON
data=json.dumps(data)
# 发送 POST 请求
r = requests.post("https://www.baidu.com/", data=data)
print(r.text)
```

可以看出，左边的 data 是 POST 方法的参数，右边的 data 是发送请求到网站（服务器）的数据。值得注意的是，Requests 的 GET 和 POST 方法的请求参数分别是 params 和 data，别混淆两者的使用要求。

当向网站（服务器）发送请求时，网站会返回相应的响应对象，包含服务器响应的信息。Requests 提供以下方法获取响应内容：

- r.status_code: 响应状态码。
- r.raw: 原始响应体，使用 r.raw.read() 读取。
- r.content: 字节方式的响应体，需要进行解码。
- r.text: 字符串方式的响应体，会自动根据响应头部的字符编码进行解码。
- r.headers: 以字典对象存储服务器响应头，但是这个字典比较特殊，字典键不区分大小写，若键不存在，则返回 None。
- r.json(): Requests 中内置的 JSON 解码器。
- r.raise_for_status(): 若请求失败（非 200 响应），则抛出异常。
- r.url: 获取请求链接。
- r.cookies: 获取请求后的 cookies。
- r.encoding: 获取编码格式。

17.4　复杂的请求方式

复杂的请求方式通常带有请求头、代理 IP、证书验证和 Cookies 等功能。Requests 将这一系列复杂的请求做了简化，将这些功能在发送请求中以参数的形式传递并作用到请求中。

1. 添加请求头

请求头以字典的形式表示，然后在发送请求中设置 headers 参数。在请求中设置请求头相当于把程序伪装成浏览器来向网站发送请求，主要设置 User-Agent 和 Referer 的内容，因为很多网站反爬虫都是根据这两项内容来判断当前的请求是否合法的。示例代码如下：

```
headers = {
    'content-type': 'application/json',
    'User-Agent': 'Mozilla/5.0 (Windows NT 6.3; WOW64;
                rv:41.0) Gecko/20100101 Firefox/41.0'}
requests.get("https://www.baidu.com/", headers=headers)
```

2. 使用代理 IP

使用方法与请求头的使用方法一致，只需设置 proxies 参数即可。proxies 以字典的形式表示，字典的 key 主要有 http 和 https，这是两种不同的 HTTP 协议，字典的 value 是一个可访问的 IP 地址，免费的代理 IP 可以在网上搜索，不过很多都无法使用。代理 IP 的实现代码如下：

```python
import requests
proxies = {
    "http": "http://10.10.1.10:3128",
    "https": "http://10.10.1.10:1080",
}
requests.get("https://www.baidu.com/", proxies=proxies)
```

3. 证书验证

网站中出现证书不合法的时候，只需设置 verify=False，等于关闭证书验证，比如访问 12306 的时候，如果没有安装证书，就会提示安全证书错误。参数 verify 的默认值为 True。如果需要设置证书文件，那么可将参数 verify 的值设为证书所在的路径。具体代码如下：

```python
import requests
url = 'https://kyfw.12306.cn/otn/leftTicket/init'
# 关闭证书验证
r = requests.get(url, verify=False)
print(r.status_code)
# 开启证书验证
# r = requests.get(url, verify=True)
# 设置证书所在路径
# r = requests.get(url, verify= '/path/to/certfile')
```

4. 超时设置

发送请求后，由于网络、服务器等因素，从请求到响应会有一个时间差。如果不想程序等待时间过长或者延长等待时间，可以设定参数 timeout 的等待秒数，超过这个等待时间就会停止等待响应并引发一个异常。使用代码如下：

```python
requests.get("https://www.baidu.com/", timeout=0.001)
requests.post("https://www.baidu.com/", timeout=0.001)
```

5. 使用 Cookies

在请求过程中使用 Cookies 只需设置参数 Cookies 即可。Cookies 的作用是标识用户身份，在 Requests 中以字典或 RequestsCookieJar 对象作为参数。获取方式主要从浏览器读取或通过程序运行产生。下面的例子进一步讲解如何使用 Cookies，代码如下：

```python
import requests
url = 'https://movie.douban.com/'
temp_cookies='JSESSIONID_GDS=y4p7osFr0y2N!450649273;name=value'
cookies_dict = {}
for i in temp_cookies.split(';'):
```

```
        value = i.split('=')
        cookies_dict [value[0]] = value[1]
r = requests.get(url, cookies=cookies)
print(r.text)
```

代码中变量 temp_cookies 代表 Cookies 信息，可以在 Chrome 开发者工具→Network→某请求的 Headers→Request Headers 中找到 Cookie 的值。将 Cookie 信息由字符串转换成字典格式，在 Requests 发送请求的时候，设置参数 cookies 即可。

当程序发送请求时，在没有设置参数 cookies 的情况下，程序会自动生成一个 RequestsCookieJar 对象，该对象用于存放 Cookies 信息。Requests 提供 RequestsCookieJar 对象和字典对象相互转换的方法，代码如下：

```
import requests
url = 'https://movie.douban.com/'
r = requests.get(url)
# r.cookies 是 RequestsCookieJar 对象
print(r.cookies)
mycookies = r.cookies

# RequestsCookieJar 转换字典
cookies_dict = requests.utils.dict_from_cookiejar(mycookies)
print(cookies_dict)

# 字典转换 RequestsCookieJar
cookies_jar = requests.utils.cookiejar_from_dict(
cookies_dict, cookiejar=None, overwrite=True)
print(cookies_jar)

# 将 RequestsCookieJar 对象写入 Cookies 字典中
print(requests.utils.add_dict_to_cookiejar(mycookies, cookies_dict))
```

如果要将Cookies写入文件，可使用http模块实现Cookies的读写。除此之外，还可以将Cookies以字典形式写入文件，此方法相比 http 模块读写 Cookies 更为简单，但安全性相对较低。使用方法如下：

```
import requests
url = 'https://movie.douban.com/'
r = requests.get(url)
# RequestsCookieJar 转换字典
cookies_dict = requests.utils.dict_from_cookiejar(mycookies)
# 写入文件
f = open('cookies.txt', 'w', encoding='utf-8')
f.write(str(cookies_dict))
f.close()
# 读取文件
f = open('cookies.txt', 'r')
dict_value = f.read()
f.close()
# eval(dict_value) 将字符串转换为字典
print(eval(dict_value))
r = requests.get(url, cookies=eval(dict_value))
print(r.status_code)
```

17.5 文件下载与上传

下载文件主要从服务器获取文件内容，然后将内容保存到本地。下载文件的方法如下：

```
import requests
url = 'https://dldir1.qq.com/weixin/Windows/WeChatSetup.exe'
r = requests.get(url)
f = open('WeChatSetup.exe', 'wb')
# r.content 获取响应内容（字节流）
f.write(r.content)
f.close()
```

代码变量 url 是一个下载 EXE 文件的 URL 地址，对文件所在的 URL 地址发送请求（大多数是 GET 请求方式）。服务器将文件内容作为响应内容，然后将得到的内容以字节流（Bytes）格式写入自定义文件，这样就能实现文件下载。

除了文件下载外，还有更为复杂的文件上传。文件上传是将本地文件以字节流的方式上传到服务器，再由服务器接收上传内容，并做出相应的响应。文件上传存在一定的难度，其难点在于服务器接收规则不同，不同的网站，接收的数据格式和数据内容会不一致。下面以发送图片微博为例进行介绍。

（1）在浏览器中输入 https://weibo.cn/，在网页上单击"高级"按钮并使用 Fiddler 抓包工具（由于发送微博时网页发生 302 跳转，因此使用 Chrome 会清空请求信息，导致抓取难度较大）。

（2）单击"选择文件"，选择图片文件并输入发布内容"Python 爬虫"，最后单击"发布"按钮发布微博。使用 Fiddler（Fiddler 是一款免费的抓包工具，其功能与谷歌浏览器的开发者工具的 Network 标签页相同）抓取的请求信息如图 17-4 所示。

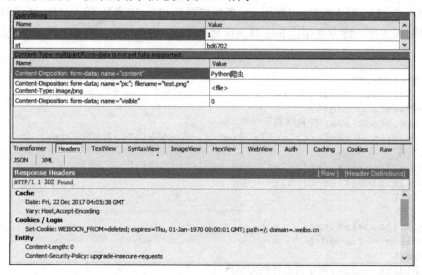

图 17-4 Fiddler 抓包信息

从图 17-4 中得知，该请求方式是 POST，QueryString 是 POST 的请求参数，Content-type 设

置图片格式，3 个 Content-Disposition 分别对应微博的发布内容、上传图片和设置分组可见。示例代码如下：

```
url = 'https://weibo.cn/mblog/sendmblog?rl=0&st=bd6702'
cookies = {'xxx': 'xxx'}
files = {'content': (None, 'Python 爬虫'),
        'pic': ('pic', open('test.png', 'rb'),
        'image/png'),'visible': (None, '0')}
r = requests.post(url, files=files, cookies=cookies)
print(r.status_code)
```

POST 数据对象以文件为主，上传文件时使用 files 参数作为请求参数。Requests 对提交的数据和文件所使用的请求参数做了明确的规定。参数 files 也是以字典形式传递的，每个 Content-Disposition 为字典的键值对，Content-Disposition 的 name 为字典的键，value 为字典的值。上述代码设置了参数 cookies，因为这个图片上传需要用户登录才能实现，因此传入参数 cookies 可以实现用户登录。

此外，不同的网站设置对 files 参数的设置是不一样的。下面列出较为常见的上传方法。

```
#单独一个文件请求
{
  "field1" : open("filePath1", "rb").read()
}

#同时选中多个文件
{
  "field1" : [
        ("filename1", open("filePath1", "rb")),
        ("filename2", open("filePath2", "rb"), "image/png"),
        open("filePath3", "rb"),
        open("filePath4", "rb").read()
        ]
}
```

17.6　实战项目：12306 车次查询

相信读者对 Requests 的使用有了一个大致的了解，接下来通过一个实例来进一步介绍 Requests 在项目中的应用。坐过火车的朋友都知道，在购买车票的时候，首先查询车票剩余量是否符合自己的出行计划。在 12306 的官网上提供了余票查询网址，在浏览器上打开 https://kyfw.12306.cn/otn/leftTicket/init，如图 17-5 所示。

查询车次信息首先要输入出发地、目的地和出发日期，完成信息输入后，单击"查询"按钮，网站根据输入的信息返回相应的车次信息。

从一个正常的车次查询流程中发现，网站与用户的数据交互是在用户单击"查询"按钮时发生的，开发者工具捕捉到的请求信息如图 17-6 所示。

图 17-5　车票查询网页

图 17-6　车票查询请求（上图）及响应内容（下图）

　　但有时候我们会发现，车票查询请求的 URL 地址会不定时地发生变化，主要将图 17-6 的 query 变为 queryA。因此，在编写代码的时候，需要分别对两个不同的 URL 进行访问，以确保能获取车次信息，如图 17-7 和图 17-8 所示。

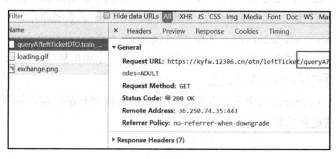

图 17-7　变化的 URL 地址

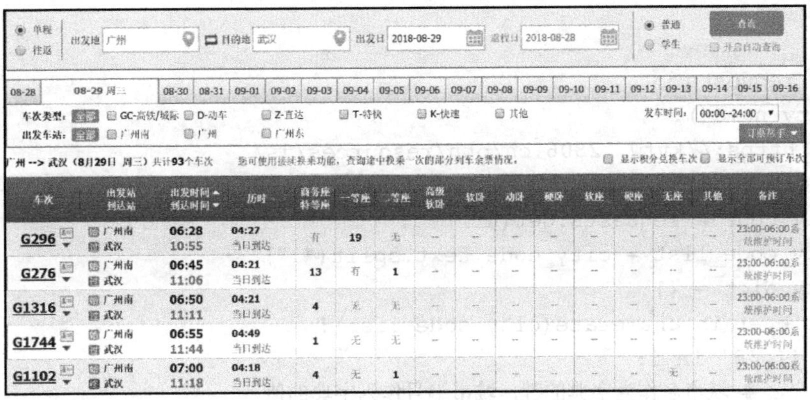

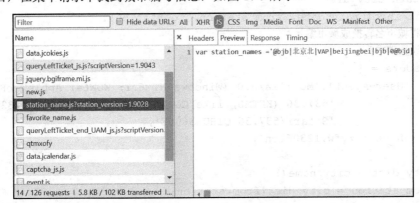

图 17-8　查询车次信息

对比图 17-6 的响应内容与图 17-8 的网页查询车次信息可以发现，两者的数据是可以相互匹配的，网页上的车次信息由图 17-6 的响应内容按照某种方式渲染到网页上。也就是说，图 17-6 的响应内容就是我们需要的目标数据。

想要得到车次信息，首先使用 Requests 模拟浏览器向网站服务器发送请求。从图 17-6 的请求信息可以看到，这个请求是一个 GET 请求，并且有 4 个参数，从参数的命名可以知道：

（1）leftTicketDTO.train_date 是车次出发日期。

（2）leftTicketDTO.from_station 是出发地。

（3）leftTicketDTO.to_station 是目的地。

（4）purpose_codes 是固定值。

在 4 个参数中，唯独出发地和目的地无法确定真实数据，两者都是由三位英文字母组成的，前两个字母由城市名的拼音首字母组成，最后一个字母无法确认。但每个城市的英文编号是唯一的，如出发地为广州，那么它的请求参数必须为 GZQ。

尝试刷新网页，在网页中查找其他请求信息，看能否在其他请求信息中找到城市的英文编号。刷新网页后，在某个请求中找到城市编号信息，如图 17-9 所示。

图 17-9　各个城市的信息

观察图 17-9 上的数据结构，发现每个城市之间以"@"为一个开始点，那么每个城市以"@"分组处理，每一组中再以"|"分组处理。经过两次分组，我们可以提取城市名以及城市编号，实

现代码如下：

```
import requests
def city_name():
url = 'https://kyfw.12306.cn/otn/resources/js/
framework/station_name.js?station_version=1.9063'
    city_code = requests.get(url)
    city_code_list = city_code.text.split("|")
    city_dict = {}
    for k, i in enumerate(city_code_list):
        if '@' in i:
            # 城市名作为字典的键，城市编号作为字典的值
            city_dict[city_code_list[k + 1]] = city_code_list[k + 2]
    return city_dict
```

现在可以根据城市名来确定城市编号，也就是说我们确定了图 17-6 的请求参数，已经可以使用 Requests 来获取车次信息。但从响应内容发现，每班的车次信息也是使用 "|" 隔开的，在这样的数据中提取有效的信息也是将 "|" 分组处理，然后根据数据的序列进行提取。整个功能的代码如下：

```
import requests
def city_name():
    url = 'https://kyfw.12306.cn/otn/resources/js/framework' \
          '/station_name.js?station_version=1.9063'
    city_code = requests.get(url)
    city_code_list = city_code.text.split("|")
    city_dict = {}
    for k, i in enumerate(city_code_list):
        if '@' in i:
            # 城市名作为字典的键，城市编号作为字典的值
            city_dict[city_code_list[k + 1]] = city_code_list[k + 2]
    return city_dict
def get_info(train_date, from_station, to_station):
    # 将城市名转换成城市编号
    # 设置请求头
    headers = {
        'User-Agent':'Mozilla/5.0 (Windows NT 6.1; WOW64) AppleWebKit/'
                    '537.36 (KHTML, like Gecko) Chrome/63.0.3239.132 '
                    'Safari/537.36 QIHU 360SE',
        'Host':'kyfw.12306.cn',
    }
    city_dict = city_name()
    from_station = city_dict[from_station]
    to_station = city_dict[to_station]
    # 发送请求
    params = {
        'leftTicketDTO.train_date': train_date,
```

```
        'leftTicketDTO.from_station': from_station,
        'leftTicketDTO.to_station': to_station,
        'purpose_codes': 'ADULT'
    }
    # 通过 try...except 方式分别对不同的 URL 进行访问
    try:
        url = 'https://kyfw.12306.cn/otn/leftTicket/query'
        r = requests.get(url, params=params, headers=headers)
        info_text = r.json()['data']['result']
    except:
        url = 'https://kyfw.12306.cn/otn/leftTicket/queryA'
        r = requests.get(url, params=params, headers=headers)
        info_text = r.json()['data']['result']
    # 获取响应内容并提取有效数据
    info_list = []
    for i in info_text:
        info_dict = {}
        train_info = i.split('|')
        info_dict['train_no'] = train_info[3]
        info_dict['start_time'] = train_info[8]
        info_dict['end_time'] = train_info[9]
        info_dict['interval_time'] = train_info[10]
        info_dict['second_seat'] = train_info[30]
        info_dict['frist_seat'] = train_info[31]
        info_dict['special_seat'] = train_info[32]
        info_list.append(info_dict)
    return info_list


if __name__ == '__main__':
    train_date = '2020-10-01'
    from_station = '广州'
    to_station = '武汉'
    info = get_info(train_date, from_station, to_station)
    print(str(info))
```

17.7　本章小结

　　网络爬虫通过查找网站接口，然后以代码的形式来模拟浏览器来发送请求，从而与网站服务器之间实现数据交互。

　　Requests 是 Python 的一个很实用的 HTTP 客户端库，常用于网络爬虫和接口自动化测试。它的语法简单易懂，完全符合 Python 优雅、简洁的特性。在兼容性上，Requests 完全兼容 Python 2 和 Python 3，具有较强的适用性。

　　在使用 Requests 开发网络爬虫之前，必须掌握使用浏览器的开发者工具分析网站接口。所有的接口信息都在 Network 标签页，可以看到页面向服务器请求的信息、请求的大小以及加载请求花费的时间。从发起网页请求后，分析每个 HTTP 请求都可以得到具体的请求信息（包括状态、类型、大小、所用时间等）。

常用的请求主要有 GET 和 POST，Requests 分为两种不同的方法来实现请求，完整的请求方式如下：

```
requests.get(url, params, headers, proxies, verify=True, cookies)
requests.post(url, params, headers, proxies, verify=True, cookies, files)
```

网络爬虫也可以称为接口自动化开发，两者实现的方法和原理是相同的。如果读者想要深入了解网络爬虫，可以关注笔者的《实战 Python 网络爬虫》一书。

第18章

办公自动化编程

本章讲述如何使用 PyAutoGUI 和 PyWinAuto 实现软硬件自动化编程，如通过 PyAutoGUI 控制计算机的鼠标和键盘的操作，达到硬件操作自动化的目的，通过 PyWinAuto 实现 Word 和浏览器的自动操作等内容。通过实现自动化操作可以让机器模拟人工重复性的烦琐工作，从而大大提高工作效率。

18.1　使用 PyAutoGUI 模拟人工操作

PyAutoGUI 可以实现计算机的自动化开发，它是通过图像的简单识别进行定位的，再由鼠标或键盘对定位位置进行操作，从而实现自动化操作。

18.1.1　PyAutoGUI 概述及安装

PyAutoGUI 是一个纯 Python 开发的跨平台 GUI 自动化工具，它通过程序来控制计算机的键盘和鼠标的操作，从而实现自动化功能。所谓 GUI，是指图形用户界面，即通过图形方式来显示计算机的界面，早期的计算机是以命令行界面来操作的，其中 Linux 服务器版本仍在使用，而日常工作中使用的 Windows、Mac 和 Linux 桌面发行版都是以 GUI 来显示的。

PyAutoGUI 主要有三大功能：鼠标操控、键盘操控和截图识别，三者可以相互协调使用。截图识别可以为计算机提供简单的视觉功能，让 PyAutoGUI 在计算机上找到某个按钮或某个图标的坐标位置，然后操作鼠标或键盘来实现自动化控制。

PyAutoGUI 的使用范围相当广泛，只要计算机能运行的 GUI 程序都可以控制。正因如此，程序在执行过程中，如果人为操作鼠标和键盘就会对程序的执行造成一定的影响，也就是说，PyAutoGUI 开发的自动化程序在稳定性方面是比较薄弱的。

在不同的平台，PyAutoGUI 的安装步骤是不一样的。在不同平台安装 PyAutoGUI 可能需要安装不同的依赖模块，具体的安装方法如下：

- Windows 系统: 无须安装依赖模块, 在 CMD 上运行 pip install pyautogui 即可完成安装。
- Linux 系统: 首先需要安装 4 个依赖模块, 然后安装 PyAutoGUI, 安装指令如下:

```
sudo pip3 install python3-xlib
sudo apt-get install scrot
sudo apt-get install python3-tk
sudo apt-get install python3-dev
sudo pip3 install pyautogui
```

- Mac OS X 系统: 先安装 pyobjc 模块, 再安装 PyAutoGUI, 安装指令如下:

```
pip3 install pyobjc-core
pip3 install pyobjc
pip3 install pyautogui
```

完成 PyAutoGUI 的安装后, 在终端进入 Python 的交互模式, 验证模块安装是否成功, 验证方法如下:

```
C:\Users\000>python
>>> import pyautogui
>>> pyautogui.__version__
```

18.1.2 截图与识别

PyAutoGUI 有特定的方法来截取计算机的屏幕, 获取屏幕快照。屏幕快照是 RGB 模式的图像, RGB 模式是图片的色彩模式, R 代表 Red (红色), G 代表 Green (绿色), B 代表 Blue (蓝色), 自然界中肉眼所能看到的任何色彩都可以由这 3 种色彩混合叠加而成。

在 Python 里面, RGB 颜色数值是一个长度为 3 的元组, 如 (62, 59, 55), 62 代表红色的深浅程度, 59 代表绿色的深浅程度, 55 代表蓝色的深浅程度, 每种颜色的数值范围是 0~255。

每台计算机的屏幕分辨率都是不同的, 因此屏幕快照的分辨率也不同。屏幕分辨率是屏幕上显示的像素个数, 分辨率 160×128 的意思是水平方向的像素数为 160 个, 垂直方向的像素数为 128 个。屏幕尺寸一样的情况下, 分辨率越高, 显示效果就越精细和细腻。通俗点理解, 在一张图片里面, 像素数可以比喻成一个点, 这个点的颜色是 RGB 模式, 那么多个点可以组成一条线, 多条线可以组成一个面, 而这个面就代表这张图片。如图 18-1 所示。

了解图像的基本原理对我们后续的开发有很大的帮助和指导。回到 PyAutoGUI, 想通过它来获取屏幕快照可以调用 screenshot()函数, 在 PyCharm 或 Python 交互模式下输入以下代码:

```
import pyautogui
im = pyautogui.screenshot(imageFilename='screenshot.png')
```

运行代码, PyAutoGUI 会自动对计算机当前的屏幕进行全屏截图, 并保存为 screenshot.png 文件。查看图片 screenshot.png 的属性信息, 可以看到图像分辨率为 1920×1080, 这个分辨率也是计算机的分辨率, 如图 18-2 所示。

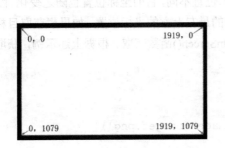

图 18-1　屏幕分辨率

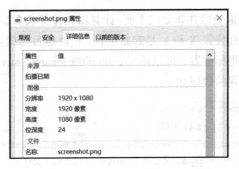

图 18-2　图像属性

如果不想对计算机全屏截图，可以在 screenshot() 函数传入参数 region 来设置截图坐标，坐标以平面坐标表示，分为 X 坐标和 Y 坐标。参数 region 是一个长度为 4 的元组，元组每个元素依次代表：X 坐标起点、Y 坐标起点、X 坐标终点和 Y 坐标终点。具体的示例代码如下：

```python
import pyautogui
# region = (X 坐标起点, Y 坐标起点, X 坐标终点, Y 坐标终点)
region = (0, 100, 300, 400)
name = 'screenshot.png'
im = pyautogui.screenshot(region=region, imageFilename=name)
```

上述例子都是讲述计算机屏幕的截图功能，接下来讲述图像的简单识别。PyAutoGUI 的图像识别是通过图片的分辨率查找该图片在计算机屏幕里所在的坐标位置，图像识别调用 locateOnScreen() 函数即可实现，函数参数 image 是目标图片，用于匹配计算机屏幕，目标图片必须为 PNG 格式，如果是 JPG 格式，PyAutoGUI 就无法识别。因为 JPG 格式会对图片进行有损压缩处理，从而改变图像原有的分辨率，导致识别失败。locateOnScreen() 函数的使用方法如下：

```python
import pyautogui
location = pyautogui.locateOnScreen(image='target.png')
print(location)
```

以计算机的计算器为例，使用截图工具（比如 QQ 截图）截取计算器的数字 5，截取后的图片保存为 target.png 文件，在运行上述代码之前，必须保证计算器显示在当前屏幕。从程序的运行结果可以看到，坐标位置是一个长度为 4 的元组，元组的每个元素依次代表：X 坐标起点、Y 坐标起点、X 坐标偏移量和 Y 坐标偏移量，如图 18-3 所示。

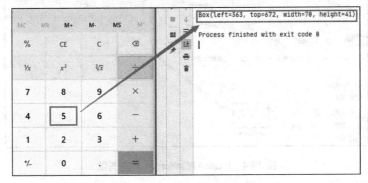

图 18-3　locateOnScreen 识别图像

　　图像坐标并非一成不变，计算器在计算机的显示位置不同，它的坐标位置也随之变化。图 18-3 上的坐标位置 X 和 Y 是起始位置，也就是目标图像的最左上方的坐标位置，如果想获取目标图像的中心坐标位置，可以使用 center() 或 locateCenterOnScreen() 函数获取。根据上述示例，获取中心坐标位置的代码如下：

```python
import pyautogui
# center()函数
location = pyautogui.locateOnScreen(image='target.png')
x, y = pyautogui.center(location)
print('center()函数: ', x, y)
# 输出 398 692

# locateCenterOnScreen()函数
x, y = pyautogui.locateCenterOnScreen(image='target.png')
print('locateCenterOnScreen()函数: ', x, y)
# 输出 398 692
```

　　上述代码输出的 X、Y 坐标与图 18-3 对比发现，图 18-3 的中心位置 X 的坐标为 363+70/2=398，而上述代码输出的 X 坐标也是 398，显然 center() 和 locateCenterOnScreen() 函数都能直接得到目标图像的中心位置，无须通过计算获取。

　　计算机屏幕上有多个目标图像，但 locateOnScreen() 函数只能识别第一个目标图像，却无法识别全部目标图像。为了解决这个问题，可以使用 locateAllOnScreen() 函数来识别全部目标图像的坐标位置，具体使用方法如下：

```python
import pyautogui
location = pyautogui.locateAllOnScreen(image='target.png')
for i in location:
    print(i)
```

　　在计算机上打开多个计算器，目标图像依然是计算器的数字 5，locateAllOnScreen() 函数查找目标图像的顺序是从上到下，从左到右。运行上述代码并查看识别结果，如图 18-4 所示。

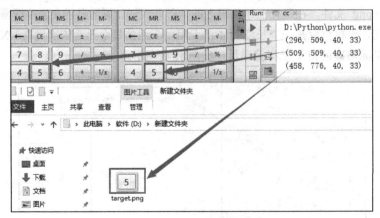

图 18-4　locateAllOnScreen 识别图像

除此之外，PyAutoGUI 还提供了灰度匹配和像素匹配。灰度匹配是在 locate 函数（如 locateOnScreen、locateCenterOnScreen 或 locateAllOnScreen）设置参数 grayscale=True 即可，它能加快定位速度，但会降低识别的准确率。

像素匹配可以使用 pixel() 或 getpixel() 函数来获取某个分辨率的 RGB 颜色数值，再由 pixelMatchesColor() 函数实现颜色匹配。示例代码如下：

```
import pyautogui
from pyautogui import pixelMatchesColor
# 获取坐标点(100, 200)的 RGB 数值
pix = pyautogui.pixel(100, 200)
print('坐标点(100, 200)的 RGB 颜色数值：', pix)
# 坐标点(100, 200)的 RGB 数值与 pix 匹配
matches_1 = pixelMatchesColor(100, 200, pix)
# 坐标点(100, 200)的 RGB 数值与 RGB 数值(62, 59, 59)匹配
# tolerance 设置每个颜色的误差值
matches_2 = pixelMatchesColor(100, 200, (62, 59, 59), tolerance=10)
```

18.1.3 鼠标控制功能

鼠标的功能主要有移动、拖曳和单击，这也是我们日常操控鼠标的基本动作。PyAutoGUI 实现鼠标的控制离不开具体的坐标位置，比如将鼠标移动到某个地方，那么 PyAutoGUI 需要知道这个地方的具体坐标位置才能操控鼠标移动。PyAutoGUI 提供了 size() 和 position() 函数，这两个函数可用于获取屏幕分辨率大小和鼠标当前的 X、Y 坐标。使用方法如下：

```
import pyautogui
screen = pyautogui.size()
print('屏幕分辨率：', screen)
mouse = pyautogui.position()
print('鼠标当前位置：', mouse)
```

鼠标的移动可以使用 moveTo() 或 moveRel() 函数来实现，虽说两者都能移动鼠标，但本质上有一定的区别。moveTo() 函数是将鼠标移动到某个固定坐标位置，moveRel() 函数是根据鼠标的当前位置进行偏移移动。两者的使用方法如下：

```
import pyautogui
# 将鼠标移动到(10, 10)
pyautogui.moveTo(x=10, y=10, duration=3)
# 当前鼠标位置向 X 坐标偏移 100，Y 坐标偏移 80
pyautogui.moveRel(xOffset=100, yOffset=80, duration=3)
```

moveTo() 的参数分别代表 X 坐标、Y 坐标和移动时间。X 坐标和 Y 坐标代表屏幕上某个像素点的坐标位置；移动时间 duration 默认值为 0，若 duration 为 0，则鼠标会瞬间移动到目标位置，若 duration 大于 0，则可以清晰地看到鼠标移动的轨迹。

moveRel() 的参数分别代表 X 坐标偏移量、Y 坐标偏移量和移动时间。X 坐标偏移量可以为正数或负数，正数代表向右偏移，负数代表向左偏移；同理，Y 坐标偏移量为正数代表向下偏移，负数代表向上偏移；移动时间 duration 与 moveTo() 的 duration 功能相同。

默认情况下，鼠标的拖曳是长按鼠标左键并发生移动，比如将桌面上的软件图标拖曳到桌面的其他位置。PyAutoGUI 的拖曳功能由 dragTo()和 dragRel()实现，dragTo()是根据当前鼠标的位置拖曳到某个坐标位置，dragRel()是根据当前鼠标的位置拖曳到某个偏移位置。具体使用方法如下：

```python
import pyautogui
# 先移动鼠标到(50,50)
pyautogui.moveTo(x=50, y=50, duration=3)
# 鼠标在坐标(50,50)进行拖曳，拖曳目的位置(500, 500)
pyautogui.dragTo(x=500, y=500, duration=2, button='left')
# 鼠标在坐标(500, 500)拖曳偏移量(-450, -450)，即回到(50,50)
pyautogui.dragRel(xOffset=-450, yOffset=-450, duration=2, button='left')
```

上述代码是将计算机最上方的图标拖曳到目的位置(500, 500)，然后将图标拖曳回原来的位置。为了更好地体现效果，运行程序之前，在计算机桌面上某个空白地方右击选择"查看"选项，取消"自动排列图标（A）"，取消"将图标与网格对齐（I）"，如图 18-5 所示。

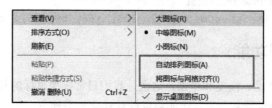

图 18-5　桌面设置

鼠标的单击由 click()函数实现，该函数包含鼠标的单击、双击、按键类型（左键或右键）、单击间隔以及单击的坐标位置。click()函数的说明及使用如下：

```python
# click(x=None,y=None,clicks=1,interval=0.0,button='left',duration=0.0)
# x 和 y 代表坐标位置
# clicks 代表单击次数
# interval 代表单击间隔
# button 设置单击左键或右键，参数值可以设置为 left 或 right
# duration 代表鼠标移动坐标位置的时间，默认为 0 代表即时移动
pyautogui.click(x=50, y=50, clicks=2, interval=0.25, button='left')
```

此外，还有一些鼠标的常用操作，如滚动、左键或右键的长按与释放，具体使用方式如下：

```python
import pyautogui
# 参数 clicks 为正数代表鼠标向上滚动，负数代表向下滚动
pyautogui.scroll(clicks=10)
# 长按右键
pyautogui.mouseDown(button='right')
# 移动到(100, 200)再释放右键
pyautogui.mouseUp(button='right', x=100, y=200)
```

18.1.4　键盘控制功能

PyAutoGUI 控制的键盘操作主要有文本输入、按键长按与释放以及热键组合使用，3 种操作

都由不同的函数实现。文本输入由 typewrite()函数实现，按键的长按与释放分别由 keyDown()和 keyUp()函数实现，热键组合使用由 hotkey()函数实现。

typewrite()函数是根据当前活动的窗口来输入文本内容的，也就是说，当前鼠标的光标在哪儿，文本就从哪儿输入。但 typewrite()只能输入英文字母，无法输入中文内容，如果是中英结合的文本内容，它只能输出英文部分。typewrite()函数的使用如下：

```python
import pyautogui
# interval 设置文本输入速度，默认值为 0
pyautogui.typewrite('你好! Python', interval=0.5)
```

typewrite()函数一般要结合鼠标单击函数 click()使用，click()函数用于激活文本框，如文件的文本框或网页的文本框等这类文本控件，当文本框被激活后，typewrite()函数就模拟键盘向文本框输入内容。

按键的长按与释放与鼠标的长按与释放是同一个原理，长按按键可使得键盘的某个按键处于被按下的状态，释放按键是将被按下的按键释放出来。我们使用 keyDown()和 keyUp()函数实现快捷键开启任务管理器，具体代码如下：

```python
import pyautogui
pyautogui.keyDown('ctrl')
pyautogui.keyDown('shift')
pyautogui.keyDown('esc')
pyautogui.keyUp('esc')
pyautogui.keyUp('shift')
pyautogui.keyUp('ctrl')
```

快捷键开启任务管理器需要同时按 Ctrl+Shift+Esc 按键，而 keyDown()和 keyUp()函数参数代表键盘上的某个按键，当然也可以传入文本内容，只不过程序不会有任何操作而已。

热键是一种按键组合，它能使用或运行计算机上的某些功能，如常用的复制（Ctrl+C）和粘贴（Ctrl+V）。所有的按键组合都可以使用 keyDown()和 keyUp()函数实现，只不过代码量较多，如果遇到多种按键组合，代码就显得相当复杂。因此，PyAutoGUI 提供了 hotkey()函数，只需将各种按键组合写入函数即可实现。以上述开启任务管理器为例，hotkey()函数的代码如下：

```python
import pyautogui
pyautogui.hotkey('ctrl', 'shift', 'esc')
```

无论是 keyDown()、keyUp()或 hotkey()函数，函数参数 key 都代表键盘上某个按键或组合按键，并且按键都是以字符串表示的，对于一些特殊功能的按键，PyAutoGUI 已有相应的定义，如 keyUp('esc')，字符串 esc 就代表键盘上的 Esc 键。PyAutoGUI 对特殊功能的按键定义如图 18-6 所示。

```
['\t', '\n', '\r', ' ', '!', '"', '#', '$', '%', '&', "'", '(',
')', '*', '+', ',', '-', '.', '/', '0', '1', '2', '3', '4', '5', '6', '7',
'8', '9', ':', ';', '<', '=', '>', '?', '@', '[', '\\', ']', '^', '_', '`',
'a', 'b', 'c', 'd', 'e', 'f', 'g', 'h', 'i', 'j', 'k', 'l', 'm', 'n', 'o',
'p', 'q', 'r', 's', 't', 'u', 'v', 'w', 'x', 'y', 'z', '{', '|', '}', '~',
'accept', 'add', 'alt', 'altleft', 'altright', 'apps', 'backspace',
'browserback', 'browserfavorites', 'browserforward', 'browserhome',
'browserrefresh', 'browsersearch', 'browserstop', 'capslock', 'clear',
'convert', 'ctrl', 'ctrlleft', 'ctrlright', 'decimal', 'del', 'delete',
'divide', 'down', 'end', 'enter', 'esc', 'escape', 'execute', 'f1', 'f10',
'f11', 'f12', 'f13', 'f14', 'f15', 'f16', 'f17', 'f18', 'f19', 'f2', 'f20',
'f21', 'f22', 'f23', 'f24', 'f3', 'f4', 'f5', 'f6', 'f7', 'f8', 'f9',
'final', 'fn', 'hanguel', 'hangul', 'hanja', 'help', 'home', 'insert', 'junja',
'kana', 'kanji', 'launchapp1', 'launchapp2', 'launchmail',
'launchmediaselect', 'left', 'modechange', 'multiply', 'nexttrack',
'nonconvert', 'num0', 'num1', 'num2', 'num3', 'num4', 'num5', 'num6',
'num7', 'num8', 'num9', 'numlock', 'pagedown', 'pageup', 'pause', 'pgdn',
'pgup', 'playpause', 'prevtrack', 'print', 'printscreen', 'prntscrn',
'prtsc', 'prtscr', 'return', 'right', 'scrolllock', 'select', 'separator',
'shift', 'shiftleft', 'shiftright', 'sleep', 'space', 'stop', 'subtract', 'tab',
'up', 'volumedown', 'volumemute', 'volumeup', 'win', 'winleft', 'winright', 'yen',
'command', 'option', 'optionleft', 'optionright']
```

图 18-6　特殊功能按键

18.1.5　消息框功能

PyAutoGUI 引用 PyMsgBox 模块的消息框函数来实现 4 种不同类型的消息框：alert、confirm、prompt 和 password。4 种消息框的说明如下：

- alert: 带有文本信息和单个按钮的简单消息框。参数 text、title 和 button 分别设置文本内容、提示框的标题以及按钮的命名，使用方法如下：

```
import pyautogui
msg = pyautogui.alert(text='这是 alert! ', title='Alert', button='OK')
# msg 的值为 button 的值
print(msg)
```

- confirm: 带有文本信息和多个按钮的消息框。参数 text、title 和 buttons 分别设置文本内容、提示框的标题以及自定义按钮，参数 buttons 以列表表示，可以设置一个或多个按钮，示例代码如下：

```
import pyautogui
buttons = ['OK', 'Cancel']
msg = pyautogui.confirm(text='这是 confirm! ',
                        title='Confirm', buttons=buttons)
# 如果单击 OK 按钮，就输出 OK；如果单击 Cancel 按钮，就输出 Cancel
print(msg)
```

- prompt: 带有文本信息、文本输入框及"确定"和"取消"按钮的消息框。参数 text、title 和 default 分别设置文本信息、提示框的标题以及文本输入框的默认值，使用方法如下：

```
import pyautogui
msg = pyautogui.prompt(text='这是 prompt! ', title='Prompt', default='')
# 若单击 OK 按钮，则输出文本输入框的内容；若单击 Cancel 按钮，则输出 None
print(msg)
```

- password: 与 prompt 相似, 只不过文本输入框的内容会被参数 mask 替换显示, 使用方法如下:

```
import pyautogui
msg = pyautogui.password(text='这是 Pw! ',
                    title='Password',
                    default='', mask='*')
# 若单击 OK 按钮, 则输出文本输入框的内容; 若单击 Cancel 按钮, 则输出 None
print(msg)
```

18.1.6 实战项目: 百度自动登录

PyAutoGUI 是根据计算机的图形界面坐标定位来实现自动化操作的, 它能操作计算机上的任何软件, 只要能在计算机上显示出来都可以操控, 适用范围广, 也正因如此, 它的稳定性相当差。在第 16 章中, 我们使用 Selenium 实现了网页的自动化操作, 本章将沿用第 8 章的例子, 使用 PyAutoGUI 实现百度用户登录功能。

回顾一下百度用户登录的过程, 打开百度网站 https://www.baidu.com/, 单击"登录"链接会弹出一个用户登录界面, 然后单击"用户名登录"链接, 如图 18-7 所示。

在"用户名密码登录"界面中, 百度会根据不同的用户名检测是否需要设置验证码登录, 这是由于不同的用户设置了不同的安全机制, 在使用 PyAutoGUI 实现登录的时候, 需要检测验证码是否存在。从界面上看到, 根据关键字"换一张"来判断验证码, 如图 18-8 所示。

图 18-7 百度登录界面

图 18-8 "用户名密码登录"界面

从图 18-8 可以看到, 整个登录过程需要输入用户账号、密码、验证码并单击"登录"按钮。还需要判断验证码是否存在, 若存在, 则提示输入验证码, 否则直接单击"登录"按钮。此外, 验证码的内容有可能是中文, 而 PyAutoGUI 不支持中文输入。对于这个问题, 只能将中文发送到计算机的剪切板上, 然后由 PyAutoGUI 使用热键 hotkey()函数执行 Ctrl+V, 将中文粘贴到网页的文本框里。

根据上述分析, 我们将整个登录过程一共划分了 4 个步骤, 每个步骤说明如下:

（1）单击计算机桌面上的浏览器图标, 打开浏览器并输入百度首页地址。在打开百度之前,需要确保网址没有处于登录状态。

（2）在百度网页中找到"登录"链接的坐标位置，然后单击进入登录界面。登录界面是一个"扫码登录"界面，因此还需要单击下方的"用户名登录"链接，进入"用户名密码登录"界面。

（3）在"用户名密码登录"界面中，首先单击百度 LOGO，使界面处于活动状态，然后操控键盘上的 Tab 按键，依次激活用户名文本框、密码文本框和验证码文本框。每个文本框激活后会弹出一个消息提示框，让用户分别输入账号、密码和验证码信息。

（4）PyAutoGUI 输入登录信息之后，需要单击两次"登录"按钮。如果登录信息正确，那么第二次单击"登录"按钮会抛出异常，程序会输出"登录成功"并终止循环；如果登录信息错误，第二次单击"登录"按钮等于让登录界面重新激活，并再次执行输入账号、密码和验证码。

在上述的实现步骤中，需要考虑一些技术难点以及功能架构的设计。比如验证码的输入、用户登录成功与失败的操作处理以及一些操作细节处理。根据这些问题，项目实现代码如下：

```python
import pyautogui
import time
import win32clipboard
import win32con
# 向剪切板发送数据，用于 Ctrl + C
def settext(text):
    win32clipboard.OpenClipboard()
    win32clipboard.EmptyClipboard()
    win32clipboard.SetClipboardData(win32con.CF_UNICODETEXT, text)
    win32clipboard.CloseClipboard()


# 设置单击功能
def mouseClick(image, xoffset=0, interval=1, duration=1):
    x, y = pyautogui.locateCenterOnScreen(image)
    pyautogui.click(x+xoffset, y, interval=interval, duration=duration)
    time.sleep(1)


# 打开浏览器，进入"用户名密码登录"界面
mouseClick('chrome.png')
mouseClick('url.png', 100)
pyautogui.typewrite('https://www.baidu.com/', interval=0.1)
pyautogui.hotkey('enter')
time.sleep(2)
mouseClick('login.png')
mouseClick('userLogin.png')

# 输入账号、密码、验证码
while 1:
    try:
        mouseClick('logo.png')
        # 账号
```

```
          pyautogui.hotkey('tab')
          username = pyautogui.prompt(text='输入百度账号', title='账号')
          pyautogui.typewrite(username, interval=0.2)

          # 密码
          pyautogui.hotkey('tab')
          pyautogui.hotkey('ctrl', 'a')
          password = pyautogui.password(text='输入百度密码',
                                        title='密码', mask='*')
          pyautogui.typewrite(password, interval=0.2)

          # 验证码
          try:
              x, y = pyautogui.locateCenterOnScreen('code.png')
              pyautogui.hotkey('tab')
              code = pyautogui.prompt(text='输入验证码', title='验证码')
              settext(code)
              pyautogui.hotkey('ctrl', 'v')
          except: pass
          # 单击 "登录" 按钮
          mouseClick('su.png')
          mouseClick('su.png')
      except:
          print('登录成功')
          break
```

上述代码实现了整个用户登录过程，整段代码分为 4 部分，每个部分负责实现不同的功能，具体说明如下：

（1）settext()函数使用 win32con 和 win32clipboard 模块实现，可将数值传入计算机的剪切板，相当于 Ctrl + C 的功能，该函数用于中文验证码的输入。

（2）mouseClick()函数根据传入的图片识别计算机屏幕上图形所在的位置，然后对该图形进行单击操作。其中，函数参数 xoffset 是 X 坐标的偏移位置，因为网址输入框是一个空白的文本框，PyAutoGUI 无法准确定位，因此将地址栏前面的刷新按钮作为定位目标，然后根据定位坐标执行偏移单击，这样就能激活网址输入框。

（3）打开浏览器并进入"用户名密码登录"界面，这是项目刚开始执行的程序。程序首先单击 Windows 任务栏的浏览器图标，打开浏览器，如图 18-9 所示；然后定位浏览器的刷新按钮，单击按钮后面的网址输入框并输入百度首页进行访问；在百度首页单击"登录"链接，网页就会出现扫码登录界面，最后单击"用户名登录"链接，进入"用户名密码登录"界面。具体操作过程如图 18-7 所示，"用户名密码登录"界面如图 18-8 所示。

图 18-9　单击浏览器图标

（4）在"用户名密码登录"界面里设置了一个 while 循环和两个 try...except 异常机制。在 while 循坏里，首先单击百度 LOGO，目的是激活"用户名密码登录"界面。然后通过快捷键 Tab 分别激活账号、密码及验证码文本输入框，每激活一次都会弹出消息框，消息框用于输入账号、密码和验证码信息。验证码部分使用 try...except 处理，因为不是所有的账号都有验证码出现。最后单击两次"登录"按钮，对于这个设定在上述步骤说明中已有解释。

最后，代码中的图片必须为 PNG 格式，读者在运行上述代码之前，需要重新对定位图片进行截取，因为每台计算机的分辨率有所差异，定位图片很难每台计算机通用。定位图片信息如图 18-10 所示。

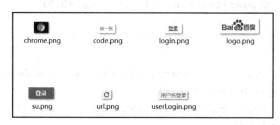

图 18-10　定位图片

18.2　实现软件的自动化操作

本节讲述如何使用 PyWinAuto 实现软件自动化开发，其底层原理是调用 Windows API 实现，因此只适用于 Windows 操作系统。它主要对 Windows 的桌面应用实现自动化操作，如办公软件 Word 和 IE 浏览器等。

18.2.1　PyWinAuto 概述及安装

PyWinAuto 是一个用纯 Python 编写的 GUI 自动化库，用于自动化操作 C/S 软件，也就是计算机上的一些应用软件，比如计算机的 QQ 软件、Excel 和 Word 等，它只适用于 Windows 的 GUI。

PyWinAuto 将 Windows 的 GUI 分为 Win32 和 uia，这是由于 Microsoft 平台开发的 C/S 应用程序的底层原理有所不同，两者的实现原理分别基于 Win32 API 和 MS UI，这是 Microsoft 平台应用程序的底层接口。Win32 支持 MFC、VB6、VCL、简单的 WinForms 控件和大多数旧的应用程序，uia 支持 WinForms、WPF 和 Qt5 等。

讲了这么多，相信读者很难区分一个软件究竟是 Win32 还是 uia，单纯去看或简单操作是无法识别的，因此我们需要借助辅助软件识别软件的类型。开发软件的自动化程序必须借助辅助软件才能完成，这些软件能够帮助我们捕捉软件的控件信息，比如某个按钮在软件里的命名，这种命名并不是软件表面上看到的"确定"或"登录"按钮，而是软件底层中的一些命名。常用的辅助软件如图 18-11 所示。

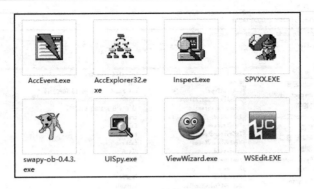

图 18-11　辅助软件

从图 18-11 看到，这类辅助软件类型有很多，尽管如此，它们的使用方法都是相似的。后面将讲述如何使用 Inspect.exe 和 UISpy.exe 识别软件类型。

下面介绍搭建 PyWinAuto 的开发环境。PyWinAuto 模块有 3 个依赖模块：pyWin32、comtypes 和 six 模块，这些模块在安装 PyWinAuto 的时候会自动安装。我们选择傻瓜式安装方法，在 Windows 的 CMD 下输入安装指令：pip install pywinauto 即可完成安装。

PyWinAuto 安装成功后，在 CMD 下进入 Python 的交互模式，进一步验证 PyWinAuto 是否安装成功，具体的验证方法如下：

```
C:\Users\000>python
Type "help", "copyright", "credits" or "license" for more information.
>>> import pywinauto
>>> pywinauto.__version__
```

18.2.2　查找软件信息

查找软件信息与 Selenium 的元素查找非常相似，只不过两者所使用的查找工具有所不同。软件信息主要有软件中的功能控件，如按钮、文本框、表格、下拉框等。查找这些信息的目的是为了获取控件在软件里的命名，例如一个软件界面有多个按钮，若想精准地单击其中一个按钮，则需要知道这个按钮的命名才能让 PyWinAuto 去识别和单击。

由于软件的类型分为 Win32 和 uia，因此需要分别讲述 Inspect.exe 和 UISpy.exe 的使用方法，即前者是查找 uia 软件的信息，后者是查找 Win32 软件的信息。

首先讲述 Inspect.exe 的使用。打开 Inspect.exe，可以看到软件界面划分为三大区域：功能区、软件汇总区和软件信息区，如图 18-12 所示。

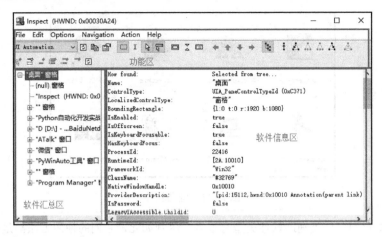

图 18-12　Inspect 界面信息

功能区用于进行 Inspect 的功能设置，一般情况下使用默认设置即可。如果要查找 uia 软件的信息，在功能区左上角的下拉列表中选中 UI Automation 选项，否则 Inspect 无法捕捉软件信息。

软件汇总区是当前计算机全部正在运行的软件列表，单击"+"可以看到该软件下的一些控件信息。

软件信息区用于显示当前控件的详细信息，当单击左侧软件汇总区的某个控件或者单击计算机上某个软件的程序窗体时，它就会自动显示相关的信息

为了更好地理解 Inspect 的使用，运行 qtGUI.py 文件，该文件生成一个由 PyQt5 开发的软件界面。在运行该文件之前，需要使用 pip 安装 PyQt5 模块（pip install pyqt5）。qtGUI.py 文件运行后会启动一个名为 Pywinauto 的软件，该软件中含有一些常用的控件，如文本输入框、单选按钮、下拉框、复选框、按钮和表格，这些控件都可以通过 Inspect 捕捉，如图 18-13 所示。

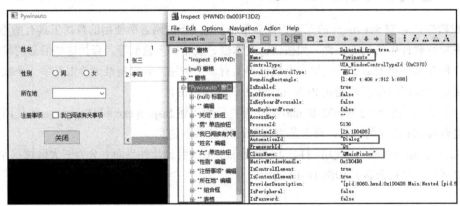

图 18-13　qtGUI.py 的控件信息

从图 18-13 可以看到，Inspect 获取了整个软件的控件信息，在右侧的软件信息区里，一般只需关注属性 Name、ClassName 和 AutomationId 的信息，这些信息用于 PyWinAuto 连接并操控软件。

接下来讲述 UISpy.exe 的使用。打开 UISpy.exe，可以看到软件界面与 Inspect.exe 的界面相似，也是分为 3 大区域：功能区、软件汇总区和软件信息区，如图 18-14 所示。

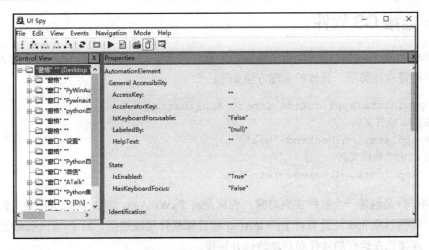

图 18-14　UISpy 界面信息

运行 wxGUI.py 文件，该文件生成一个与 qtGUI.py 类似的软件界面，但它是由 wxPython 库开发的软件，wxPython 是一个 Python 包装 wxWidgets（基于 C++ 编写）的跨平台 GUI 工具包。在运行文件之前，需要安装 wxPython 模块，该模块可以使用 pip 指令安装（pip install wxPython）。wxGUI.py 文件运行后启动一个名为 Pywinauto 的软件，然后在 UISpy 中查看该软件的信息，如图 18-15 所示。

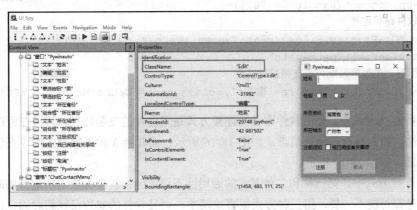

图 18-15　wxGUI.py 的控件信息

根据图 18-15 中的信息可知，我们只需获取控件属性 ClassName 和 Name 即可，因为 PyWinAuto 主要通过这些属性来定位并操控控件。综上所述，不同的软件类型需要使用不同的辅助软件去识别，在开发 PyWinAuto 自动化程序的时候，使用辅助软件获取软件的信息，通过这些信息实现 PyWinAuto 和软件的连接与操控。

值得注意的是，有时候会出现同一个辅助软件可以同时识别 Win32 和 uia 类型的情况，因为 Win32 和 uia 有很多相同的特性。但是细心观察会发现，不同类型的软件使用同一个辅助软件去识别，辅助软件能识别的控件信息会有所不同。比如使用 UISpy.exe 识别两个一样的软件，但两个软件分别是 Win32 和 uia 类型的，它可以识别 Win32 的所有控件信息，但无法识别 uia 的所有控件信息。

18.2.3 连接 CS 软件

在 PyWinAuto 连接软件之前，首先需要确定软件的类型，然后使用 PyWinAuto 的 Application 类实例化并设置软件类型。具体的实现方法如下：

```
from pywinauto.application import Application
# 创建 uia 软件实例
app = Application(backend='uia')
# 创建 win32 软件实例
app = Application(backend='win32')
```

上述例子只是创建一个软件实例对象，也就是将 PyWinAuto 的 Application 类实例化并设置软件类型。实例对象 app 还没有将 PyWinAuto 和目标软件实现连接。而 PyWinAuto 连接软件有两种方式：连接已在运行的软件和启动软件并连接。

连接已在运行的软件是在 app 对象中使用 connect()方法实现的，这样 PyWinAuto 可以直接连接计算机上正在运行的软件应用程序。connect()方法支持 4 种连接方式，代码如下：

```
# 使用进程 ID(PID)进行连接
# process 是软件的进程 ID
sw = app.connect(process=24292)
# 使用窗口句柄连接
sw = app.connect(handle=0x50074)
# 使用软件路径连接
path = "C:\Program Files (x86)\Tencent\WeChat\WeChat.exe"
sw = app.connect(path=path)
# 使用标题、类型等匹配，可支持模糊匹配
sw = app.connect(title_re='微信*', class_name='WeChatMainWndForPC')
```

上述 4 种连接方式中，使用软件路径的连接方式是指软件的安装路径，可以在程序图标上右击，查看属性，找到目标的路径信息，如图 18-16 所示；而其余 3 种连接方式均可在辅助软件里找到相关信息，如图 18-17 所示。

在 4 种连接方式中，第一种和二种方式的通用性不强，因为软件每次启动运行的时候，进程数和句柄信息都可能不一样；第三种方式很直接简单，而且软件的安装路径相对固定；第四种方式的灵活性很强，因为参数可以支持模糊匹配，如参数 title_re 和 class_name_re。

图 18-16　软件的路径信息

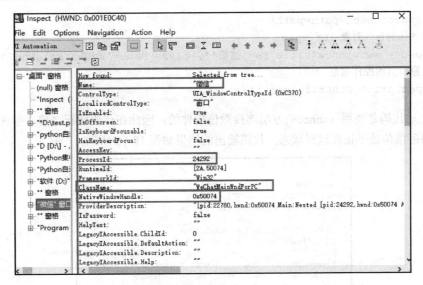

图 18-17　软件连接信息

　　启动软件并连接是通过 PyWinAuto 启动一个软件程序并对其连接，这个过程由 start()方法实现。使用 start()方法需要传入软件应用的路径信息，PyWinAuto 在执行的时候，会根据路径启动这个软件应用并连接，使用方法如下：

```
# 启动并连接微信
path = "C:\Program Files (x86)\Tencent\WeChat\WeChat.exe"
sw = app.start(path)
```

　　连接软件之后，下一步是对软件窗口进行定位。窗口定位由 window()方法实现，该方法在 sw 对象里使用，并且生成窗口对象 dlg_spec，最后可以使用 print_control_identifiers()方法将当前窗口里的控件信息全部输出，具体的使用方法如下：

```
# 获取软件的窗口对象 dlg_spec
dlg_spec = sw.window(title_re='微信*', class_name='WeChatMainWndForPC')
# 输出窗口里的控件信息
dlg_spec.print_control_identifiers()
```

　　综上所述，整个软件连接分为 4 个步骤：

　　（1）创建 Application 实例 app 对象并设置软件类型。

　　（2）将 app 对象与目标软件进行连接，生成 sw 对象。连接软件有两种方法：connect()和 start()。

　　（3）在 sw 对象中使用 window()方法进行软件窗口定位，生成 dlg_spec 对象。

　　（4）对于 dlg_spec 对象使用 print_control_identifiers()将当前窗口的控件信息全部输出。完整代码如下：

```
from pywinauto.application import Application
# 创建 Application 实例 app 对象并设置软件类型
app = Application(backend='uia')
# 将 app 对象与目标软件进行绑定，生成 sw 对象
path = "C:\Program Files (x86)\Tencent\WeChat\WeChat.exe"
```

```
sw = app.connect(path=path)
# 获取软件的窗口对象 dlg_spec
dlg_spec = sw.window(title_re='微信*', class_name='WeChatMainWndForPC')
# 输出窗口里的控件信息
dlg_spec.print_control_identifiers()
```

由于上述代码是使用 connect()方法连接微信软件的,因此在代码运行之前必须在 Windows 的任务栏保证微信处于正在运行状态,代码输出的结果如图 18-18 所示。

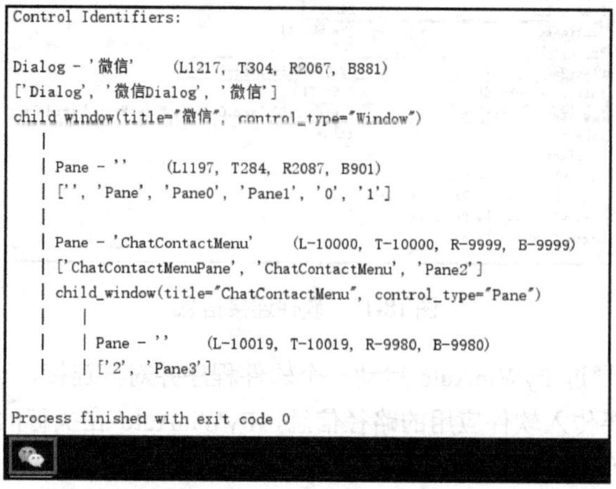

图 18-18　PyWinAuto 连接微信电脑版

代码中的 print_control_identifiers()方法是将当前窗口的控件信息输出,然后通过这些信息控制软件中的控件。图 18-18 上的信息说明如下:

(1) child_window 表示这个软件的子窗口,子窗口可以是单个控件,也可以是多个控件的组合。

(2) 控件信息分为控件名、控件的坐标位置及 PyWinAuto 对控件的命名,如 Pane – "代表控件名。

(3) (L1197, T284, R2087, B901)代表控件的坐标位置。

(4) [", 'Pane', ' Pane0', ' Pane1', '0', '1']代表 PyWinAuto 对控件的命名,PyWinAuto 操作某个控件需要通过这些命名定位。

如果使用 child_window()定位软件的子窗口,在子窗口对象中使用 print_control_identifiers() 方法只会输出这个子窗口里面的控件信息,具体的代码如下:

```
from pywinauto.application import Application
# 创建 Application 实例 app 对象并设置软件类型
app = Application(backend='uia')
# 将 app 对象与目标软件进行绑定,生成 sw 对象
path = "C:\Program Files (x86)\Tencent\WeChat\WeChat.exe"
sw = app.connect(path=path)
# 获取软件的窗口对象 dlg_spec
dlg_spec = sw.window(title_re='微信*', class_name='WeChatMainWndForPC')
# 定位子窗口
```

```
cw = dlg_spec.child_window(title="ChatContactMenu", control_type="Pane")
cw.print_control_identifiers()
```

运行结果如图 18-19 所示。

```
Control Identifiers:

Pane - 'ChatContactMenu'    (L-10000, T-10000, R-9999, B-9999)
['ChatContactMenuPane', 'Pane', 'ChatContactMenu', 'Pane0', 'Pane1']
child_window(title="ChatContactMenu", control_type="Pane")
   |
   | Pane - ''    (L-10019, T-10019, R-9980, B-9980)
   | ['', 'Pane2']
```

图 18-19 子窗口的控件信息

从上述例子可以看到，PyWinAuto 会将软件看成一个 Window，而软件里面可以包含多个子窗口 child_window，这些子窗口大多数是一些软件控件，这些控件可以再嵌套一些控件在里面，这样就实现了窗口的多层嵌套。

在 18.2.2 节中，我们讲过同一个辅助软件有时候可以同时识别 Win32 和 uia 类型的软件，但识别出来的控件信息是存在差异的。如果要更加准确地判断一个软件的类型，可以分别设置 PyWinAuto 的软件类型参数 backend，然后使用 print_control_identifiers()方法分别输出软件的控件信息，哪个类型输出的信息较多，就可以判断该软件属于这个类型。

18.2.4 基于 uia 的软件操控

我们知道，PyWinAuto 将软件分为 Win32 和 uia 类型，PyWinAuto 对于不同的软件类型有着不一样的操控方式。本节主要讲述基于 uia 的软件操控方法，以 qtGUI.py 文件的软件为例，软件中列出了一些常用的控件：文本框、单选按钮、下拉框、复选框、按钮以及表格，如图 18-20 所示。

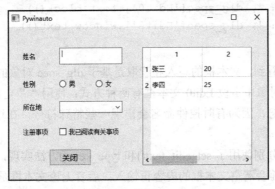

图 18-20 软件界面

在计算机上运行 qtGUI.py 文件，我们将 qtGUI.py 文件生成的软件称为 qtGUI 软件。通过 Inspect 辅助工具捕捉 qtGUI 软件的信息，如图 18-13 所示。然后使用 PyWinAuto 连接 qtGUI 软件，连接代码如下：

```
from pywinauto.application import Application
import time
```

```
# 实例化 Application 并连接 qtGUI 软件
app = Application(backend='uia')
dlg = app.connect(title_re='Pywinauto', class_name='QMainWindow')
# 绑定 qtGUI 软件窗口
dlg_spec = dlg.window(title_re='Pywinauto', class_name='QMainWindow')
# 输出 qtGUI 软件的窗口信息
dlg_spec.print_control_identifiers()
# 设置焦点，使其处于活动状态
dlg_spec.set_focus()
```

上述代码连接了 qtGUI 软件并输出软件里的控件信息，通过这些输出信息，可以分别对软件的控件进行自动化操控。首先对 qtGUI 软件的文本框进行文本写入和读取，在输出信息中找到文本框的信息，如图 18-21 所示。

```
Edit - ''        (L1437, T556, R1558, B587)
['2', 'Edit', 'Edit0', 'Edit1', '20', '21', '200', '201']
child_window(auto_id="Dialog.textEdit", control_type="Edit")
```

图 18-21　文本框的信息

图 18-21 所示是 qtGUI 软件文本框的信息，PyWinAuto 对文本框有多个命名，我们只需取其中一个命名即可实现自动化操控。一般来说，命名的选取都是以特征明显优先，如图 18-21 中的 Edit0 和 Edit1 很具代表性。以 Edit0 为例，文本框的写入和读取方法如下：

```
# 文本框输入数据
dlg_spec.Edit0.set_edit_text('Hello Python')
dlg_spec['Edit0'].type_keys('Hi Python')
# 获取文本框数据内容
print('文本框数据: ', dlg_spec['Edit0'].texts())
print('文本框数据: ', dlg_spec['Edit0'].text_block())
print('文本框数据: ', dlg_spec['Edit0'].window_text())
time.sleep(1)
```

从上述代码中可以看到，文本框的写入和读取是基于 dlg_spec 对象的，它定位了 qtGUI 软件的主窗口。在 dlg_spec 对象中定位 Edit0 文本框有两种方式：使用"."定位或者使用"[]"定位，其中后者比前者更具优势，因为有时控件命名会出现一些特殊符号，在这种情况下，"[]"定位也能精准实现定位。

对于文本框的写入分别使用了 set_edit_text()和 type_keys()方法实现，两者都能实现中英文输入。前者在输入内容之前会清空文本框的内容再输入；后者无论文本框是否已有内容都会直接输入。而读取文本框内容可以使用 window_text()、texts()或 text_block()实现。

再看 qtGUI 软件的单选框，软件中设有两个单选框，分别代表男和女，具体的控件信息如图 18-22 所示。根据图 18-22 中的信息，PyWinAuto 实现单选框的单击和读取的方法如下：

```
# 依次单击单选框
dlg_spec.RadioButton0.select()
dlg_spec.RadioButton2.click_input()
# 读取单选框
print('单选框数据: ', dlg_spec.RadioButton0.texts())
```

```
print('单选框数据：', dlg_spec.RadioButton0.window_text())
time.sleep(1)
```

```
RadioButton - '男'    (L1378, T562, R1412, B578)
['男RadioButton', '男', 'RadioButton', 'RadioButton0', 'RadioButton1']
child_window(title="男", auto_id="Dialog.radioButton", control_type="RadioButton")

CheckBox - '我已阅读有关事项'    (L1378, T652, R1495, B668)
['我已阅读有关事项CheckBox', '我已阅读有关事项', 'CheckBox']
child_window(title="我已阅读有关事项", auto_id="Dialog.checkBox", control_type="CheckBox")

Edit - '姓名'    (L1308, T512, R1362, B524)
['8', 'Edit2']
child_window(title="姓名", auto_id="Dialog.label", control_type="Edit")

RadioButton - '女'    (L1448, T562, R1482, B578)
['女', 'RadioButton2', '女RadioButton']
child_window(title="女", auto_id="Dialog.radioButton_2", control_type="RadioButton")
```

图 18-22　单选框控件信息

单选框的单击可以使用 select()或 click_input()方法实现，前者无须移动鼠标就可以实现单击勾选，而后者是将鼠标光标移动到单选框的位置才执行单击操作。单选框的内容读取使用 texts()方法，读取结果以列表的形式表示，如代码中的读取结果为：['男']，而 window_text()是以字符串的形式返回读取结果的。

下拉框的选值和读取也是使用 set_edit_text()和 texts()方法实现的。使用 set_edit_text()必须保证下拉框支持文本编辑，也就是在下拉框中可输入文本内容；texts()方法是读取下拉框中全部的选项值，每个选项值以一个列表表示。实现代码如下：

```
# 设置下拉框的可选值
dlg_spec.ComboBox.Edit.set_edit_text('浙江省')
# 读取下拉框当前的数据
print('下拉框数据：', dlg_spec.ListBox.texts())
time.sleep(1)
# 输出：下拉框数据： [['广东省'], ['浙江省'], ['湖南省']]
```

如果下拉框不支持文本编辑，使用 set_edit_text()就会提示异常信息。正常情况下，人为操作无法编辑的下拉框时，需要对下拉框进行两次单击，第一次单击是为了显示下拉列表，第二次单击是在下拉列表中选择列表值。PyWinAuto 可以模拟人为的操作过程，从而实现自动化，具体代码如下：

```
# 在 qtGUI.py 设置 self.comboBox.setEditable(False)即可实现无法编辑
# 单击下拉框，打开下拉列表
dlg_spec.ComboBox.click_input()
# 单击下拉列表某个值
dlg_spec['浙江省'].click_input()
```

qtGUI 复选框的勾选、按钮的单击和读取都可以使用 click_input()、click()和 texts()、window_text()方法实现。单击方法 click_input()和 click()在使用上存在区别，对于 uia 软件来说，click_input()方法适用于任何控件的单击，而 click()方法只适用于部分控件。比如单击文本框，前者可以对文本框进行单击操作，而后者则会提示异常。复选框和按钮的操作方法如下：

```
# 读取并单击 CheckBox 复选框
dlg_spec.CheckBox.click_input()
dlg_spec.CheckBox.click()
```

```
print('复选框数据：', dlg_spec.CheckBox.texts())
print('复选框数据：', dlg_spec.CheckBox.window_text())
time.sleep(1)
# 读取并单击关闭按钮
print('按钮数据：', dlg_spec.Button4.texts())
print('按钮数据：', dlg_spec.Button4.window_text())
dlg_spec.Button4.click_input()
dlg_spec.Button4.click()
```

最后，使用 PyWinAuto 读取和修改数据表中的数据。首先分析数据表的数据结构，数据表是由 Table 控件生成的，该控件下有 Header 和 DataItem 元素：Header 元素代表数据表的标题；DataItem 元素代表数据表的数据内容，如图 18-23 所示。

从 DataItem 的命名分析可知，每个 DataItem 是以 DataItemX 按序命名的，如"张三"的 DataItem 命名为 DataItem1，"20"的 DataItem 命名为 DataItem2。根据这个规律，可以编写一个数据读取的功能，具体代码如下：

```
# 读取数据表的所有数据
print('数据表的所有数据：', dlg_spec.Table.children_texts())
# 输出：['', '1', '2', '1', '张三', '20', '2', '李四', '25']
index = 1
result = []
while 1:
    try:
        if dlg_spec['DataItem' + str(index)].texts() in result:
            break
        result.append(dlg_spec['DataItem' + str(index)].texts())
        index += 1
    except: break
print('数据表的表格数据', result)
# 输出：[['张三'], ['20'], ['李四'], ['25']]
```

```
Table - ''      (L1743, T461, R1954, B682)
['14', 'Table']
child_window(auto_id="Dialog.tableWidget", control_type="Table")
   |
   | Pane - ''      (L0, T0, R0, B0)
   | ['15', 'Pane']
   |
   | Header - '1'      (L1759, T462, R1859, B487)
   | ['16', 'Header', '1Header', 'Header0', 'Header1', '1Header0', '1Header1']
   | child_window(title="1", control_type="Header")
   |
   | Header - '2'      (L1859, T462, R1959, B487)
   | ['2Header', '22', 'Header2', '2Header0', '2Header1']
   | child_window(title="2", control_type="Header")
   |
   | Header - '1'      (L1744, T487, R1759, B517)
   | ['17', 'Header3', '1Header2']
   | child_window(title="1", control_type="Header")
   |
   | DataItem - '张三'      (L1759, T487, R1858, B516)
   | ['DataItem', '张三DataItem', '张三', 'DataItem0', 'DataItem1']
   | child_window(title="张三", control_type="DataItem")
   |
   | DataItem - '20'      (L1859, T487, R1958, B516)
   | ['DataItem2', '20DataItem', '202']
   | child_window(title="20", control_type="DataItem")
```

图 18-23　数据表的结构信息

上述代码中,首先读取数据表的所有数据,这是由 children_texts()方法实现的,如果使用 texts() 方法读取数据, 读取结果就是一个空的列表, 说明 Table 控件不支持 texts()方法。

若想修改表格中的某个数据,实现步骤模拟人为修改的过程。首先单击数据表中的某个表格, 使其处于激活状态,然后输入相应的内容即可实现,代码如下:

```
# 修改数据表表格数据
dlg_spec['DataItem'].click_input()
dlg_spec['DataItem'].type_keys('小黄')
time.sleep(1)
```

此外,PyWinAuto 还能操控 qtGUI 软件的最大化、最小化和关闭按钮,具体操作方法如下:

```
# 最大化、最小化和关闭按钮的操作
dlg_spec.TitleBar.最大化.click()
dlg_spec.TitleBar.最小化.click()
dlg_spec.TitleBar.关闭.click()
```

综上所述,整个 qtGUI 软件的自动化操控过程如下:

(1)实现 PyWinAuto 与 qtGUI 软件的连接,生成 dlg 对象,再通过 dlg 对象对软件的主窗口进行绑定与定位,生成 dlg_spec 对象。

(2)通过 dlg_spec 对象对目标控件进行定位,定位方法支持“.”定位或者“[]”定位。

(3)目标控件定位后,使用操控方法实现自动化,主要的操控方法有 text_block()、texts()、window_text()、select()、click()、click_input()、set_edit_text()、type_keys()和 children_texts()。各种操控方法的使用范围以及适用对象各不相同。

18.2.5 基于 Win32 的软件操控

本节讲述 Win32 软件的自动化开发。以 wxGUI.py 文件的软件为例,我们将软件称为 wxGUI 软件,运行 wxGUI.py 文件的时候,文件的路径不能出现中文,否则文件无法运行。该软件列出了一些常用的控件:文本框、单选按钮、下拉框、复选框和按钮,如图 18-24 所示。

wxGUI 软件运行之后,接着启动并运行 UISpy 软件,通过 UISpy 来捕捉 wxGUI 软件的信息,如图 18-25 所示。然后通过这些信息连接 PyWinAuto 与 wxGUI,连接代码如下:

```
from pywinauto.application import Application
import time
# 实例化 Application 并连接 wxGUI 软件
app = Application(backend='win32')
dlg = app.connect(title_re='Pywinauto*', class_name_re='wxWindowNR*')
# 连接软件的主窗口
dlg_spec = dlg.window(title_re='Pywinauto', class_name='wxWindowNR')
# 输出软件窗口的控件信息
dlg_spec.print_control_identifiers()
# 设置焦点,使其处于活动状态
dlg_spec.set_focus()
```

图 18-24 wxGUI 软件界面

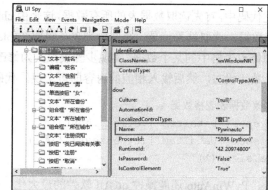

图 18-25 wxGUI 软件信息

运行上述代码，程序就会将 wxGUI 软件的控件信息全部输出，通过这些信息可以对软件里面的控件进行定位和操控。首先讲述文本框的写入和数据读取，在输出信息中找到文本框的信息，如图 18-26 所示。

```
wxWindowNR - 'Pywinauto'     (L362, T476, R646, B775)
['wxWindowNR', 'PywinautowxWindowNR', 'Pywinauto']
child_window(title="Pywinauto", class_name="wxWindowNR")
  |
  | Static - '姓名'    (L375, T512, R399, B530)
  | ['姓名Static', 'Static', '姓名', 'Static0', 'Static1']
  | child_window(title="姓名", class_name="Static")
  |
  | Edit - ''    (L409, T512, R520, B537)
  | ['姓名Edit', 'Edit', 'Edit0', 'Edit1']
  | child_window(class_name="Edit")
```

图 18-26 文本框控件信息

对比图 18-26 中的信息与 uia 软件的文本框信息（见图 18-21），发现两者的控件信息的展示方式是一致的。我们选取"姓名 Edit"作为文本框的定位元素，文本框的写入和读取方法如下：

```
# 文本框输入数据
dlg_spec['姓名 Edit'].type_keys('张三')
dlg_spec.姓名 Edit.set_edit_text('小黄')
# 获取文本框数据
print('文本框数据： ', dlg_spec.Edit.window_text())
print('文本框数据： ', dlg_spec.Edit.text_block())
print('文本框数据： ', dlg_spec.Edit.texts())
```

从上述代码可以看到，无论是 uia 软件还是 Win32 软件，两者的文本框写入和读取方法是相同的。接着分析 wxGUI 的单选按钮，同样发现 Win32 的单选按钮与 uia 的单选按钮在实现自动化时的操作是相同的，具体的代码如下：

```
# 依次单击单选按钮
dlg_spec.女 RadioButton.click()
dlg_spec.男 RadioButton.click_input()
# 读取单选按钮
print('单选按钮数据： ', dlg_spec.女 RadioButton.texts())
```

```
print('单选按钮数据: ', dlg_spec.男 RadioButton.window_text())
time.sleep(1)
```

对于 Win32 的下拉框来说, 它的自动化操控方法与 uia 的有所不同, 是因为两者实现下拉框功能的底层接口方法不同而导致的, 由于底层实现的机制不同, 因此实现自动化的代码也会随之不同。从 wxGUI 看到, 有两个不同的下拉框, 第一个不支持文本编辑, 第二个支持文本编辑。无论下拉框是否支持文本编辑, 我们都可以使用 select() 方法来选取下拉列表的值。两个不同的下拉框自动化代码如下:

```
# 选择下拉框 ComboBox 的数据 (所在省份)
# 使用 select() 方法, 参数是下拉列表的值或索引
dlg_spec.ComboBox.select(2)
dlg_spec.ComboBox.select('广东省')
# 获取下拉框 ComboBox 的数据
print('下拉框 ComboBox 的全部数据: ', dlg_spec.ComboBox.texts())
# 获取当前下拉框所选的数据
print('当前下拉框所选的数据: ', dlg_spec.ComboBox.window_text())
time.sleep(1)

# 选择下拉框 ComboBox 的数据 (所在城市)
dlg_spec.ComboBox2.select(2)
# 在下拉框 ComboBox 写入数据
dlg_spec.ComboBox2.Edit2.set_edit_text('珠海市')
# 获取下拉框 ComboBox 的数据
print('下拉框 ComboBox 的全部数据: ', dlg_spec.ComboBox2.texts())
# 获取当前下拉框所选的数据
print('当前下拉框所选的数据: ', dlg_spec.ComboBox2.window_text())
time.sleep(1)
```

最后实现 wxGUI 的复选框和按钮的单击和读取操作, 两个控件也是使用 click()、click_input() 和 window_text()、texts() 方法实现单击和读取的, 实现代码如下:

```
# 单击复选框
dlg_spec.我已阅读有关事项 Button.click()
dlg_spec.我已阅读有关事项 Button.click_input()
# 读取复选框数据
print('复选框数据: ', dlg_spec.我已阅读有关事项 Button.window_text())
print('复选框数据: ', dlg_spec.我已阅读有关事项 Button.texts())
time.sleep(1)

# 单击 "注册" 按钮
dlg_spec.注册 Button.click()
dlg_spec.注册 Button.click_input()
# 读取 "注册" 按钮数据
print('注册按钮数据: ', dlg_spec.注册 Button.window_text())
print('注册按钮数据: ', dlg_spec.注册 Button.texts())
time.sleep(1)
```

在单击"注册"按钮的时候，wxGUI 会弹出一个新的提示框窗口，如图 18-27 所示。如果要对这个新窗口进行自动化操控，就需要对新窗口进行绑定连接，再对新窗口里面的控件进行定位操作。

图 18-27　提示框窗口

由于新窗口是独立于 wxGUI 的主程序窗口，因此无法使用 child_window()方法对新窗口进行绑定连接，只能使用 window()方法对新窗口进行绑定连接，再对新窗口里的控件进行定位操控，具体代码如下：

```
# 绑定连接提示框
msg = dlg.window(title_re='注册成功')
# 输出提示框的控件信息
msg.print_control_identifiers()
# 单击"是"按钮
msg['是(&Y)Button'].click()
```

上述代码中，新窗口的"是"按钮在 PyWinAuto 里面的命名带有特殊符号"(&)"，如果使用"."定位方法对控件进行定位，就会提示异常信息，所以只能使用"[]"定位方法，这也说明"[]"定位比"."定位更为灵活和全面。

18.2.6　从源码剖析 PyWinAuto

前面两节分别介绍了基于 Win32 和 uia 的软件自动化开发。介绍这些内容的主要目的是让读者掌握如何使用 PyWinAuto 模块开发 C/S 软件自动化程序，培养 C/S 软件的自动化开发思维。本节将通过剖析 PyWinAuto 的源码来进一步了解 PyWinAuto。

在 Python 的安装目录下打开 PyWinAuto 的源码文件夹（Lib\site-packages\pywinauto），该文件夹共有 30 个项目，对于 PyWinAuto 的使用者来说，只需关注 5 个项目的源码内容即可，如图 18-28 所示。

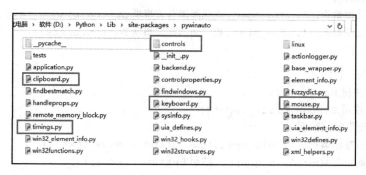

图 18-28　PyWinAuto 源码结构

图 18-28 中展示了 PyWinAuto 所有的源码文件，在开发自动化程序的时候，很多 PyWinAuto 的函数方法都来自源码的 controls、clipboard.py、keyboard.py、mouse.py 和 timings.py，具体说明 如下：

- controls: 定义软件中的所有控件类及控件的操作方法，这是实现 C/S 自动化开发的核心代码。
- clipboard.py: 控制计算机的剪切板操作，目前只提供读取剪切板的数据功能，等同于键盘 上的热键 Ctrl+V 的功能。
- keyboard.py: 控制键盘操作，与 PyAutoGUI 控制键盘的原理一致。
- mouse.py: 控制鼠标操作，与 PyAutoGUI 控制鼠标的原理一致。
- timings.py: 时间设置，主要协调程序的运行速度与计算机桌面的自动化执行速度，使两者 尽量同步进行，防止异常产生。

打开 controls 文件夹，可以看到该文件夹中有 7 个.py 文件，除了初始化文件 __init__.py 之外，每个文件负责实现不同的功能，具体说明如下：

- hwndwrapper.py: 定义控件的基本操作，其中 HwndWrapper 类封装了许多底层 Windows API 的功能，大多数控件的自动化操控都是继承自 HwndWrapper 类，而 HwndWrapper 的父类 是 BaseWrapper。
- common_controls.py: 定义 Windows 公共控件的类，如工具栏、状态栏及选项卡等，该文 件中定义的类大多数继承自 hwndwrapper.py 的 HwndWrapper 类。
- menuwrapper.py: 定义菜单控件类和自动化操控方法。
- uiawrapper.py: 定义 uia 特有的控件的基础类 UIAWrapper，继承自 BaseWrapper 类。
- uia_controls.py: 定义 uia 特有的控件类及控件操控方法，如下拉框和 ListVIEW 控件等。 文件中所有的类都继承自 uiawrapper.py 的 UIAWrapper 类。
- win32_controls.py: 定义 Win32 的控件类及控件操控方法，如下拉框、按钮和 ListBox 控 件等，文件中所有的类都继承自 hwndwrapper.py 的 HwndWrapper 类。

如果读者只看上述说明而不结合文件的源码内容，就会难以明白每个文件之间的关系与作用 以及所定义的类与方法。在查看源码的时候，无须细致解读每个类及每个方法的实现过程，只需 关注每个类继承哪个父类、了解每个类定义了哪些类方法以及一些注释说明即可。

最后关于 clipboard.py、keyboard.py、mouse.py 和 timings.py 的源码解读，每个文件的功能都 是以函数的方式实现的，在开发自动化程序时，只需直接调用函数并设置相关的函数参数即可。 至于每个功能的作用和使用方法，读者可以查看源码的注释说明，每个源码文件的注释说明都是 非常清晰易懂的。除了源码之外，PyWinAuto 的官方文档列出了每种不同类型的控件的可用方法， 在浏览器上访问 https://pywinauto.readthedocs.io/en/latest/ controls_overview.html 即可，本书就不再 一一讲述了。

18.2.7 实战项目：自动撰写新闻稿

通过前面的学习，相信读者对 PyWinAuto 已经有了大致的了解，本节通过实战项目来进一步 讲述 PyWinAuto 的使用。本项目中有多份 TXT 格式的新闻稿需要转换成 Word 文档，每份新闻 稿的内容格式都固定不变。如果这项工作由人工完成，会发现每份新闻稿的转换操作都具有重复性，因此可以使用 PyWinAuto 实现新闻稿的自动撰写。

在编写自动化程序之前，需要深入了解新闻稿从 TXT 转换成 Word 文档的具体操作步骤，比如新闻标题的字体大小设置、是否加粗和居中，新闻内容的字体设置、每个段落开头是否缩进等详细的转换要求。在本项目中，具体的转换要求如图 18-29 所示。

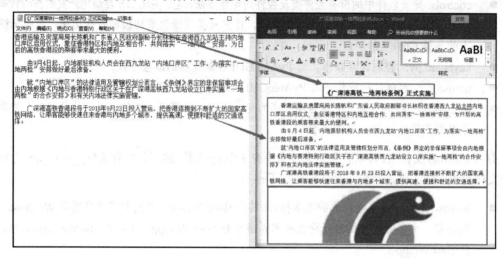

图 18-29　新闻稿格式转换要求

分析图 18-29 上的转换要求可知，完整的新闻稿格式转换一共涉及 6 个操作步骤，具体说明如下：

（1）读取所有 TXT 文件的文件路径，用于读取文件内容和提取标题。

（2）使用 PyWinAuto 打开新的 Word 文档，并对该文档绑定连接。

（3）在 Word 文档里设置标题格式：居中，字体大小为四号并加粗，提取 TXT 文件的文件名作为标题内容。

（4）新闻内容的段落是根据 TXT 文件的换行符进行划分的，在 Word 文档里，设置新闻内容的格式并读取 TXT 文件的内容；在写入 Word 文档时，每个段落的开头需要 Tab 缩进。

（5）在新闻内容下方插入一张图片，图片位置居中处理。

（6）将新闻稿另存为 Word 文档，文件名使用默认值，文件保存路径选择在计算机的桌面上。

根据上述操作步骤来实现相应的功能代码。首先读取所有 TXT 文件的文件路径，我们把这个功能封装在一个 file_name 函数中，函数的代码如下：

```
import os
# 获取文件夹的所有 TXT 文件路径
def file_name(file_dir):
    temp = []
    for root, dirs, files in os.walk(file_dir):
        for file in files:
            if os.path.splitext(file)[1] == '.txt':
                temp.append(os.path.join(root, file))
    return temp
```

```
file_path = r'\article'
file_list = file_name(file_path)
```

函数 file_name 只需传入目标文件夹的路径即可获取目标文件夹下所有 TXT 文件的文件路径，并且将这些文件路径以列表的形式返回。整个函数的功能都是由 Python 的标准库 os 实现的，标准库 os 提供了非常丰富的方法用来处理文件和目录。

下一个操作流程是使用 PyWinAuto 打开新的 Word 文档，并对 Word 文档绑定连接。本书的 Word 版本是 2016，计算机是 Windows 10 64 位的操作系统，打开并查看 Word 属性，如图 18-30 所示。

图 18-30　Word 属性

在使用 PyWinAuto 编写自动化代码之前，首先需要分析 Word 的软件类型，使用 Inspect 和 UISpy 进行检测，发现它属于 uia 类型的软件。然后使用 PyWinAuto 的 start()方法创建一个新的 Word 文档，再由 window()方法对文档进行绑定与连接。Word 文档界面如图 18-31 所示。

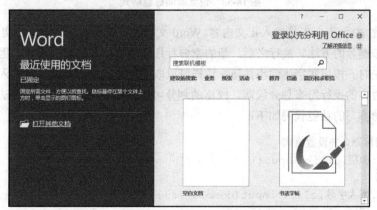

图 18-31　Word 文档界面

在 Word 文档界面中，只要单击"空白文档"就会进入文档的编辑界面。PyWinAuto 实现这个单击过程需要定位"空白文档"的控件命名，控件命名可以通过 print_control_identifiers()方法获取，最后在这些信息中找到"空白文档"的命名，如图 18-32 所示。综上所述，整个操作流程的代码如下：

```
word_path = r"C:\Program Files\Microsoft Office\
Office16\WINWORD.EXE"
```

```
app = Application(backend='uia').start(word_path)
# 绑定连接 Word 窗口
dlg_spec = app.window(class_name='OpusApp')
# dlg_spec.print_control_identifiers()
# 单击打开空白文档
dlg_spec.空白文档.click_input()
```

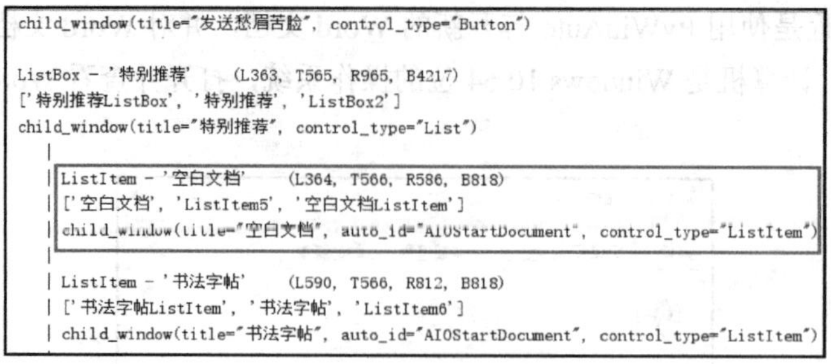

图 18-32　查找"空白文档"的命名

进入 Word 文档的编辑界面后，在 Word 的功能区分别单击加粗按钮、居中按钮和字体增大按钮，并且提取 TXT 文件名输入 Word 文档，作为该文档的标题，如图 18-33 所示。

图 18-33　设置新闻标题格式

标题输入完成后，下一步是输入正文内容。Word 文档换行只要按回车键即可实现，PyWinAuto 有模拟用户操作键盘的方法。换行之后，新的空白行还保留着标题的格式设置，因此我们需要单击加粗按钮、左对齐按钮和字体缩小按钮，这样可以取消标题的格式设置。在输入正文内容的时候，根据文本内容的换行符来划分段落，段落的划分可以使用字符串的 split()方法实现。综上所述，新闻稿自动撰写的功能代码如下：

```
# 撰写新闻标题，并设置格式
dlg_spec.加粗.click_input()
# 设置双击
dlg_spec.增大字号.click_input(double=True)
dlg_spec.居中.click_input()
title = i.split('\\')[-1].split('.')[0]
dlg_spec.type_keys(title)
time.sleep(0.2)

# 换行并设置正文内容格式
send_keys('{ENTER}')
dlg_spec.加粗.click_input()
time.sleep(1)
# 设置双击
```

```
dlg_spec.缩小字号.click_input(double=True)
time.sleep(1)
dlg_spec.左对齐.click_input()
# 输入正文内容
f = open(i, 'r')
text = f.read()
f.close()
for k in text.split('\n'):
    # 判断内容是否为空
    if k.strip():
        send_keys('{TAB}')
        dlg_spec.type_keys(k.strip())
        send_keys('{ENTER}')
        time.sleep(0.2)
```

下面讲述 PyWinAuto 实现图片插入功能。在 Word 文档中插入图片的操作步骤为：单击"居中"按钮→单击"插入"选项卡→单击"图片"按钮→输入图片的路径→单击"插入"按钮。整个步骤以单击按钮为主，在单击"图片"按钮的时候，Word 会弹出"插入图片"对话框，在该对话框可以使用 child_window()实现绑定与连接。具体的功能代码如下：

```
# 插入图片
dlg_spec.居中.click_input()
dlg_spec.插入.click_input()
# 重新捕捉软件的控件信息
# dlg_spec.print_control_identifiers()
dlg_spec['图片...Button'].click_input()
# 进入图片对话框
fileDialog = dlg_spec.child_window(title='插入图片')
# 查看子窗口的控件信息
# fileDialog.print_control_identifiers()
# 设置等待时间，等待文件选择框出现
fileDialog.wait('enabled', timeout=300)
# 判断文件选择框是否出现
if fileDialog.is_enabled():
    pic_path = r'\article\logo.jpg'
    fileDialog.type_keys(pic_path)
    fileDialog.SplitButton2.click_input()
```

上述代码中，使用"图片...Button"来定位图片按钮，当单击"插入"选项卡的时候，Word 的功能区会发生变化，这是因为每个选项卡都有自己的特定功能，只要软件的控件发生变化，PyWinAuto 都会对软件控件进行重新捕捉。

举一个例子，比如单击"开始"选项卡的时候，PyWinAuto 捕捉"开始"选项卡下面的加粗按钮和居中按钮等控件信息，但无法捕捉"插入"选项卡的图片按钮，只有单击"插入"选项卡，Word 界面发生变化，PyWinAuto 才会对软件的控件进行重新捕捉。

代码中还使用 wait()和 is_enabled()方法。wait()用于等待"插入图片"对话框的出现，参数

timeout 是等待时间；is_enabled()用于判断"插入图片"对话框是否处于可编辑状态，返回结果是
True 或 False。

最后一步是实现文件的保存，文件保存通过单击"文件"选项卡→单击"另存为"→单击"桌
面"→单击"保存"实现。具体的操作过程如图 18-34 所示，相应的功能代码如下：

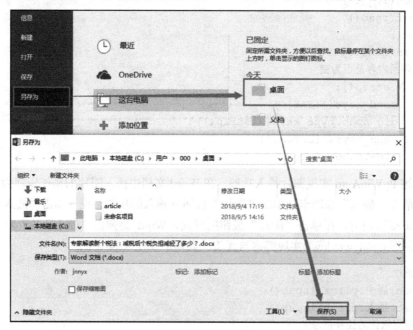

图 18-34　文档另存为

```
# 文档另存为
dlg_spec['"文件"选项卡 Button'].click_input()
# 查看窗口控件变化情况
# dlg_spec.print_control_identifiers()
dlg_spec.另存为 ListItem.click_input()
dlg_spec.桌面 ListItem.click_input()
dlg_spec['保存(S)Button'].click_input()
# 关闭 Word 文档
dlg_spec.关闭 Button3.click_input()
```

上述代码只是实现了单个 TXT 文件转换为 Word 文档，若存在多个 TXT 文件需要转换，则
只需在上述代码中添加一个循环即可实现。读者在运行代码的时候，记得将代码中的一些文件路
径改为自己计算机的路径信息。至此，整个项目的完整代码如下：

```
from pywinauto.application import Application
from pywinauto.keyboard import send_keys
import time
import os
# 获取文件夹的所有 TXT 文件路径
def file_name(file_dir):
    temp = []
```

```
        for root, dirs, files in os.walk(file_dir):
            for file in files:
                if os.path.splitext(file)[1] == '.txt':
                    temp.append(os.path.join(root, file))
    return temp

def write_file(file_list):
    for i in file_list:
        word_path = r"C:\Program Files\Microsoft Office\
        Office16\WINWORD.EXE"
        app = Application(backend='uia').start(word_path)
        # 绑定连接 Word 窗口
        dlg_spec = app.window(class_name='OpusApp')
        # dlg_spec.print_control_identifiers()
        # 单击打开空白文档
        dlg_spec.空白文档.click_input()

        # 撰写新闻标题，并设置格式
        dlg_spec.加粗.click_input()
        # 设置双击
        dlg_spec.增大字号.click_input(double=True)
        dlg_spec.居中.click_input()
        title = i.split('\\')[-1].split('.')[0]
        dlg_spec.type_keys(title)
        time.sleep(0.2)

        # 换行并设置正文内容格式
        send_keys('{ENTER}')
        dlg_spec.加粗.click_input()
        time.sleep(1)
        # 设置双击
        dlg_spec.缩小字号.click_input(double=True)
        time.sleep(1)
        dlg_spec.左对齐.click_input()
        # 输入正文内容
        f = open(i, 'r')
        text = f.read()
        f.close()
        for k in text.split('\n'):
            # 判断内容是否为空
            if k.strip():
                send_keys('{TAB}')
                dlg_spec.type_keys(k.strip())
                send_keys('{ENTER}')
                time.sleep(0.2)

        # 插入图片
        dlg_spec.居中.click_input()
        dlg_spec.插入.click_input()
        # 重新捕捉软件控件信息
```

```
    # dlg_spec.print_control_identifiers()
    dlg_spec['图片...Button'].click_input()
    # 进入图片对话框
    fileDialog = dlg_spec.child_window(title='插入图片')
    # 查看子窗口的控件信息
    # fileDialog.print_control_identifiers()
    # 设置等待时间，等待文件选择框出现
    fileDialog.wait('enabled', timeout=300)
    # 判断文件选择框是否出现
    if fileDialog.is_enabled():
        pic_path = r'logo.jpg'
        fileDialog.type_keys(pic_path)
        fileDialog.3plitButton2.click_input()

    # 文件另存为
    dlg_spec['“文件”选项卡Button'].click_input()
    # 查看窗口控件的变化情况
    # dlg_spec.print_control_identifiers()
    dlg_spec.另存为ListItem.click_input()
    dlg_spec.桌面ListItem.click_input()
    dlg_spec['保存(S)Button'].click_input()
    # 关闭Word文档
    dlg_spec.关闭Button3.click_input()

if __name__ == '__main__':
    file_path = r'\article'
    file_list = file_name(file_path)
    write_file(file_list)
```

18.3　本章小结

　　PyAutoGUI 是一个纯 Python 开发的跨平台 GUI 自动化工具，它通过程序来控制计算机的键盘和鼠标的操作，从而实现自动化功能。所谓 GUI，是指图形用户界面，这是通过图形方式来显示计算机的界面，早期的计算机是以命令行界面来操作的，其中 Linux 服务器版本仍在使用，而日常工作中使用的 Windows、Mac 和 Linux 桌面发行版都是以 GUI 来显示的。

　　PyAutoGUI 主要有三大功能：鼠标操控、键盘操控和截图识别，三者可以相互协调使用。截图识别可以为计算机提供简单的视觉功能，让 PyAutoGUI 在计算机上找到某个按钮或某个图标的坐标位置，然后操作鼠标或键盘来实现自动化控制。PyAutoGUI 的函数汇总如表 18-1 所示。

表18-1　PyAutoGUI的函数汇总

函　　数	说　　明
screenshot()	对当前屏幕截屏
locateOnScreen()	找出图标具体的坐标位置
locateCenterOnScreen()	找出图标的中心坐标位置

（续表）

函　　数	说　　明
center()	根据图标具体的坐标位置找出中心坐标
locateAllOnScreen()	找出所有符合条件的图标位置
pixelMatchesColor()	某个像素点与颜色匹配
size()	获取屏幕分辨率
position()	获取当前鼠标的光标位置
moveTo()	鼠标移动到某个坐标
moveRel()	当前鼠标所在位置进行偏移
click()	鼠标单击功能
mouseDown()	鼠标按键长按
mouseUp()	鼠标按键释放
scroll()	鼠标滑珠滚动
typewrite()	键盘的文本输入
keyDown()	键盘某个按键长按
keyUp()	键盘某个按键释放
hotkey()	键盘的热键组合使用
alert()	带有文本信息和单个按钮的消息框
confirm()	带有文本信息和多个按钮的消息框
prompt()	带有文本信息、文本输入框和按钮的消息框
password()	与 prompt 相似，输入的文本内容会被特殊符号代替

PyWinAuto 将 Windows 的 GUI 分为 Win32 和 uia，这是由于 Microsoft 平台开发的 C/S 应用程序的底层原理有所不同，两者的实现原理分别基于 Win32 API 和 MS UI，这是 Microsoft 平台应用程序的底层接口。Win32 支持 MFC、VB6、VCL、简单的 WinForms 控件和大多数旧的应用程序，uia 则支持 WinForms、WPF 和 Qt5 等。

使用 PyWinAuto 模块开发 C/S 软件自动化程序的实现过程如下：

（1）了解开发需求，掌握软件操作顺序，比如从哪儿开始、单击的顺序、文本输入内容等详细的需求说明。

（2）确定软件类型——通过辅助工具分析软件及控件信息。

（3）根据软件类型进行 Application 类实例化，连接目标软件的主窗口并输出软件的控件信息。

（4）从输出的控件信息查找控件命名，通过这些命名定位目标控件，可以使用"."定位或者使用"[]"定位。

（5）控件定位后，对控件使用相应的操控方法，比如单击、文本输入、双击以及勾选操作等。

在 PyWinAuto 的源码文件中，很多 PyWinAuto 的函数方法都来自源码的 controls、clipboard.py、keyboard.py、mouse.py 和 timings.py，具体说明如下：

● controls: 定义软件中的所有控件类及控件的操作方法,这是实现 C/S 自动化开发的核心代码。

- clipboard.py: 控制计算机的剪切板操作，目前只提供读取剪切板的数据功能，等同于键盘热键 Ctrl+V 的功能。
- keyboard.py: 控制键盘操作，与 PyAutoGUI 控制键盘的原理一致。
- mouse.py: 控制鼠标操作，与 PyAutoGUI 控制鼠标的原理一致。
- timings.py: 时间设置，主要协调程序运行速度与计算机桌面的自动化执行速度，使两者尽量同步进行，防止异常产生。

第19章

使用 OpenCV 实现图像识别与定位

本章讲述人工智能的计算机视觉领域——使用 OpenCV 实现图像识别与定位。由于 PyAutoGUI 是通过图像的简单识别进行定位的，为了提高图像识别的准确率，将 OpenCV 与 PyAutoGUI 相互结合使用，可以提高办公自动化程序的稳定性。

19.1 OpenCV 概述及安装

人工智能（Artificial Intelligence，AI）是研究开发用于模拟、延伸和扩展人的智能的理论、方法、技术及应用系统的一门新的学科，研究的领域包括机器人、语言识别、图像识别和自然语言处理等。

人工智能的图像识别技术也称为计算机视觉，我们利用这个技术来识别计算机里面的某个图标所在的位置，从而实现自动化开发。计算机视觉比 PyAutoGUI 的图像识别更智能，前者可以在不同分辨率中实现目标识别，而后者只能在同一分辨率中实现目标识别。

OpenCV 是一个基于 BSD 许可（开源）发行的跨平台计算机视觉库，可以运行在 Linux、Windows、Android 和 Mac OS 操作系统上。它是由一系列的 C 函数和少量 C++类构成的，同时提供 Python、Ruby、Matlab 等语言的接口，实现了图像处理和计算机视觉方面的很多通用算法。

OpenCV 的主要应用领域有人机互动、物体识别、图像分隔、人脸识别、动作识别、运动跟踪、机器人、运动分析、机器视觉、结构分析和汽车安全驾驶。每个应用领域都涉及多种算法及复杂的计算，而本章实现的图像识别功能主要使用 OpenCV 的图像特征检测算法与图像匹配算法。

特征检测是计算机对一张图像中最为明显的特征进行识别检测并将其勾画出来，大多数特征检测都会涉及图像的角点、边和斑点识别或者对称轴。图像特征检测算法主要有角点检测、SIFT 检测、SURF 检测和 ORB 检测。

图像匹配是通过对两张或两张以上的图像内容、特征、结构、关系、纹理及灰度等对应关系的相似性和一致性进行分析，找出图像之间相似的位置。图像匹配算法主要有暴力匹配和 FLANN 匹配。

在讲述 OpenCV 的图像特征检测算法与图像匹配算法之前，需要安装 OpenCV 库。Python 的 OpenCV 库分为 opencv-python 和 opencv-contrib-python，后者在前者的基础上进行了功能扩展，而图像识别中的特征点检测和匹配在 opencv-contrib-python 库里，因此下一步讲述 opencv-contrib-python 的安装过程。

opencv-contrib-python 的安装可以使用 pip 指令完成。目前 opencv-contrib-python 的新版本不支持 surf 算法，因为该算法已申请专利，OpenCV 没有专利使用权，所以本书以旧版本 3.4.2.17 为例进行讲解，安装指令如下：

```
pip install opencv-contrib-python==3.4.2.17
```

如果因网络速度过慢导致 pip 在线安装失败，可以下载.whl 文件，然后在终端使用 pip 指令安装.whl 文件，通过浏览器访问 https://pypi.org/project/opencv-contrib-python/3.4.2.17/#files，找到与 Python 版本相对应的.whl 文件。本书以计算机 64 位、Python 3.7 为例，opencv-contrib-python 的.whl 文件为 opencv_contrib_python-3.4.2.17-cp37-cp37m-win_amd64.whl。下载文件后，首先打开 CMD 窗口，然后访问.whl 文件的路径，最后输入 pip 安装指令，具体安装过程如下：

```
# 访问 whl 文件的路径
C:\Users\000>cd C:\Users\000\Downloads
# pip 安装指令
C:\Users\000\Downloads>pip install opencv_contrib_python-3.4.2.17-cp37
-cp37m-win_amd64.whl
```

完成 opencv-contrib-python 的安装后，从 CMD 窗口进入 Python 的交互模式来验证是否安装成功，具体的验证方法如下：

```
C:\Users\000>python
>>> import cv2
>>> cv2.__version__
'3.4.2'
```

注　意
由于本书以 opencv-contrib-python 的 3.4.2.17 版本为例，该版本最高仅支持 Python 3.7 版本，如果读者想使用 surf 算法，那么需要将 Python 版本降为 3.7 版本。

19.2　图像特征点检测算法

OpenCV 的图像特征点检测算法主要有角点检测、SIFT 检测、SURF 检测和 ORB 检测。角点检测在图像识别方面的作用不大，本书不进行详细介绍。我们重点介绍 SIFT 检测、SURF 检测和 ORB 检测的使用，至于检测算法涉及的高等数学原理，本书也不进行详细介绍，有兴趣的读者可以自行在网上查阅相关资料。

SIFT（Scale Invariant Feature Transform，尺度不变特征变换）由加拿大教授 David G.Lowe 提出。SIFT 特征对旋转、尺度缩放、亮度变化等保持不变性，是一种非常稳定的局部特征，它具有以下特点：

（1）图像的局部特征，对旋转、尺度缩放、亮度变化保持不变，对视角变化、仿射变换、噪声保持一定程度的稳定性。

（2）独特性好，信息量丰富，适用于海量特征库进行快速、准确的匹配。

（3）多量性，即使是少量几个物体也可以产生大量的 SIFT 特征。

（4）高速性，经优化的 SIFT 匹配算法甚至可以实现实时性。

（5）扩展性，可以很方便地与其他的特征向量进行联合。

根据 SIFT 的特点描述，可能有些读者很难理解其具体意思，简单地用一句话总结：图像好比一个人，每个人都有自己的特征，我们可以通过人的特征识别区分每个人；图像也是如此，SIFT 算法就是把图像的特征检测出来，通过这些特征可以在众多的图片中找到相应的图片。下面讲述 SIFT 算法的使用，以某图片为例，具体代码如下：

```
import cv2
# 读取图片
img = cv2.imread('logo.png')
# 定义 SIFT 对象
sift = cv2.xfeatures2d.SIFT_create()
# 检测关键点并计算描述符
# 描述符是对关键点的描述，可用于图片匹配
keypoints, descriptor = sift.detectAndCompute(img, None)

# 将关键点勾画到图片上
flags = cv2.DRAW_MATCHES_FLAGS_DEFAULT
color = (0, 255, 0)
img = cv2.drawKeypoints(image=img, outImage=img,
keypoints=keypoints, flags=flags, color=color)

# 显示图片
cv2.imshow('sift_keypoints', img)
cv2.waitKey()
```

上述代码按照功能的不同来进行划分：图片的 SIFT 特征检测、在图片上勾画关键点及图片显示。详细的说明如下：

（1）图片的 SIFT 特征检测。首先使用 OpenCV 读取图片并生成 img 对象，然后定义 sift 对象，再从 sift 对象中调用 detectAndCompute()方法计算 img 对象的关键点和描述符。

关键点是图片特征点所在的位置，不同图片的关键点各不相同。描述符是以多维度的数组来描述图像的关键点，每一个描述符对应一个关键点，而多维度数组的生成是由 Python 的 Numpy 库实现的。

（2）在图片上勾画关键点。在图片上勾画关键点可以更好地展示 SIFT 算法的行迹，这个勾画过程是由 OpenCV 的 drawKeypoints()方法实现的，该方法的参数说明如下：

● 参数 image 代表原始图片。

● 参数 outImage 是指输出在哪张图片上。

- 参数 keypoints 代表图片的关键点。
- 参数 flags 是关键点的勾画方式，上述代码使用默认参数，即对关键点所在的位置画出圆的中心点，如果使用 cv2.DRAW_MATCHES_FLAGS_DRAW_RICH_KEYPOINTS，就以另一种方式勾画出来。
- 参数 color 代表勾画的色彩模式，以 Python 的元组表示，元组的元素依次代表 RGB 颜色通道。

（3）图像显示。由 OpenCV 的 imshow()和 waitKey()方法实现，两个方法必须同时使用，如果只使用 imshow()方法，程序在运行过程中，图片只会一闪而过。imshow()的参数分别代表图片窗口的命名和图片对象。上述代码的运行结果如图 19-1 所示。

图 19-1　SIFT 特征检测

由于 SIFT 算法的实时性较差，并且对于边缘光滑目标的特征点检测能力较弱，因此 David Lowe 在 1999 年提出了 SURF 算法，这是对 SIFT 算法的改进，提升了算法的执行效率。与 SIFT 算法一样，SURF 算法可以分为 3 大部分：局部特征点的检测、特征点的描述和特征点的匹配。

OpenCV 的 SURF 与 SIFT 的使用方法十分相似，以上述代码为例，把代码的 SIFT 算法改为 SURF 算法：

```
import cv2
# 读取图片
img = cv2.imread('logo.png')
# 定义 SURF 对象，参数 float(1000)为阈值，阈值越高，识别的特征就越小
surf = cv2.xfeatures2d.SURF_create(float(1000))
# 检测关键点并计算描述符
# 描述符是对关键点的描述，可用于图片匹配
keypoints, descriptor = surf.detectAndCompute(img, None)

# 将关键点勾画到图片上
flags = cv2.DRAW_MATCHES_FLAGS_DEFAULT
color = (0, 255, 0)
img = cv2.drawKeypoints(image=img, outImage=img,
keypoints=keypoints, flags=flags, color=color)

# 显示图片
```

```
cv2.imshow('surf_keypoints', img)
cv2.waitKey()
```

对比 SIFT 算法的代码与上述代码，发现上述代码将 SIFT 对象改为 SURF 对象，参数 float(1000) 用于设置 SURF 的阈值，阈值越高，检测图像的特征点就越小。代码运行结果如图 19-2 所示。

相比 SURF 和 SIFT 算法，ORB 算法还处于起步阶段，其于 2011 年首次发布，但它比前两者的速度更快。ORB 采用 FAST（Features From Accelerated Segment Test）算法来检测特征点。FAST 算法的核心思想是找出那些卓尔不群的点，即每一个点跟它周围的点比较，如果它和其中大部分的点都不一样就可以认为它是一个特征点。ORB 算法的使用方法与 SIFT 算法也是非常相似的，具体的代码如下，运行结果如图 19-3 所示。

图 19-2　SURF 特征检测　　　　　图 19-3　ORB 特征检测

```
import cv2
# 读取图片
img = cv2.imread('logo.png')
# 定义 ORB 对象
orb = cv2.ORB_create()
# 检测关键点并计算描述符
# 描述符是对关键点的描述，可用于图片匹配
keypoints, descriptor = orb.detectAndCompute(img, None)

# 将关键点勾画到图片上
flags = cv2.DRAW_MATCHES_FLAGS_DEFAULT
color = (0, 255, 0)
img = cv2.drawKeypoints(image=img, outImage=img,
keypoints=keypoints, flags=flags, color=color)

# 显示图片
cv2.imshow('orb_keypoints', img)
cv2.waitKey()
```

从上面的 3 个例子可以看到，无论图像特征检测算法是 SURF、SIFT 还是 ORB，三者的使用方式是相似的。图像特征检测结果是以变量 keypoints 和 descriptor 表示的，keypoints 代表图片特征关键点的坐标，也是图片里的某些像素点的坐标，并且这些像素点是这张图片较为突出的特征点。descriptor 是关键点的描述符，以多维度的数组来描述一个关键点，多维度数组由 Python

的 Numpy 库生成，描述符主要实现图像之间的匹配。

19.3 图像匹配与定位

在 19.2 节中，我们讲述了 SIFT、SURF 和 ORB 算法的图像特征检测，检测结果以变量 keypoints 和 descriptor 表示。在本节中，利用图像特征的 keypoints 和 descriptor 来实现图像的匹配与定位。图像匹配算法主要有暴力匹配和 FLANN 匹配，而图像定位是通过图像匹配结果来反向查询它们在目标图片中的具体坐标位置。

以 QQ 登录界面为例，将整个 QQ 登录界面保存为 QQ.png 文件，QQ 登录界面是在计算机的 1920×1080 分辨率下截图保存的；再把计算机的分辨率改为 1280×1024，保存 QQ 登录界面的用户头像并对图像进行旋转处理，最后保存为 portrait.png 文件。两个图片文件如图 19-4 所示。

图 19-4　QQ.png（左图）和 portrait.png（右图）

两张图片文件的分辨率和图像位置都发生了变化，如果要通过 portrait.png 去匹配定位它在 QQ.png 中的坐标位置，自动化工具 PyAutoGUI 肯定是无法实现的。若想解决这种复杂的图像识别问题，则只能使用计算机视觉技术。在 OpenCV 里面，QQ.png 称为目标图像，portrait.png 称为训练图像。具体的实现过程如下：

（1）分别对两张图片的图像进行特征检测，图像特征检测算法有 SIFT、SURF 和 ORB，两张图片必须使用同一种特征检测算法。

（2）根据两张图片的特征描述符（变量 descriptor）进行匹配，匹配算法有暴力匹配和 FLANN 匹配，不同的匹配算法所产生的匹配结果存在一定的差异。

（3）对两张图片的匹配结果进行数据清洗，去除一些错误匹配。错误匹配是由于在图片不同区域内出现多处相似的特征而导致的。

（4）在匹配结果中抽取中位数，利用中位数来反向查询它在目标图片所对应像素点的坐标位置，这个坐标位置也是自动化开发中使用的图片定位坐标。

我们根据这 4 个过程所实现的功能来编写相应的代码，代码的图像特征检测选择 SIFT 算法，图像匹配算法选择 FLANN 算法，具体代码如下：

```
import cv2
""" 实现过程 1 """
img1 = cv2.imread('QQ.png')
```

```
img2 = cv2.imread('portrait.png')
# 使用 SIFT 算法获取图像特征的关键点和描述符
sift = cv2.xfeatures2d.SIFT_create()
kp1, des1 = sift.detectAndCompute(img1, None)
kp2, des2 = sift.detectAndCompute(img2, None)

""" 实现过程 2 """
# 定义 FLANN 匹配器
indexParams = dict(algorithm=0, trees=10)
searchParams = dict(checks=50)
flann = cv2.FlannBasedMatcher(indexParams, searchParams)
# 使用 KNN 算法实现图像匹配，并对匹配结果排序
matches = flann.knnMatch(des1, des2, k=2)
matches = sorted(matches, key=lambda x: x[0].distance)

""" 实现过程 3 """
# 去除错误匹配，0.5 是系数，系数大小不同，匹配的结果也不同
goodMatches = []
for m, n in matches:
    if m.distance < 0.5 * n.distance:
        goodMatches.append(m)

""" 实现过程 4 """
# 获取某个点的坐标位置
# index 用于获取匹配结果的中位数
index = int(len(goodMatches)/2)
# queryIdx 是目标图像的描述符索引
x, y = kp1[goodMatches[index].queryIdx].pt
# 将坐标位置勾画在 QQ.png 图片中并显示图片
cv2.rectangle(img1, (int(x), int(y)), (int(x) + 5,
int(y) + 5), (0, 255, 0), 2)
cv2.imshow('QQ', img1)
cv2.waitKey()
```

上述代码演示了 SIFT 算法和 FLANN 算法的使用，图像匹配与定位离不开这些算法的支持。在 OpenCV 中使用 FLANN 算法需要创建 FLANN 匹配器对象，由 FlannBasedMatcher() 实现，该方法的参数说明如下：

（1）参数 indexParams 设置指定使用的算法及配置。如果使用 SURF 和 SIFT 算法，参数值可以按照上述配置使用；如果使用 ORB 算法，参数值应改为 dict(algorithm=6, table_number=6, key_size=12, multi_probe_level=2)。

（2）参数 searchParams 设置索引树被遍历的次数，参数值越高，匹配结果就越准确，但是消耗的时间也越多。

创建 FLANN 匹配器对象后，在该对象中调用 knnMatch() 方法即可进行图像匹配，匹配结果以列表的形式表示。使用 sorted() 函数对匹配结果进行排序处理，排序条件根据匹配结果的目标图像的 distance 属性值大小进行升序排列，distance 代表描述符之间的距离，距离越低，说明特征越相似。

接着对排序后的匹配结果进行数据清洗。由于每一条匹配数据包含两张图片的图像信息，因此数据清洗是根据两张图片的 distance 属性值进行计算并排查是否匹配错误的。

在清洗后的匹配结果中提取中位数，因为匹配结果已经过排序和清洗，取中位数可以确保这条数据一定出现在图像匹配的中心位置。我们将中位数的坐标位置展示在目标图像 QQ.png 中，运行上述代码可以看到企鹅的嘴巴处出现了一个圆点，如图 19-5 所示。

图 19-5　图像识别与定位

此外，还可以将上述代码的图像特征检测算法改为 SURF 算法或 ORB 算法，以下只列出算法修改部分的代码，如果需要完整的代码，可以在源码文件里查看。修改的代码如下：

```python
# 源码文件 SURF+FLANN.py
# 在上述代码中，""" 实现过程 1 """的 SIFT 改为 SURF
# 使用 SURF 算法获取图像特征的关键点和描述符
surf = cv2.xfeatures2d.SURF_create(float(4000))
kp1, des1 = surf.detectAndCompute(img1, None)
kp2, des2 = surf.detectAndCompute(img2, None)


# 源码文件 ORB+FLANN.py
# 在上述代码中，""" 实现过程 1 """的 SIFT 改为 ORB
# 使用 ORB 算法获取图像特征的关键点和描述符
orb = cv2.ORB_create()
kp1, des1 = orb.detectAndCompute(img1, None)
kp2, des2 = orb.detectAndCompute(img2, None)
# 在上述代码中，""" 实现过程 2 """的代码全改为以下代码
# 定义 FLANN 匹配器
indexParams = dict(algorithm=6, table_number=6,
key_size=12, multi_probe_level=2)
searchParams = dict(checks=100)
flann = cv2.FlannBasedMatcher(indexParams, searchParams)
# 使用 KNN 算法实现图像匹配，并对匹配结果排序
matches = flann.knnMatch(des1, des2, k=2)
# 清洗匹配结果
matches_temp = []
for i in matches:
    if len(i) == 2:
        matches_temp.append(i)
matches = sorted(matches_temp, key=lambda x: x[0].distance)
```

不同的图像特征检测算法与 FLANN 算法结合使用会产生不同的匹配结果，造成图像定位的坐标位置出现差异，但只要这个坐标在合理的范围内都是允许的。运行源码文件 ORB + FLANN.py 和 SURF+FLANN.py，结果如图 19-6 所示。

图 19-6　SURF+FLANN.py（左）和 ORB+FLANN.py（右）

除了使用 FLANN 算法匹配之外，还可以使用暴力匹配与特征检测算法实现图像的识别与定位。以上述例子为例，将其匹配算法改为暴力匹配，具体代码如下：

```python
import cv2
""" 实现过程 1 """
img1 = cv2.imread('QQ.png')
img2 = cv2.imread('portrait.png')
# 使用 SIFT 算法获取图像特征的关键点和描述符
sift = cv2.xfeatures2d.SIFT_create()
kp1, des1 = sift.detectAndCompute(img1, None)
kp2, des2 = sift.detectAndCompute(img2, None)


""" 实现过程 2 """
# 定义暴力匹配器
# BFMatcher 参数：
# normType：NORM_L1, NORM_L2, NORM_HAMMING, NORM_HAMMING2。
# NORM_L1 和 NORM_L2 用于 SIFT 和 SURF 算法
# NORM_HAMMING 和 NORM_HAMMING2 用于 ORB 算法
bf = cv2.BFMatcher(normType=cv2.NORM_L1, crossCheck=True)
# 使用暴力算法实现图像匹配，并对匹配结果排序
matches = bf.match(des1, des2)
matches = sorted(matches, key=lambda x: x.distance)


""" 实现过程 3 """
# 获取某个点的坐标位置
index = int(len(matches)/2)
x, y = kp1[matches[index].queryIdx].pt
# 将坐标位置勾画在 QQ.png 图片中并显示图片
cv2.rectangle(img1, (int(x), int(y)), (int(x) + 5,
int(y) + 5), (0, 255, 0), 2)
cv2.imshow('QQ', img1)
```

```
cv2.waitKey()
```

暴力匹配分别遍历两个图像的描述符，确定训练图像的描述符是否可以在目标图像中找到与之对应的描述符，它由 OpenCV 的 BFMatcher()创建匹配对象 bf，再由 bf 对象调用 match()方法实现图像的匹配。

BFMatcher()有两个参数设置，分别是 normType 和 crossCheck。参数 normType 有 4 个参数值，其中 NORM_L1 和 NORM_L2 用于 SIFT 和 SURF 算法，NORM_HAMMING 和 NORM_HAMMING2 用于 ORB 算法。参数 crossCheck 的参数值为布尔型，即 True 和 False。当为 True 时，暴力匹配会寻找最合适的匹配点；若为 False，则寻找邻近的匹配点。一般情况下，参数值默认为 True。

match()方法实现图像识别与匹配，它与 FLANN 的 knnMatch()有着明显的差异。当匹配结果进行排序时，可以发现不同的匹配方法设置参数 key 的表达式各不相同，而且暴力匹配的匹配结果无须进行数据清洗，这些差异都是因为匹配结果的不同而造成的。想要了解两者的差异，可以在 PyCharm 上运行 Debug 模式查看它们的数据格式。上述代码的运行结果如图 19-7 所示。

图 19-7　图像识别与定位

暴力匹配还可以与 SURF 算法或 ORB 算法结合使用，使用方式与 SIFT 算法大同小异。以上述的例子为例，将其改为 SURF 算法或 ORB 算法，本书只列出部分修改的代码，如果需要完整的代码，可以在源码文件里查看。修改的代码如下：

```
# 源码文件 SURF+暴力.py
# 在上述代码中，""" 实现过程 1 """的 SIFT 改为 SURF
# 使用 SURF 算法获取图像特征的关键点和描述符
surf = cv2.xfeatures2d.SURF_create(float(4000))
kp1, des1 = surf.detectAndCompute(img1, None)
kp2, des2 = surf.detectAndCompute(img2, None)

# 源码文件 ORB+暴力.py
# 在上述代码中，""" 实现过程 1 """的 SIFT 改为 ORB
# 使用 ORB 算法获取图像特征的关键点和描述符
orb = cv2.ORB_create()
kp1, des1 = orb.detectAndCompute(img1, None)
kp2, des2 = orb.detectAndCompute(img2, None)
```

```
# 在上述代码中，""" 实现过程 2 """的 BFMatcher 的参数 normType 改为 NORM_HAMMING2
bf = cv2.BFMatcher(normType=cv2.NORM_HAMMING, crossCheck=True)
```

不同的图像特征检测算法与同一匹配算法结合使用会产生不同的匹配结果，运行源码文件 SURF+暴力.py 和 ORB+暴力.py，运行结果如图 19-8 所示。

图 19-8　SURF+暴力.py（左）和 ORB+暴力.py（右）

19.4　实战项目：自动打印 PDF 文件

通过本章的学习，我们掌握了如何使用 OpenCV 来实现图像识别与定位。在自动化程序开发中，图像识别与定位为自动化程序提供了一双看得见的眼睛，正是因为有了这双眼睛，程序才能有目的地执行相关的操作。本章的实战项目是实现自动打印 PDF 文件，在项目中使用 OpenCV 实现图像识别与定位，它为自动化程序提供视觉功能，而自动化操作仍需要依赖 PyAutoGUI 实现。

由于自动化程序是为了解决计算机重复性的操作，因此本项目必然有多个 PDF 文件，而且每个文件的打印操作都是相同的。我们将所有 PDF 文件都放在一个名为 PDF 的文件夹中，如图 19-9 所示。

图 19-9　文件信息

若想要打印上述 PDF 文件，则需要借助 PDF 阅读器来完成整个打印过程。本书以 Adobe Reader XI 为例，在计算机上运行 Adobe Reader XI 软件，软件界面如图 19-10 所示。

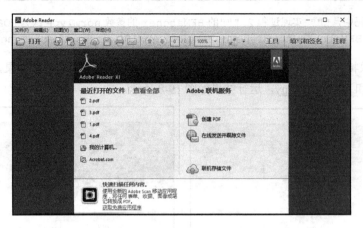

图 19-10　Adobe Reader XI 软件界面

在图 19-10 的左上方单击"打开"按钮就会进入文件界面，如图 19-11 所示。在该界面上选择并单击"我的电脑"，文件界面出现一个"浏览"按钮，单击"浏览"按钮会弹出 Open 窗口，如图 19-12 所示。

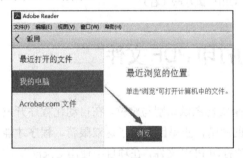

图 19-11　文件界面

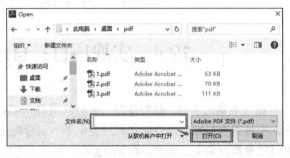

图 19-12　文件窗口

在 Open 窗口选择 PDF 文件并单击"打开(O)"按钮，软件就会关闭 Open 窗口并将文件内容显示在软件上，如图 19-13 所示。

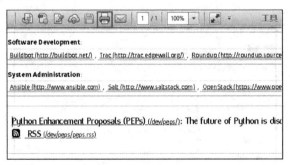

图 19-13　PDF 文件内容

Adobe Reader XI 显示 PDF 文件内容后，在软件上找到"打印"图标按钮并单击，软件会弹出一个"打印"窗口。在这个窗口中，相关的打印参数设置为默认值即可，然后我们只需单击"打印"按钮就能完成文件打印，如图 19-14 所示。

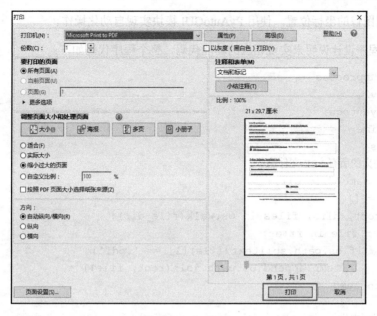

图 19-14　打印窗口

如果在"打印"窗口中没有选中相关的打印机设备，可以在计算机的"控制面板"→"设备和打印机"里设置默认打印机，如图 19-15 所示。

图 19-15　设置默认打印机

以上是一个 PDF 文件的打印操作过程，我们就这个操作过程来设计自动化程序架构，整个程序设计分为 4 部分，设计说明如下：

（1）通过程序启动并运行 Adobe Reader XI 软件，用于读取并打印 PDF 文件。

（2）获取 PDF 文件夹里 PDF 文件的路径信息，在软件中输入文件路径即可读取相应的文件内容。

（3）利用 OpenCV 实现图像识别与定位，计算出训练图像在计算机屏幕上的坐标位置。

（4）根据图像的坐标位置，使用 PyAutoGUI 模块实现自动化操作。

根据上述程序设计说明来实现相应的功能代码，整个程序代码如下：

```python
import subprocess
import cv2
import pyautogui
import time
import os
# 获取文件夹的所有 PDF 文件路径
def file_name(file_dir):
    temp = []
    for root, dirs, files in os.walk(file_dir):
        for file in files:
            if os.path.splitext(file)[1] == '.pdf':
                temp.append(os.path.join(root, file))
    return temp


# 图像识别与定位
def get_position(local):
    # 将当前屏幕截图，作为目标图像
    pyautogui.screenshot('computer.png')
    img1 = cv2.imread('computer.png')
    img2 = cv2.imread(local)
    # 获取图像特征的关键点和描述符
    sift = cv2.xfeatures2d.SIFT_create()
    kp1, des1 = sift.detectAndCompute(img1, None)
    kp2, des2 = sift.detectAndCompute(img2, None)
    # 定义暴力匹配器
    bf = cv2.BFMatcher(normType=cv2.NORM_L1, crossCheck=True)
    # 使用暴力算法实现图像匹配，并对匹配结果排序
    matches = bf.match(des1, des2)
    matches = sorted(matches, key=lambda x: x.distance)
    # 获取某个点的坐标位置
    index = int(len(matches) / 2)
    x, y = kp1[matches[index].queryIdx].pt
    return (x, y)


if __name__ == '__main__':
    # 运行 Adobe Reader 软件
    sf = r"C:\Program Files (x86)\Adobe\Reader\Reader\AcroRd32.exe"
    subprocess.Popen(sf)
    time.sleep(3)
    # 获取文件夹里面所有的 PDF 文件
    file_path = r"C:\Users\000\Desktop\pdf"
    file_list = file_name(file_path)
```

```
for f in file_list:
    # 单击"打开"图标
    position = get_position('open.png')
    pyautogui.click(x=position[0], y=position[1], interval=1)
    # 单击"我的电脑"图标
    position = get_position('myPC.png')
    pyautogui.click(x=position[0], y=position[1], interval=1)
    # 单击"浏览"图标
    position = get_position('browse.png')
    pyautogui.click(x=position[0], y=position[1], interval=1)
    # 输入 PDF 文件路径
    pyautogui.typewrite(f)
    # 单击"打开"按钮
    position = get_position('openFile.png')
    pyautogui.click(x=position[0], y=position[1], interval=1)
    # 单击"打印"图标，进入打印预览
    position = get_position('openPrint.png')
    pyautogui.click(x=position[0], y=position[1], interval=1)
    # 单击"打印"按钮
    position = get_position('print.png')
    pyautogui.click(x=position[0], y=position[1], interval=1)
    # 使用快捷键关闭当前 PDF 文档
    time.sleep(5)
    pyautogui.hotkey('ctrl', 'w')
```

上述代码的主程序中，Adobe Reader XI 软件的运行由 Python 内置的 subprocess 模块实现，该模块通过程序执行计算机系统命令，代码中的 Popen()方法表示使用系统命令来创建进程，用来启动并运行 Adobe Reader XI 软件。

文件夹中的所有 PDF 文件路径信息都是通过调用函数 file_name 来获取的，参数 file_dir 代表文件夹的路径地址，整个函数实现的功能都由 Python 内置 os 模块完成。

获取 PDF 文件的路径信息后，程序对其进行遍历处理，每次遍历就是对当前的文件进行打印操作。每个打印操作步骤都调用函数 get_position 来获取坐标位置，然后使用 PyAutoGUI 模块在这个坐标位置执行相应的鼠标操作。

函数 get_position 使用 SIFT 算法和暴力匹配来实现图像识别与定位。参数 local 代表需要被定位的图像，也就是 OpenCV 里面的训练图像。目标图像是整个计算机的当前屏幕，它是由 PyAutoGUI 的 screenshot()方法来截取计算机全屏的。通过图像之间的特征匹配可以找出训练图像在目标图像里面的位置，这个位置是 PyAutoGUI 操作的坐标位置，从而完成自动化操作。

每次调用函数 get_position 都要传入一张训练图像，训练图像是软件中某个按钮的截图。为了验证 OpenCV 图像识别的稳定性，我们可对训练图像进行简单的旋转处理，如图 19-15 所示。

图 19-15　训练图像文件

19.5　本章小结

特征检测是计算机对一张图像中最为明显的特征进行识别检测并将其勾画出来，大多数特征检测都会涉及图像的角点、边和斑点识别或者对称轴。图像特征检测算法主要有角点检测、SIFT 检测、SURF 检测和 ORB 检测。其中，SIFT 检测、SURF 检测和 ORB 检测的使用方法如下：

```python
import cv2
# 读取图片
img = cv2.imread('logo.png')
# SIFT 检测
# 定义 SIFT 对象
sift = cv2.xfeatures2d.SIFT_create()
# 检测关键点并计算描述符
# 描述符是对关键点的描述，可用于图片匹配
keypoints, descriptor = sift.detectAndCompute(img, None)

# SURF 检测
# 定义 SURF 对象，参数 float(1000)为阈值，阈值越高，识别的特征就越小
surf = cv2.xfeatures2d.SURF_create(float(1000))
# 检测关键点并计算描述符
# 描述符是对关键点的描述，可用于图片匹配
keypoints, descriptor = surf.detectAndCompute(img, None)

# ORB 检测
# 定义 ORB 对象
orb = cv2.ORB_create()
# 检测关键点并计算描述符
# 描述符是对关键点的描述，可用于图片匹配
keypoints, descriptor = orb.detectAndCompute(img, None)
```

图像匹配与定位是由图像特征的 keypoints 和 descriptor 实现的。图像匹配算法主要有暴力匹

配和 FLANN 匹配，而图像定位则是通过图像匹配结果来反向查询它们在目标图片中的具体坐标位置。暴力匹配和 FLANN 匹配的使用方法如下：

```python
# 定义暴力匹配器
# BFMatcher 参数
# normType: NORM_L1, NORM_L2, NORM_HAMMING, NORM_HAMMING2。
# NORM_L1 和 NORM_L2 用于 SIFT 和 SURF 算法
# NORM_HAMMING 和 NORM_HAMMING2 用于 ORB 算法
bf = cv2.BFMatcher(normType=cv2.NORM_L1, crossCheck=True)
# 使用暴力算法实现图像匹配，并对匹配结果排序
matches = bf.match(des1, des2)
matches = sorted(matches, key=lambda x: x.distance)
# 获取某个点的坐标位置
index = int(len(matches)/2)
x, y = kp1[matches[index].queryIdx].pt

# 定义 FLANN 匹配器
indexParams = dict(algorithm=0, trees=10)
searchParams = dict(checks=50)
flann = cv2.FlannBasedMatcher(indexParams, searchParams)
# 使用 KNN 算法实现图像匹配，并对匹配结果排序
matches = flann.knnMatch(des1, des2, k=2)
matches = sorted(matches, key=lambda x: x[0].distance)
# 去除错误匹配，0.5 是系数，系数大小不同，匹配的结果也不同
goodMatches = []
for m, n in matches:
    if m.distance < 0.5 * n.distance:
        goodMatches.append(m)
# 获取某个点的坐标位置
# index 用于获取匹配结果的中位数
index = int(len(goodMatches)/2)
# queryIdx 是目标图像的描述符索引
x, y = kp1[goodMatches[index].queryIdx].pt
```

第20章

自动化 Web 系统的开发与部署

本章首先介绍如何使用 Python 的 Web 框架 Flask 实现一个简单的网站系统，然后讲解如何使用 Flask 开发一个自动化 Web 任务调度系统与执行系统。

20.1 用 Flask 快速实现一个网站

本节主要讲述如何使用 Flask 开发一个简单的网站。Flask 主要用来开发网站应用，阐述 Flask 框架是让读者掌握简单的网站开发技术，以便使用 Flask 开发自动化系统，用于管理自动化程序。

20.1.1 概述与安装

相信大家对网站开发的一些基础知识已经有所了解，网站开发可以使用多种编程语言实现，只不过实现过程和编码方式有所不同，但开发原理都是相同的。对于 Python 来说，网站开发的主流框架有 Django、Flask 和 Tornado，有一定规模的企业都是首选 Django 框架，而小企业或创业公司会选择 Flask 框架，因为 Flask 框架可以快速开发网站，入门也相对简单。如果读者对 Django 有兴趣，可查阅笔者的《Django Web 应用开发实战》一书。

Python 的 Flask 是受 Sinatra Ruby 框架启发，并基于 Werkzeug 和 Jinja2 开发而成的 Web 框架，它与大多数Python 的 Web 框架相比相当年轻，但具有很好的发展前景，并且已经在 Python Web 开发人员中流行起来。

Flask 的设计易于使用和扩展，依赖于两个外部库：Jinja2 模板引擎和 Werkzeug WSGI 工具包。它的初衷是为各种复杂的 Web 应用程序构建坚实的基础，Python Web 开发人员可以自由地插入任何扩展，也可以自由地构建自己的模块，具有很强的扩展性。Flask 具有开箱即用的优点，并具有以下特点：

（1）内置开发服务器和快速调试器。

（2）集成支持单元测试。

（3）RESTful 可请求调度。

（4）Jinja2 模板。

（5）支持安全 Cookie（客户端会话）。

（6）符合 WSGI 1.0。

（7）基于 Unicode。

总而言之，Flask 是精简且功能丰富的微框架之一，它拥有蓬勃发展的社区、丰富的扩展模块和完善的 API，且具有快速开发、强大的 WSGI 功能、Web 应用程序的单元可测性以及大量文档等优点。

Flask 的安装可以使用 pip 指令完成，在 Windows 的 CMD 窗口下输入 pip install flask 并按回车键等待安装即可。安装成功后进入 Python 交互模式，导入 flask 模块验证是否安装成功，验证方法如图 20-1 所示。

图 20-1　验证方法

20.1.2　快速实现一个简单的网站系统

下面开始介绍如何使用 Flask 开发网站系统，主要内容涉及环境搭建、路由编写、请求参数传递与获取以及响应过程等。

首先创建 main.py 文件，在该文件中编写以下代码即可实现一个简单的网站系统：

```
# 导入 Flask
from flask import Flask
# 创建一个 Flask 实例
app = Flask(__name__)

# 设置路由地址，即网页地址，也称为 URL
@app.route('/')
# URL 的处理函数
def hello_world():
    # 返回的网页
    return 'Hello World!'

if __name__ == '__main__':
    app.run()
```

上述代码主要分为三部分：Flask 实例化、定义网站的路由地址和函数、网站的运行入口。三者的说明如下：

- Flask 实例化：这是通过 Python 的 Flask 模块实例化，因为 Python 是面向对象的编程语言，而实例化是创建一个 Flask 对象，它代表整个网站系统。
- 定义网站的路由地址和函数：网站路由是由 Flask 对象 app 的 route 装饰器定义的，它对网站系统添加网站地址。每个网站地址都由一个路由函数处理，这个函数用于响应用户的请求，比如用户在浏览器上访问这个网址，那么网站系统必须对用户的 HTTP 请求做出响应，这个响应过程就是由这个路由函数处理和实现的。
- 网站的运行入口：用于启动并运行网站，由 app 对象的 run() 方法实现。run() 方法里可以设置相应的参数来设置网站的运行方式。

在 PyCharm 或 Windows 的 CMD 窗口下运行 main.py 文件，本书以 PyCharm 为例，文件的运行结果如图 20-2 所示。在图 20-2 中单击 http://127.0.0.1:5000/链接，浏览器会自动弹出该链接的网页信息，如图 20-3 所示，并且在图 20-2 中也会出现用户的请求信息。

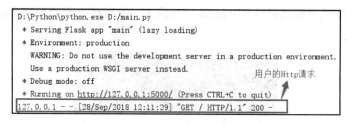

图 20-2　main.py 文件的运行结果

图 20-3　网页信息

20.1.3　路由编写规则

在 20.1.2 节中，路由地址是以"/"表示的，而在浏览器中却变成了 http://127.0.0.1:5000/。因为路由地址的第一个"/"表示网站的域名或 IP 地址，也就是我们常说的网站首页。网站的路由地址编写规则与 Windows 的文件目录路径相似，每个"/"代表不同的路由等级，每个路由等级的命名可以是固定的或以变量表示，示例代码如下：

```
# 路由地址：http://127.0.0.1:5000/user/
@app.route('/user/')
def user():
    return 'This is user center'

# 路由地址：http://127.0.0.1:5000/user/xxx
# xxx 可代表任意内容
@app.route('/user/<types>')
def userCenter(types):
    return "This is user's " + types + " page"
```

　　上述例子设置了两个不同等级的路由地址，通常情况下网站首页（"/"）称为根目录，路由 '/user/'代表网站的二级目录；而'/user/<types>'是'/user/'下的子目录，也是网站的三级目录，其中 <types>是一个变量，可代表任意内容，并且路由的变量可以传递到路由函数 userCenter 里使用。

　　在路由中设置变量可对路由进行精简处理，比如路由地址中设有日期格式，如果按照一年来计算，每天就要设定一个路由地址，那么一年就需要设置 365 个路由，如果将日期设为变量表示，只需一个路由即可解决。在浏览器上分别将路由变量设为 login、logout 和 relogin，网站会将变量值显示到网页上，如图 20-4 所示。

图 20-4　路由变量

　　路由的编写规则还可以设置 HTTP 请求，HTTP 的请求方法有 GET、POST、OPTIONS、PUT、DELETE、TRACE 和 CONNECT。一般情况下，GET 和 POST 方法是常用的 HTTP 请求方法，GET 请求是从网站中获取数据并显示在浏览器上，POST 请求是将用户输入浏览器的数据提交到网站系统进行处理。同一个路由地址可以设置不同的 HTTP 请求方式，并可以设置每种请求方式的处理方法，具体代码如下：

```
# 导入 request 方法
from flask import request
# 参数 methods 用于设置 HTTP 请求方法
@app.route('/user/', methods=['GET', 'POST'])
def user():
    # 判断当前的请求方式，执行不同的处理
    if request.method == 'GET':
        return 'This is user center'
    else:
        return 'This is My center'
```

　　当用户在浏览器上访问 http://127.0.0.1:5000/user/的时候，实质上是对网站发送一个 HTTP 的 GET 请求，网站收到请求后，在路由函数 user 中判断请求类型，再根据请求类型执行相应的处理，最后将处理结果返回到浏览器。

20.1.4　请求参数

　　网站是通过 HTTP 协议与用户实现数据传输的，而 HTTP 请求以 GET 和 POST 方法为主。

用户每次与网站进行交互的时候，在交互的过程中可能需要发送相应的数据信息，比如 POST 方法是将用户在浏览器输入的数据提交到网站，而这些提交的数据称为请求参数。

在网站中，不同的请求方式对请求参数的获取也有所不同，但获取方法都是由 Flask 的 request 模块实现的。首先了解 GET 和 POST 请求参数的格式，GET 请求参数是附加在路由地址并以"？"表示的，"？"后面的信息是请求参数，每个参数以 A=B 的形式表示，A 是参数名，B 是参数值。如果有多个请求参数，每个参数之间以"&"隔开，示例代码如下：

```
# 请求参数分别有 name 和 password，参数值分别为 python 和 helloworld
http://127.0.0.1:5000/user/login?name=python&password=helloworld
```

POST 请求参数以 JSON 格式表示，它不会附加在路由地址上，因为路由地址的内容长度是有限制的，而 POST 请求参数往往会超出路由地址的限制。在发送 POST 请求的时候，它会随着路由地址一并发送到网站系统。请求参数的格式如下：

```
{
    "name": "python",
    "password": "helloworld"
}
```

无论是哪一种请求方式，它们的请求参数都是相似的，每个参数具有参数名和参数值。在网站中，请求参数的获取方法如下：

```
from flask import request
@app.route('/user/<types>', methods=['GET', 'POST'])
def userCenter(types):
    # 获取 GET 的请求参数
    if request.method == 'GET':
        name = request.args.get('name')
        password = request.args.get('password')
    # 获取 POST 的请求参数
    else:
        name = request.form.get('name')
        password = request.form.get('password')
    return "This is " + types + " page,Your name is " + name
```

在获取请求参数的参数值之前，必须对请求方式进行判断，否则网站系统会将该请求视为 GET 请求。不同的请求方式，请求参数的参数值获取方式各不相同，这一原则不仅体现在 Flask 框架上，对于大多数的 Web 框架都适用。

20.1.5 响应过程

当收到用户的请求时，网站会根据请求的内容进行处理，处理过程由路由函数实现。当路由函数完成请求处理后，下一步是将处理结果返回到浏览器。当浏览器收到处理结果（也称为响应内容）后，会根据响应内容生成相应的网页供用户浏览。从网站将处理结果返回到用户这一过程，称为响应过程。

响应过程由路由函数的 return 方法实现。对于 Python 来说，函数的 return 是将函数中的数据返回到函数外使用；对于 Flask 来说，路由函数的 return 会根据用户请求来对用户做出响应处理。响应结果有多种表示方式，其中常用的是字符串、JSON 数据及 HTML 文件，具体的使用方法如下：

```
# 响应内容为字符串
@app.route('/str')
def MyStr():
    return "The response is string!"

# 响应内容为 JSON
from flask import jsonify
@app.route('/Json')
def MyJson():
    json = {
        'response': 'Json'
    }
    return jsonify(json)
    # 等价于
# return jsonify(response='Json')

# 响应内容为 HTML 文件
from flask import render_template
@app.route('/html')
def MyHtml():
    name = 'Python Flask'
    return render_template('index.html', name=name)
```

上述代码演示了如何将不同数据类型的响应内容返回到浏览器上。其中以字符串返回较为简单，直接在 return 后面加入字符串内容即可。若以 JSON 格式返回，则需要使用 Flask 的 jsonify() 方法，并且返回的数据必须以字典或 "键=值" 的形式表示。

若返回 HTML 文件，则需要使用 Flask 的 render_template() 方法实现。render_template() 有一个必选参数和可选参数，必选参数的参数值以字符串表示，代表 HTML 文件名，而 Flask 对于 HTML 文件路径有固定的设置，HTML 文件必须存放在一个名为 templates 的文件夹里，并且该文件夹必须与 Flask 的运行文件放在同一目录，如图 20-5 所示。

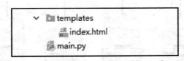

图 20-5　目录结构

render_template() 的可选参数是对 HTML 文件中的变量进行赋值，然后这些变量的变量值就会展示在浏览器中，这个展示过程是由 Flask 的依赖外部库——Jinja2 模板引擎实现的。模板引擎有自身的模板语法，语法规则与 Python 的语法十分相似，但它只能编写在 HTML 文件里。

比如路由函数 MyHtml 是将变量 name 的变量值传递到模板 index.html 的变量 name，然后 Jinja2 模板引擎对变量值进行转换，生成相应的 HTML 代码并显示在浏览器上，如图 20-6 所示。

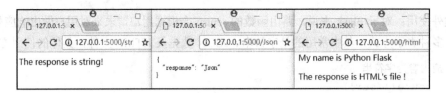

图 20-6　运行结果

Jinja2 的语法特性就不详细介绍了，有兴趣的读者可查看官方文档（https://jinja.palletsprojects.com/en/2.11.x/）了解更多内容。

20.2　任务系统的开发与部署

本节讲述两个 Web 系统的实现：任务调度系统和任务执行系统，两者都是由 Flask 框架实现的，并且存在紧密的关联。比如在一个局域网内，任务调度系统只能部署在某一台计算机上，任务执行系统则可以部署在一台或多台计算机上。调度系统记录了执行系统的 IP 地址，通过接口 API 的方式向执行系统发起任务请求，当执行系统接收到任务请求时就会执行相应的自动化程序，从而实现自动化程序的可视化管理。

20.2.1　系统设计概述

当自动化程序的数量达到一定程度的时候，在管理和维护上会出现各种各样的问题，比如程序运行条件、环境配置等。为了更好地解决这一问题，我们需要开发一个管理系统来管理和控制这些自动化程序。这个管理系统不仅用来记录自动化程序的基本信息，还可以控制自动化程序的运行，具体的控制原理如图 20-7 所示。

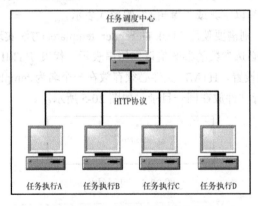

图 20-7　自动化程序的控制原理

从原理图可以看出，在同一个局域网内，有一台计算机负责任务调度，它不仅用于记录自动化程序的基本信息，还能通过 HTTP 协议发送请求到任务执行的计算机。完整的任务调度流程说明如下：

（1）当任务执行系统收到任务调度中心的任务请求后，任务执行系统就会启动并运行本地的自动化程序。

（2）任务调度中心发送任务请求后会生成一个任务锁，该锁禁止任务调度中心同时发送多个任务请求。

（3）自动化程序运行完毕后，任务执行系统将运行结果发送到任务调度中心。

（4）任务调度中心收到运行结果后，将结果记录在数据库并释放任务锁。

从整个任务调度流程中发现，任务调度中心和任务执行系统是两个不同的 Web 系统，两者负责实现不同的功能。我们将任务调度中心称为服务端，任务执行系统称为客户端，两个系统的功能说明大致如下：

服务端保存了自动化程序的基本信息和程序执行记录，这些数据保存在 MySQL 数据库中，程序的基本信息和程序执行记录存放在两个不同的数据表中，而数据表的展示由系统的 Admin 后台实现，它为数据表提供了增删改查操作。程序信息表的展示效果图如图 20-8 所示。

图 20-8 所示是程序信息表的数据生成的 HTML 网页，网页中提供了数据创建、数据删除、批量删除、数据修改以及执行任务等功能。执行任务是自定义的功能，它可以批量对不同的客户端发送任务执行请求。程序执行记录表与程序信息表的结构形式相似，如图 20-9 所示。

图 20-8　程序信息表

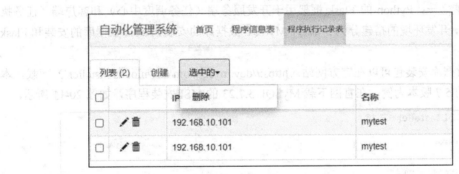

图 20-9　程序执行记录表

总的来说，服务端主要实现一个后台管理系统，负责管理局域网内不同计算机中的自动化程序以及调度和控制程序的运行。

客户端则负责接收任务请求，当收到调度中心的任务请求时，客户端就开启异步任务，异步任务利用多线程的技术来实现。

因为客户端收到任务请求后，必须要对调度中心做出 HTTP 响应，这是一个完整的 HTTP 请求过程，同时客户端还要执行自动化程序。如果将 HTTP 响应和自动化程序同步执行，那么 HTTP 响应必须等待自动化程序运行完成后才能执行，这就造成了一个很长的等待时间，从而影响调度中心的其他操作。

所以客户端将 HTTP 响应和自动化程序的运行分别单独处理，当客户端收到任务请求后，马上开启异步任务执行自动化程序并对该请求做出 HTTP 响应。当自动化程序运行完成后，就会自动发送新的 HTTP 请求到调度中心，告知客户端的任务已执行完成，并将释放任务状态锁。整个通信流程如图 20-10 所示。

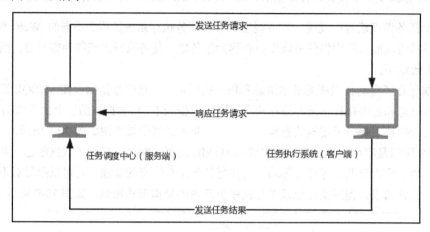

图 20-10　通信流程图

20.2.2　搭建开发环境

根据系统设计可知，整个自动化系统由 Python 的 Flask 框架、MySQL 和 Redis 数据库组成。MySQL 数据库负责保存和处理数据信息；Redis 数据库负责生成异步任务的数据信息，这是异步任务的必备功能之一；Python 的 Flask 框架用于开发服务端（任务调度中心）和客户端（任务执行系统）。因此，开发环境的搭建分为 3 部分：MySQL 数据库的安装、Redis 数据库的安装和 Flask 框架的安装。

MySQL 数据库安装包可以在官方网站（https://dev.mysql.com/downloads/installer/）下载，本书以 MySQL 的 5.7 版本为例，在官网下载 MySQL 5.7.23 的 MSI 安装程序，如图 20-11 所示。

MySQL Installer 5.7.23			
Select Version:		Looking for the latest GA version?	
5.7.23 ▾			
Select Operating System:			
Microsoft Windows ▾			
Windows (x86, 32-bit), MSI Installer	5.7.23	15.9M	Download
(mysql-installer-web-community-5.7.23.0.msi)		MD5: 348b₅659b268b9₅e66b₁df40b46b₅49₁o6 | Signature	
Windows (x86, 32-bit), MSI Installer	5.7.23	371.0M	Download
(mysql-installer-community-5.7.23.0.msi)		MD5: 96₅92084366994464₁b377₁c1 96₁9₁c₁ | Signature	

图 20-11　下载 MySQL 安装程序

运行已下载的 MSI 安装程序并根据安装提示即可完成数据库的安装。如果在安装过程中出现安装失败并提示缺少 Visual Studio 2013 Redistributable 组件，就需要安装该组件的 32 位安装包，不能安装 64 位，因为 MySQL 5.7 的安装程序是 32 位的。

　　MySQL 数据库安装成功后，我们还需要安装数据库的可视化工具。以 Navicat Premium 12 为例，它可以支持多种数据库的连接，方便我们查看和管理数据库的数据。有关 Navicat Premium 12 的安装及使用方法，本书就不再详细讲述了，读者可以自行查阅相关的资料。软件界面如图 20-12 所示。

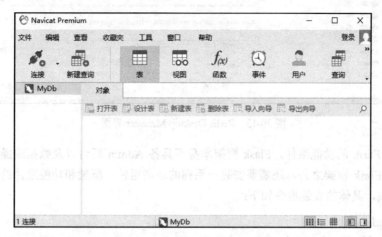

图 20-12　Navicat Premium 12 界面

　　如果使用 MySQL 8.0 版本，在连接 MySQL 数据库时可能会提示无法连接的错误信息，这是因为 MySQL 8.0 版本的密码加密方式发生了改变，8.0 版本的用户密码采用的是 CHA2 加密方法。

　　为了解决这个问题，我们通过 SQL 语句将 8.0 版本的加密方法改回原来的加密方式，这样可以解决连接 MySQL 数据库的错误问题。在 MySQL 的可视化工具中运行以下 SQL 语句：

```
# newpassword 是我们设置的用户密码
ALTER USER 'root'@'localhost' IDENTIFIED WITH mysql_native_password BY
'newpassword';
FLUSH PRIVILEGES;
```

　　Windows 安装 Redis 数据库有两种方式：在官网下载压缩包安装和在 GitHub 下载 MSI 安装程序安装。前者的数据库版本是新的，但需要通过指令安装并设置相关的环境配置；后者是旧版本，但安装方法是傻瓜式安装，启动程序后单击按钮即可完成安装。两者的下载地址如下：

```
# 官网下载地址
https://redis.io/download
# GitHub 下载地址
https://github.com/MicrosoftArchive/redis/releases
```

　　本书的 Redis 数据库以 GitHub 的 MSI 安装程序为例进行介绍，安装过程相对简单，此处就不详细讲述了，如果在安装过程中出现问题，可以自行查阅相关的资料。除了安装 Redis 数据库之外，还可以安装 Redis 数据库的可视化工具，可视化工具可以帮助初次接触 Redis 的读者了解数据库结构。本书使用 Redis Desktop Manager 作为 Redis 的可视化工具，如图 20-13 所示。

图 20-13　Redis Desktop Manager 界面

最后安装 Flask 的功能组件，Flask 框架本身不具备 Admin 后台以及数据库操作等功能。因此，除了安装 Flask 框架之外，还需要安装一系列的功能组件。框架和功能组件的安装都可以使用 pip 指令完成，具体的安装指令如下：

```
# 安装 admin 后台
pip install flask-admin
# 安装 Flask 的国际化与本地化
pip install flask-babelex
# 安装 Flask 的 ORM 框架
pip install flask-sqlalchemy
# 安装 MySQL 的连接模块
pip install pymysql
# 安装 Redis 的连接模块
pip install redis
# 安装异步任务框架
pip install celery
```

上述安装模块相对较多，不同的模块负责实现不同的功能，还有些功能需要以下几个模块共同实现，具体的说明如下：

- flask-admin：实现 Flask 的 Admin 后台管理系统。
- flask-babelex：设置 Flask 的国际化与本地化，也就是设置系统的语言和时间。
- flask-sqlalchemy：Flask 的 ORM 框架，通过定义类来映射数据表，使数据表实现面向对象开发。
- pymysql：将 Python 与 MySQL 数据库实现连接。
- redis：将 Python 与 Redis 数据库实现连接。
- celery：异步任务框架，用于执行异步任务。

至此，整个自动化系统的开发环境已经搭建完成。总的来说，开发环境的搭建主要分为 3 个步骤：安装 MySQL 数据库和 MySQL 的可视化工具、安装 Redis 数据库和 Redis 的可视化工具、安装 Flask 的功能组件。

20.2.3　任务调度系统

在 20.2.1 节中曾提及任务调度中心的系统功能：Admin 后台管理和程序信息管理。根据系统的功能需求设计，我们将任务调度中心的目录结构分为 admin.py、main.py、models.py 和 settings.py，每个文件所实现的功能说明如下：

- admin.py：实现 Admin 后台管理，由 flask-admin 模块实现。
- main.py：系统的运行文件，用于启动任务调度中心的运行；定义 API 接口，用于接收任务执行系统的程序运行结果。
- models.py：定义数据模型，实现 Flask 与 MySQL 的数据映射，由 flask-sqlalchemy 模块实现。
- settings.py：网站的配置文件，将 Flask 与 flask-babelex、flask-admin 和 flask-sqlalchemy 等模块进行绑定，使第三方模块能够应用于 Flask 框架。

整个任务调度中心的网页全都由 flask-admin 模块提供，因此项目结构中无须使用 HTML 文件，系统目录结构如图 20-14 所示。

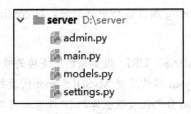

图 20-14　系统目录结构

1. 配置文件

任务调度中心的配置文件由 settings.py 实现，系统的配置主要是对 Flask 实例化的 app 对象进行设置。该系统需要将 Flask 与 flask-babelex、flask-admin 和 flask-sqlalchemy 等模块进行绑定，其配置文件的配置信息如下：

```
from flask import Flask
from flask_sqlalchemy import SQLAlchemy
from flask_admin import Admin
from flask_babelex import Babel

# Flask实例化，生成对象app
app = Flask(__name__)
# 本地化，将网页内容改为中文显示
babel = Babel(app)
# 设置app的配置信息
URI = 'mysql+pymysql://root:1234@localhost:3306/automation?charset=utf8'
app.config.update(
    # 设置SQLAlchemy连接数据库
    SQLALCHEMY_DATABASE_URI=URI,
    # 设置中文
    BABEL_DEFAULT_LOCALE='zh_CN',
```

```
    # 设置密钥值，用于 Session、Cookies 以及扩展模块
    SECRET_KEY='213sd4156s51'
    # 解决 JSON 乱码
    JSON_AS_ASCII=False
)
# 将 Flask 与 SQLAlchemy 绑定
db = SQLAlchemy(app)
# 定义 admin 后台
# 参数 name 设置 Admin 后台的名字
# 参数 template_mode 设置 Admin 后台的网页样式
admin = Admin(app, name='任务调度中心', template_mode='bootstrap3')
```

在代码中，**app** 对象分别绑定 flask-babelex、flask-sqlalchemy 和 flask-admin，依次生成 babel、db 及 admin 对象，这些对象可以直接调用这些扩展模块里面的方法，从而实现相应的功能。

比如 db 对象，它可以调用 flask-sqlalchemy 里面的函数和方法，从而实现对数据库的操作；admin 对象用于生成 Admin 后台系统，通过操作 admin 对象即可实现 Admin 后台的自定义开发。

配置代码还对 **app** 对象的 config 属性进行更新处理，对 config 属性额外添加了 4 个属性，属性说明如下：

- SQLALCHEMY_DATABASE_URI：设置系统所连接的数据库，连接符中的 pymysql 代表 SQLAlchemy 使用 pymysql 模块连接 MySQL；root 代表数据库的用户名；1234 是数据库的密码；localhost 和 3306 分别代表数据库的 IP 地址和端口；automation 是数据库的命名；charset 是数据库的编码格式。
- BABEL_DEFAULT_LOCALE：设置系统的显示语种，默认为英语，该属性配置是基于 flask-babelex 模块的。
- SECRET_KEY：设置密钥值，用于 Session、Cookies 以及扩展模块，这是一个比较重要的配置值，几乎每个 Web 框架都需要配置，可对一些重要的数据进行加密处理。
- JSON_AS_ASCII：若系统以 JSON 格式返回给用户，JSON 数据中含有中文内容，则该属性可防止中文乱码显示。

2. 数据模型

企业级开发都是使用 ORM 框架来实现数据库持久化操作的，所以作为一个开发人员，很有必要学习 ORM 框架，常用的 ORM 框架模块有 SQLObject、Stom、Django 的 ORM、Peewee 和 SQLAlchemy。

此处主要讲述 Python 的 ORM 框架——SQLAlchemy。SQLAlchemy 是 Python 编程语言下的一款开源软件，提供 SQL 工具包及对象关系映射工具，使用 MIT 许可证发行。

SQLAlchemy 采用简单的 Python 语言，拥有高效和高性能的数据库访问设计，实现了完整的企业级持久模型。SQLAlchemy 的理念是，SQL 数据库的量级和性能重要于对象集合，而对象集合的抽象又重要于表和行。因此，SQLAlchmey 采用类似 Java 中 Hibernate 的数据映射模型，而不是其他 ORM 框架采用的 Active Record 模型。不过，Elixir 和 Declarative 等可选插件可以让用户使用声明语法。

SQLAlchemy 首次发行于 2006 年 2 月，是 Python 社区中被广泛使用的 ORM 工具之一，不

亚于 Django 的 ORM 框架。

　　SQLAlchemy 在构建于 WSGI 规范的下一代 Python Web 框架中得到了广泛应用，是由 Mike Bayer 及其开发团队开发的一个单独的项目。使用 SQLAlchemy 等独立 ORM 的一个优势是允许开发人员首先考虑数据模型，并能决定稍后可视化数据的方式（采用命令行工具、Web 框架还是 GUI 框架）。这与先决定使用 Web 框架或 GUI 框架，再决定如何在框架允许的范围内使用数据模型的开发方法极为不同。

　　SQLAlchemy 的一个目标是提供能兼容众多数据库（如 SQLite、MySQL、PostgreSQL、Oracle、MS-SQL、SQL Server 和 Firebird）的企业级持久性模型。

　　对于 Flask 来说，它的 ORM 框架是在 SQLAlchemy 框架上进行封装的，使之更符合 Flask 的开发。

　　任务调度中心的 models.py 文件用于定义数据模型，模型是以类的形式表示的，通过对类的使用来实现，从而实现数据库的操作。models.py 的数据模型定义如下：

```python
from settings import *
# 定义自动化程序信息表
class ProgramInfo(db.Model):
    # db.Column 用于定义字段，db.INT 是字段的数据类型
    __tablename__ = 'ProgramInfo'
    id = db.Column(db.INT, primary_key=True)
    clientIP = db.Column(db.String(50))
    introduce = db.Column(db.String(50))
    name = db.Column(db.String(50), unique=True)
    statusLock = db.Column(db.String(50))


# 定义任务记录表
class TaskRecord(db.Model):
    # db.Column 用于定义字段，db.INT 是字段的数据类型
    __tablename__ = 'TaskRecord'
    id = db.Column(db.INT, primary_key=True)
    clientIP = db.Column(db.String(50))
    name = db.Column(db.String(50))
    status = db.Column(db.String(50))
    createTime = db.Column(db.DateTime,server_default=db.func.now())


# 创建数据表
db.create_all()
```

　　首先从配置文件 settings.py 中导入已定义的对象，如 babel、db 及 admin 对象。尽管 models.py 不需要使用 babel 和 admin 对象，但我们依然将整个配置文件导入，因为这样可以解决系统运行所依赖的对象，具体的内容会在后续讲述。对于 models.py 的代码说明如下：

　　（1）代码中分别定义了数据模型 ProgramInfo 和 TaskRecord，它们继承自 db.Model 类，而父类 db.Model 由 SQLAlchemy 定义，其作用是将 SQLAlchemy 与数据库实现映射关系。

　　（2）类属性 __tablename__ 用于设置数据表的表名，因为数据库的数据表可以通过数据模型

生成。

（3）数据表字段由 db.Column 定义，而字段的数据类型由 db.INT、db.String(50)及 db.DateTime
设置。

（4）最后使用 db.create_all()，根据数据模型的定义在数据库中生成相应的数据表。

SQLAlchemy 对不同数据类型的表字段有不同的定义方式，由于篇幅有限，我们只列出
SQLAlchemy 常用的数据类型，如表 20-1 所示。

表20-1　SQLAlchemy常用的数据类型

SQLAlchemy 数据类型	Python 数据类型	说　　明
Integer	Int	整型
String	Str	字符串
Float	Float	浮点型
DECIMAL	decimal.Decimal	定点型
Boolean	Bool	布尔型
Date	datetime.date	日期
DateTime	datetime.datetime	日期和时间
Time	datetime.time	时间
Text	Str	文本类型
LongText	Str	长文本类型

在代码中还看到字段 id 设置了列选项 primary_key，这是将字段设为数据表的主键。
SQLAlchemy 的常用列选项如表 20-2 所示。

表20-2　SQLAlchemy的常用列选项

列 选 项	说　　明
primary_key	如果为 True，设置字段为表的主键
unique	如果为 True，设置字段的唯一性
index	如果为 True，对字段创建索引，提高查询效率
nullable	如果为 True，字段允许为空；如果为 False，字段不允许为空
default	定义默认值
server_default	定义默认值

现在已经定义了数据模型 ProgramInfo 和 TaskRecord，接下来讲述如何使用数据模型实现数
据表的操作。数据表的操作主要有增删改查，SQLAlchemy 对不同的操作有不同的使用方式，此
处列出一些较为常用的操作方式，在 models.py 中添加以下代码：

```python
if __name__=='__main__':
    # 插入数据
    p = ProgramInfo()
    p.clientIP = 'localhost'
```

```
p.introduce = 'MySQLAlchemy'
p.name = 'SQLAlchemy'
p.statusLock = ''
db.session.add(p)
db.session.commit()
# 更新数据
name = 'SQLAlchemy'
qs = ProgramInfo.query.filter_by(name=name)
qs.update({ProgramInfo.introduce: 'YourSQLAlchemy'})
# 查询数据
# 查询全表
print(ProgramInfo.query.all())
# 条件查询，filter_by 用来设置查询条件
print(ProgramInfo.query.filter_by(name='SQLAlchemy'))
# 查询字段 name，query(ProgramInfo.name) 设置只查询的字段
print(db.session.query(ProgramInfo.name).all())
# 删除某条数据
name = 'SQLAlchemy'
qs = ProgramInfo.query.filter_by(name=name).first()
db.session.delete(qs)
db.session.commit()
```

　　新添加的代码演示了 SQLAlchemy 对数据表的增删改查操作。在 PyCharm 里打开系统的目录，并单独运行 models.py 文件，运行结果中会出现一些红色的提示信息，这个提示信息并不影响程序的运行，结果如图 20-15 所示。

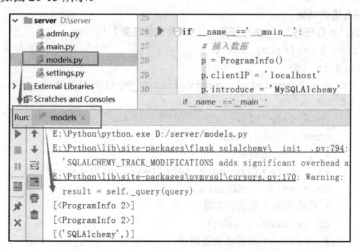

图 20-15　运行结果

　　对于 SQLAlchemy 来说，同一种数据库操作可能有多种不同的实现方法。上述代码只是列出了常用的操作方式，这也是 SQLAlchemy 对数据表的基础操作方式。读者如果想深入了解 SQLAlchemy，可以到官方网站查阅相关文档（https://docs.sqlalchemy.org/en/latest/）。

3. Admin 后台

Admin 后台是每个网站都必须具备的功能之一，它主要用于对网页的信息管理，如文字、图片、影音和其他日常使用文件的发布、更新、删除等操作，简单来说就是对网站的数据库或文件的快速操作管理系统，以使得网站内容能够及时更新和调整。

在 models.py 中分别定义了数据模型 ProgramInfo 和 TaskRecord，而任务调度中心的 admin.py 文件是对这两个数据模型实现可视化操作，比如在网页上实现数据的增删改查操作。简单地理解，目录结构的 admin.py 文件是对数据模型的可视化显示，将数据表的数据显示在网页上，方便用户的操作和管理。

我们知道，任务调度中心需要向任务执行系统发送任务请求，并会产生一个状态锁，以防止在短时间内对同一个计算机多次发送任务请求，这个任务发送功能添加在数据模型 ProgramInfo 的 Admin 后台，具体的实现代码如下：

```python
from models import *
from flask_admin.contrib.sqla import ModelView
from flask_admin.actions import action
import requests
# 定义模型 ProgramInfo 的 Admin 后台
class ProgramInfoAdmin(ModelView):
    # 对字段设置中文内容
    column_labels = dict(clientIP='IP 地址', name='名称',
                        introduce='描述', statusLock='状态锁')
    # page_size 设置每页的数据量
    page_size = 30
    # 新增任务请求功能
    @action('执行任务', '执行任务', '确定执行任务？')
    def action_task(self, ids):
        for id in ids:
            info = ProgramInfo.query.filter_by(id=id).first()
            if not info.statusLock:
                ip = info.clientIP
                name = info.name
                # 写入任务记录表
                data = TaskRecord(clientIP=ip, name=name)
                db.session.add(data)
                # 获取刚写入数据的主键
                db.session.flush()
                # 向 client 端发送任务请求
                taskId = str(data.id)
                url = ip+'?name='+name+'&taskId='+taskId
                print(url)
                try:
                    r = requests.get(url)
                    if r.status_code == 200:
                        # 设置任务状态锁
```

```
                          info.statusLock = 'Lock'
                 except: pass
                 # 保存到数据库
                 db.session.commit()
# 在 admin 界面注册视图
admin.add_view(ProgramInfoAdmin(ProgramInfo, db.session,
                 name='程序信息表'))


# 定义模型 TaskRecord 的 admin 后台
class TaskRecordAdmin(ModelView):
    column_labels = dict(clientIP='IP 地址', name='名称',
                         createTime='创建时间')
# 在 admin 界面注册视图
admin.add_view(TaskRecordAdmin(TaskRecord, db.session,
                 name='任务记录表'))
```

首先导入 models.py 中所有已定义的对象及模块,代码中所使用的 admin 对象来自 models.py,而 models.py 的 admin 对象则是来自 settings.py,经过这样的层层递进,可以解决文件之间的导入问题。此外,我们还导入了 flask-admin 的 ModelView 和 action、requests 模块,具体说明如下:

- ModelView: 这是 flask-admin 定义的类,用于定义数据模型的 Admin 后台。自定义的 Admin 后台都是以类表示的,并且可以继承父类 ModelView。
- action: 这是 flask-admin 定义的装饰器,可以自定义数据模型的操作功能,使用 action 装饰器添加任务发送功能。
- requests: 这是 Python 的第三方模块,用于发送 HTTP 请求,向任务执行系统发送任务请求。

上述代码分别定义了 ProgramInfoAdmin 和 TaskRecordAdmin 类,分别对应数据模型 ProgramInfo 和 TaskRecord。其中,我们对 ProgramInfoAdmin 类设置了自定义功能,如设置字段的中文内容、每页的数据量及任务发送等功能,具体说明如下:

(1) 设置字段的中文内容: 这是由 column_labels 属性设置的,该属性来自父类 ModelView。若不设置该属性,则在 Admin 后台会显示数据模型所定义的字段名。

(2) 每页的数据量: 由父类 ModelView 的 page_size 属性实现,默认值为 20。因为数据表可以存放大量的数据信息,而 Admin 后台需要将这些数据进行分页显示。

(3) 任务发送功能: 由 action 装饰器和 requests 模块共同实现。action 装饰器是将函数 action_task 所实现的功能加载到 Admin 后台; requests 模块是向任务执行系统发送任务请求,这是函数 action_task 的重要功能之一。

此外,函数 action_task 用于对数据模型 TaskRecord 新增数据,记录本次任务的执行信息并修改任务信息的状态锁,状态锁是数据模型 ProgramInfo 所定义的 statusLock 字段。读者必须理清函数 action_task 的实现逻辑才能理解任务发送的实现过程。

最后由 admin 对象的 add_view() 方法实现注册功能,将 ProgramInfoAdmin 和 ProgramInfo 进行绑定,从而生成相应的 Admin 后台网页。

Flask 的 flask-admin 组件还提供了许多功能来满足日常的开发需求,本书就不再一一讲述了,有兴趣的读者可以查阅官方文档（https://flask-admin.readthedocs.io/en/latest/）及源码内容，源码里每个功能及参数都有详细的说明。

4. 系统接口与运行

任务调度中心的 main.py 文件负责开启系统的运行以及定义 API 接口，用于接收任务执行系统的程序运行结果。也就是说，main.py 文件需要实现两个不同的功能：设置系统运行和添加一个路由地址（API 接口），具体的实现代码如下：

```python
from admin import *
from flask import request, jsonify

# API 接口，用于接收 client 的运行结果
# http://127.0.0.1:8080/?taskId=3&name=mytest&status=Done
@app.route('/')
def callBack():
    # 获取 GET 的请求参数
    taskId = request.args.get('taskId', '')
    name = request.args.get('name', '')
    status = request.args.get('status', '')
    if taskId and name:
        # 在任务记录表修改任务执行状态
        task = TaskRecord.query.filter_by(id=int(taskId)).first()
        task.status = status
        # 释放任务的状态锁
        info = ProgramInfo.query.filter_by(name=name).first()
        info.statusLock = ''
        db.session.commit()
        # 返回响应内容
        response = {"result": "success"}
        return jsonify(response)
    else:
        # 返回响应内容
        response = {"result": "fail"}
        return jsonify(response)

# 网站启动运行
if __name__ == '__main__':
    app.run(port=8080, debug=True)
```

main.py 导入 admin.py 所有已定义的对象和模块，admin.py 的对象和模块来自 models.py，而 models.py 的对象和模块来自 settings.py。简单地说，main.py 的对象和模块来自 settings.py，但 main.py 不能直接导入 settings.py 的对象和模块，因为 settings.py 的对象和模块必须经过 models.py 和 admin.py 的处理和设置。读者只要宏观地分析整个系统文件之间的关系，就会发现系统的设计要点。

上述代码中，我们设置了网站首页，首页的路由函数 callBack 用于接收任务执行系统的任务执行结果，也就是说自动化程序的运行结果。路由函数 callBack 分别获取 GET 的请求参数，并根据请求参数分别修改数据模型 ProgramInfo 和 TaskRecord 的字段值，最后将响应内容返回到任务执行系统。

在 admin.py 的函数 action_task 中，任务发送是将任务记录表（数据模型 TaskRecord）的主

键 id 作为请求参数 taskId 并发送到任务执行系统，当任务执行系统完成任务时，它把之前接收的请求参数 taskId 再次发送到任务调度中心，当任务调度中心的接口（路由地址）收到 HTTP 请求时，路由函数 callBack 根据请求参数 taskId 在任务记录表（数据模型 TaskRecord）中找到相应的数据，将运行结果记录在 status 字段。

同样的方法，admin.py 的函数 action_task 也将程序信息表（数据模型 ProgramInfo）的字段 name 作为请求参数并发送到任务执行系统，当任务执行系统完成任务时，它把之前接收的请求参数 name 再次发送到任务调度中心，路由函数根据请求参数 name 在程序信息表（数据模型 ProgramInfo）中找到相应的数据并修改状态锁（字段 statusLock）。字段 name 作为数据模型 ProgramInfo 的查询条件，因为在定义字段 name 的时候，已经设置了字段 name 的唯一性。任务调度中心与任务执行系统之间的数据传递如图 20-16 所示。

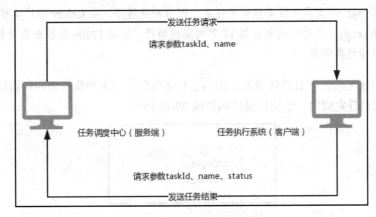

图 20-16　系统之间的数据传递

程序运行由 Flask 的 run 方法实现，参数 port 用于设置系统运行的端口；参数 debug 用于设置系统为调试模式，调试模式用于方便开发者调试系统功能，它会根据代码的变更来决定是否重启系统。

至此，整个任务调度中心的开发已经完成。我们在 PyCharm 中运行 main.py 文件即可运行任务调度系统，在浏览器上分别访问如图 20-17 所示的路由地址，验证功能是否正常。

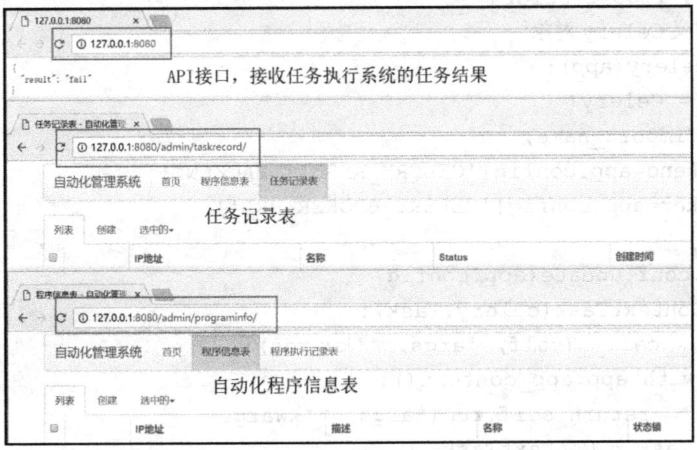

图 20-17　任务调度中心

20.2.4 任务执行系统

任务执行系统的功能主要是根据任务请求来执行相应的自动化程序，然后将程序的运行结果发送到任务调度中心。整个系统主要以程序执行为主，而程序执行是由异步框架 Celery 实现的，它可以独立于系统而单独运行，程序执行所需的时间不会影响系统的响应时间。系统目录结构分为 main.py、settings.py、taskInfo.py 和 trainTicket.py，各个文件所实现的功能说明如下：

- main.py: 系统的运行文件，用于启动任务执行系统的运行；定义 API 接口，用于接收任务调度中心的任务执行请求。
- settings.py: 网站的配置文件，将 Flask 与 Celery 和 Redis 进行绑定，也就是将 Flask 与异步任务框架 Celery 绑定。
- taskInfo.py: 定义异步任务框架的任务，即自动化程序，由 Celery 模块实现。
- trainTicket.py: 文件代码来自第 17 章的实战项目，实现 12306 车次查询功能，它主要被系统的异步任务调用。

任务执行系统无须使用 HTML 页面，因为它只接收任务请求和执行相应的自动化程序，整个过程都是由系统自行完成的，系统目录结构如图 20-18 所示。

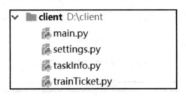

图 20-18　系统目录结构

1. 配置文件

任务执行系统的配置文件由 settings.py 实现，主要是对 Flask 实例化的 app 对象进行设置。它需要将 Flask 与 Celery 框架进行绑定，配置文件的配置信息如下：

```
from flask import Flask
from celery import Celery
# 使用函数定义 Celery 对象
def make_celery(app):
    celery = Celery(
        app.import_name,
        backend=app.config['CELERY_RESULT_BACKEND'],
        broker=app.config['CELERY_BROKER_URL']
    )
    celery.conf.update(app.config)
    class ContextTask(celery.Task):
        def __call__(self, *args, **kwargs):
            with app.app_context():
                return self.run(*args, **kwargs)
    celery.Task = ContextTask
    return celery
```

```
# Flask 实例化，生成对象 app
app = Flask(__name__)
# 设置 app 的配置信息
app.config.update(
    CELERY_BROKER_URL='redis://localhost:6379/0',
    CELERY_RESULT_BACKEND='redis://localhost:6379/1',
    JSON_AS_ASCII=False
)
# 将 Flask 与 Celery 绑定
celery = make_celery(app)
```

上述代码分别导入了 Flask 模块和 Celery 模块，代表 Flask 框架和 Celery 框架，然后自定义了函数 make_celery，函数参数 app 代表 Flask 实例化的 app 对象，函数将 app 对象与 Celery 框架进行绑定，代码由 Flask 的官方文档提供，可在 https://flask.palletsprojects.com/en/master/patterns/celery/查阅。

定义相关函数后，接下来是对函数的调用以及对 Flask 的实例化。Flask 实例化对象为 app，app 对象的 config 属性设置了 Redis 数据库的地址和 JSON 的数据格式。异步任务 Celery 必须要结合 Redis 数据库才能运行，这是 Celery 的底层设计原理。最后，调用自定义函数 make_celery，并将实例化对象 app 作为函数参数传入函数中，这样即可实现 Flask 和 Celery 的绑定。

2. 异步任务

在配置文件中，任务执行系统已绑定异步任务框架 Celery。在本节中，我们在 taskInfo.py 中编写具体的异步任务函数。当任务执行系统收到任务请求时，系统通过 Celery 框架来触发异步任务函数，也就是说，异步任务函数用于执行并调用自动化程序。taskInfo.py 的代码如下：

```
from settings import *
from trainTicket import *
import requests
# 定义并注册异步任务
@celery.task()
def AutoTask(taskId, name, **kwargs):
    try:
        if name == 'printPDF':
            print('printPDF')
        elif name == 'trainTicket':
            train_date = kwargs['train_date']
            from_station = kwargs['from_station']
            to_station = kwargs['to_station']
            i=get_info(train_date,from_station,to_station)
            print(str(i))
        status = 'Done'
    except Exception as e:
        print(e)
        status = 'Fail'
```

```
# 将运行结果返回到任务调度中心
url = 'http://127.0.0.1:8080/?name=' + name + \
      '&taskId=' + str(taskId) + '&status=' + status
try:
    requests.get(url)
except:pass
# 返回任务状态
return status
```

taskInfo.py 文件首先导入系统配置文件 settings.py，系统的文件导入设计也是按照任务调度中心的设计原理。此外，taskInfo.py 还导入了 trainTicket.py 文件，因为函数 AutoTask 需要调用并执行自动化程序。

在函数 AutoTask 中，分别定义函数参数 taskId、name 和**kwargs，3 个函数参数的说明如下：

- taskId：代表任务记录表（数据模型 TaskRecord）的主键 id，它来自任务请求的请求参数，由任务调度中心向任务执行系统发送的 HTTP 请求。
- name：代表程序信息表（数据模型 ProgramInfo）的字段 name，它的来源与参数 taskId 一致。
- **kwargs：这是可选参数，如果自动化程序需要使用某些配置，就可对该参数进行设置，通过参数传递来配置自动化程序。

函数 AutoTask 的实现逻辑分为 3 部分：根据参数 name 来选择相应的自动化程序、将运行结果以 HTTP 请求发送到任务调度中心、返回任务状态。具体说明如下：

（1）根据参数 name 来选择相应的自动化程序：参数 name 来自任务调度中心的程序信息表（数据模型 ProgramInfo）的字段 name，该字段具有唯一性，可以明确决定执行哪一个自动化程序。上述代码中，当参数 name 等于 trainTicket 的时候，将会调用 trainTicket.py 的函数 get_info，该函数执行 12306 的车次查询。

（2）将运行结果以 HTTP 请求发送到任务调度中心：该功能是让任务调度中心记录自动化程序的运行结果并释放状态锁，代码中的变量 url 是任务调度中心的 main.py 文件所定义的路由地址。

（3）返回任务状态：运行结果显示在任务执行系统的 Celery 框架，也可以用于查看任务的运行结果。

从 taskInfo.py 所实现的功能可以看到，函数 AutoTask 所使用的数据主要来自任务调度中心，并且还将运行结果以 HTTP 请求发送到任务调度中心。

3. 系统接口与运行

任务执行系统的 main.py 文件负责开启系统的运行以及定义 API 接口，它与任务调度中心的 main.py 所实现的功能是一致的，主要用于设置系统运行和添加一个路由地址（API 接口）。具体的代码如下：

```
from flask import request, jsonify
from taskInfo import *

# API 接口，接收任务请求
```

```
# http://127.0.0.1:8000/?name=trainTicket&taskId=1
@app.route('/')
def task_receive():
    taskId = request.args.get('taskId', '')
    name = request.args.get('name', '')
    kwargs = {}
    kwargs['train_date'] = '2020-10-29'
    kwargs['from_station'] = '广州'
    kwargs['to_station'] = '武汉'
    AutoTask.delay(taskId, name, **kwargs)
    return jsonify({"result": "success",
                "taskId": taskId,})

# 先启动 celery，在 PyCharm 的 Terminal 输入以下指令：
# celery -A taskInfo.celery worker -l info -P solo
# 再启动运行网站
if __name__ == '__main__':
    app.run(port=8000, debug=True)
```

上述代码导入了 taskInfo.py 文件，以获取 taskInfo.py 文件的所有对象和模块，而 taskInfo.py 文件的对象和模块有大部分来自 settings.py，通过层层的导入来实现文件之间的递进关系。此外，我们还导入了 Flask 的 request 和 jsonify 功能，前者用于获取请求参数，后者将字典的数据格式转换成 JSON 格式。

main.py 文件定义了系统首页的路由地址以及路由函数 task_receive，这是系统的 API 接口，用于接收并处理任务调度中心的任务请求。路由函数 task_receive 首先获取请求参数 taskId 和 name，并设置字典 kwargs，它们将作为异步任务 AutoTask 的函数参数。

由于第 17 章的自动化程序（12306 车次查询）需要配置相应参数，并且这些参数是可以随机变化的，本书为了简化系统的复杂性，直接在路由函数 task_receive 中定义自动化程序的参数。在实际开发过程中，可以在任务调度中心的程序信息表（数据模型 ProgramInfo）新增字段，用于设置自动化程序的参数，然后通过 HTTP 协议传递到任务执行系统，传递的形式与参数 taskId 和 name 一致即可。

由于 main.py 文件作为系统的运行入口，因此在 if__name__ == '__main__'下使用 run 方法设置系统的运行模式。在启动系统之前，还需要开启 Celery 框架，在 PyCharm 的 Terminal 下输入 celery -A taskInfo.celery worker -l info -P solo 即可启动 Celery。Celery 的启动信息如图 20-19 所示。

图 20-19　Celery 的启动信息

Celery 启动后再运行 main.py 文件即可启动系统，在浏览器上输入首页的路由地址并设置相应的请求参数，验证系统功能是否正常运行。成功访问首页的路由地址，浏览器会返回 JSON 的数据内容，然后在 PyCharm 的 Terminal 下可以看到异步任务的执行请求，如图 20-20 所示。

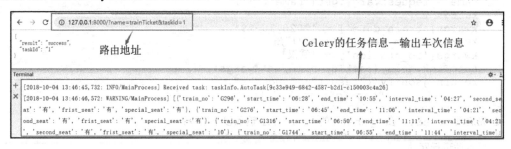

图 20-20 运行结果

图 20-20 整合了浏览器的页面以及 PyCharm 的 Terminal 信息内容。浏览器上的路由地址可以分为三部分：IP 地址+端口、请求参数 name 和请求参数 taskId，三者的数据可以存放在任务调度中心的数据库。IP 地址+端口和请求参数 name 对应程序信息表（数据模型 ProgramInfo）的字段 clientIP 和 name；请求参数 taskId 对应任务记录表（数据模型 TaskRecord）的主键 id。

20.2.5　系统上线部署

现在，我们已经开发了两个 Web 应用系统：任务调度系统和任务执行系统。两个系统可以分别部署在不同的计算机上，如果需要在一个局域网或互联网内部署多台计算机，那么任务调度系统只允许部署在一台计算机上，其他计算机则为任务执行系统，这样可实现一台计算机同时操控多台计算机执行不同的自动化程序。

出于读者的角度考虑，在学习过程中可能找不到多台计算机来部署两个 Web 应用系统，因此我们将两个 Web 应用系统同时部署在同一台计算机上，只需对两个系统设置不同的端口即可共存在同一台计算机上。系统的部署是将 Web 应用系统部署在 Web 服务器，常用的 Web 服务器有 Nginx、Apache 和 IIS，其中 Nginx 和 Apache 支持三大操作系统：Windows、MacOS 及 Linux，而 IIS 只支持 Windows 系统，它用于实现 Windows 系统的一个管理功能。

由于本书所讲述的自动化程序涉及软件自动化开发，它必须在 Windows 系统下才能正常运行，因此我们选择 IIS 服务器来部署两个 Web 应用系统。Web 服务器的选择并不是唯一的，也可以在 Windows 下使用 Nginx 或 Apache 部署。

IIS（Internet Information Services，互联网信息服务）是由微软公司提供的基于 Microsoft Windows 运行的互联网基本服务。它是一种 Web（网页）服务组件，其中包括 Web 服务器、FTP 服务器、NNTP 服务器和 SMTP 服务器，分别用于网页浏览、文件传输、新闻服务和邮件发送等方面，它使得在网络（包括互联网和局域网）上发布信息成为一件很容易的事。

以 Windows 10 操作系统为例，默认情况下，Windows 10 操作系统是没有安装 IIS 功能的，我们需要在"控制面板"中打开"程序和功能"，单击"启用或关闭 Windows 功能"链接，如图 20-21 所示。

进入"Windows 功能"界面，在该界面上打开"万维网服务"，勾选"安全性""常见 HTTP 功能""性能功能""应用程序开发功能"以及"Internet Information Services 可承载的 Web 核心"复选框，然后单击"确认"按钮即可开启 IIS 服务，如图 20-22 所示。

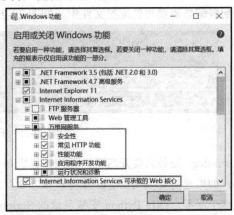

图 20-21　启用或关闭 Windows 功能　　　　图 20-22　开启 IIS 服务

开启 IIS 服务需要等待一定的时间，IIS 服务开启成功后，在 Windows 的"开始"菜单找到并打开"Windows 管理工具"即可找到 IIS 管理器，如图 20-23 所示。

图 20-23　IIS 管理器

现在已成功开启 IIS 服务功能，接下来需要安装 Python 的 wfastcgi 模块。wfastcgi 表示使用 WSGI 和 FastCGI，在 IIS 和 Python 之间建起一个桥梁，类似于 mod_python 为 Apache HTTP Server 提供的桥梁。它可以与任何支持 WSGI 的 Python Web 应用程序或框架一起使用，并提供通过 IIS 处理请求和进程池的有效方法。简单地说，wfastcgi 模块就是将我们开发的应用系统与 IIS 进行连接。wfastcgi 模块可以使用 pip 指令安装，在 CMD 窗口输入 pip install wfastcgi，等待安装即可。

wfastcgi 模块安装成功后，我们还需要开启 wfastcgi 服务，使用管理员身份运行 CMD 窗口，将路径地址切换到 Python 安装目录的 Scripts 文件夹，然后输入 wfastcgi-enable 即可开启。如果 CMD 窗口不是使用管理员身份运行的，开启 wfastcgi 服务时系统会提示权限不足而无法开启，如图 20-24 所示。

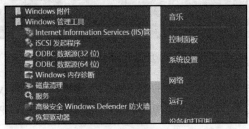

图 20-24　权限不足，无法开启 wfastcgi 服务

wfastcgi 服务开启后，将 e:\python\python.exe|e:\python\lib\site-packages\wfastcgi.py 保存下来，这段配置信息需要写到配置文件中，如图 20-25 所示。

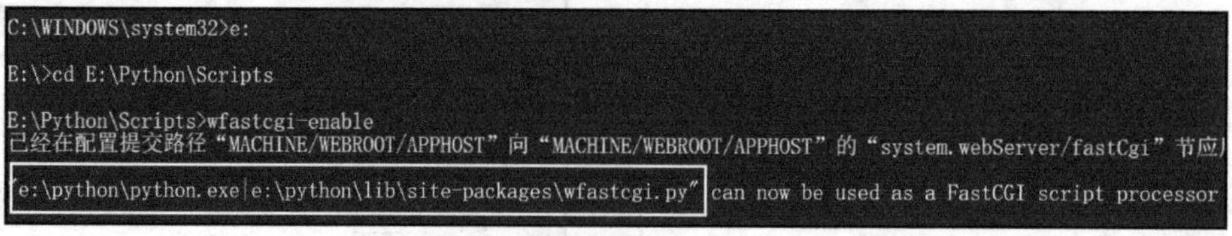

图 20-25　开启 wfastcgi 服务

wfastcgi 服务只要开启了，无论计算机是关机还是重启，这个服务都会自动运行，无须重复开启，如果重复开启 wfastcgi 服务，第二次开启的时候会出现报错信息，如图 20-26 所示。若要关闭这个服务，则在 Python 安装目录的 Scripts 文件夹中输入 wfastcgi-disable 即可关闭。

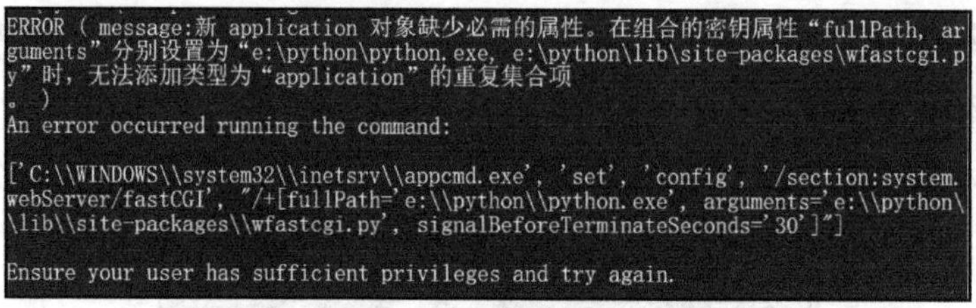

图 20-26　重复开启 wfastcgi 服务

接着在任务调度系统和任务执行系统的系统目录下添加配置文件 web.config。由于两个系统的运行入口都是 main.py 文件，因此两个系统的配置文件 web.config 的内容是相同的，代码如下：

```
<?xml version="1.0" encoding="UTF-8"?>
<configuration>
<system.webServer>
<security>
  <requestFiltering allowDoubleEscaping="true">
  </requestFiltering>
</security>
<handlers>
  <add name="FastCgiModule" path="*" verb="*"
  modules="FastCgiModule" scriptProcessor=
  "e:\python\python.exe|e:\python\lib\site-packages\wfastcgi.py"
  resourceType="Unspecified" />
</handlers>
</system.webServer>
<appSettings>
  <!-- Required settings -->
  <add key="WSGI_HANDLER" value="main.app" />
  <add key="PYTHONPATH" value="~/" />
</appSettings>
</configuration>
```

配置文件的 scriptProcessor 就是 wfastcgi 服务开启后的配置信息；main.app 是指两个系统的运行文件 main.py 中的 app 对象；其余的配置信息都是固定不变的，无须更改。

　　最后将两个系统分别部署到 IIS 服务器上，由于部署的方式一样，因此以任务执行系统为例进行介绍。右击 IIS 的"网站"，单击"添加网站"，如图 20-27 所示。

　　在"添加网站"界面上分别设置"网站名称""物理路径"和"端口"。"网站名称"可根据个人爱好自行设置；"物理路径"是指系统目录所在的路径地址；"端口"是指网址的端口，因为任务执行系统的调试模式端口设置为 8000，所以此处也设置为 8000。最后单击"确定"按钮即可，如图 20-28 所示。

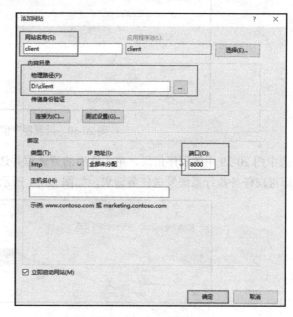

图 20-27　添加网站　　　　　　　　　　　图 20-28　系统部署

　　由于任务执行系统还需要开启 Celery 框架来执行异步任务，因此需要通过 CMD 窗口来运行 Celery。在 CMD 窗口将路径切换到任务执行系统的目录，输入 Celery 的启动指令即可启动 Celery，如图 20-29 所示。

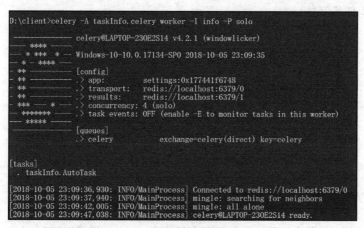

图 20-29　启动 Celery

　　按照任务执行系统的部署方式，将任务调度中心也部署到 IIS 上。"网站名称"设置为 server；

"物理路径"指向系统目录所在的路径地址;"端口"设置为8080。

现在已经完成两个系统的部署,下一步需要验证两个系统之间能否正常运行。首先在打开的任务调度中心的程序信息表中添加一条程序信息:"IP 地址"为任务执行系统的 IP 地址;"描述"可自定义内容;"名称"为 trainTicket,该字段是请求参数 name 的参数值;"状态锁"设置为空值,如图 20-30 所示。

图 20-30　设置程序信息

选中图 20-29 中的程序信息,单击选中的复选框并选择"执行任务"选项,再单击"确定"按钮即可向任务执行系统发送任务请求,如图 20-31 所示。

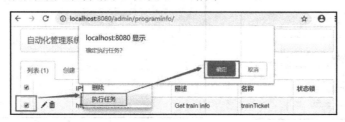

图 20-31　发送任务请求

任务发送成功后,我们可以看到状态锁的值显示为 Lock,当再次刷新网页的时候,发现状态锁的值为空。打开任务记录表可以看到任务的状态为 Done,如图 20-32 所示,这说明任务执行系统已收到任务请求,并将任务结果发送到任务调度中心。此外,我们还可以查看 Celery 所在的 CMD 窗口的异步任务信息。

图 20-32　任务记录表

20.3　本章小结

Flask 的设计易于使用和扩展,依赖于两个外部库:Jinja2 模板引擎和 Werkzeug WSGI 工包。它的初衷是为各种复杂的 Web 应用程序构建坚实的基础,Python Web 开发人员可以自由插入任何扩展,也可以自由地构建自己的模块,具有很强的扩展性。Flask 具有开箱即用的并具有以下特点：

    （1）内置开发服务器和快速调试器。

    （2）集成支持单元测试。

    （3）RESTful 可请求调度。

    （4）Jinja2 模板。

    （5）支持安全 Cookie（客户端会话）。

    （6）符合 WSGI 1.0。

    （7）基于 Unicode。

一个简单的网站系统由 3 部分组成：Flask 实例化、定义网站的路由地址和函数、网站的运行入口。三者的说明如下：

- Flask 实例化：这是通过 Python 的 Flask 模块实例化，因为 Python 是面向对象的编程语言，而实例化是创建一个 Flask 对象，它代表整个网站系统。
- 定义网站的路由地址和函数：网站路由是由 Flask 对象 app 的 route 装饰器定义的，它对网站系统添加网站地址。每个网站地址都有一个路由函数处理，这个函数用于响应用户的请求，比如用户在浏览器上访问这个网址，那么网站系统必须对用户的 HTTP 请求做出响应，这个响应过程就是由这个路由函数处理和实现的。
- 网站的运行入口：用于启动并运行网站，由 app 对象的 run() 方法实现。run() 方法里可以设置相应的参数来设置网站的运行方式。

路由地址是以 "/" 表示的，而在浏览器中却变成了 http://127.0.0.1:5000/。因为路由地址的第一个 "/" 表示网站的域名或 IP 地址，也就是我们常说的网站首页。网站的路由地址编写规则与 Windows 的文件目录路径相似，每个 "/" 代表不同的路由等级，每个路由等级的命名可以是固定的或以变量表示。

GET 请求参数是附加在路由地址并以 "？" 表示的，"？" 后面的信息是请求参数，每个参数以 A=B 的形式表示，A 是参数名，B 是参数值。如果有多个请求参数，每个参数之间以 "&" 隔开。

POST 请求参数以 JSON 格式表示，它不会附加在路由地址上，因为路由地址的内容长度是有限制的，而 POST 请求参数往往会超出路由地址的限制。在发送 POST 请求的时候，它会随着路由地址一并发送到网站系统。

当浏览器收到处理结果（也称为响应内容）后，会根据响应内容生成相应的网页供用户浏览。网站将处理结果返回到用户这一过程，称为响应过程。对于 Flask 来说，路由函数的 return 会根据用户请求来对用户做出响应处理。响应结果有多种表示方式，其中常用的是字符串、JSON 数据及 HTML 文件。

自动化系统是由两个不同功能的 Web 系统组成的，一个是任务调度系统，负责自动化程序信息管理和控制程序的运行；另一个是任务执行系统，主要接收任务请求并执行相应的自动化程序，程序执行完毕再将运行结果发送到任务调度系统。

整个自动化系统只能有一个任务调度系统，而任务执行系统可以有一个或多个，这是基于系统分布式管理的原理。整个系统的完整任务调度流程说明如下：

（1）当任务执行系统收到任务调度中心的任务请求后，任务执行系统就会启动并运行本地的自动化程序。

（2）任务调度中心发送任务请求后会生成一个任务锁，该锁禁止任务调度中心同时发送多个任务请求。

（3）自动化程序运行完毕后，任务执行系统将运行结果发送到任务调度中心。

（4）任务调度中心收到运行结果后，将结果记录在数据库并释放任务锁。

任务调度系统的目录结构分为 admin.py、main.py、models.py 和 settings.py，每个文件所实现的功能说明如下：

- admin.py：实现 Admin 后台管理，由 flask-admin 模块实现。
- main.py：系统的运行文件，用于启动任务调度中心的运行；定义 API 接口，用于接收任务执行系统的程序运行结果。
- models.py：定义数据模型，实现 Flask 与 MySQL 的数据映射，由 flask-sqlalchemy 模块实现。
- settings.py：网站的配置文件，将 Flask 与 flask-babelex、flask-admin 和 flask-sqlalchemy 等模块进行绑定，使第三方模块能够应用于 Flask 框架。

任务执行系统目录结构分为 main.py、settings.py、taskInfo.py 和 trainTicket.py，各个文件所实现的功能说明如下：

- main.py：系统的运行文件，用于启动任务执行系统的运行；定义 API 接口，用于接收任务调度中心的任务执行请求。
- settings.py：网站的配置文件，将 Flask 与 Celery 和 Redis 进行绑定，也就是将 Flask 与异步任务框架 Celery 绑定。
- taskInfo.py：定义异步任务框架的任务，即自动化程序，由 Celery 模块实现。
- trainTicket.py：文件代码来自第 9 章的实战项目，实现 12306 车次查询功能，它主要被系统的异步任务调用。